T0259792

Karl-Heinz Goldhorn · Hans-Peter Heinz

Mathematik für Physiker 2

Funktionentheorie – Dynamik –
Mannigfaltigkeiten – Variationsrechnung

Mit 24 Abbildungen

 Springer

Dr. Karl-Heinz Goldhorn
Professor Dr. Hans-Peter Heinz
Johannes-Gutenberg-Universität Mainz
Institut für Mathematik – Fachbereich 08:
Physik, Mathematik, Informatik
Staudinger Weg 9
55099 Mainz, Germany
E-Mail: heinz@mathematik.uni-mainz.de

Bibliografische Information der Deutschen Bibliothek

Die Deutsche Bibliothek verzeichnet diese Publikation in der Deutschen Nationalbibliografie; detaillierte bibliografische Daten sind im Internet über http://dnb.ddb.de abrufbar.

ISSN 0937-7433
ISBN 978-3-540-72251-9 Springer Berlin Heidelberg New York

Satz und Herstellung: LE-TEX Jelonek, Schmidt & Vöckler GbR, Leipzig
Einbandgestaltung: WMXDesign GmbH, Heidelberg

SPIN 11869696   56/3180/YL - 5 4 3 2 1 0   Gedruckt auf säurefreiem Papier

Vorwort

Was Ausgangspunkt und Motivation, Ausrichtung, Zielsetzung und didaktische Grundsätze betrifft, so stimmt dieser zweite von drei geplanten Bänden durchaus mit dem ersten überein, und wir können für all das getrost auf das Vorwort zum ersten Band verweisen. Lediglich zur Auswahl und Anordnung des Stoffes möchten wir einige wenige Bemerkungen machen:

- Die elementaren Fakten über Potenzreihen, die im ersten Band keinen Platz gefunden hatten, sind in Kap. 17 im Zusammenhang mit der Funktionentheorie nachgetragen. Dabei legen wir Wert auf eine saubere Trennung zwischen glatten Funktionen einerseits und analytischen Funktionen (von reellen oder komplexen Variablen) andererseits.
- Die Hauptsätze der Funktionentheorie werden aus der reellen Vektoranalysis hergeleitet, wie sie im ersten Band entwickelt wurde. Dies hat zum einen den Sinn, die Beweise möglichst kurz zu halten, zum anderen entspricht es unserem Prinzip, die Funktionentheorie nicht als eine völlig neue Art von Analysis zu präsentieren, sondern ihre Bezüge und Querverbindungen zum Rest der Mathematik klar herauszustellen.
- Die konsequent aufs Nötigste reduzierte Behandlung der linearen Algebra im ersten Band wird hier an verschiedenen Stellen etwas vertieft. Hierher gehört vor allem die Erweiterung der Matrizentheorie in Kap. 19 und die Einführung in die Dualitätstheorie der Vektorräume, die am Beginn von Abschnitt 21D, präsentiert wird. Sie dient dort als Vorbereitung auf PFAFF'sche Formen, ist aber natürlich von unabhängigem Interesse. In diesem Abschnitt halten wir uns auch streng an die Indexkonventionen des Tensorkalküls, was im restlichen Buch nicht geschieht. Multilineare Algebra bzw. Tensoren höherer Stufe sind jedoch als zu fortgeschritten ausgespart.
- Der Titel „Differenzialgleichungen und Variationsrechnung" des zweiten Teils dieses Bandes gibt den Inhalt dieses Teils nur unvollständig wieder. Abgesehen von Kap. 19, das nur teilweise von Differenzialgleichungen handelt, müssen hier die Kapitel 21 und 22 erwähnt werden, wo wir die

elementare Vektoranalysis auf beliebige Dimension verallgemeinern, gipfelnd im GAUSS'schen Integralsatz für den n-dimensionalen Raum. Dabei bleibt die Diskussion insofern elementar, als dass höhere Differenzialformen ausgespart werden. Lediglich 1-Formen werden in 21D. besprochen.

- Aus dem üblichen Stoffkanon der Differenzialrechnung mehrerer Variabler fehlten bisher noch die Extremwertaufgaben mit Nebenbedingungen. Diese finden sich in Kap. 21 als Anwendung der grundlegenden Begriffe und Sätze über Teilmannigfaltigkeiten des $\mathbb{R}^n$. Erst hierdurch wird eine klare und geometrisch einleuchtende Interpretation des Satzes über die LAGRANGE-Multiplikatoren möglich, und zugunsten dieser geometrischen Interpretation haben wir in Kauf genommen, dass das Thema an eine so späte Stelle gerückt ist.

- Es erscheint uns dringend geboten, für die Behandlung von Symmetrien und Invarianzen in der Physik auch schon im Grundkurs einen tragfähigen mathematischen Rahmen bereitzustellen. Andererseits scheint es kaum möglich zu sein, die Begrifflichkeit der allgemeinen LIE'schen Gruppen und Algebren für Studierende des zweiten oder dritten Semesters angemessen zu motivieren und verständlich zu machen. Daher geben wir in Abschnitt 19B. eine elementare Behandlung der klassischen Matrixgruppen, die ohne zusätzliche abstrakte Begriffe auskommt, und in den Ergänzungen – die ja für die mathematisch besonders begabten und interessierten Studierenden gedacht sind – vertiefen wir dies Schritt für Schritt, immer vom Konkreten zum Abstrakten fortschreitend. Dies findet in den Ergänzungen 21.32 und 21.33 seinen Abschluss. Auch beim Satz von NOETHER (Abschn. 24G.) haben wir unnötige Abstraktionen vermieden, aber trotzdem versucht, das generelle Prinzip hinter den bekannten Beispielen von Impuls, Drehimpuls etc. klar herauszuschälen.

- Bei der allgemeinen Theorie der gewöhnlichen Differenzialgleichungen wird die Sprache der Flüsse und dynamischen Systeme eingeführt und teilweise auch systematisch verwendet, jedoch nicht ausschließlich. Obwohl diese geometrische Sichtweise sehr aktuell ist und für die Theorie ausgesprochen kraftvolle Werkzeuge liefert, sollte ein einführendes Lehrbuch nicht den Eindruck vermitteln, als sei sie die einzig mögliche. Daher haben wir in Kap. 20 versucht, zwischen den analytischen und den geometrischen Aspekten der Theorie einen angemessenen Ausgleich zu finden. In den sehr ausgedehnten Ergänzungsabschnitten zu diesem Kapitel finden sich auch Ausblicke auf die moderne nichtlineare Dynamik und auf das deterministische Chaos. In einem modernen Lehrbuch darf der Hinweis auf diese aktuelle Thematik nicht fehlen, doch gehört sie unserer Meinung nach in einem Grundkurs über das mathematische Handwerkszeug des Physikers nicht zum Kerngeschäft, und daher beschränken wir uns auf einige knappe Andeutungen (und entsprechende Literaturhinweise), die hauptsächlich als Anregungen für die eigene weitere Beschäftigung mit dem Thema gedacht sind.

- Kapitel 23 ist eine Einführung in den LAGRANGE-Formalismus der Variationsrechnung, während Kap. 24 sich in erster Linie (bis auf Abschnitt 24G.) mit dem HAMILTON-Formalismus befasst. Die Überschrift dieses Kapitels sollte nicht zu der Vorstellung verleiten, dass es sich hier um Physik handelt. Wie überall in diesem Lehrbuch, stehen wir auf dem Standpunkt, dass wir die Physik den Physikern überlassen sollten, und dass die Funktion eingestreuter physikalischer Anwendungen nur darin bestehen kann, motivierende und illustrierende Beispiele zu liefern. Wenn es um den HAMILTON-Formalismus der Variationsrechnung geht, findet man die nächstliegenden derartigen Beispiele natürlich im Bereich der klassischen Mechanik.

Partielle Differenzialgleichungen kommen in diesem Band nur sporadisch vor, und sie werden im dritten Band den Schwerpunkt bilden.

Zu den sehr ausgedehnten Ergänzungsabschnitten der Kapitel 16–21 mag noch ein erklärendes Wort angebracht sein: Die Stoffauswahl unseres Basistextes in den Bereichen Funktionentheorie und gewöhnliche Differenzialgleichungen ist derart stark auf das Allernötigste reduziert, dass, genau genommen, kein adäquates Bild dieser mathematischen Sachgebiete entsteht. In den Ergänzungen wird daher versucht, den Leserinnen und Lesern, die für theoretische und mathematische Physik Begabung und Interesse zeigen, durch geeignete Ausblicke eine realistischere Sicht auf dieses weite Feld zu ermöglichen. Die zunehmende Geometrisierung der modernen Physik lässt es überdies geboten erscheinen, auch schon im Grundkurs durch sanfte Hinführung – ausgehend von konkreten Beispielen – eine Gewöhnung an die Begriffswelt der Differenzialgeometrie (einschl LIE-Theorie) herbeizuführen und damit eine spätere systematische Beschäftigung mit diesen Theorien vorzubereiten. Solch eine Hinführung ist in den Ergänzungen zu den Kapiteln 19 und 21 versucht worden.

Wir wollen nicht leugnen, dass einige dieser Ergänzungsabschnitte für Studierende des zweiten oder dritten Semesters durchaus eine Herausforderung darstellen können. Es spricht aber nichts dagegen, das Buch ein oder zwei Jahre später erneut zur Hand zu nehmen und dann Dinge zu verstehen, die beim ersten Lesen unerreichbar schienen. Im Übrigen möchten wir unsere Ergänzungen mit einem Versandhauskatalog vergleichen, bei dem man ja auch nicht alles bestellen und bezahlen will oder kann, was man beim Durchblättern findet. Ebenso wenig wird man in jedem Fall den Preis an Zeit und Mühe zahlen wollen, den es kostet, sich ein mathematisches Sachgebiet durch Lernen und Einüben zu erarbeiten. Aber das Angebot sollte man gesehen haben, um sich daran zu erinnern und darauf zuzugreifen, sofern und sobald dies sich als nützlich erweist. In diesem Sinne hoffen wir, dass unsere Ergänzungen nicht abschreckend, sondern anregend und ermutigend wirken werden.

Mainz,
Mai 2007

Karl-Heinz Goldhorn
Hans-Peter Heinz

Inhaltsverzeichnis

Teil V

Reihenentwicklungen und komplexe Analysis

16

Holomorphe Funktionen

Zwar sind physikalische Messgrößen sicherlich reelle Zahlen, doch haben wir schon in Kap. 8 gesehen, wie nützlich das Rechnen mit komplexen Größen sein kann, auch wenn die Endergebnisse reelle Zahlen oder reellwertige Funktionen sein sollen. Als Physiker macht man von vornherein eine ähnliche Erfahrung beim Umgang mit Schwingungen und Wellen oder bei der Diskussion von ebenen Strömungen. Das System der komplexen Zahlen ist gewissermaßen ein zusätzlicher Freiraum, der das System der reellen Zahlen umgibt und Rechnungen und theoretische Überlegungen von großer Tragweite ermöglicht, die im Bereich der reellen Zahlen alleine nicht oder nur sehr schwer durchzuführen wären. Die *Funktionentheorie* oder *komplexe Analysis* befasst sich damit, diese erweiterten Möglichkeiten des Systems der komplexen Zahlen so weit wie möglich auszuschöpfen, und in diesem und den nächsten beiden Kapiteln geben wir eine erste Einführung in dieses umfangreiche Gebiet – gerade so weit, wie es für die Bedürfnisse der Physik unbedingt vonnöten ist.

A. Differenziation komplexer Funktionen

Wir betrachten Funktionen aus $\mathbb{C}$ in $\mathbb{C}$. Ist also $D \subseteq \mathbb{C}$ eine Menge, so heißt die Abbildung

$$f : D \longrightarrow \mathbb{C}$$

eine *komplexe Funktion*. Schreibt man

$$w = f(z) \quad \text{mit} \quad z = x + \mathrm{i}y, \quad w = u + \mathrm{i}v \tag{16.1}$$

mit *reellen* x, y, u, v, so hat man

$$w = f(z) = u(x,y) + \mathrm{i}\, v(x,y) \,, \tag{16.2}$$

wobei $u(x,y) = \operatorname{Re} f(z)$ und $v(x,y) = \operatorname{Im} f(z)$ ist.

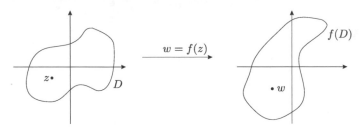

Abb. 16.1. Komplexe Funktion

Stetigkeit komplexer Funktionen ist wie im $\mathbb{R}^2$ definiert (oder, äquivalent, als die Stetigkeit im metrischen Raum $\mathbb{C}$ mit der Betragsmetrik). Wir interessieren uns für die Differenzierbarkeit, die wir formal wie bei reellen Funktionen definieren.

Definitionen 16.1. *Sei $D \subseteq \mathbb{C}$ offen und sei*

$$w = f(z), \qquad z \in D$$

eine komplexe Funktion.

  a. f heißt (komplex) *differenzierbar in $z_0 \in D$, wenn die* (komplexe) *Ableitung*

$$f'(z_0) = \lim_{z \longrightarrow z_0} \frac{f(z) - f(z_0)}{z - z_0} \tag{16.3}$$

  existiert.

  b. $f(z)$ heißt holomorph *oder* komplex-analytisch *in D, wenn $f(z)$ in jedem $z_0 \in D$ komplex differenzierbar ist und $f'(z)$ stetig ist.*

Bemerkung: Die Stetigkeit von $f'(z)$ muss man eigentlich nicht fordern. In der mathematischen Literatur wird eine holomorphe Funktion als eine definiert, die überall in einer offenen Menge D eine komplexe Ableitung hat. Sonst wird nichts von ihr gefordert, und man kann die Funktionentheorie unter dieser Voraussetzung ein Stück weit entwickeln und schließlich beweisen, dass f' stetig ist (und noch viel mehr!) Diese Mühe sparen wir uns aber.

Weil die Ableitung komplexer Funktionen nach (16.3) wie bei reellen Funktionen definiert ist, gelten zwangsläufig dieselben Differenziationsregeln:

Satz 16.2. *Sei $D \subseteq \mathbb{C}$ offen und seien f, $g : D \longrightarrow \mathbb{C}$ differenzierbar in $z_0 \in D$, $h : f(D) \longrightarrow \mathbb{C}$ differenzierbar in $w_0 = f(z_0)$, und seien $\alpha, \beta \in \mathbb{C}$. Dann sind*

$$\alpha f, \quad f + g, \quad fg, \quad h \circ f, \quad f/g \quad (\text{falls} \quad g(z_0) \neq 0)$$

differenzierbar in z_0 und es gilt

  a. Linearität

$$(\alpha f + \beta g)'(z_0) = \alpha f'(z_0) + \beta g'(z_0) \,.$$

b. Produktregel

$$(fg)'(z_0) = f'(z_0)g(z_0) + f(z_0)g'(z_0) \,.$$

c. Quotientenregel

$$\left(\frac{f}{g}\right)'(z_0) = \frac{f'(z_0)g(z_0) - f(z_0)g'(z_0)}{g(z_0)^2} \,,$$

falls $g(z_0) \neq 0$.

d. Kettenregel

$$(h \circ f)'(z_0) = h'(f(z_0))f'(z_0) \,.$$

Schreiben wir wieder

$$f(z) = u(x,y) + \mathrm{i}v(x,y) \,,$$

so interessieren wir uns dafür, wie sich die Differenzierbarkeit von $f(z)$ durch die Funktionen $u(x,y)$ und $v(x,y)$ ausdrücken lässt.

Satz 16.3. *Sei $D \subseteq \mathbb{C}$ offen und sei*

$$w = f(z) = u(x,y) + \mathrm{i}\,v(x,y)$$

eine komplexe Funktion,

$$z_0 = x_0 + \mathrm{i}\,y_0 = (x_0, y_0) \in D$$

ein Punkt.

a. Ist $f(z)$ in z_0 komplex differenzierbar, so sind u und v in (x_0, y_0) partiell differenzierbar und es gilt

$$f'(z_0) = u_x + \mathrm{i}\,v_x = v_y - \mathrm{i}\,u_y \quad in \quad (x_0, y_0) \,, \qquad (16.4)$$

d. h. es gelten die CAUCHY-RIEMANN*'schen Differenzialgleichungen*

$$u_x = v_y \,, \quad u_y = -v_x \quad in \quad (x_0, y_0) \,. \qquad (16.5)$$

b. Sind umgekehrt u und v in einer Umgebung von (x_0, y_0) stetig partiell differenzierbar und gelten die CAUCHY-RIEMANN*'schen Differenzialgleichungen (16.5), so ist f komplex differenzierbar in z_0 und es gilt (16.4).*

Beweis.

a. Wir betrachten den Differenzenquotienten

$$\Delta \equiv \frac{f(z) - f(z_0)}{z - z_0} = \frac{u(x,y) - u(x_0, y_0)}{(x - x_0) + \mathrm{i}\,(y - y_0)}$$

$$+ \mathrm{i}\,\frac{v(x,y) - v(x_0, y_0)}{(x - x_0) + \mathrm{i}\,(y - y_0)} \,.$$

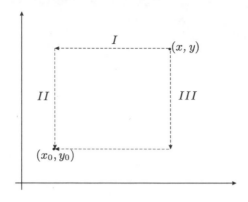

Abb. 16.2.

Nach Voraussetzung gilt

$$\Delta \longrightarrow f'(z_0) \quad \text{für} \quad (x, y) \longrightarrow (x_0, y_0)$$

in der Ebene, also insbesondere auf irgendeinem Weg. Wir verwenden verschiedene Wege zur Berechnung von $f'(z_0)$ (vgl. Abb.16.2). Also

$$\Delta \xrightarrow[\substack{x \longrightarrow x_0}]{\text{Weg I}} \frac{u(x_0, y) - u(x_0, y_0)}{\mathrm{i}\,(y - y_0)} + \mathrm{i}\,\frac{v(x_0, y) - v(x_0, y_0)}{\mathrm{i}\,(y - y_0)}$$

$$\xrightarrow[\substack{y \longrightarrow y_0}]{\text{Weg II}} -\mathrm{i}\,\frac{\partial u}{\partial y}(x_0, y_0) + \frac{\partial v}{\partial y}(x_0, y_0) \,,$$

$$\Delta \xrightarrow[\substack{y \longrightarrow y_0}]{\text{Weg III}} \frac{u(x, y_0) - u(x_0, y_0)}{x - x_0} + \mathrm{i}\,\frac{v(x, y_0) - v(x_0, y_0)}{x - x_0}$$

$$\xrightarrow[\substack{x \longrightarrow x_0}]{\text{Weg IV}} \frac{\partial u}{\partial x}(x_0, y_0) + \mathrm{i}\,\frac{\partial v}{\partial x}(x_0, y_0) \,.$$

Da beide Grenzwerte $f'(z_0)$ sind, folgt (16.4) und damit (16.5).

b. Seien jetzt $u, v \in C^1(D)$, und die CAUCHY-RIEMANN'schen Differenzialgleichungen sollen gelten. Die Vektorfunktion $F = \begin{pmatrix} u \\ v \end{pmatrix}$ ist dann nach Satz 9.15b. *total differenzierbar* in (x_0, y_0), und ihre JACOBI-Matrix an diesem Punkt lautet

$$B := JF(x_0, y_0) = \begin{pmatrix} u_x & -v_x \\ v_x & u_x \end{pmatrix}_{(x_0, y_0)} .$$

Nach Definition 9.14 haben wir also

$$F(x, y) - F(x_0, y_0) = B\begin{pmatrix} x - x_0 \\ y - y_0 \end{pmatrix} + |z - z_0|\Phi(z - z_0)$$

mit einer Funktion $\Phi(z - z_0)$, die für $z \to z_0$ gegen Null strebt. Schreiben wir noch $\Phi = \begin{pmatrix} \varphi \\ \psi \end{pmatrix}$, so heißt dies:

$$\left.\begin{aligned}
u(x,y) - u(x_0, y_0) \\
= u_x(x_0, y_0)(x - x_0) - v_x(x_0, y_0)(y - y_0) + |z - z_0|\varphi(z - z_0) \\
v(x,y) - v(x_0, y_0) \\
= v_x(x_0, y_0)(x - x_0) + u_x(x_0, y_0)(y - y_0) + |z - z_0|\psi(z - z_0) .
\end{aligned}\right\} \quad (16.6)$$

Setzen wir noch

$$\eta := u_x(x_0, y_0) + \mathrm{i}v_x(x_0, y_0) , \qquad \rho := \varphi + \mathrm{i}\psi ,$$

so können wir dies in komplexer Schreibweise wiedergeben. Nach Definition der komplexen Multiplikation lautet (16.6) dann nämlich:

$$f(z) - f(z_0) = \eta(z - z_0) + |z - z_0|\rho(z - z_0) ,$$

also

$$\frac{f(z) - f(z_0)}{z - z_0} = \eta + \frac{|z - z_0|}{z - z_0}\rho(z - z_0) \longrightarrow \eta \quad \text{für} \quad z \to z_0 .$$

Also ist f in z_0 komplex differenzierbar mit der Ableitung $f'(z_0) = \eta$. Damit gilt auch (16.4).

□

Auch der Satz über die Umkehrfunktion (vgl. Theoreme 2.18d. und 10.2) hat im Komplexen seine Entsprechung:

Satz 16.4. *Sei $f(z) = u(x,y) + \mathrm{i}v(x,y)$ mit reellen C^1-Funktionen u, v auf dem Gebiet D, und sei f komplex differenzierbar im Punkt $z_0 \in D$ mit $f'(z_0) \neq 0$. Dann existiert auf einer offenen Umgebung W von $w_0 := f(z_0)$ eine lokale Umkehrfunktion g von f (also $f(g(w)) = w \ \ \forall w \in W$ und $g(f(z)) = z \ \ \forall z \in f^{-1}(W)$), und ihr Real- und Imaginärteil ist wieder C^1. Ferner ist g komplex differenzierbar in w_0, und*

$$g'(w_0) = \frac{1}{f'(z_0)} . \qquad (16.7)$$

Beweis. Wir berechnen die JACOBI-Determinante unter Beachtung von (16.5) und (16.4). Das ergibt

$$\frac{\partial(u, v)}{\partial(x, y)}(x_0, y_0) = \begin{vmatrix} u_x(x_0, y_0) & -v_x(x_0, y_0) \\ v_x(x_0, y_0) & u_x(x_0, y_0) \end{vmatrix}$$

$$= u_x(x_0, y_0)^2 + v_x(x_0, y_0)^2 = |f'(z_0)|^2 .$$

Aus $f'(z_0) \neq 0$ folgt also $\dfrac{\partial(u, v)}{\partial(x, y)} > 0$ in (x_0, y_0), und wir können Thm. 10.2 anwenden. Das ergibt die Existenz einer lokalen Umkehrfunktion g, deren Real- und Imaginärteil stetig differenzierbar sind. Die komplexe Differenzierbarkeit und die Gl. (16.7) ergeben sich wie im Reellen (Beweis von 2.18d.)   □

Beispiele 16.5.

a. Konstanten haben selbstverständlich überall die komplexe Ableitung 0. Ist umgekehrt $f'(z) = 0$ überall in einem Gebiet D, so ist f konstant. Setzen wir nämlich wieder $u := \operatorname{Re} f$, $v := \operatorname{Im} f$, so ergibt sich mit (16.4), (16.5) sofort $\nabla u = 0 = \nabla v$, also Konstanz von u und v nach Korollar 10.11.

b. Für $f(z) := z$ ist klar, dass $f'(z) \equiv 1$. Wir können dann die Rechenregeln aus Satz 16.2 anwenden und erhalten, dass jedes Polynom

$$P(z) = a_n z^n + a_{n-1} z^{n-1} + \cdots + a_1 z + a_0$$

mit komplexen Koeffizienten eine holomorphe Funktion auf ganz $\mathbb{C}$ darstellt. Ihre Ableitung wird genauso berechnet wie im Reellen. Weiter ist dann auch jede rationale Funktion

$$R(z) := \frac{P(z)}{Q(z)}$$

mit Polynomen P, Q als Zähler bzw. Nenner holomorph im Definitionsbereich $D := \mathbb{C} \setminus Q^{-1}(0)$. Dabei besteht $Q^{-1}(0)$ nur aus endlich vielen Punkten (vgl. Thm. 1.25).

c. Die Funktion $g(z) := \overline{z}$ ist als Funktion der reellen Variablen x, y beliebig oft stetig differenzierbar (sogar reell-linear!), aber sie ist in keinem Punkt komplex differenzierbar und insbesondere nicht holomorph. Betrachten wir nämlich ein beliebiges $z_0 \in \mathbb{C}$ und schreiben

$$z - z_0 = |z - z_0| e^{i\theta} \,,$$

so bekommen wir für den Differenzenquotienten

$$\Delta(z) := \frac{g(z) - g(z_0)}{z - z_0} = \overline{(z - z_0)}(z - z_0)^{-1} = e^{-2i\theta} \,.$$

Für noch so kleines $\delta > 0$ umfasst das Bild $\Delta(U_\delta(z_0))$ daher den gesamten Einheitskreis $S^1 := \{e^{it} \mid t \in \mathbb{R}\}$. Also kann es unmöglich einen Grenzwert $\lim_{z \to z_0} \Delta(z)$ geben.

16.6 Komplexe Exponentialfunktion und Logarithmus. Als Verallgemeinerung der Definitionen aus 1.22 erklären wir die *komplexe Exponentialfunktion* für jedes $z = x + iy \in \mathbb{C}$ durch

$$\exp z = e^z := e^x (\cos y + i \sin y) \,. \tag{16.8}$$

Für den Realteil $u(x, y)$ und den Imaginärteil $v(x, y)$ von $\exp z$ ergibt sich also

$$u(x, y) = e^x \cos y \,, \quad v(x, y) = e^x \sin y \,.$$

Die Gültigkeit der CAUCHY-RIEMANN'schen Differenzialgleichungen bestätigt man nun durch eine triviale Rechnung. Also ist exp in ganz $\mathbb{C}$ holomorph, und nach (16.4) ist die komplexe Ableitung gegeben durch

$$\frac{\mathrm{d}}{\mathrm{d}z}\exp z = \exp z \ . \tag{16.9}$$

Auch die komplexe Exponentialfunktion ist also die Lösung der Anfangswertaufgabe

$$w' = w \ , \quad w(0) = 1 \ .$$

Die Rechenregeln aus Satz 1.23 zeigen sofort, dass das *Additionstheorem*

$$\mathrm{e}^{z_1+z_2} = \mathrm{e}^{z_1}\mathrm{e}^{z_2} \quad \text{für} \quad z_1, z_2 \in \mathbb{C} \tag{16.10}$$

gilt sowie

$$\overline{\exp z} = \exp \overline{z} \quad \text{für} \quad z \in \mathbb{C} \ . \tag{16.11}$$

Da wir das Verhalten der reellen Exponentialfunktion und der trigonometrischen Funktionen kennen, ist es nicht schwer, die Abbildungseigenschaften der komplexen Exponentialfunktion zu ermitteln: Als Werte treten alle komplexen Zahlen außer der Null auf, und für jedes $\theta \in \mathbb{R}$ ist die Exponentialfunktion eine *bijektive* holomorphe Abbildung des Streifens

$$S_\theta := \mathbb{R} \times]\theta, \theta + 2\pi[$$

auf die „geschlitzte Ebene"

$$D_\theta := \mathbb{C} \setminus L_\theta \quad \text{mit} \quad L_\theta := \{r\mathrm{e}^{\mathrm{i}\theta} \mid r \geq 0\} \ .$$

(Der „Schlitz" ist der Strahl L_θ.) Auf D_θ ist also eine *Umkehrfunktion*

$$\ln : D_\theta \longrightarrow S_\theta$$

definiert, die man als einen *Zweig des komplexen Logarithmus* bezeichnet.

Man kann den komplexen Logarithmus leicht berechnen, indem man auf die Polardarstellung der komplexen Zahlen zurückgreift. Für $w = \rho\mathrm{e}^{\mathrm{i}\varphi}$ ist nämlich offenbar $\exp(\ln \rho + \mathrm{i}\varphi) = w$, also $\ln w = \ln \rho + \mathrm{i}\varphi = \ln |w| + \mathrm{i}\varphi$, wenn noch der Phasenwinkel φ durch die Forderung $\theta < \varphi < \theta + 2\pi$ eindeutig festgelegt wird. Diese eindeutige Festlegung des Phasenwinkels haben wir schon in Def. 1.22 als *Argumentfunktion*

$$\arg . D_\theta \longrightarrow]\theta, \theta + 2\pi[$$

bezeichnet. Damit ergibt sich

$$\ln w = \ln |w| + \mathrm{i}\arg w \quad \text{für} \quad w \in D_\theta \ . \tag{16.12}$$

Nach Satz 16.4 ist jeder Zweig des Logarithmus überall in seinem Definitionsbereich holomorph, und zwar mit der Ableitung

$$\frac{\mathrm{d}}{\mathrm{d}z}\ln z = \frac{1}{z} \ . \tag{16.13}$$

16.7 Die elementaren Funktionen im Komplexen. Alle elementaren Funktionen, wie wir sie in den Abschnitten 1F. und 2F. besprochen haben, lassen sich zu holomorphen Funktionen fortsetzen. Für rationale Funktionen sowie Exponentialfunktion und Logarithmus haben wir das gerade getan. Daraus lassen sich aber alle anderen elementaren Funktionen gewinnen. Z. B. ist die n-te Wurzel in jedem Gebiet, wo der komplexe Logarithmus wohldefiniert ist, gegeben durch

$$\sqrt[n]{z} := \exp\left(\frac{1}{n}\ln z\right) . \tag{16.14}$$

Dasselbe gilt für die *allgemeine Potenz*

$$z^\alpha = \exp(\alpha\ln z) , \tag{16.15}$$

und zwar sogar für beliebiges $\alpha \in \mathbb{C}$. – Trigonometrische und Hyperbelfunktionen lassen sich auf ganz $\mathbb{C}$ definieren durch

$$\sinh z := \frac{e^z - e^{-z}}{2} , \quad \cosh z := \frac{e^z + e^{-z}}{2} ,$$

$$\sin z := \frac{e^{iz} - e^{-iz}}{2i} = -i\sinh iz , \quad \cos z := \frac{e^{iz} + e^{-iz}}{2} = \cosh iz .$$

Es ist klar, wie man daraus Tangens und Kotangens sowie deren hyperbolische Varianten gewinnt. Die Arcus- und Area-Funktionen erhält man entweder als lokale Umkehrfunktionen, deren komplexe Ableitungen nach Satz 16.4 berechnet werden können, oder über den komplexen Logarithmus in Analogie zu den Formeln aus Satz 1.31.

Weitere holomorphe Funktionen erhält man als Integrale mit Parameter:

Satz 16.8. *Sei $D \subseteq \mathbb{C}$ ein Gebiet, $I = [a,b]$ ein kompaktes Intervall, und sei $F : I \times D \longrightarrow \mathbb{C}$ eine stetige Funktion. Wir definieren $f : D \to \mathbb{C}$ durch*

$$f(z) := \int_a^b F(t,z)\,dt .$$

Angenommen, für jedes feste $t \in I$ ist die Funktion $z \mapsto F(t,z)$ holomorph, und ihre komplexe Ableitung $\dfrac{\partial F}{\partial z}(t,z)$ ist eine stetige Funktion auf $I \times D$. Dann ist auch f holomorph, und es gilt

$$f'(z) = \int_a^b \frac{\partial F}{\partial z}(t,z)\,dt \quad in \quad D .$$

Beweis. Wir schreiben wieder $f(z) = u(x,y) + iv(x,y)$ und ebenso $F(t,z) = U(t,x,y) + iV(t,x,y)$. Nach Definition von f ist dann

$$u(x,y) = \int_a^b U(t,x,y)\,dt ,$$

$$v(x,y) = \int_a^b V(t,x,y)\,dt .$$

Nach Voraussetzung haben U, V stetige partielle Ableitungen nach x, y, und sie erfüllen für jedes feste t die CAUCHY-RIEMANN'schen Differenzialgleichungen. Nach Satz 15.6 überträgt sich dies auf die Integrale $u(x, y)$, $v(x, y)$, und mit Satz 16.3 folgt daher die Behauptung.   □

B. Komplexe Kurvenintegrale

Da $\mathbb{C}$ geometrisch dem $\mathbb{R}^2$ entspricht, können wir in $\mathbb{C}$ parametrisierte Kurven betrachten:

Definitionen 16.9. *Ist $[a, b] \subseteq \mathbb{R}$ ein Intervall, und ist auf diesem Intervall eine komplexwertige Funktion*

$$z(t) = x(t) + \mathrm{i}\, y(t) \quad mit \quad x, y \in C^1([a, b])$$

gegeben, so heißt

$$\Gamma : z = z(t) = x(t) + \mathrm{i}\, y(t), \quad a \le t \le b \tag{16.16}$$

eine parametrisierte glatte Kurve in $\mathbb{C}$ mit dem Tangentenvektor

$$\dot{z}(t) = \dot{x}(t) + \mathrm{i}\, \dot{y}(t) \tag{16.17}$$

und der Länge

$$L(\Gamma) = \int\limits_a^b |\dot{z}(t)|\, \mathrm{d}\,t . \tag{16.18}$$

Wenn Γ nur stückweise glatt ist und aus glatten Teilkurven $\Gamma_1, \ldots, \Gamma_m$ besteht, so ist ihre Länge natürlich gegeben durch

$$L(\Gamma) := L(\Gamma_1) + \cdots + L(\Gamma_m) .$$

Diese Definitionen sind natürlich nichts anderes als eine komplexe Umschreibung diverser Definitionen aus Abschn. 9A. Wir wollen nun den Begriff des Kurvenintegrals aus Kapitel 10 übertragen, wobei aber die Multiplikation komplexer Zahlen an die Stelle des Skalarprodukts treten wird. Dieses modifizierte Kurvenintegral stellt sich als der Schlüssel zum tieferen Verständnis der holomorphen Funktionen heraus.

Definition 16.10. *Sei $D \subseteq \mathbb{C}$ ein Gebiet,*

$$\Gamma : z = z(t) = x(t) + \mathrm{i}\, y(t), \quad a \le t \le b$$

eine glatte Kurve in D,

$$w = f(z) = u(x, y) + \mathrm{i}\, v(x, y) : D \longrightarrow \mathbb{C}$$

eine stetige Funktion. Dann definiert man als Kurvenintegral von f entlang Γ:

$$\oint_{\Gamma} f(z)\mathrm{d}\,z := \int_{a}^{b} f(z(t))\dot{z}(t)\mathrm{d}\,t \qquad (16.19)$$

$$= \oint_{\Gamma} (u\mathrm{d}\,x - v\mathrm{d}\,y) + \mathrm{i} \oint_{\Gamma} (u\mathrm{d}\,y + v\mathrm{d}\,x) \,. \qquad (16.20)$$

Ist Γ nur stückweise glatt, bestehend etwa aus den glatten Teilkurven $\Gamma_1, \ldots, \Gamma_m$, so setzt man

$$\oint_{\Gamma} f(z)\,\mathrm{d}z := \sum_{j=1}^{m} \oint_{\Gamma_j} f(z)\,\mathrm{d}z \,.$$

Schreibt man

$$\begin{aligned}
f(z(t)) \cdot \dot{z}(t) &= (u + \mathrm{i}\,v)(\dot{x} + \mathrm{i}\,\dot{y}) \\
&= [u(x(t), y(t))\dot{x}(t) - v(x(t), y(t))\dot{y}(t)] \\
&\quad + \mathrm{i}\,[u(x(t), y(t))\dot{y}(t) + v(x(t), y(t))\dot{x}(t)] \,,
\end{aligned}$$

so sieht man wie (16.20) aus (16.19) entsteht. Da das komplexe Kurvenintegral also durch reelle Kurvenintegrale ausgedrückt werden kann, übertragen sich die Eigenschaften reeller Kurvenintegrale:

Satz 16.11. *Sei $D \subseteq \mathbb{C}$ ein Gebiet, seien f, f_1, $f_2 : D \longrightarrow \mathbb{C}$ stetig, sei Γ eine glatte Kurve in D, c_1, $c_2 \in \mathbb{C}$.*

a. Wird Γ in zwei Teilkurven Γ_1, Γ_2 zerlegt, so ist

$$\oint_{\Gamma} f(z)\mathrm{d}\,z = \oint_{\Gamma_1} f(z)\mathrm{d}\,z + \oint_{\Gamma_2} f(z)\mathrm{d}\,z \,.$$

b. Ist $-\Gamma$ die entgegengesetzt orientierte Kurve, so gilt

$$\oint_{-\Gamma} f(z)\mathrm{d}\,z = - \oint_{\Gamma} f(z)\mathrm{d}\,z \,.$$

c. Das Kurvenintegral ist linear, d. h.

$$\oint_{\Gamma} (c_1 f_1(z) + c_2 f_2(z))\,\mathrm{d}\,z = c_1 \oint_{\Gamma} f_1(z)\mathrm{d}\,z + c_2 \oint_{\Gamma} f_2(z)\mathrm{d}\,z \,.$$

Trotz der Zurückführung auf reelle Kurvenintegrale rechnet man in der Praxis meist besser im Komplexen.

Beispiel 16.12. Für $z_0 \in \mathbb{C}$ sei Γ der Kreis um z_0 mit Radius r:

$$\Gamma : \ |z - z_0| \ = r \ .$$

Dann gilt für beliebiges $m \in \mathbb{Z}$:

$$\oint_\Gamma \frac{\mathrm{d}\,z}{(z - z_0)^m} \ = \ \begin{cases} 2\pi\mathrm{i} & \text{für} \quad m = 1 \\ 0 & \text{für} \quad m \neq 1 \ . \end{cases}$$

Um dies einzusehen, parametrisieren wir:

$$\Gamma : z = z(t) = z_0 + re^{\mathrm{i}t} \ , \quad 0 \leq t \leq 2\pi$$

und erhalten

$$\dot{z}(t) = \mathrm{i}\,re^{\mathrm{i}t} \ , \qquad (z - z_0)^m = r^m e^{mit} \ .$$

Also

$$\oint_\Gamma \frac{\mathrm{d}\,z}{(z - z_0)^m} = \int_0^{2\pi} \mathrm{i}\,r^{-m+1}\,e^{(-m+1)\mathrm{i}t}\mathrm{d}\,t \ ,$$

woraus die Behauptung folgt, weil der Integrand für $m > 1$ eine 2π-periodische Stammfunktion besitzt.

Die folgende Abschätzung für komplexe Kurvenintegrale wird häufig benötigt.

Satz 16.13. *Sei Γ eine stückweise glatte Kurve in einem Gebiet $D \subseteq \mathbb{C}$, und sei $f : D \longrightarrow \mathbb{C}$ eine stetige Funktion mit*

$$|f(z)| \ \leq \ M \quad \forall\, z \in \Gamma \ . \tag{16.21}$$

Dann gilt

$$\left| \oint_\Gamma f(z)\mathrm{d}\,z \right| \ \leq \ ML(\Gamma) \ . \tag{16.22}$$

Beweis. Wir können annehmen, dass

$$\Gamma : z = z(t) \ , \quad a \leq t \leq b$$

eine glatte Kurve in D ist. Nach Definition 16.9 und 16.10 genügt es dann, folgende Ungleichung zu beweisen:

$$\left| \int_a^b f(z(t))\dot{z}(t)\mathrm{d}\,t \right| \ \leq \ \int_a^b |f(z(t))| \ |\dot{z}(t)| \,\mathrm{d}\,t \ .$$

Sie ist ein Spezialfall der folgenden Ungleichung:

$$\left| \int_a^b Z(t)\,dt \right| \leq \int_a^b |Z(t)|\,dt \,, \tag{16.23}$$

die für jede stetige Funktion $Z : [a,b] \to \mathbb{C}$ gilt. Um (16.23) zu beweisen, definieren wir ein $\theta \in [0, 2\pi[$, so dass

$$\int_a^b Z(t)\,dt = \left| \int_a^b Z(t)\,dt \right| \cdot e^{i\theta} \,.$$

Dann definieren wir

$$g(t) = g_1(t) + ig_2(t) := e^{-i\theta} Z(t) \,.$$

Es folgt

$$\int_a^b g(t)dt \equiv \int_a^b g_1(t)dt + i \int_a^b g_2(t)dt = \left| \int_a^b Z(t)\,dt \right| \,. \tag{16.24}$$

Da die rechte Seite reell ist, folgt daraus:

$$\int_a^b g_2(t)dt = 0 \,, \quad \int_a^b g_1(t)dt = \int_a^b g(t)dt \,.$$

Nun gilt aber

$$g_1(t) \leq |g_1(t)| \leq |g(t)| = |Z(t)| \,.$$

Damit folgt aus (16.24)

$$\left| \int_a^b Z(t)\,dt \right| = \int_a^b g_1(t)dt$$

$$\leq \int_a^b |g(t)|dt = \int_a^b |Z(t)|\,dt \,,$$

was gerade die Ungleichung (16.23) ist. □

C. Cauchy'scher Integralsatz und Cauchy'sche Integralformel

Ab jetzt beschäftigen wir uns mit Kurvenintegralen von holomorphen Funktionen. Um die Beweise kurz und einfach zu halten, werden wir dabei so weit wie möglich auf die reelle Vektoranalysis zurückgreifen, die wir schon kennen. Dazu definieren wir:

Definition 16.14. *Jeder stetigen Funktion* $f(z) = u(x,y) + iv(x,y)$ *ordnen wir zwei Vektorfelder zu, indem wir setzen*

$$\boldsymbol{f}_R(x,y) := \begin{pmatrix} u(x,y) \\ -v(x,y) \end{pmatrix}, \quad \boldsymbol{f}_I(x,y) := \begin{pmatrix} v(x,y) \\ u(x,y) \end{pmatrix}, \quad (x,y) = x + iy \in D .$$

Diese Vektorfelder spielen auch in der Hydrodynamik bei der Behandlung von ebenen Strömungen mit Hilfe holomorpher Funktionen eine große Rolle. – Nach Definition 16.10 werden komplexe Kurvenintegrale auf reelle Kurvenintegrale über diese Felder zurückgeführt, nämlich (vgl. (16.20)):

$$\oint_\Gamma f(z)\mathrm{d}z = \oint_\Gamma \boldsymbol{f}_R + i \oint_\Gamma \boldsymbol{f}_I . \tag{16.25}$$

Nun sei f holomorph. Nach Satz 16.3 gelten dann die CAUCHY-RIEMANN'schen Differenzialgleichungen

$$u_x = +v_y , \quad u_y = -v_x . \tag{16.26}$$

Dies sind aber gerade die Integrabilitätsbedingungen für die Vektorfelder $\boldsymbol{f}_R$ und $\boldsymbol{f}_I$. Aus den Sätzen 10.15 und 12.7 folgen also die nachstehenden fundamentalen Aussagen:

Theorem 16.15 (CAUCHY'scher Integralsatz). *Sei* $D \subseteq \mathbb{C}$ *ein Gebiet, und sei* $w = f(z)$ *eine holomorphe Funktion in* D. *Dann gilt:*

a. *Wenn* D *einfach zusammenhängend ist (vgl. Def. 10.14), so ist für jede stückweise glatte geschlossene Kurve* $\Gamma \subseteq D$

$$\oint_\Gamma f(z)\mathrm{d}z = 0 . \tag{16.27}$$

Das Kurvenintegral in D *ist dann* wegunabhängig, *d. h. für beliebige Kurven* Γ_1, Γ_2 *in* D *mit gleichen Anfangs- und Endpunkten gilt:*

$$\oint_{\Gamma_1} f(z)\mathrm{d}z = \oint_{\Gamma_2} f(z)\mathrm{d}z . \tag{16.28}$$

b. *Für ein beliebiges Gebiet* D *und für jeden* GREEN*'schen Bereich* $A \subseteq D$ *gilt*

$$\oint_{\partial A} f(z)\,\mathrm{d}z = 0 . \tag{16.29}$$

Dabei ist das Integral über ∂A *wieder als die Summe der Kurvenintegrale über die disjunkten geschlossenen* JORDAN*-Kurven aufzufassen, aus denen der Rand von* A *besteht. Jede davon muss so orientiert werden, dass* A *beim Durchlaufen links liegt.*

16.16 Der JORDAN'sche Kurvensatz. Dieser berühmte Satz der ebenen Topologie, den wir öfters implizit benutzen werden, lautet:

Für jede stetige geschlossene JORDAN-Kurve $\Gamma \subseteq \mathbb{C}$ besteht $\mathbb{C} \setminus \Gamma$ aus genau zwei Gebieten, nämlich einem beschränkten, das man das Innere $I(\Gamma)$ von Γ nennt und einem unbeschränkten, das man als das Äußere $A(\Gamma)$ von Γ bezeichnet. Dabei ist $\Gamma = \partial I(\Gamma) = \partial A(\Gamma)$, und $I(\Gamma)$ ist einfach zusammenhängend.

Er hat u. a. die folgende nützliche Konsequenz:

Ist $D \subseteq \mathbb{C}$ ein einfach zusammenhängendes Gebiet und $\Gamma \subseteq D$ eine stetige geschlossene JORDAN-Kurve, so ist $I(\Gamma) \subseteq D$.

Alle diese Aussagen sind anschaulich sehr einleuchtend. Eine geschlossene JORDAN-Kurve ist ja eine Kurve, die zwar an ihren Anfangspunkt zurückkehrt, aber darüber hinaus keine Selbstüberschneidungen aufweist, und ein einfach zusammenhängendes Gebiet ist eines, das keine „Löcher" enthält (exakte Definitionen in 9.3 und 10.14). Die strengen Beweise sind aber trotzdem recht schwierig, was vor allem davon herrührt, dass man von der Kurve nur Stetigkeit fordert. Aber auch für stückweise glatte Kurven, wie sie bei uns ausschließlich vorkommen, wären die Beweise noch recht aufwändig, und wir übergehen sie. Sie können hier der Anschauung vertrauen oder auf die Fachliteratur über Topologie zurückgreifen (z. B. [62]).

Für stückweise glatte geschlossene JORDAN-Kurven Γ gibt uns der Kurvensatz die Möglichkeit, eine Orientierung vor der anderen auszuzeichnen: Wir sagen Γ sei *positiv* orientiert, wenn beim Durchlaufen das Innere $I(\Gamma)$ immer links liegt. Anderenfalls ist Γ *negativ* orientiert.

16.17 Kreise. Für Kreise in der Ebene benutzen wir ab jetzt die folgenden festen Bezeichnungen:
$$B_r(z_0): \quad |z - z_0| \leq r$$
ist die abgeschlossene Kreisscheibe um den Punkt z_0 mit Radius r,
$$U_r(z_0): \quad |z - z_0| < r$$
ist die entsprechende offene Kreisscheibe, und
$$S_r(z_0): \quad |z - z_0| = r$$
ist die Kreislinie. Letztere ist auch als orientierte geschlossene JORDAN-Kurve aufzufassen, gegeben durch die Parameterdarstellung
$$S_r(z_0): \quad z = z_0 + re^{it}, \quad 0 \leq t \leq 2\pi \, .$$

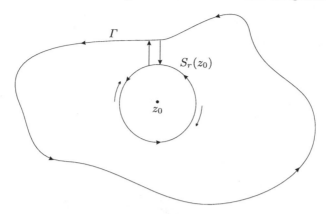

Abb. 16.3. Zum Deformationssatz

Korollar 16.18 (Deformationssatz). *Sei $D \subseteq \mathbb{C}$ ein Gebiet, $z_0 \in D$, und sei $w = f(z)$ holomorph in $D \setminus \{z_0\}$. Ist dann Γ eine positiv orientierte geschlossene, stückweise glatte Jordan-Kurve in D mit z_0 im Innern $I(\Gamma)$, so gilt für jeden Kreis $S_r(z_0)$ mit $B_r(z_0) \subseteq I(\Gamma)$, dass*

$$\oint_{\Gamma} f(z)\mathrm{d}\,z = \oint_{S_r(z_0)} f(z)\mathrm{d}\,z\,. \tag{16.30}$$

Beweis Die Menge $A := \overline{I(\Gamma)} \setminus U_r(z_0)$ ist offenbar ein Green'scher Bereich, der in $D \setminus \{z_0\}$ enthalten ist und dessen Rand aus Γ und dem Kreis $S_r(z_0)$ besteht. Da der Rand aber so durchlaufen werden muss, dass A links liegt, hat $S_r(z_0)$ hier die negative Orientierung. Also ergibt Thm. 16.15b.

$$0 = \oint_{\partial A} f(z)\,\mathrm{d}z = \oint_{\Gamma} f(z)\,\mathrm{d}z - \oint_{S_r(z_0)} f(z)\,\mathrm{d}z$$

und damit die Behauptung.   □

Aus diesem Deformationssatz leiten wir eine weitere zentrale Eigenschaft von holomorphen Funktionen her:

Theorem 16.19 (Cauchy'sche Integralformel). *Sei $D \subseteq \mathbb{C}$ ein Gebiet, $z_0 \in D$ ein Punkt, Γ eine positiv orientierte geschlossene Jordan-Kurve in D, deren Inneres ganz in D liegt und den Punkt z_0 enthält, und sei $w = f(z)$ holomorph in D. Dann gilt*

$$\oint_{\Gamma} \frac{f(z)}{z - z_0}\mathrm{d}\,z = 2\pi \mathrm{i} f(z_0)\,. \tag{16.31}$$

Beweis. Die Funktion $g(z) := (z - z_0)^{-1} f(z)$ ist holomorph in $D \setminus \{z_0\}$. Aufgrund des Deformationssatzes genügt es also, zu zeigen, dass

$$\oint_{S_\rho(z_0)} \frac{f(z)}{z - z_0} \, \mathrm{d}z = 2\pi \mathrm{i} f(z_0) \,. \tag{16.32}$$

für jedes hinreichend kleine $\rho > 0$. Aus Beispiel 16.12 folgt

$$\oint_{S_\rho(z_0)} \frac{f(z)}{z - z_0} \, \mathrm{d}z = f(z_0) \oint_{S_\rho(z_0)} \frac{1}{z - z_0} \, \mathrm{d}z + \oint_{S_\rho(z_0)} \frac{f(z) - f(z_0)}{z - z_0} \, \mathrm{d}z$$

$$= 2\pi \mathrm{i}\, f(z_0) + \oint_{S_\rho(z_0)} \frac{f(z) - f(z_0)}{z - z_0} \, \mathrm{d}z \,, \tag{16.33}$$

so dass wir zeigen müssen, dass das Integral auf der rechten Seite verschwindet. Da $f(z)$ stetig ist, gibt es zu $\varepsilon > 0$ ein $\delta > 0$, so dass für $\rho < \delta$ gilt:

$$\left| \frac{f(z) - f(z_0)}{z - z_0} \right| < \frac{\varepsilon}{\rho} \quad \text{für} \quad |z - z_0| = \rho < \delta \,.$$

Aus Satz 16.13 folgt daher

$$\left| \oint_{S_\rho(z_0)} \frac{f(z) - f(z_0)}{z - z_0} \, \mathrm{d}z \right| < \frac{\varepsilon}{\rho} L\left(S_\rho(z_0)\right) = 2\pi\varepsilon \,.$$

Also geht das zweite Integral in (16.33) gegen Null für $\rho \to 0$. Aber es kann – wiederum nach dem Deformationssatz – gar nicht von ρ abhängen. Es muss also für jedes hinreichend kleine ρ verschwinden, woraus mit (16.33) alles folgt.

$\square$

D. Folgerungen

Folgende Verallgemeinerung der CAUCHY'schen Integralformel zeigt die Bedeutung der komplexen Differenzierbarkeit:

Theorem 16.20. *Sei $f(z)$ holomorph in einem Gebiet $D \subseteq \mathbb{C}$*

    a. *$f(z)$ ist unendlich oft komplex differenzierbar in D und alle Ableitungen sind holomorph in D.*

    b. *Ist $z_0 \in D$ ein Punkt und Γ eine positiv orientierte geschlossene* JORDAN-*Kurve um z_0, deren Inneres zu D gehört, so gilt*

$$f^{(n)}(z_0) = \frac{n!}{2\pi \mathrm{i}} \oint_\Gamma \frac{f(z)}{(z - z_0)^{n+1}} \, \mathrm{d}z, \quad n \in \mathbb{N}_0 \,. \tag{16.34}$$

c. *Ist $r > 0$ so, dass $B_r(z_0) \subseteq D$ und*

$$M = \max\{ |f(z)| : |z - z_0| = r \} ,$$

so gilt die Cauchy'*sche Ungleichung*

$$|f^{(n)}(z_0)| \leq \frac{n!M}{r^n} \quad \forall\, n \in \mathbb{N}_0 . \qquad (16.35)$$

Beweis. Wir beginnen mit Teil b. Für $n \geq 0$ und $z \in I(\Gamma)$ setzen wir

$$g(z) := \frac{n!}{2\pi i} \oint_\Gamma \frac{f(\zeta)}{(\zeta - z)^{n+1}} \, d\zeta .$$

Setzt man hier eine Parameterdarstellung von Γ ein, so sieht man, dass man Satz 16.8 anwenden kann. Alle g_n sind also holomorphe Funktionen in $I(\Gamma)$, und ihre Ableitungen können durch Differenziation unter dem Integralzeichen berechnet werden. Die Rechnung ist trivial und ergibt

$$g_n'(z) = g_{n+1}(z) .$$

Aber $g_0(z) = f(z)$ in $I(\Gamma)$ nach der Cauchy'schen Integralformel. Also hat f in $I(\Gamma)$ beliebig hohe komplexe Ableitungen, und (16.34) gilt für jedes $z_0 \in I(\Gamma)$.

Hieraus folgt auch a., denn für jedes $z_0 \in D$ können wir eine Kurve Γ wählen, für die z_0 alle Voraussetzungen von b. erfüllt (z.B. einen kleinen Kreis um z_0). Teil c. folgt mittels Satz 16.13, wenn man Teil b. auf die Kurve $\Gamma = S_r(z_0)$ anwendet. $\qquad \Box$

Die in Thm. 16.20 enthaltenen Aussagen haben ihrerseits weitreichende Konsequenzen, von denen wir nur einige wenige besprechen:

Satz 16.21 (*Satz von* Morera). *Sei $w = f(z)$ stetig im Gebiet $D \subseteq \mathbb{C}$. Ferner sei*

$$\oint_\Gamma f(z)\, dz \quad wegunabhängig$$

für alle Kurven Γ in D. Dann ist $f(z)$ schon holomorph in D.

Beweis. Nach (16.25) ist klar, dass auch die zugeordneten Vektorfelder $\boldsymbol{f}_R$, $\boldsymbol{f}_I$ wegunabhängige Kurvenintegrale haben. Sie sind also konservativ (Satz 10.12), und wir können entsprechende Potenziale φ_R, φ_I wählen. Für die Funktion

$$g(z) := \varphi_R(x,y) + i\varphi_I(x,y)$$

gelten die Cauchy-Riemann-Gleichungen, denn mit $f = u + iv$ haben wir

$$\frac{\partial \varphi_R}{\partial x} = u = \frac{\partial \varphi_I}{\partial y} , \quad \frac{\partial \varphi_R}{\partial y} = -v = -\frac{\partial \varphi_I}{\partial x} .$$

Also ist g holomorph, und mit (16.4) ergibt sich $g'(z) = u(x,y) + iv(x,y) = f(z)$. Nach 16.20a. ist also f holomorph. $\qquad \Box$

Für eine holomorphe Funktion f in einem einfach zusammenhängenden Gebiet ist die Wegunabhängigkeit der Kurvenintegrale natürlich schon aus dem CAUCHY'schen Integralsatz bekannt. Die im letzten Beweis gezeigte Konstruktion einer holomorphen *Stammfunktion* g lässt sich dann also durchführen. Zusammen mit (16.25) ergibt sich daraus eine komplexe Entsprechung zu Satz 10.10:

Satz 16.22. *Sei $D \subseteq \mathbb{C}$ einfach zusammenhängend und sei $w = f(z)$ holomorph in D.*

a. Durch

$$g(z) = \int_{z_0}^{z} f(\zeta)\,\mathrm{d}\zeta \tag{16.36}$$

wird eine holomorphe Stammfunktion *von $f(z)$ definiert, d. h. es gilt*

$$g'(z) = f(z) \quad \forall\, z \in D . \tag{16.37}$$

Dabei ist $z_0 \in D$ beliebig und es wird entlang eines beliebigen Weges Γ von z_0 nach z in D integriert.

b. Ist $g(z)$ eine Stammfunktion von $f(z)$ und Γ eine beliebige Kurve in D von a nach b, so gilt

$$\oint_{\Gamma} f(z)\mathrm{d}\,z = g(b) - g(a) \equiv \int_{a}^{b} f(z)\mathrm{d}\,z . \tag{16.38}$$

Um (16.38) zu beweisen, muss man noch beachten, dass zwei Stammfunktionen sich nur um eine additive Konstante unterscheiden, da ihre Differenz ja verschwindende Ableitung hat.

Nun ziehen wir noch Folgerungen aus der CAUCHY'schen Ungleichung:

Satz 16.23 (*Satz von* LIOUVILLE). *Wenn $w = f(z)$ holomorph und beschränkt in der ganzen komplexen Ebene $\mathbb{C}$ ist, dann ist $f(z) = $ const in $\mathbb{C}$.*

Beweis. Sei also $f(z)$ holomorph in ganz $\mathbb{C}$ mit

$$|f(z)| \leq M \quad \text{für alle} \quad z \in \mathbb{C} .$$

Nach der CAUCHY'schen Ungleichung (16.35) in Theorem 16.20 c. folgt dann

$$|f'(z_0)| \leq \frac{M}{r} \quad \text{für alle} \quad z_0 \in \mathbb{C} \quad \text{und alle} \quad r > 0 ,$$

d. h. $f'(z_0) = 0$. □

Eine wichtige Konsequenz ist:

Satz 16.24 (*Fundamentalsatz der Algebra*). *Ein Polynom n-ten Grades in* $\mathbb{C}$

$$p(z) = z^n + a_{n-1}\, z^{n-1} + \cdots + a_1 z + a_0\,, \quad n \geq 1$$

besitzt genau n Nullstellen $z_1, \ldots, z_n \in \mathbb{C}$ *und es gilt*

$$p(z) = \prod_{i=1}^{n} (z - z_i)\,.$$

Beweis.

a. Wir zeigen zunächst, dass $p(z)$ wenigstens eine Nullstelle $z_1 \in \mathbb{C}$ hat. Wäre dies falsch, so wäre

$$f(z) = \frac{1}{p(z)}$$

in ganz $\mathbb{C}$ holomorph und außerdem beschränkt, da

$$|p(z)| \longrightarrow \infty \quad \text{für} \quad |z| \longrightarrow \infty\,.$$

Nach dem Satz von LIOUVILLE 16.23 ist dies ein Widerspruch zu $n \geq 1$.

b. Hat $p(z)$ eine Nullstelle z_1 nach a., so schreibe man

$$p(z) = p_1(z)(z - z_1)\,,$$

wobei $p_1(z)$ ein eindeutig bestimmtes Polynom $(n-1)$-ten Grades ist (Übung oder Ergänzung 1.34!). Darauf wende man a. an, usw.

$\square$

Wir wollen nun noch die TAYLOR-*Formel im Komplexen* für eine holomorphe Funktion $f(z)$ in einem Gebiet $D \subseteq \mathbb{C}$ herleiten, wobei $z_0 \in D$ unser Entwicklungspunkt sein soll. Dazu gehen wir aus von der CAUCHY'schen Integralformel

$$f(z) = \frac{1}{2\pi i} \oint_{\Gamma} \frac{f(\zeta)}{\zeta - z}\, d\zeta\,, \tag{16.39}$$

wobei Γ eine geschlossene JORDAN-Kurve in D mit z, z_0 im Innern ist und bei der das Innere ganz zu D gehört. Aus der Summenformel für die endliche geometrische Reihe folgt

$$\frac{1}{1-q} = \sum_{k=0}^{n} q^k + q^{n+1} \frac{1}{1-q}$$

für alle komplexen Zahlen $q \neq 1$. Für $\zeta \in \Gamma$ ist garantiert $\zeta - z_0 \neq z - z_0$, also ergibt sich für $q := \dfrac{z - z_0}{\zeta - z_0}$:

$$\frac{1}{\zeta - z} = \frac{1}{(\zeta - z_0) - (z - z_0)} = \frac{1}{\zeta - z_0} \frac{1}{1 - \frac{z - z_0}{\zeta - z_0}}$$

$$= \frac{1}{\zeta - z_0} \left\{ \sum_{k=0}^{n} \left(\frac{z - z_0}{\zeta - z_0} \right)^k + \left(\frac{z - z_0}{\zeta - z_0} \right)^{n+1} \frac{\zeta - z_0}{\zeta - z} \right\} .$$

Setzen wir dies in (16.39) ein, so können wir schreiben

$$f(z) = \sum_{k=0}^{n} \frac{(z - z_0)^k}{2\pi i} \oint_{\Gamma} \frac{f(\zeta)}{(\zeta - z_0)^{k+1}} \, d\zeta$$

$$+ \frac{(z - z_0)^{n+1}}{2\pi i} \oint_{\Gamma} \frac{f(\zeta)}{(\zeta - z_0)^{n+1}(\zeta - z)} \, d\zeta .$$

Wenden wir auf den ersten Term die Formel (16.34) aus Theorem 16.20 b. an, so haben wir

Satz 16.25. *Sei $w = f(z)$ eine holomorphe Funktion in einer offenen Umgebung D eines Punktes z_0. Für $n \in \mathbb{N}$ gilt die* TAYLOR-*Formel*

$$f(z) = \sum_{k=0}^{n} \frac{f^{(k)}(z_0)}{k!} (z - z_0)^k + r_n(f; z_0, z) \tag{16.40}$$

mit dem n-ten Restglied

$$r_n(f; z_0, z) = \frac{(z - z_0)^{n+1}}{2\pi i} \oint_{\Gamma} \frac{f(\zeta)}{(\zeta - z_0)^{n+1}(\zeta - z)} \, d\zeta , \tag{16.41}$$

wobei Γ ein Kreis um z_0 innerhalb von D ist (oder allgemeiner eine positiv orientierte geschlossene JORDAN-*Kurve) mit z_0, $z \in I(\Gamma)$ und $\overline{I(\Gamma)} \subseteq D$.*

Ergänzungen zu §16

Auf die Dauer ist es unvorteilhaft, in der Funktionentheorie immer auf JORDAN-Kurven angewiesen zu sein. Daher erweitert man die Theorie auf beliebige *Schleifen*, d. h. stückweise glatte geschlossene Kurven, benötigt aber dazu eine Methode, um festzustellen, wie oft sich eine gegebene Schleife um einen gegebenen Punkt herumwindet. Dazu definieren und untersuchen wir nun die sog. *Windungs-* oder *Umlaufzahl* und geben anschließend entsprechende allgemeine Formulierungen der fundamentalen Sätze von *Cauchy*. Danach geben wir noch ein einfaches Kriterium, mit dem man (zumindest für Gebiete, deren Rand nicht allzu ausgefranst ist) nachweisen kann, dass ein Gebiet einfach zusammenhängend ist, und wir beschreiben kurz eine wichtige geometrische Eigenschaft der holomorphen Funktionen, nämlich, dass sie *winkeltreue* Abbildungen der Ebene liefern. Das führt auf die Interpretation bijektiver holomorpher Funktionen als winkeltreue Koordinatentransformationen, die wir in den letzten beiden Ergänzungen vertiefen.

16.26 Die Windungszahl. Für jede Schleife $\Gamma \subseteq \mathbb{C}$ und jeden Punkt z_0, der nicht auf Γ liegt, ist das Integral

$$w(z_0, \Gamma) := \frac{1}{2\pi \mathrm{i}} \oint_\Gamma \frac{\mathrm{d}z}{z - z_0} \qquad (16.42)$$

eine ganze Zahl, wie wir gleich sehen werden. Man nennt $w(z_0, \Gamma)$ die *Windungszahl* (= *Umlaufzahl*) von Γ um z_0 oder den *Index* des Punktes z_0 in Bezug auf Γ. Wir zeigen zunächst:

$$\exp\left(\oint_\Gamma \frac{\mathrm{d}z}{z - z_0}\right) = 1 . \qquad (16.43)$$

Dazu setzen wir eine Parameterdarstellung

$$\Gamma : \quad z = z(t), \quad a \le t \le b$$

ein und betrachten

$$h(t) := \int_a^t \frac{z'(s)}{z(s) - z_0} \, \mathrm{d}s$$

sowie

$$g(t) := \mathrm{e}^{-h(t)}(z(t) - z_0) .$$

Dann ist $h'(t) = z'(t)/(z(t) - z_0)$, also $g'(t) = \mathrm{e}^{-h(t)} z'(t) - h'(t)\mathrm{e}^{-h(t)}(z(t) - z_0) \equiv 0$, also $g(t) = g(a) = z(a) - z_0$ für alle t. Insbesondere für $t = b$ folgt

$$z(a) - z_0 = g(b) = \mathrm{e}^{-h(b)}(z(b) - z_0) ,$$

und wegen $z(b) = z(a)$ ergibt das $\mathrm{e}^{-h(b)} = 1$, also auch $\mathrm{e}^{h(b)} = 1$. Nach Definition von h ist dies aber gerade die gewünschte Gleichung (16.43). (Wir haben hier eine glatte Kurve zugrunde gelegt. Eine leichte Modifikation des Beweises gestattet es aber, auch den stückweise glatten Fall zu behandeln.)

Nach Definition der Exponentialfunktion ist klar, dass

$$\exp z = 1 \quad \Longleftrightarrow \quad z = 2\pi \mathrm{i} k \quad \text{mit} \quad k \in \mathbb{Z} .$$

Also zeigt (16.43), dass $w(z_0, \Gamma)$ immer eine ganze Zahl ist.

Nach Einsetzen einer Parameterdarstellung der Kurve Γ ist die rechte Seite von (16.42) offenbar ein Integral mit z_0 als Parameter und mit stetigem Integranden. Satz 15.6a. sagt uns also, dass $w(z_0, \Gamma)$ eine *stetige* Funktion von z_0 sein muss. Da ihre Werte aber ganze Zahlen sind, muss sie auf jeder zusammenhängenden Teilmenge von $\mathbb{C} \backslash \Gamma$ *konstant* sein. Man teilt $\mathbb{C} \backslash \Gamma$ in disjunkte *Zusammenhangskomponenten* ein, d. h. maximale zusammenhängende Teilmengen. Jede davon ist offen, und auf jeder ist $w(\cdot, \Gamma)$ konstant. Da Γ beschränkt ist, gibt es genau eine *unbeschränkte* Zusammenhangskomponente von $\mathbb{C} \backslash \Gamma$, und der konstante Wert von $w(\cdot, \Gamma)$ auf dieser kann nur Null sein, denn aus Satz 16.13 folgt

$$\lim_{z_0 \to \infty} w(z_0, \Gamma) = 0 \ .$$

Halten wir nun den Punkt $z_0 \in \mathbb{C}$ fest und betrachten zwei Schleifen Γ_0, Γ_1, die beide den Punkt z_0 nicht enthalten. Angenommen, die beiden Kurven sind in $\Omega := \mathbb{C} \setminus \{z_0\}$ *homotop* als geschlossene Kurven (vgl. Ergänzung 10.25). Dann kann man (durch ein Approximationsargument) die Homotopie H auch so gestalten, dass sie über lauter stückweise glatte geschlossene Zwischenkurven Γ_s führt (Bezeichnungen wie in 10.25!). Einsetzen von

$$z = H(t, s), \quad \dot{z} = \frac{\partial H}{\partial t}(t, s)$$

in (16.42) lässt erkennen, dass $w(z_0, \Gamma_s)$ ein Integral mit dem Parameter s ist, auf das wieder Satz 15.6a. angewendet werden kann. Dies zeigt, dass die Funktion $s \mapsto w(z_0, \Gamma_s)$ auf dem Intervall $0 \leq s \leq 1$ stetig und somit *konstant* ist.

Schließlich wechselt die Windungszahl ihr Vorzeichen, wenn die Orientierung umgekehrt wird, und sie verhält sich additiv, wenn die Kurve Γ dadurch entsteht, dass mehrere Schleifen nacheinander durchlaufen werden. Das ergibt sich sofort aus den entsprechenden Eigenschaften von Kurvenintegralen. Wir fassen zusammen:

Satz. *Die Windungszahl $w(z_0, \Gamma)$ hat folgende Eigenschaften*:

   a. $w(z_0, -\Gamma) = -w(z_0, \Gamma)$ *und* $w(z_0, \Gamma_1 + \Gamma_2) = w(z_0, \Gamma_1) + w(z_0, \Gamma_2)$ *(wobei $\Gamma_1 + \Gamma_2$ die Schleife bezeichnet, die entsteht, indem man die beiden Schleifen $\Gamma_1, \Gamma_2 \subseteq \mathbb{C} \setminus \{z_0\}$, die sich in mindestens einem Punkt schneiden, nacheinander durchläuft).*

   b. $w(z, \Gamma)$ *ist auf jeder Zusammenhangskomponente von $\mathbb{C} \setminus \Gamma$ konstant, und auf der unbeschränkten Komponente ist $w(z, \Gamma) \equiv 0$.*

   c. *Wenn die Schleifen Γ_1, Γ_2 in $\mathbb{C} \setminus \{z_0\}$ (als Schleifen) homotop sind, so ist $w(z_0, \Gamma_1) = w(z_0, \Gamma_2)$.*

All das erklärt aber noch nicht, wieso die Zahl $w(z_0, \Gamma)$ tatsächlich angibt, wie oft sich Γ um z_0 herumwindet. Um dies genauer zu verstehen, betrachten wir o. B. d. A. $z_0 = 0$, wählen ein $\theta \in \mathbb{R}$ fest und schauen uns die Überschneidungen einer gegebenen Schleife $\Gamma \subseteq \mathbb{C} \setminus \{0\}$ mit dem Strahl L_θ an (Bezeichnungen wie in 16.6). Können wir θ so wählen, dass $\Gamma \cap L_\theta = \emptyset$, so umläuft Γ den Nullpunkt sicher nicht. Dann ist aber $\Gamma \subseteq D_\theta$, und der in D_θ definierte Zweig des komplexen Logarithmus ist eine Stammfunktion für $1/z$. Mit Satz 16.22b. folgt also $w(0, \Gamma) = 0$.

Nun betrachten wir den Fall $L_\theta \cap \Gamma \neq \emptyset$. Zunächst „verwackeln" wir die gegebene Schleife Γ so, dass alle Knicks und Spitzen verschwinden und dass sie sich nirgends tangential an L_θ anschmiegt.[1] Genauer gesagt, gehen wir über zu einer homotopen Schleife $\widetilde{\Gamma}$, für die gilt:

(i) $\widetilde{\Gamma}$ ist eine reguläre geschlossene Kurve, also überall glatt mit nichtverschwindendem Tangentenvektor, und

(ii) $\widetilde{\Gamma}$ schneidet L_θ stets *transversal*, d. h. an jedem Punkt von $\widetilde{\Gamma} \cap L_\theta$ ist der Tangentenvektor linear unabhängig vom Vektor $(\cos\theta, \sin\theta)$.

Dann kann es nur endlich viele Schnittpunkte von $\widetilde{\Gamma}$ mit L_θ geben, und wir können eine glatte Parameterdarstellung

$$\widetilde{\Gamma}: \qquad z = z(t), \qquad a \le t \le b$$

wählen, für die $z(a) = z(b) \in L_\theta$. Nun erhalten wir eine Zerlegung

$$a = t_0 < t_1 < \ldots < t_m = b$$

des Parameterintervalls, für die die $z(t_k)$ $(k = 0, 1, \ldots, m)$ genau die Schnittpunkte von $\widetilde{\Gamma}$ mit L_θ sind. Mit $\Gamma_k := z([t_{k-1}, t_k])$ haben wir dann

$$\widetilde{\Gamma} = \Gamma_1 + \cdots + \Gamma_m\,,$$

also

$$2\pi i w(0, \Gamma) = 2\pi i w(0, \widetilde{\Gamma}) = \sum_{k=1}^{m} \oint_{\Gamma_k} \frac{\mathrm{d}z}{z}\,.$$

Für genügend kleine $\delta > 0$ setzen wir noch $\Gamma_{k,\delta} := z([t_{k-1} + \delta, t_k - \delta])$. Dann ist $\Gamma_{k,\delta} \subseteq D_\theta = \mathbb{C} \setminus L_\theta$, und wiederum mit dem komplexen Logarithmus als Stammfunktion können wir Satz 16.22b. zur Berechnung der Integrale über diese Teilkurven verwenden. Mit (16.12) ergibt das

$$\oint_{\Gamma_{k,\delta}} \frac{\mathrm{d}z}{z} = \ln|z(t_k - \delta)| - \ln|z(t_{k-1} + \delta)| + \mathrm{i}\left(\arg z(t_k - \delta) - \arg z(t_{k-1} + \delta)\right)$$

für $k = 1, \ldots, m$. Für $\delta \to 0$ konvergiert der Realteil gegen $\ln r_k - \ln r_{k-1}$ (wo $r_k := |z(t_k)|$). Wegen $\arg z(t) \in\,]\theta, \theta + 2\pi[$ und $z(t_k) \in L_\theta$ kommen für die Grenzwerte von $\arg z(t_k - \delta)$ und $\arg z(t_{k-1} + \delta)$ nur die Zahlen θ oder $\theta + 2\pi$ in Frage. Wir schreiben

$$\lim_{\delta \searrow 0} \arg z(t_{k-1} + \delta) = \theta + 2\pi\varepsilon_k^-\,, \qquad \lim_{\delta \to 0} \arg z(t_k - \delta) = \theta + 2\pi\varepsilon_k^+$$

mit Zahlen $\varepsilon_k^{\pm}$, die nur die Werte 0 oder 1 annehmen dürfen. Damit wird

$$\oint_{\Gamma_k} \frac{\mathrm{d}z}{z} = \ln r_k - \ln r_{k-1} + 2\pi\mathrm{i}(\varepsilon_k^+ - \varepsilon_k^-)\,.$$

---

[1] Es leuchtet anschaulich ein, dass dies möglich ist. Wir verweisen für einen rigorosen Beweis auf die Literatur zur Differenzialtopologie, z. B. [11] oder [33].

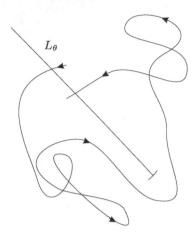

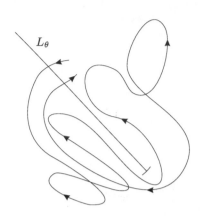

Abb.   16.4a.
$\gamma_k = +1$

Abb.   16.4b.
$\gamma_k = 0$

Wegen $z(a) = z(b)$ ist $r_m = r_0$ und somit $\sum_{k=1}^{m}(\ln r_k - \ln r_{k-1}) = 0$. Damit folgt schließlich

$$w(0, \Gamma) = w(0, \widetilde{\Gamma}) = \frac{1}{2\pi i} \sum_{k=1}^{m} \oint_{\Gamma_k} \frac{dz}{z}$$

$$= \sum_{k=1}^{m}(\varepsilon_k^+ - \varepsilon_k^-) \, .$$

Die Ausdrücke $\gamma_k := \varepsilon_k^+ - \varepsilon_k^-$ können aber nur die Werte 0 und ± 1 annehmen, und zwar ist (vgl. Abbgn. 16.4a und 16.4b)

- $\gamma_k = +1$ (bzw. $= -1$), wenn die Teilkurve Γ_k den Nullpunkt einmal entgegen dem Uhrzeigersinn (bzw. im Uhrzeigersinn) umläuft,
- $\gamma_k = 0$, wenn Γ_k den Nullpunkt nicht umläuft.

Also ist $w(0, \Gamma)$ tatsächlich die Anzahl der Umläufe im Gegenuhrzeigersinn minus die Anzahl der Umläufe im Uhrzeigersinn, und genau das hat man sich unter der Windungszahl vorzustellen.

Bemerkung: Eine Ergänzung zum JORDAN'schen Kurvensatz besagt, dass für jede stückweise glatte geschlossene JORDAN-Kurve gilt:

$$w(z, \Gamma) = \pm 1 \quad \text{für} \quad z \in I(\Gamma) \, .$$

Dabei gilt das Pluszeichen genau dann, wenn Γ positiv orientiert ist. – Für $z \in A(\Gamma)$ ist natürlich $w(z, \Gamma) = 0$, was schon aus Teil b. des obigen Satzes folgt.

16.27 Die allgemeine Formulierung der Sätze von Cauchy. Mit Hilfe der Windungszahl kann man eine Formulierung des Cauchy'schen Integralsatzes geben, bei der die beiden Varianten 16.15a. und b. vereinheitlicht werden, und auch von der Cauchy'schen Integralformel 16.19 und der Integralformel (16.34) für die Ableitungen kann man eine ähnlich allgemeine Version angeben.

Zur Formulierung dieser Sätze muss man Kurvenintegrale betrachten, die über mehrere Schleifen erstreckt werden, wie es schon bei der Integration über den Rand eines Green'schen Bereichs vorkam. Man formalisiert dies in der folgenden Weise:

Definitionen. *Sei $D \subseteq \mathbb{C}$ ein Gebiet.*

a. *Ein* Zykel *in D ist eine formale Linearkombination*

$$\Gamma = \sum_{j=1}^{s} m_j \Gamma_j$$

von orientierten Schleifen $\Gamma_1, \ldots, \Gamma_s \subseteq D$ mit ganzzahligen Koeffizienten $m_1, \ldots, m_s$. Dabei ist (wie bisher) $-\Gamma_j$ als die entgegengesetzt orientierte Schleife zu Γ_j zu verstehen.

b. *Für jede stetige Funktion f auf D ist das* Kurvenintegral *über den Zykel Γ definiert durch*

$$\oint_{\Gamma} f(z)\, dz := \sum_{j=1}^{s} m_j \oint_{\Gamma_j} f(z)\, dz .$$

c. *Für $z_0 \in \mathbb{C}$, $z_0 \notin \Gamma_1 \cup \ldots \cup \Gamma_s$ ist die* Windungszahl *von Γ in Bezug auf z_0 definiert durch*

$$w(z_0, \Gamma) := \frac{1}{2\pi i} \oint_{\Gamma} \frac{dz}{z - z_0} = \sum_{j=1}^{s} m_j w(z_0, \Gamma_j) .$$

d. *Der Zykel Γ heißt* nullhomolog *in D, wenn*

$$w(z, \Gamma) = 0 \quad \forall \quad z \in \mathbb{C} \setminus D .$$

Die letzte Definition sollte etwas näher beleuchtet werden. Als Beispiel betrachten wir den Zykel $\Gamma = \partial A$, wo $A \subseteq D$ ein Green'scher Bereich ist. Ist $z_0 \notin D$, so ist durch $f(z) := 1/(z - z_0)$ offenbar eine holomorphe Funktion in D definiert, und folglich ist $w(z_0, \partial A) = (1/2\pi i) \oint_{\partial A} f(z)\, dz = 0$ nach Thm. 16.15b. Also ist ∂A nullhomolog. Dabei müssen wir gar nicht fordern, dass A ein Green'scher Bereich ist. Diese Forderung haben wir nur erhoben, um Satz 12.7 auf einfache Art beweisen zu können. In Wirklichkeit gelten die Sätze 12.7 und 16.15b. für beliebiges kompaktes $A \subseteq D$, wenn ∂A aus endlich vielen geschlossenen Jordan-Kurven besteht. In der *algebraischen Topologie* wird nachgewiesen, dass ein Zykel genau dann nullhomolog ist, wenn er in gewissem Sinne als der „Rand" eines zweidimensionalen Objekts fungiert.

Theorem (Allgemeine CAUCHY'sche Integralformel) *Sei f holomorph im Gebiet $D \subseteq \mathbb{C}$, und sei Γ ein nullhomologer Zykel in D. Für jeden Punkt $z \in D$, der nicht auf einer der an Γ beteiligten Schleifen liegt, gilt dann*

$$f(z)w(z, \Gamma) = \frac{1}{2\pi i} \oint_{\Gamma} \frac{f(\zeta)}{\zeta - z} \, \mathrm{d}\zeta \ . \tag{16.44}$$

Beweise dafür findet man in modernen Lehrbüchern der Funktionentheorie, etwa in [24] oder [72]. – Als unmittelbare Folgerung hat man

Korollar (Allgemeiner CAUCHY'scher Integralsatz) *Ist f holomorph und Γ nullhomolog in D, so ist $\oint_{\Gamma} f(z) \, \mathrm{d}z = 0$.*

Zum Beweis wählt man irgendeinen Punkt $z_0 \in D$ außerhalb von Γ und wendet die CAUCHY'sche Integralformel auf die holomorphe Funktion $g(z) := f(z)(z - z_0)$ an.

Außerdem kann man (16.44) nach dem Parameter z differenzieren und erhält so eine Integralformel für die Ableitungen analog zu (16.34).

16.28 Homotope und homologe Schleifen. Von zwei Zykeln $\Gamma_1, \Gamma_2 \subseteq D$ wird gesagt, sie seien *in D homolog*, wenn $\Gamma_1 - \Gamma_2$ in D nullhomolog ist, d. h. wenn

$$w(z, \Gamma_1) = w(z, \Gamma_2) \qquad \forall \, z \in \mathbb{C} \setminus D \ .$$

Nach dem allgemeinen CAUCHY'schen Integralsatz ist dann

$$\oint_{\Gamma_1} f(z) \, \mathrm{d}z = \oint_{\Gamma_2} f(z) \, \mathrm{d}z$$

für alle holomorphen Funktionen f in D. Als Spezialfall erhalten wir den *Deformationssatz* 16.18, denn unter seinen Voraussetzungen sind die Kurve Γ und der Kreis $S_r(z_0)$ in D homolog. Ein weiteres gutes Beispiel sind *homotope Schleifen*, denn zwei Schleifen Γ_1, Γ_2, die in D homotop sind, sind dort auch homolog, was man sofort aus Teil c. des Satzes in 16.26 abliest. Sie ergeben daher für holomorphe Funktionen ein und dasselbe Kurvenintegral. In einem *einfach zusammenhängenden* Gebiet ist jede Schleife homotop zu einer Konstanten und damit auch nullhomolog. Damit erweist sich Thm. 16.15a. als Spezialfall des allgemeinen CAUCHY'schen Integralsatzes.

16.29 Einfach zusammenhängende ebene Gebiete. Für die Ebene gibt es ein sehr einfaches und brauchbares Kriterium, um nachzuweisen, dass ein Gebiet einfach zusammenhängend ist. Ein Gebiet $D \subseteq \mathbb{C}$ ist nämlich einfach zusammenhängend, wenn es die folgende Eigenschaft hat:

Jeder Punkt $z_0 \in \mathbb{C} \setminus D$ lässt sich innerhalb von $\mathbb{C} \setminus D$ durch eine stetige Kurve mit Unendlich verbinden, d. h. zu jedem $z_0 \notin D$ gibt es eine stetige Funktion $\gamma : [a, b[\longrightarrow \mathbb{C} \setminus D \quad (a < b \leq \infty)$ mit

$$\lim_{t \to b-} |\gamma(t)| = \infty, \qquad \gamma(a) = z_0 \, .$$

Für Gebiete, deren Rand nicht allzu ausgefranst ist – z. B. Gebiete mit stückweise glattem Rand – gilt auch die Umkehrung: Das Gebiet D ist nicht einfach zusammenhängend, wenn es einen Punkt $z_0 \in \mathbb{C} \setminus D$ gibt, für den jede von z_0 ausgehende unbeschränkte Kurve Punkte von D enthalten muss.

16.30 Konforme Abbildungen. Sei $D \subseteq \mathbb{C}$ ein Gebiet. Zunächst untersuchen wir, wie eine glatte Kurve $\Gamma \subseteq D$ unter einer holomorphen Funktion $f : D \to \mathbb{C}$ abgebildet wird. Ist $z = z(t)$, $a \leq t \leq b$ eine Parameterdarstellung von Γ, $w(t) := f(z(t))$, so ist

$$w'(t) = f'(z(t))z'(t), \quad a \leq t \leq b \, . \tag{16.45}$$

Das sieht man entweder direkt durch Betrachtung von Differenzenquotienten oder mittels der Kettenregel (für Funktionen zweier reeller Variabler) und (16.4). Der Tangentenvektor an die Bildkurve entsteht also aus dem Tangentenvektor an die ursprüngliche Kurve durch eine Drehstreckung, nämlich durch die Streckung um den Faktor $|f'(z(t))|$ und die Drehung um den Winkel $\varphi := \arg f'(z(t))$. Allerdings ist dieser Winkel nur im Falle $f'(z(t)) \neq 0$ definiert.

Nun setzen wir voraus, dass überall in D $f'(z) \neq 0$ ist. Nach Satz 16.4 ist f dann lokal bei jedem Punkt z_0 von D ein Diffeomorphismus, d. h. eine reguläre Koordinatentransformation mit holomorpher Umkehrfunktion g. Insbesondere ist $f(D)$ ebenfalls ein Gebiet, und durch $z = g(w)$ wird in einer geeigneten Umgebung von z_0 eine neue komplexe Koordinate w eingeführt. Diese Koordinatentransformationen nennt man *konforme Abbildungen*, denn sie erhalten die Winkel, unter denen sich Kurven schneiden. Genauer: Es seien

$$\Gamma_1 : \quad z = \gamma_1(s), \qquad \Gamma_2 : \quad z = \gamma_2(t)$$

zwei reguläre Kurven in D, die sich in einem Punkt $z_0 = \gamma_1(s_0) = \gamma_2(t_0)$ schneiden. Der *Winkel*, unter dem sie sich schneiden, ist dann definiert als der Winkel zwischen den Tangentenvektoren am Punkt z_0, also der Winkel

$$\alpha := \arg \left[\frac{\gamma_2'(t_0)}{\gamma_1'(s_0)} \right] \, .$$

Bei der Anwendung einer konformen Abbildung f werden nun beide Tangentenvektoren nach (16.45) derselben Drehstreckung unterworfen, insbesondere also um ein und denselben Winkel gedreht. Die Bildkurven schneiden sich daher unter demselben Winkel α.

Bemerkung: Man kann beweisen (vgl. Lehrbücher der Funktionentheorie), dass diese Eigenschaft einer Koordinatentransformation auch deren Holomorphie impliziert.

16.31 Konforme Äquivalenz. Eine *bijektive* konforme Abbildung $\varphi : D \longrightarrow \tilde{D}$ wird auch als *biholomorphe Abbildung* oder *konforme Äquivalenz* zwischen den Gebieten D und $\tilde{D}$ bezeichnet. Entsprechend heißen D und $\tilde{D}$ *konform äquivalent*, wenn solch eine Äquivalenz zwischen ihnen existiert. Mit einer konformen Äquivalenz $\varphi : D \to \tilde{D}$ und ihrer Umkehrung $\varphi^{-1} : \tilde{D} \to D$ kann man dann also beliebig zwischen den beiden Gebieten wechseln, so dass man mit Hilfe von Funktionentheorie nicht zwischen ihnen unterscheiden kann. Insbesondere kann man sie auch topologisch nicht unterscheiden – z. B. kann es nicht vorkommen, dass von zwei konform äquivalenten Gebieten das eine einfach zusammenhängend ist und das andere nicht. Jedoch müssen zwei einfach zusammenhängende Gebiete nicht konform äquivalent sein. Hätten wir z. B. eine konforme Äquivalenz φ von ganz $\mathbb{C}$ auf ein beschränktes Gebiet $D \subseteq \mathbb{C}$, so wäre $\varphi(\mathbb{C}) = D$, also wäre φ eine beschränkte holomorphe Funktion auf ganz $\mathbb{C}$, die nicht konstant sein kann im Widerspruch zum Satz von LIOU-VILLE. Allerdings ist $D = \mathbb{C}$ hier das einzige Gebiet, das einen Typ für sich alleine darstellt. Es gilt nämlich der berühmte

RIEMANN'sche Abbildungssatz. *Jedes einfach zusammenhängende Gebiet $D \subseteq \mathbb{C}$ mit $D \neq \mathbb{C}$ ist zur Einheitskreisscheibe $U_1(0)$ konform äquivalent.*

Die einfach zusammenhängenden Teilgebiete der komplexen Ebene zerfallen also bezüglich konformer Äquivalenz in genau zwei Typen, nämlich ganz $\mathbb{C}$ und alle anderen. Damit sind sie nach konformer Äquivalenz *klassifiziert*. Die reine Mathematik enthält viele derartige Klassifikationsprobleme: Man versucht, einen Überblick über sämtliche vorkommenden Typen einer gegebenen Sorte mathematischer Objekte zu gewinnen, wobei gewisse vernünftige Kriterien vorgegeben sind, unter denen zwei dieser Objekte als gleichartig betrachtet werden. Diese Art von Fragestellung liegt der Physik zwar fern, führt aber erfahrungsgemäß zu weitreichenden Ergebnissen und Methoden, die dann auch für die Physik und andere Anwendungen nutzbringend sind.

16.32 Gebrochen lineare Transformationen. Zu jeder komplexen 2×2-Matrix

$$A = \begin{pmatrix} a & b \\ c & d \end{pmatrix} \quad \text{mit} \quad \det A = ad - bc \neq 0$$

gehört eine konforme Abbildung M_A, nämlich

$$M_A(z) := \frac{az + b}{cz + d} \, . \tag{16.46}$$

Man nennt sie die *gebrochen lineare Transformation* oder die MÖBIUS-*Transformation* zur Matrix A. Es handelt sich offenbar um eine auf $\mathbb{C} \setminus \{-d/c\}$ definierte holomorphe Funktion, wenn $c \neq 0$ ist, und für $c = 0$ ist es einfach die affine Abbildung $z \mapsto \frac{a}{d}z + \frac{b}{d}$ $(z \in \mathbb{C})$. (Am besten überlegen Sie sich selbst, warum es Unsinn wäre, diese Funktionen für den Fall $\det A = 0$ zu betrachten!) Offenbar ist $M_{\eta A} = M_A$ für jede komplexe Zahl $\eta \neq 0$, also können wir die Determinante auf Eins normieren, d. h. wir betrachten nur Matrizen aus der Gruppe

$$\mathbf{SL}(2,\mathbb{C}) := \{A \in \mathbb{C}_{2\times 2} \mid \det A = 1\} .$$

(Dass es sich in Bezug auf die Matrizenmultiplikation tatsächlich um eine Gruppe handelt, ist klar, denn die Bedingungen (G1) und (G2), die wir am Beginn von Abschn. 7E. formuliert hatten, sind hier offenbar erfüllt.) Für zwei Matrizen A_1, A_2 und ihr Produkt $A := A_1 A_2$ rechnet man sofort nach, dass $M_{A_1}(M_{A_2}(z)) = M_A(z)$ oder, kürzer geschrieben:

$$M_{A_1 A_2} = M_{A_1} \circ M_{A_2} .$$

Zur Einheitsmatrix E gehört offenbar die identische Abbildung $M_E(z) = z$, also muss zur inversen Matrix A^{-1} auch die inverse Abbildung gehören:

$$M_{A^{-1}} = M_A^{-1} \quad \forall \quad A \in \mathbf{SL}(2,\mathbb{C}) .$$

Man erkennt nun, dass auch die MÖBIUS-Transformationen eine *Gruppe* bilden, mit der Komposition von Abbildungen als Gruppenverknüpfung. Ferner erkennt man, dass alle gebrochen linearen Transformationen konforme Äquivalenzen sind. Die durch (16.46) gegebene Transformation M_A hat die Umkehrfunktion

$$M_A^{-1}(z) = \frac{dz - b}{a - cz} , \qquad\qquad (16.47)$$

und sie bildet (im Fall $c \neq 0$) das Gebiet $\mathbb{C} \setminus \{-d/c\}$ biholomorph auf das Gebiet $\mathbb{C} \setminus \{a/c\}$ ab.

Beispiel: Die gebrochen lineare Transformation

$$M(z) := (z - \mathrm{i})/(z + \mathrm{i})$$

bildet $\mathbb{C}\setminus\{-\mathrm{i}\}$ bijektiv und konform auf $\mathbb{C}\setminus\{1\}$ ab und hat die Umkehrfunktion

$$M^{-1}(z) = \mathrm{i}(1 + z)/(1 - z) .$$

Eine interessante Eigenschaft dieser Abbildung ist:

Behauptung. M ist eine konforme Äquivalenz der Einheitskreisscheibe $U_1(0)$ auf die linke Halbebene $H^- := \{z \mid \mathrm{Re}\, z < 0\}$.

Beweis. Es ist nur noch zu zeigen, dass $M(U_1(0)) = H^-$. Zunächst überlegen wir uns, dass die Kreislinie auf die imaginäre Achse abgebildet wird, d. h.

$$M(S_1(0) \setminus \{-\mathrm{i}\}) = \mathrm{i}\,\mathbb{R} . \qquad\qquad (*)$$

Ist also $|z| = 1$, $z \neq -\mathrm{i}$ und $w = M(z)$, so ist

$$\bar{w} = \frac{\bar{z} + \mathrm{i}}{\bar{z} - \mathrm{i}} = -w .$$

(Zuletzt wurde der Bruch mit $-\mathrm{i}z$ erweitert und $z\bar{z} = 1$ beachtet.) Aber $\bar{w} = -w$ bedeutet, dass w auf der imaginären Achse liegt. Ist umgekehrt $w = \mathrm{i}t \in \mathrm{i}\,\mathbb{R}$, so ist

$$|M^{-1}(w)| = \frac{|1+\mathrm{i}t|}{|1-\mathrm{i}t|} = 1 \;,$$

d. h. $M^{-1}(w) \in S_1(0)$, und $M^{-1}(w) \neq -\mathrm{i}$ ist sowieso klar. Damit ist $(*)$ bewiesen.

Nun ist $M(0) = -1 \in H^-$. Einen beliebigen Punkt $z \in U_1(0)$ können wir innerhalb von $U_1(0)$ durch eine stetige Kurve Γ mit der Null verbinden, und die Bildkurve $M(\Gamma)$ ist dann ebenfalls stetig und verbindet -1 mit $M(z)$. Wäre $M(z) \notin H^-$, so müsste $M(\Gamma)$ die imaginäre Achse schneiden. Das ist wegen $(*)$ aber unmöglich, denn M ist bijektiv und $\Gamma \cap S_1(0) = \emptyset$. Somit ist gezeigt, dass $M(U_1(0)) \subseteq H^-$. Ebenso weist man nach, dass $M^{-1}(H^-) \subseteq U_1(0)$, indem man einen beliebigen Punkt $w \in H^-$ innerhalb von H^- durch eine stetige Kurve mit $w_0 = -1$ verbindet. Insgesamt folgt $M(U_1(0)) = H^-$, und wir sind fertig. □

Bemerkung: Wir wissen natürlich aus dem RIEMANN'schen Abbildungssatz, dass H^- und $U_1(0)$ konform äquivalent sind. Dass die Äquivalenz aber auf diese spezielle Weise vermittelt werden kann, ist durchaus bedeutsam. Z. B. hat es zur Folge, dass die *hyperbolische Geometrie* (historisch die erste nichteuklid'sche Geometrie) sowohl auf der Kreisscheibe als auch auf der Halbebene ein leicht zu beschreibendes Modell besitzt. Auf diesen und andere grundsätzliche Aspekte der – hier etwas unmotiviert betrachteten – MÖBIUS-Transformationen werden wir in Ergänzung 18.16 noch einmal kurz zu sprechen kommen. – Weitere Abbildungseigenschaften von MÖBIUS-Transformationen werden in Auf. 16.15 diskutiert.

Aufgaben zu §16

16.1. Man zeige: Die Funktion

$$f(z) := \begin{cases} z & \text{für} \quad |z| \neq 1 \,, \\ 1 & \text{für} \quad |z| = 1 \end{cases}$$

ist in $z = 1$ nicht komplex differenzierbar.

16.2. Sei $\Omega \subseteq \mathbb{R}^2$ ein Gebiet, und sei

$$f(z) = u(x,y) + \mathrm{i}\,v(x,y)$$

holomorph in Ω.

  a. Man zeige: Realteil $u(x,y)$ und Imaginärteil $v(x,y)$ sind harmonisch in Ω, d. h.
  $$\Delta u = 0, \quad \Delta v = 0 \quad \text{in} \quad \Omega \,.$$

b. Man bestimme eine holomorphe Funktion $f(z)$ mit

$$v(x,y) = -\sin x \, \sinh y, \quad (x,y) \in \Omega = \mathbb{R}^2$$

und eine mit

$$u(x,y) = \ln(x^2 + y^2), \quad (x,y) \in \Omega := \{x + iy \mid x > 0\}.$$

16.3. Auf einem Gebiet $D \subseteq \mathbb{C}$ betrachten wir C^1-Funktionen $f = u + iv :$ $D \to \mathbb{C}$ mit reellwertigem u, v, und wir definieren:

$$f_x := u_x + iv_x, \quad f_y := u_y + iv_y,$$
$$\frac{\partial f}{\partial z} := \frac{1}{2}(f_x - if_y), \quad \frac{\partial f}{\partial \bar{z}} := \frac{1}{2}(f_x + if_y).$$

Man zeige:

a. f ist holomorph in D $\iff$ $\partial f/\partial \bar{z} \equiv 0$ in D. In diesem Fall ist $\partial f/\partial z$ die komplexe Ableitung f'.

b. $\overline{\partial f/\partial z} = \partial \bar{f}/\partial \bar{z}$ und $\overline{\partial f/\partial \bar{z}} = \partial \bar{f}/\partial z$.

c. Ist f sogar C^2, so gilt für den LAPLACE-Operator

$$\Delta f := \Delta u + i\Delta v$$

die Beziehung

$$\Delta f = 4\frac{\partial^2 f}{\partial z \, \partial \bar{z}} = 4\frac{\partial^2 f}{\partial \bar{z} \, \partial z}. \tag{16.48}$$

d. Für eine weitere C^1-Funktion $g : D \to \mathbb{C}$ gelten die *Produktregeln*

$$\frac{\partial}{\partial z}(fg) = f\frac{\partial g}{\partial z} + g\frac{\partial f}{\partial z}, \quad \frac{\partial}{\partial \bar{z}}(fg) = f\frac{\partial g}{\partial \bar{z}} + g\frac{\partial f}{\partial \bar{z}}. \tag{16.49}$$

Nun berechne man für beliebiges $k \in \mathbb{Z}$ die Ableitungen

$$\frac{\partial}{\partial z}z^k, \quad \frac{\partial}{\partial \bar{z}}z^k, \quad \frac{\partial}{\partial z}\bar{z}^k, \quad \frac{\partial}{\partial \bar{z}}\bar{z}^k.$$

Schließlich nehmen wir an, f sei holomorph, und setzen $h(z) := \bar{z}^k f(z)$. Man berechne dann $\partial h/\partial z$ und $\partial h/\partial \bar{z}$. Für welche Werte von k ist auch h holomorph?
Bemerkung: Mehr darüber in Ergänzung 21.35 !

16.4. Es sei $f : \mathbb{C} \longrightarrow \mathbb{C}$ eine reell-lineare Abbildung, also $f(z) = u(x,y) + iv(x,y)$ mit

$$u(x,y) = ax + by,$$
$$v(x,y) = cx + dy$$

mit gegebenen reellen Zahlen a, b, c, d. Man beweise die Äquivalenz der folgenden Aussagen:

a. f ist holomorph.

b. $a = d$, $b = -c$.

c. $f(z) = \beta z$ mit $\beta = a - ib \in \mathbb{C}$.

d. f ist komplex-linear.

Was ist im Falle der Holomorphie die komplexe Ableitung $f'(z)$?

16.5. Man beweise: Jede holomorphe Funktion auf einem Gebiet D, die nur reelle Werte annimmt, ist konstant.

16.6. Sei $w = f(z)$ holomorph in $\mathbb{C}$. Man untersuche, ob die Funktion

$$g(z) = \overline{f}\left(\overline{z}^2\right)$$

holomorph in $\mathbb{C}$ ist.

16.7. Man berechne $\oint_\Gamma \overline{z}\,\mathrm{d}z$, wobei

a. $\Gamma:$ $z = t^2 + it$, $0 \leq t \leq 2$,

b. $\Gamma = \Gamma_1 \cup \Gamma_2$ mit $\Gamma_1:$ $z = it$, $0 \leq t \leq 2$ und $\Gamma_2:$ $z = 2i + t$, $0 \leq t \leq 4$.

Was sind Anfangs- und Endpunkt der beiden Kurven?

16.8. Man berechne $\oint_\Gamma (z^2 + 3z)\,\mathrm{d}z$, wobei

a. $\Gamma:$ $2e^{it}$, $0 \leq t \leq \pi/2$,

b. $\Gamma:$ $z = 2 - 2t + 2it$, $0 \leq t \leq 1$,

c. $\Gamma = \Gamma_1 + \Gamma_2$ mit $\Gamma_1:$ $z = 2 + it$, $0 \leq t \leq 2$ und $\Gamma_2:$ $z = 2i + 2 - t$,
$0 \leq t \leq 2$.

Man vergleiche die Resultate!

16.9. Gegeben eine holomorphe Funktion $f : D \to \mathbb{C}$, wobei $D := \{z \in \mathbb{C} \mid |\mathrm{Im}\,z| < r\}$, mit der Eigenschaft:

$$f(z + \alpha) = f(z)$$

für jedes $z \in D$ und ein festes $\alpha > 0$. Man beweise:

$$\oint_\Gamma f(z)\,\mathrm{d}z = \int_0^\alpha f(t)\,\mathrm{d}t\,,$$

wobei $\Gamma:$ $z = s + ic$, $a \leq s \leq a + \alpha$ für beliebiges $a \in \mathbb{R}$ und $c \in\,]-r, r[$ ist.

16.10. Sei $w = f(z)$ holomorph in ganz $\mathbb{C}$ und es gelte für gewisse Konstanten $A, B \geq 0$:

$$|f(z)| \leq A\,|z| + B\,,   z \in \mathbb{C}\,.$$

Man zeige, dass $f(z)$ eine affine Funktion ist, d. h. $f(z) = a + bz$, wobei $a, b \in \mathbb{C}$ Konstanten sind.

16.11. Man zeige, dass die Funktion $f(z) = e^{1/z}$ für jedes $\varepsilon > 0$ die gelochte Kreisscheibe

$$D_\varepsilon = \{z \in \mathbb{C} \mid 0 < |z| < \varepsilon\}$$

auf ganz $\mathbb{C} \setminus \{0\}$ abbildet.

16.12. Man berechne die folgenden komplexen Kurvenintegrale. Dabei sollte man sich die Sache durch Ausnutzung des CAUCHY'schen Integralsatzes oder der CAUCHY'schen Integralformel möglichst einfach machen.

   a. $\oint_\Gamma \cos z \, dz$ mit Γ definiert durch $z(t) = 1 - i + t(1 + 3i)$ $(t \in [0,1])$
   b. $\oint_\Gamma z^2 - \sin z \, dz$ mit Γ definiert durch $z(t) = 1 + t(-1 + 2i)$ $(t \in [0,1])$
   c. $\oint_{\Gamma_n} \cos z \, dz$ mit Γ_n für alle $n \in \mathbb{N}$ definiert durch $z_n(t) = ne^{2\pi i t}$ $(t \in [0,1])$
   d. $\oint_\Gamma \frac{dz}{z(z+2)^2}$ mit Γ definiert durch $z(t) = e^{2\pi i t}$ $(t \in [0,1])$

16.13. Man berechne die komplexen Kurvenintegrale

$$\oint_{\Gamma_k} \frac{\cos^2 z - \sin^2 z}{(z-2)^2(z+2)} \, dz$$

entlang der positiv orientierten Kurven

$$\Gamma_1 : |z - 2| = 1, \quad \Gamma_2 : |z + 2| = 1, \quad \Gamma_3 : |z| = 1 \,.$$

16.14. Man berechne

$$\oint_{\Gamma_n} \overline{z} \, dz \qquad \text{entlang} \quad \Gamma_n : |z| = n \,, \quad n = 1, 2, \dots \,.$$

16.15. Zu jeder komplexen 2×2-Matrix

$$A = \begin{pmatrix} a & b \\ c & d \end{pmatrix} \quad \text{mit} \quad \det A = ad - bc \neq 0$$

bilden wir die holomorphe Funktion

$$M_A(z) := \frac{az + b}{cz + d} \,.$$

Man beweise:

   a. M_A bildet die obere Halbebene in sich ab, wenn $ad - bc > 0$ ist.
   b. $M(z) := \frac{z-a}{1-\bar{a}z}$ für $a \in \mathbb{C}$ mit $0 < |a| < 1$ bildet die abgeschlossene Einheitskreisscheibe auf sich ab.

Bemerkung: In Ergänzung 16.32 erfahren Sie mehr über diese Abbildungen.

16.16. Sei $D \subseteq \mathbb{C}$ ein Gebiet und $A \subseteq D$ eine kompakte Teilmenge, deren Rand $\Gamma := \partial A$ eine geschlossene JORDAN-Kurve ist. Man beweise:

   a. $A = \Gamma \cup I(\Gamma)$. (*Hinweis:* Wenn eine Kurve zwei Punkte verbindet, von denen der eine in A liegt und der andere nicht, so muss diese Kurve einen Punkt von ∂A enthalten (warum?).)

b. (*Maximumprinzip*) Für jede holomorphe Funktion $w = f(z)$ in D gilt

$$\max_{z \in A} |f(z)| = \max_{z \in \Gamma} |f(z)| \, ,$$

d. h. das Maximum von $|f(z)|$ in A wird schon auf dem Rand angenommen. (*Hinweis:* Der Einfachheit halber darf hier angenommen werden, dass Γ stückweise glatt ist. Für die holomorphen Funktionen $g_n(z) := f(z)^n$ schreibe man dann die CAUCHY'sche Integralformel auf, schätze das Integral mittels Satz 16.13 ab, ziehe sodann die n-te Wurzel und schicke schließlich $n \to \infty$.)

16.17. (WEIERSTRASS'*scher Konvergenzsatz*) Sei (f_k) eine Folge von holomorphen Funktionen in einem Gebiet $D \subseteq \mathbb{C}$. Wir nehmen an, bei jedem $z \in D$ gibt es

$$g(z) := \lim_{k \to \infty} f_k(z) \, ,$$

und die Konvergenz sei auf jeder kompakten Teilmenge von D gleichmäßig. Man zeige:

a. g ist ebenfalls holomorph. (*Hinweis:* Satz von MORERA!)

b. $g^{(n)}(z) = \lim_{k \to \infty} f_k^{(n)}(z)$ für alle $n \geq 0$.

16.18. (SCHWARZ'*sches Spiegelungsprinzip*) Es sei $D \subseteq \mathbb{C}$ ein Gebiet, das zur reellen Achse symmetrisch ist, d. h. es gilt

$$z \in D \quad \Longrightarrow \quad \bar{z} \in D \, .$$

Ferner sei $f : D \longrightarrow \mathbb{C}$ eine stetige Funktion mit der Eigenschaft $f(\bar{z}) = \overline{f(z)}$ für alle $z \in D$. Man zeige: Wenn f auf der Teilmenge

$$D^+ := \{ z \in D \mid \operatorname{Im} \, z > 0 \}$$

holomorph ist, so ist f auf ganz D holomorph. (*Hinweis:* Satz von MORERA!)

17

Potenzreihen

Unserer Behandlung der unendlichen Reihen, wie sie in den Kapiteln 13 und 14 stattfand, fehlt noch ein wichtiger Aspekt, nämlich die Diskussion von *Potenzreihen*. Diese speziellen Funktionenreihen hängen sehr eng mit holomorphen Funktionen zusammen, und daher ist hier ein günstiger Moment, das Fehlende nachzuholen. Wir bauen dadurch die Funktionentheorie in eine neue Richtung aus, und wir ergänzen auch die reelle Analysis um das wichtige Thema der TAYLOR-*reihen* von C^∞-Funktionen.

A. Konvergenz von Potenzreihen

In diesem Abschnitt betrachten wir einen speziellen Typ von Funktionenreihen, nämlich:

Definition 17.1. *Sei (a_n) eine komplexe Zahlenfolge und $z_0 \in \mathbb{C}$ ein fester Punkt. Dann nennt man eine Reihe der Form*

$$f(z) \sim \sum_{n=0}^{\infty} a_n (z - z_0)^n \qquad (17.1)$$

eine Potenzreihe *in $\mathbb{C}$ mit* Zentrum *(oder* Entwicklungspunkt*) z_0 und* Koeffizienten a_n.

Natürlich ist $f(z_0) = a_0$, aber für $z \neq z_0$ ist $f(z)$ nur dann definiert, wenn die Reihe für dieses z konvergiert. Daher interessieren wir uns dafür, für welche $z \in \mathbb{C}$ die Reihe (17.1) konvergiert.

Wenden wir auf die Reihe (17.1) das Wurzelkriterium aus Satz 13.24 an, so stellen wir fest, es liegt absolute Konvergenz vor, wenn ein q mit $0 \leq q < 1$ existiert, so dass

$$q \geq \sqrt[n]{|a_n(z - z_0)^n|} = \sqrt[n]{|a_n|}|z - z_0|$$

für fast alle n, d. h. (17.1) konvergiert für solche $z \in \mathbb{C}$ absolut, für die

$$|z - z_0| \underbrace{\left(\sup_{n \geq n_0} \sqrt[n]{|a_n|} \right)}_{=:L(n_0)} < 1 \quad \text{für ein } n_0 \in \mathbb{N}. \tag{17.2}$$

Ist andererseits (mit einem festen $q > 1$) $|z - z_0| L(n_0) \geq q > 1$ für *alle* n_0, so liefert das Wurzelkriterium *Divergenz* der Reihe. Die Größe

$$L := \inf_{n_0 \in \mathbb{N}} L(n_0) = \lim_{m \to \infty} L(m) \,, \tag{17.3}$$

die nach Satz 2.4 immer existiert, entscheidet daher über Konvergenz oder Divergenz: Für $|z - z_0| < R := 1/L$ herrscht absolute Konvergenz, für $|z - z_0| > R$ herrscht Divergenz. Dabei sind die Werte 0 und ∞ zugelassen, und man setzt $1/0 = \infty$, $1/\infty = 0$.

In der Praxis ist die Folge $\left(\sqrt[n]{|a_n|} \right)$ häufig konvergent, und dann ist $L = \lim_{n \to \infty} \sqrt[n]{|a_n|}$, was sofort aus der Definition des Limes folgt. Man kann alternativ aber auch mit Quotienten arbeiten, jedenfalls wenn $a_n \neq 0$ für fast alle n. Wenden wir nämlich das Quotientenkriterium aus Satz 13.25 auf (17.1) an, so bekommen wir die hinreichende Bedingung

$$|z - z_0| \underbrace{\left(\sup_{n \geq n_0} \left| \frac{a_{n+1}}{a_n} \right| \right)}_{=:Q(n_0)} < 1 \quad \text{für ein} \quad n_0 \in \mathbb{N} \tag{17.4}$$

für absolute Konvergenz, falls fast alle $a_n \neq 0$ sind. Existiert der Limes

$$Q := \lim_{n \to \infty} \left| \frac{a_{n+1}}{a_n} \right| \,,$$

so ist (17.4) äquivalent zu $|z - z_0| Q < 1$, also $|z - z_0| < 1/Q$. Außerdem liefert das Quotientenkriterium Divergenz für den Fall $|z - z_0| > 1/Q$. Insbesondere muss $Q = L$ sein, denn die Ergebnisse von Quotienten- und Wurzelkriterium können einander ja nicht widersprechen.

Wir fassen zusammen:

Theorem 17.2.

a. Für jede Potenzreihe

$$f(z) \sim \sum_{n=0}^{\infty} a_n (z - z_0)^n \tag{17.1}$$

existiert eine eindeutig bestimmte Größe R $(0 \leq R \leq \infty)$, der sogenann-te Konvergenzradius *der Potenzreihe für die folgendes gilt:*
(i) (17.1) konvergiert nur für $z = z_0$, falls $R = 0$,

(ii) (17.1) konvergiert in der offenen Kreisscheibe

$$U_R(z_0) = \{z \in \mathbb{C} \mid |z - z_0| < R\} \,, \qquad (17.5)$$

falls $0 < R < \infty$. Die Reihe divergiert dann für $|z - z_0| > R$.
(iii) (17.1) konvergiert in ganz $\mathbb{C}$, falls $R = +\infty$.
b. *Die Konvergenz ist absolut und gleichmäßig in jedem kompakten Teil des Konvergenzgebietes.*
c. *Existiert einer der Grenzwerte*

$$L := \begin{cases} \lim\limits_{n \longrightarrow \infty} \sqrt[n]{|a_n|} \,, \\ \lim\limits_{n \longrightarrow \infty} \frac{|a_{n+1}|}{|a_n|} \,, \end{cases} \qquad (17.6)$$

so ist

$$R := \begin{cases} 0, & \text{falls} \quad L = +\infty \,, \\ L^{-1}, & \text{falls} \quad 0 < L < \infty \,, \\ \infty, & \text{falls} \quad L = 0 \,. \end{cases} \qquad (17.7)$$

d. *Existieren die Grenzwerte in (17.6) nicht, so ist der Limes durch den größtmöglichen Grenzwert einer konvergenten Teilfolge zu ersetzen.*

Die einzige Behauptung, deren Beweis durch unsere Vorbetrachtung nicht abgedeckt ist, ist Teil b. Ist aber $K \subseteq U_R(z_0)$ eine kompakte Teilmenge, so ist $r := \max_{z \in K} |z - z_0| < R$, also ist $\sum_{n=0}^{\infty} |a_n| r^n$ eine konvergente Majorante, mit der der WEIERSTRASS'sche M-Test (Satz 14.16) die gleichmäßige Konvergenz auf K liefert.

Betrachten wir zunächst einige
Beispiele:

a. Die Potenzreihe $f(z) \sim \sum\limits_{n=0}^{\infty} \frac{z^n}{n!}$, also $a_n = \frac{1}{n!}$, hat den Konvergenzradius
   $R = +\infty$, denn $L = \lim\limits_{n \longrightarrow \infty} \frac{a_{n+1}}{a_n} = \lim\limits_{n \longrightarrow \infty} \frac{1}{n+1} = 0$.

b. Die Potenzreihe $f(z) \sim \sum\limits_{n=0}^{\infty} z^n$, also $a_n = 1$, hat den Konvergenzradius
   $R = 1$. Für $|z| = 1$ ist sie immer divergent, wie man durch explizite Berechnung der Partialsummen mit Hilfe der Summenformel für die endliche geometrische Reihe nachweist (Übung!).

c. Die Potenzreihe $f(z) \sim \sum\limits_{n=0}^{\infty} n! z^n$, also $a_n = n!$, hat den Konvergenzradius
   $R = 0$.

d. Die Potenzreihe $f(z) \sim \sum\limits_{n=1}^{\infty} z^n / n$, also $a_n = 1/n$, hat den Konvergenzradius $R = 1$ (was man am bequemsten durch Betrachtung von Quotienten nachweist). Für $z = 1$ handelt es sich um die harmonische Reihe, ist also divergent. Für $|z| = 1$, $z \neq 1$ kann man aber beweisen, dass sie bedingt konvergiert (vgl. Ergänzung 17.15). Das Verhalten einer Potenzreihe am Rand ihres Konvergenzkreises ist also von Fall zu Fall verschieden und kann sehr diffizile Fragen aufwerfen.

Innerhalb ihres Konvergenzgebietes kann man mit Potenzreihen fast so unbedenklich rechnen wie mit Polynomen. Genauer:

Theorem 17.3. *Wenn* $f(z) = \sum_{n=0}^{\infty} a_n(z-z_0)^n$ *konvergent in der Kreisscheibe* $U_R(z_0) = \{z \mid |z - z_0| < R\}$, $R > 0$, *ist, dann ist* $f(z)$ *holomorph in* $U_R(z_0)$, *und alle Ableitungen können durch gliedweise Differenziation berechnet werden, d. h.*

$$f^{(k)}(z) = \sum_{n=k}^{\infty} n(n-1)\cdots(n-k+1)a_n(z-z_0)^{n-k} \qquad (17.8)$$

in $U_R(z_0)$.

Beweis. Wegen

$$\lim_{n\to\infty} \sqrt[n]{n(n-1)\cdots(n-k+1)\,|a_n|}$$

$$= \lim_{n\to\infty} \sqrt[n]{n}\cdots \lim_{n\to\infty} \sqrt[n]{n-k+1} \cdot \lim_{n\to\infty} \sqrt[n]{|a_n|} = \frac{1}{R}$$

hat die Potenzreihe (17.8) ebenfalls den Konvergenzradius R. Da beide Reihen in jedem kompakten Teil von $U_R(z_0)$ nach Satz 17.2 b. gleichmäßig konvergieren, folgt die Behauptung aus Satz 14.21b. (Dass dieser Satz nur von Funktionen einer reellen Variablen handelt, spielt keine Rolle. Man kann seinen Beweis mit Hilfe von Kurvenintegralen auf komplexe Ableitungen übertragen, oder man nutzt ihn in Verbindung mit (16.4), (16.5) für die partiellen Ableitungen nach x und y aus.) $\qquad\square$

Korollar 17.4. *Unter den Voraussetzungen von Theorem 17.3 ist jede Stammfunktion* g *von* f *in* $U_r(z_0)$ *durch die konvergente Potenzreihe*

$$g(z) = g(z_0) + \sum_{n=0}^{\infty} \frac{a_n}{n+1}(z - z_0)^{n+1} \qquad (17.9)$$

gegeben.

Beweis. Gliedweise Differenziation der Reihe (17.9) führt offenbar wieder zur gegebenen Reihe $\sum_{n=0}^{\infty} a_n(z - z_0)^n$. Aus dem Beweis von Thm. 17.3 wissen wir damit, dass beide Reihen denselben Konvergenzradius haben. Also ist (17.9) in $U_r(z_0)$ konvergent, und daher können wir Thm. 17.3 auf g anwenden. Das zeigt, dass g holomorph ist mit $g'(z) = f(z)$ in $U_r(z_0)$. Da zwei Stammfunktionen sich nur um eine additive Konstante unterscheiden, sind alle Stammfunktionen durch (17.9) gegeben. $\qquad\square$

Theorem 17.5 (Identitätssatz).

a. Die Koeffizienten einer Potenzreihe $f(z) \sim \sum\limits_{n=0}^{\infty} a_n(z - z_0)^n$ *mit positivem Konvergenzradius sind eindeutig bestimmt. Sie sind nämlich die* TAYLOR-Koeffizienten

$$a_n = \frac{f^{(n)}(z_0)}{n!} \quad (n \in \mathbb{N}_0) \,. \tag{17.10}$$

b. Seien

$$f(z) = \sum_{n=0}^{\infty} a_n(z - z_0)^n \,, \quad g(z) = \sum_{n=0}^{\infty} b_n(z - z_0)^n$$

beide konvergent für $|z - z_0| < R$*. Dann gilt:*

$$f(z) = g(z) \quad \text{für} \quad |z - z_0| < R \quad \Longleftrightarrow \quad a_n = b_n \quad \forall\, n$$

Beweis.

a. Auswertung der Formel (17.8) bei $z = z_0$ liefert sofort

$$f^{(k)}(z_0) = k!a_k \quad \forall\, k$$

und damit (17.10).

b. $\Longleftarrow$ a. $\qquad\qquad\qquad\qquad\qquad\qquad\qquad\qquad\qquad\quad$ $\square$

Aus Satz 13.22 folgt noch:

Satz 17.6 (CAUCHY-Produktformel). *Sind*

$$f(z) = \sum_{n=0}^{\infty} a_n(z - z_0)^n \,, \quad g(z) = \sum_{n=0}^{\infty} b_n(z - z_0)^n$$

beide konvergent in $U_R(z_0)$*, so ist*

$$f(z) \cdot g(z) = \sum_{n=0}^{\infty} \left(\sum_{k=0}^{n} a_k b_{n-k} \right) (z - z_0)^n \tag{17.11}$$

konvergent in $U_R(z_0)$*.*

B. Reelle und komplexe TAYLOR-Reihen

Sei $I \subseteq \mathbb{R}$ ein offenes Intervall, $f : I \longrightarrow \mathbb{R}$ eine C^∞-Funktion, $x_0 \in I$ ein Punkt. Nach Satz 2.25 gilt dann für jedes $n \in \mathbb{N}_0$ die reelle TAYLOR-Formel

$$f(x) = \sum_{k=0}^{n} \frac{f^{(k)}(x_0)}{k!}(x - x_0)^k + r_n(f; x_0, x) \tag{17.12}$$

mit dem Restglied

$$r_n(f; x_0, x) = \frac{f^{(n+1)}(\xi)}{(n+1)!} (x - x_0)^{n+1} .$$ (17.13)

Andererseits ist jede holomorphe Funktion $w = f(z)$ nach Satz 16.20 beliebig oft differenzierbar und erfüllt nach Satz 16.25 ebenfalls für jedes $n \in \mathbb{N}_0$ die komplexe TAYLOR-Formel

$$f(z) = \sum_{k=0}^{n} \frac{f^{(k)}(z_0)}{k!} (z - z_0)^k + r_n(f; z_0, z)$$ (17.14)

mit dem Restglied

$$r_n(f; z_0, z) = \frac{(z - z_0)^{n+1}}{2\pi i} \oint_\Gamma \frac{f(\zeta)}{(\zeta - z_0)^{n+1}(\zeta - z)} \, d\zeta ,$$ (17.15)

wobei Γ (z. B.) ein Kreis um z_0 ist, in dessen Innerem $f(z)$ holomorph ist. In beiden Fällen können wir fragen, ob bzw. unter welchen Bedingungen

$$f(z) = \sum_{n=0}^{\infty} \frac{f^{(n)}(z_0)}{n!} (z - z_0)^n$$ (17.16)

gilt, d. h. die TAYLOR-*Reihe* gegen f konvergiert.

Aus Teil a. des Identitätssatzes wissen wir schon, dass eine konvergente Potenzreihe immer ihre eigene TAYLOR-Reihe ist. Man kennt jedoch Beispiele von reellen C^∞-Funktionen $f(x)$, deren TAYLOR-Reihe nicht gegen $f(x)$ konvergiert. Bei

$$f(x) = \begin{cases} e^{-1/x^2} & \text{für} \quad x \neq 0 \\ 0 & \text{für} \quad x = 0 \end{cases}$$

wissen wir, dass $f \in C^\infty(\mathbb{R})$ ist und dass

$$f^{(n)}(0) = 0 \quad \text{für} \quad n = 0, 1, 2, \dots .$$

Daher konvergiert die TAYLOR-Reihe von f gegen die Funktion 0. Ob die TAYLOR-Reihe der Funktion f gegen f konvergiert oder nicht, hängt vom asymptotischen Verhalten ab, das die Ableitungen $f^{(n)}(x)$ in einer Umgebung von $x = x_0$ für $n \to \infty$ zeigen:

Satz 17.7. *Sei $I \subseteq \mathbb{R}$ offen, $f : I \longrightarrow \mathbb{R}$ eine C^∞-Funktion, $x_0 \in I$. Dann gilt:*

a. *Wenn Konstanten $\delta > 0$, $q > 0$ und $C \geq 0$ existieren, so dass für $|x - x_0| < \delta$*

$$|f^{(n)}(x)| \leq C n! q^n \quad \text{für alle} \quad n \in \mathbb{N}_0 ,$$ (17.17)

so gilt

$$\sum_{n=0}^{\infty} \frac{f^{(n)}(x_0)}{n!}\,(x - x_0)^n = f(x) \qquad (17.18)$$

für $|x - x_0| < r := \min(\delta, 1/q)$.

b. *Gilt umgekehrt (17.18) für $|x - x_0| < r$ und ist $0 < \delta < r$, so gilt (17.17)
für $|x - x_0| \le \delta$ mit geeigneten Konstanten $C \ge 0$, $q > 0$ (die von δ
abhängen).*

*Man nennt $f(x)$ reell-analytisch, wenn jedes $x_0 \in I$ eine Umgebung besitzt,
in der (17.18) gilt.*

Beweis. <u>a.</u> $\implies$ <u>b.</u>: Sei $|x - x_0| < r$. Aus (17.13) bekommen wir mit (17.17)

$$|r_n(f; x_0, x)| = \frac{|f^{(n+1)}(\xi)|}{(n+1)!}\,|x - x_0|^{n+1}$$
$$\le Cq^{n+1}|x - x_0|^{n+1} \longrightarrow 0, \quad n \longrightarrow \infty,$$

weil $q|x - x_0| < qr \le 1$ nach Voraussetzung. Die TAYLOR-Formel (17.12)
liefert daher (17.18).

<u>b.</u> $\implies$ <u>a.</u>: Wir betrachten die *komplexe* Potenzreihe

$$g(z) \sim \sum_{k=0}^{\infty} \frac{f^{(k)}(x_0)}{k!}(z - x_0)^k\,.$$

Ihr Konvergenzradius R kann nicht kleiner als r sein, denn sonst entstünde
für $R < x < r$ ein Widerspruch zu unserer Voraussetzung. Also definiert
die Potenzreihe in $U_r(x_0) \subseteq \mathbb{C}$ eine holomorphe Funktion g, die für reelle
Werte der Variablen mit f übereinstimmt. Zu gegebenem $\delta < r$ wählen wir
ein $\rho \in\,]\delta, r[$ und betrachten den Kreis $S_\rho(x_0)$. Ist $|z - x_0| \le \delta$, so liegt z im
Inneren dieses Kreises, also liefert Thm. 16.20b.

$$g^{(n)}(z) = \frac{n!}{2\pi\mathrm{i}} \oint_{S_\rho(x_0)} \frac{g(\zeta)}{(\zeta - z)^{n+1}}\,\mathrm{d}\zeta \quad \forall\ \ n \in \mathbb{N}_0\,,$$

also nach Satz 16.13

$$|g^{(n)}(z)| \le n!\rho \max_{|\zeta - x_0| = \rho} \left| \frac{g(\zeta)}{(\zeta - z)^{n+1}} \right|\,.$$

Auf der kompakten Menge $S_\rho(x_0)$ hat die stetige Funktion $|g(\zeta)|$ einen ma-
ximalen Wert M (vgl. Thm. 14.7). Aus $|z - x_0| \le \delta$ und $|\zeta - x_0| = \rho$ folgt
$|\zeta - z| \ge \rho - \delta$ nach der Dreiecksungleichung. Zusammen ergibt das

$$\max_{|\zeta - x_0| = \rho} \left| \frac{g(\zeta)}{(\zeta - z)^{n+1}} \right| \le \frac{M}{(\rho - \delta)^{n+1}}\,,$$

also

$$|g^{(n)}(z)| \le Cn!q^n$$

mit

$$C := \frac{M\rho}{\rho - \delta}, \quad q := \frac{1}{\rho - \delta}.$$

Für reelle Werte der Variablen übertragen sich diese Aussagen wegen (16.4) auch auf die (reellen) Ableitungen von f, d. h. wir haben a. hergeleitet. $\square$

Bei holomorphen Funktionen brauchen wir keine weiteren Zusatzvoraussetzungen:

Theorem 17.8. *Sei $f(z)$ holomorph in einem Gebiet $D \subseteq \mathbb{C}$. Dann gilt*

$$\sum_{n=0}^{\infty} \frac{f^{(n)}(z_0)}{n!} (z - z_0)^n = f(z)$$

in der größten Kreisscheibe $U_R(z_0) \subseteq D$.

Beweis. Analog zum ersten Teil des vorhergehenden Beweises betrachten wir das durch (17.15) gegebene Restglied

$$|r_n(f; z_0, z)| = \frac{|z - z_0|^{n+1}}{2\pi} \left| \oint_{|\zeta - z_0| = \rho} \frac{f(\zeta)}{(\zeta - z_0)^{n+1}(\zeta - z)} \, d\zeta \right|.$$

Dabei ist $0 < \rho < R$ und $|z - z_0| < \rho$ vorausgesetzt. Mittels Satz 16.13 kann man nun das Integral genauso abschätzen wie im zweiten Teil des vorigen Beweises. Das ergibt

$$|r_n(f; z_0, z)| \le \text{const} \cdot \left(\frac{|z - z_0|}{\rho} \right)^{n+1} \longrightarrow 0 \quad \text{für} \quad n \to \infty.$$

Daraus folgt die Behauptung für $z \in U_\rho(z_0)$. Da man ρ beliebig nahe bei R wählen kann, gilt die Behauptung sogar in $U_R(z_0)$. $\square$

Bemerkung: Dieser Satz erklärt, warum holomorphe Funktionen auch *komplex-analytisch* (oder kurz: *analytisch*) genannt werden.

Satz 17.9. *Sei $f(z)$ holomorph in einem Gebiet $D \subseteq \mathbb{C}$. Ein Punkt $z_0 \in D$ heißt eine* Nullstelle *n-ter Ordnung von $f(z)$, wenn*

$$f(z_0) = 0, \quad f'(z_0) = \cdots = f^{(n-1)}(z_0) = 0, \quad f^{(n)}(z_0) \ne 0.$$

Es gilt: Ist $f \not\equiv 0$, so haben alle Nullstellen von f endliche Ordnung und liegen isoliert, d. h. die Menge der Nullstellen hat in D keinen Häufungspunkt (vgl. 13.2d.). Insbesondere liegen in jedem kompakten Teil von D nur endlich viele Nullstellen.

Beweis. Wäre $z_0 \in D$ eine Nullstelle unendlicher Ordnung, so wäre $f^{(n)}(z_0) = 0$ für alle $n \in \mathbb{N}_0$, d. h. in der TAYLOR-Reihe würden alle Koeffizienten verschwinden. Dann folgt aber aus Thm. 17.8, dass $f \equiv 0$ in einer Kreisscheibe $U_R(z_0) \subseteq D$ ist, und damit ist das Innere $\overset{\circ}{N}$ der Nullstellenmenge $N := f^{-1}(0)$ nicht leer. Wegen $f \not\equiv 0$ im Gebiet D muss $\overset{\circ}{N}$ dann Randpunkte in D haben. Ein Punkt $z_1 \in \partial \overset{\circ}{N}$ ist aber wieder eine Nullstelle unendlicher Ordnung, denn, wie wir gleich sehen werden, sind Nullstellen endlicher Ordnung isoliert in N. Also gehört auch eine offene Kreisscheibe um z_1 zu N, und das ist ein Widerspruch zur Definition eines Randpunkts. Daher hat f keine Nullstelle unendlicher Ordnung.

Ist $z_0 \in D$ eine Nullstelle n-ter Ordnung, so folgt aus Thm. 17.8 (mit $b_k := f^{(k)}(z_0)/k!$)

$$f(z) = b_n(z - z_0)^n + b_{n+1}(z - z_0)^{n+1} + \cdots$$
$$= (z - z_0)^n \left[b_n + b_{n+1}(z - z_0) + \cdots \right] = (z - z_0)^n \cdot g(z).$$

Dabei ist $g(z)$ holomorph, $g(z_0) \neq 0$ wegen $b_n \neq 0$, und daher gibt es nach Satz 14.4 d. eine Umgebung $\mathcal{U}$ von z_0 mit

$$g(z) \neq 0 \text{ in } \mathcal{U},$$

d. h. $f(z) \neq 0$ in $\mathcal{U} \setminus \{z_0\}$. Daher liegt z_0 isoliert. Würde eine kompakte Teilmenge $K \subseteq D$ unendlich viele Nullstellen enthalten, so gäbe es in K nach Definition der Kompaktheit (vgl. 13.13) eine Nullstelle, die nicht isoliert liegt, ein Widerspruch. $\Box$

Bemerkung: Dieser Beweis benutzt nur die Tatsache, dass f lokal immer als Summe einer konvergenten Potenzreihe geschrieben werden kann. Der Satz gilt daher genauso für reell-analytische Funktionen auf einem offenen Intervall. Der hier eingeführte Begriff der Ordnung (= *Vielfachheit*) einer Nullstelle verallgemeinert offenbar den Begriff der Vielfachheit einer Nullstelle eines Polynoms, wie er in den Ergänzungen 1.34 und 2.45 diskutiert wurde.

C. TAYLOR-Reihen der elementaren Funktionen (Formelsammlung)

Wie wir in 16.7 gesehen haben, lassen sich die elementaren Funktionen zu holomorphen Funktionen fortsetzen, die in der ganzen komplexen Ebene oder in großen Teilgebieten davon definiert sind. Die TAYLOR-Entwicklungen, die wir in Beispiel 2.26 und in Abschn. 2F. kennen gelernt haben, ergeben daher durch Anwendung von Theorem 17.8 Reihenentwicklungen für die elementaren Funktionen. So erhält man z. B.

Satz 17.10. *Für alle $z \in \mathbb{C}$ ist*

$$\exp z = \sum_{n=0}^{\infty} \frac{z^n}{n!}, \tag{17.19}$$

$$\sin z = \sum_{n=0}^{\infty} (-1)^n \frac{z^{2n+1}}{(2n+1)!}, \tag{17.20}$$

$$\cos z = \sum_{n=0}^{\infty} (-1)^n \frac{z^{2n}}{(2n)!}, \tag{17.21}$$

$$\sinh z = \sum_{n=0}^{\infty} \frac{z^{2n+1}}{(2n+1)!}, \tag{17.22}$$

$$\cosh z = \sum_{n=0}^{\infty} \frac{z^{2n}}{(2n)!}. \tag{17.23}$$

Diese Reihen sind absolut und auf jeder kompakten Teilmenge von $\mathbb{C}$ gleichmäßig konvergent.

Den komplexen Logarithmus und die allgemeine Potenz entwickelt man am besten um den Punkt $z_0 = 1$. Dabei bevorzugt man denjenigen Zweig des Logarithmus, der auf der positiven reellen Achse reelle Werte annimmt. Dieser wird offenbar durch die Wahl $\theta = -\pi$ realisiert, also $L_\theta = \{x \in \mathbb{R} \mid x \leq 0\}$ (Bezeichnungen wie in 16.6), und es ist $U_1(1) \subseteq D_{-\pi}$. Der bequemeren Formulierung wegen führen wir noch $z - 1$ als die neue Variable z ein. Dann ergibt sich

Satz 17.11. *Für $|z| < 1$ und beliebiges $\alpha \in \mathbb{C}$ ist*

$$\ln(1 + z) = \sum_{n=1}^{\infty} (-1)^n \frac{z^n}{n}, \tag{17.24}$$

$$(1 + z)^\alpha = \sum_{n=0}^{\infty} \binom{\alpha}{n} z^n. \tag{17.25}$$

Diese Reihen konvergieren absolut und auf jeder kompakten Teilmenge von $U_1(0)$ gleichmäßig.

Mit $\alpha = 1/n$ ergeben sich insbesondere Reihenentwicklungen für $\sqrt[n]{1+z}$. Für $\alpha = -1$ und $w = -z$ folgt $(1 - w)^{-1} = \sum_{n=0}^{\infty} w^n$, also die schon aus Beispiel 13.18a. bekannte Summenformel für die geometrische Reihe. Integriert man diese gemäß Korollar 17.4 und setzt $w = -z$ ein, so erhält man wieder (17.24). (Der Zweig des Logarithmus ist hier durch die Forderung $\ln 1 = 0$ festgelegt!)

Durch Integrieren lassen sich weitere Reihenentwicklungen für elementare Funktionen gewinnen. Setzt man z. B. $w = -z^2$ in die Formel für die geometrische Reihe ein, so ergibt sich

$$\frac{1}{1+z^2} = \sum_{n=0}^{\infty} (-1)^n z^{2n} \quad \text{für} \quad |z| < 1 \; ,$$

und durch Integrieren folgt hieraus

$$\arctan z = \sum_{n=0}^{\infty} (-1)^n \frac{z^{2n+1}}{2n+1} \; . \tag{17.26}$$

Weitere Reihenentwicklungen dieser Art finden sich in einschlägigen Formelsammlungen wie etwa [12].

D. Lösung linearer Differenzialgleichungen mittels Potenzreihen

Im Folgenden betrachten wir lineare Differenzialgleichungen zweiter Ordnung der Form

$$y'' - a(x)y' - b(x)y = 0 \; , \tag{17.27}$$

wobei die Koeffizienten analytische Funktionen

$$a(x) = \sum_{k=0}^{\infty} a_k x^k \; , \quad b(x) = \sum_{k=0}^{\infty} b_k x^k \; , \quad |x| < R \tag{17.28}$$

sind. Solche Differenzialgleichungen kann man durch Potenzreihenansatz

$$y(x) = \sum_{m=0}^{\infty} c_m x^m \tag{17.29}$$

lösen, wobei die unbestimmten Koeffizienten durch Einsetzen von (17.29) in (17.27) bestimmt werden müssen.

Beispiel:
$$y'' + y = 0 \; .$$
Diese Differenzialgleichung hat bekanntlich die allgemeine Lösung

$$y(x) = c_0 \cos x + c_1 \sin x \; .$$

Wir demonstrieren jetzt, wie man dies durch Potenzreihenansatz herausfinden könnte.

Setzen wir den Ansatz (17.29) in die Differenzialgleichung ein, so ergibt sich

$$0 = \sum_{m=2}^{\infty} m(m-1)c_m \, x^{m-2} + \sum_{m=0}^{\infty} c_m x^m$$

$$= \sum_{k=0}^{\infty} \left[(k+2)(k+1)\, c_{k+2} + c_k \right] x^k = 0 \; .$$

Nach dem Identitätssatz 17.5 folgt

$$(k + 2)(k + 1)\, c_{k+2} + c_k = 0 \quad \text{für} \quad k = 0, 1, 2, \ldots,$$

und dies liefert die Rekursionsformel

$$c_{k+2} = -\frac{1}{(k + 1)(k + 2)}\, c_k, \quad k = 0, 1, 2, \ldots,$$

aus der alle c_k bestimmt werden können, wenn c_0 und c_1 vorgegeben sind:

$$c_2 = -\frac{1}{2!}\, c_0, \quad c_4 = \frac{1}{4!}\, c_0, \quad c_6 = -\frac{1}{6!}\, c_0, \ldots$$

$$c_3 = -\frac{1}{3!}\, c_1, \quad c_5 = \frac{1}{5!}\, c_1, \quad c_7 = -\frac{1}{7!}\, c_1, \ldots,$$

so dass sich insgesamt ergibt

$$y(x) = c_0 \sum_{k=0}^{\infty} \frac{(-1)^k}{(2k)!}\, x^{2k} + c_1 \sum_{k=0}^{\infty} \frac{(-1)^k}{(2k + 1)!}\, x^{2k+1},$$

d. h. wir erhalten in der Tat die Lösung der Differenzialgleichung, dargestellt durch ihre Reihenentwicklung gemäß (17.20), (17.21).

Der allgemeine Fall gestaltet sich natürlich etwas komplizierter, weil die Produkte $a(x)y'(x)$ und $b(x)y(x)$ mittels der CAUCHY'schen Produktformel (Satz 17.6) als Potenzreihen geschrieben werden müssen. Es ergibt sich durch Koeffizientenvergleich dann:

$$c_{n+2}\,(n + 2)(n + 1) - [(n + 1)a_0 c_{n+1} + (na_1 + b_0)c_n + \cdots$$
$$+ (a_n + b_{n-1})c_1 + b_n c_0] = 0, \qquad (17.30)$$

und auch dies ist eine Rekursionsformel, mit der sich c_{n+2} aus den c_k mit $k < n + 2$ berechnen lässt.

Dass dieses Verfahren allgemein funktioniert, liegt an dem folgenden Satz:

Satz 17.12. *Jede Lösung der Differenzialgleichung (17.27) mit analytischen Koeffizienten (17.28) ist analytisch.*

Wir beweisen das später in allgemeinerem Zusammenhang (vgl. Ergänzung 20.26). Aus Satz 4.5a. wissen wir schon, dass die Anfangswertaufgabe aus (17.27) und den Anfangsbedingungen

$$y(0) = c_0, \quad y'(0) = c_1$$

eine eindeutige Lösung besitzt, und diese muss nach dem letzten Satz analytisch sein, hat also in einer Umgebung $U_R(0)$ die Form (17.29) und lässt sich daher durch diesen Ansatz berechnen. Der Punkt $x_0 = 0$ kann hier natürlich durch jeden anderen Entwicklungspunkt x_0 aus dem Definitionsbereich der Koeffizienten ersetzt werden.

Man muss diese Methode aber noch etwas verallgemeinern, wie das folgende Beispiel zeigt: Bei der BESSEL'schen Differenzialgleichung

$$x^2 y'' + x y' + (x^2 - \nu^2) y = 0 \,, \quad \nu \in \mathbb{R} \,,$$

die bei fast allen zylindersymmetrischen Problemen der mathematischen Physik auftritt, versagt die oben beschriebene Potenzreihenmethode, denn schreiben wir die Differenzialgleichung in der Form

$$y'' + \frac{1}{x} y' + \left(1 - \frac{\nu^2}{x^2} \right) y = 0 \,,$$

so sehen wir, dass die Koeffizienten eine Singularität bei $x = 0$ haben, also keinesfalls in einer Umgebung von $x = 0$ analytische Funktionen darstellen. Dennoch gehört die BESSEL'sche Differenzialgleichung zu einem Typ von Differenzialgleichung, den man noch mit einer modifizierten Potenzreihen-Methode behandeln kann. Wir definieren:

Definition 17.13. *Gegeben sei eine lineare Differenzialgleichung zweiter Ordnung der Form*

$$y'' + \frac{a(x)}{x} y' + \frac{b(x)}{x^2} y = 0 \,, \tag{17.31}$$

wobei die Funktionen $a(x)$, $b(x)$ in einer Umgebung von $x = 0$ analytische Funktionen sind, d. h. sie besitzen für $|x| < R$, $R > 0$, konvergente Potenzreihenentwicklungen

$$a(x) = \sum_{k=0}^{\infty} a_k x^k \,, \quad b(x) = \sum_{k=0}^{\infty} b_k x^k \,. \tag{17.32}$$

Dann heißt der Punkt $x = 0$ ein regulärer singulärer Punkt *(= schwach singulärer Punkt) der Differenzialgleichung (17.31).*

Wir wollen nun eine Methode kennen lernen, wie man solche Differenzialgleichungen lösen kann. Dies ist die sogenannte *Methode von* FROBENIUS. Setzen wir die Potenzreihenentwicklungen (17.32) in die Differenzialgleichung (17.31) ein, so nimmt diese die folgende Form an:

$$y'' + \left(\frac{a_0}{x} + a_1 + a_2 x + \cdots \right) y' + \left(\frac{b_0}{x^2} + \frac{b_1}{x} + b_2 + b_3 x + \cdots \right) y = 0 \,.$$

In einer Umgebung von $x = 0$ wird das Verhalten der Koeffizienten im wesentlichen von den Termen mit den höchsten negativen x-Potenzen bestimmt,

d. h. in der Nähe von $x = 0$ ist

$$\frac{a(x)}{x} \approx \frac{a_0}{x}, \quad \frac{b(x)}{x^2} \approx \frac{b_0}{x^2} .$$

Daher kann man vermuten, dass sich die Lösung von (17.31) in einer hinreichend kleinen Umgebung von $x = 0$ wie die Lösung der Differenzialgleichung

$$y'' + \frac{a_0}{x}\, y' + \frac{b_0}{x^2}\, y = 0 \tag{17.33}$$

verhält. (17.33) ist aber eine Differenzialgleichung vom EULER-CAUCHY'schen Typ

$$x^2 y'' + a_0 x y' + b_0 y = 0 ,$$

die wir mit dem Ansatz $y = x^\lambda$ direkt lösen können (vgl. Ergänzung 4.13). Einsetzen dieses Ansatzes in die Differenzialgleichung (17.33) führt auf die sog. *Indexgleichung*

$$\lambda^2 + (a_0 - 1)\, \lambda + b_0 = 0 ,$$

aus der man i. A. zwei Lösungen λ_1, λ_2 bekommt. Zunächst können wir jedenfalls sagen, dass die Differenzialgleichung (17.33) Lösungen der Form $y = x^\lambda$ hat. In der Umgebung von $x = 0$ unterscheiden sich die Lösungen von (17.31) und (17.33) höchstens in Gliedern höherer Ordnung, und daher ist es plausibel, dass man für die Lösung von (17.31) einen Ansatz der Form

$$y(x) = x^\lambda (c_0 + c_1 x + c_2 x^2 + \cdots)$$

$$= \sum_{n=0}^{\infty} c_n x^{n+\lambda} = x^\lambda \sum_{n=0}^{\infty} c_n x^n \tag{17.34}$$

macht. Damit (17.34) eine Lösung von (17.31) wird, muss man durch Einsetzen von (17.34) in (17.31) den Parameter λ und die Koeffizienten c_n bestimmen.

Wir wollen uns nur mit dem formalen Teil dieser Prozedur beschäftigen, indem wir annehmen, die Reihe (17.34) sei konvergent für $|x| < R$ und $y(x)$ sei eine Lösung von (17.31). Dann sind nach Satz 17.3

$$y'(x) = \sum_{n=0}^{\infty} (\lambda + n)\, c_n x^{n+\lambda-1} , \quad y''(x) = \sum_{n=0}^{\infty} (\lambda + n)(\lambda + n - 1)\, c_n x^{n+\lambda-2}$$

ebenfalls konvergent für $|x| < R$. Setzen wir (17.34) mit seinen Ableitungen in (17.31) ein und benutzen die CAUCHY-Produktformel aus Satz 17.6, so bekommen wir

$$\sum_{n=0}^{\infty} \{ (\lambda + n)(\lambda + n - 1)\, c_n +$$

$$+ [a_0(\lambda + n)c_n + a_1(\lambda + n - 1)c_{n-1} + \cdots + a_n \lambda c_0] +$$

$$+ [b_0 c_n + b_1 c_{n-1} + \cdots + b_n c_0] \} x^{n+\lambda} = 0 .$$

Mit dem Identitätssatz 17.5 folgt daraus:

$$c_n \left[(\lambda + n)(\lambda + n - 1) + a_0(\lambda + n) + b_0 \right] +$$
$$+ c_{n-1} \left[a_1(\lambda + n - 1) + b_1 \right] + \cdots + c_0 \left[a_n\lambda + b_n \right] = 0 \,. \tag{17.35}$$

Dies ist wieder eine Rekursionsformel, aus der man den Koeffizienten c_n berechnen kann, wenn man die Koeffizienten $c_0, \ldots, c_{n-1}$ kennt. Allerdings muss man beachten, dass der Parameter λ ebenfalls zu bestimmen ist. Um mit (17.35) leichter arbeiten zu können, führen wir folgende Abkürzungen ein

$$\begin{aligned} f_0(m) &:= m(m-1) + a_0 m + b_0 \,, \\ f_k(m) &:= \qquad\qquad\quad a_k m + b_k \,. \end{aligned} \quad \text{mit } m \in \mathbb{R} \tag{17.36}$$

Damit schreibt sich (17.35) in der Form

$$c_n = -\frac{c_{n-1} f_1(\lambda + n - 1) + \cdots + c_0 f_n(\lambda)}{f_0(\lambda + n)} \,. \tag{17.37}$$

Im Falle $n = 0$ bekommen wir daraus

$$c_0 f_0(\lambda) \equiv c_0 \left[\lambda(\lambda - 1) + a_0\lambda + b_0 \right] = 0 \,,$$

und dies ist die sogenannte *Bestimmungsgleichung für* λ, da wir $c_0 \neq 0$ fordern müssen, denn anderenfalls würden nach (17.37) alle Koeffizienten c_n verschwinden, was uns lediglich die triviale Lösung der Differenzialgleichung (17.31) liefern würde. Somit lautet die Bestimmungsgleichung für λ

$$\lambda^2 + (a_0 - 1)\lambda + b_0 = 0 \,, \tag{17.38}$$

die wir schon in unserer heuristischen Vorüberlegung hergeleitet hatten. Die Gleichung (17.38) hat die beiden Lösungen

$$\lambda_1 = \frac{1}{2} \left\{ -a_0 + 1 + \sqrt{(a_0 - 1)^2 - 4b_0} \right\} \,,$$
$$\lambda_2 = \frac{1}{2} \left\{ -a_0 + 1 - \sqrt{(a_0 - 1)^2 - 4b_0} \right\} \,.$$

Diese sind i. A. verschieden und führen auf zwei linear unabhängige Lösungen

$$y_i(x) = x^{\lambda_i} \sum_{n=0}^{\infty} c_n^{(i)} x^n \,, \quad i = 1, 2 \tag{17.39}$$

der Differenzialgleichung (17.31), wobei sich die Koeffizienten $c_n^{(i)}$ gemäß (17.37) aus

$$c_n^{(i)} = -\frac{c_{n-1}^{(i)} f_1(\lambda_i + n - 1) + \cdots + c_0^{(i)} f_n(\lambda_i)}{f_0(\lambda_i + n)} \tag{17.40}$$

berechnen, und zwar ausgehend von einer beliebig gewählten Konstanten $c_0^{(i)} \neq 0$. Aus (17.40) kann man die Koeffizienten $c_1^{(i)}$, $c_2^{(i)}$, ... eindeutig bestimmen, falls

$$f_0(\lambda_i + n) \neq 0 \quad \text{für alle} \quad n \in \mathbb{N}$$

ist. Das Verschwinden von $f_0(\lambda + n)$ für ein $n \in \mathbb{N}$ bedeutet aber nach (17.36)

$$(\lambda + n)(\lambda + n - 1) + a_0(\lambda + n) + b_0 = 0 \,,$$

d. h. $\lambda + n$ ist in diesem Fall Lösung der quadratischen Gleichung

$$\mu^2 + (a_0 - 1)\mu + b_0 = 0 \,,$$

was aber gerade die Bestimmungsgleichung (17.38) für λ ist, die als Lösungen λ_1 und λ_2 hat. Ist also

$$\lambda_2 = \lambda_1 + n \quad \text{mit einem} \quad n \in \mathbb{N} \,,$$

so können wir die Koeffizienten $c_n^{(2)}$ nicht eindeutig bestimmen, und das beschriebene Vorgehen liefert uns nur *eine* Lösung der Differenzialgleichung (17.31). Eine zweite Lösung, die davon linear unabhängig ist, muss dann mit anderen Methoden gewonnen werden, z. B. aus dem Ansatz

$$y_2(x) = \mu(x)y_1(x) \,.$$

Die so gewonnenen Potenzreihen mit den Koeffizienten $c_n^{(i)}$ konvergieren tatsächlich in der Umgebung $U_R(0)$ und stellen damit dort Lösungen von (17.31) dar. Den strengen Beweis hiervon übergehen wir (vgl. etwa [38], §27) und fassen unsere Überlegungen in dem folgenden Satz zusammen:

Satz 17.14. *Gegeben sei die Differenzialgleichung*

$$y'' + \frac{a(x)}{x} y' + \frac{b(x)}{x^2} y = 0 \tag{17.31}$$

mit analytischen Koeffizienten $a(x)$, $b(x)$ für $|x| < R$. Sind dann λ_1, λ_2 die Wurzeln der quadratischen Gleichung

$$\lambda^2 + (a_0 - 1)\lambda + b_0 = 0 \,, \tag{17.35}$$

so hat (17.31) zwei Lösungen der Form

$$y_i(x) = x^{\lambda_i} \sum_{n=0}^{\infty} c_n^{(i)} x^n \,, \quad |x| < R \,, \tag{17.39}$$

die im Falle

$$\lambda_1 - \lambda_2 \notin \mathbb{Z}$$

ein Fundamentalsystem für (17.31) bilden.

Ergänzungen zu §17

In den fünf Ergänzungen zu diesem Kapitel geben wir Einblicke in fünf verschiedene Richtungen, in die die Funktionentheorie ausgebaut werden kann. Auch wenn man sich nicht sofort gründlich mit den vielfältigen Werkzeugen vertraut macht, die diese fortgeschrittenen Theorien bereitstellen, so ist es doch nützlich, um ihre Existenz zu wissen, so dass man auf sie zurückgreifen kann, wenn die Problematik es erfordert. Die hier angerissenen Themen gründlicher kennen zu lernen, ist an Hand der im Literaturverzeichnis angegebenen Lehrbücher und Monografien zur Funktionentheorie kein Problem.

17.15 ABEL'sche Summation und Randverhalten einer Potenzreihe.
Bei den Beispielen vor Thm. 17.3 wurde erwähnt, dass die Potenzreihe $\sum_{n=1}^{\infty} z^n/n$ für $|z| = 1$, aber $z \neq 1$ konvergiert. Zum Beweis benutzt man den folgenden Trick, der auch sonst oft nützlich ist:

Seien $(a_n)_{n \geq 1}$, $(b_n)_{n \geq 1}$ zwei Zahlenfolgen, und sei $s_n := \sum_{k=1}^{n} b_k$. Um die Reihe $\sum_n a_n b_n$ zu untersuchen, rechnet man für $n \geq m > 1$ folgendermaßen:

$$\sum_{k=m}^{n} a_k b_k = \sum_{k=m}^{n} a_k(s_k - s_{k-1}) = \sum_{k=m}^{n} a_k s_k - \sum_{k=m-1}^{n-1} a_{k+1} s_k$$

$$= a_n s_n - a_m s_{m-1} + \sum_{k=m}^{n-1} (a_k - a_{k+1}) s_k . \qquad (17.41)$$

Diese Umrechnung wird als ABEL'*sche Summation* bezeichnet. Am leichtesten kann man sie sich merken, wenn man ihre formale Analogie zur Produktintegration beachtet. In unserem Beispiel nehmen wir $a_n := 1/n$, $b_n := z^n$, also

$$s_n = z \sum_{k=0}^{n-1} z^k = z \frac{1 - z^n}{1 - z}$$

nach der Summenformel für die endliche geometrische Reihe. Wegen $|z| = 1$ ist $|1 - z^n| \leq 1 + |z|^n = 2$, also folgt

$$|s_n| \leq \frac{2}{|1 - z|} \quad \forall \ n .$$

Damit liefert (17.41)

$$\left| \sum_{k=m}^{n} \frac{z^k}{k} \right| = \left| \frac{s_n}{n} - \frac{s_{m-1}}{m} + \sum_{k=m}^{n-1} \left(\frac{1}{k} - \frac{1}{k+1} \right) s_k \right|$$

$$\leq \left(\frac{1}{n} + \frac{1}{m} \right) \frac{2}{|z-1|} + \sum_{k=m}^{n-1} \left(\frac{1}{k} - \frac{1}{k+1} \right) \frac{2}{|z-1|}$$

$$= \left(\frac{1}{n} + \frac{1}{m} \right) \frac{2}{|z-1|} + \left(\frac{1}{m} - \frac{1}{n} \right) \frac{2}{|z-1|} \leq \frac{4}{|z-1|} \left(\frac{1}{m} + \frac{1}{n} \right) .$$

Hier ist wesentlich, dass die Folge $a_k = 1/k$ monoton fallend ist und damit $|a_k - a_{k+1}| = a_k - a_{k+1}$. Am Schluss erhält man deswegen eine Teleskopsumme, von der nur zwei Terme stehen bleiben.

Nun können wir die Konvergenz unserer Reihe aus dem CAUCHY-Kriterium (vgl. 13.19c.) herleiten: Zu $\varepsilon > 0$ wähle $m_0 > 1$ so groß, dass $8|z-1|^{-1}m_0^{-1} < \varepsilon$. Für $n \geq m \geq m_0$ folgt dann

$$\left| \sum_{k=m}^{n} \frac{z^k}{k} \right| \leq \frac{2}{m_0} \cdot \frac{4}{|z-1|} < \varepsilon \,,$$

und damit ist die Konvergenz bewiesen. (Dass es sich nur um bedingte Konvergenz handeln kann, ist klar, weil die harmonische Reihe $\sum_{n=1}^{\infty} 1/n$ divergiert.)

17.16 Unendliche Produkte und Satz von MITTAG-LEFFLER. Sei (w_n) eine Folge reeller oder komplexer Zahlen. In Analogie zu den unendlichen Reihen definiert man das *unendliche Produkt* als den Grenzwert

$$\prod_{n=1}^{\infty} w_n = \lim_{N \to \infty} p_N \quad \text{mit} \quad p_N := \prod_{n=1}^{N} w_n \,.$$

Das Produkt heißt *konvergent*, falls dieser Limes existiert, anderenfalls *divergent*. Natürlich kann solch ein Produkt gegen Null konvergieren, z. B. wenn eines der w_n verschwindet oder wenn $|w_n| \leq q < 1$ ist für fast alle n (mit festem q). Diese Fälle sind jedoch eher uninteressant. Ist aber $\prod_{n=1}^{\infty} w_n = p \neq 0$, so folgt $w_n \neq 0 \; \forall n$ sowie

$$w_n = \frac{p_n}{p_{n-1}} \longrightarrow \frac{p}{p} = 1 \quad (n \to \infty) \,,$$

und deshalb schreibt man $w_n = 1 + z_n$ mit einer *Nullfolge* (z_n), $z_n \neq -1$. Nur dieser Fall soll uns hier interessieren.

Um unter diesen Voraussetzungen die Konvergenz zu untersuchen, können wir annehmen, dass $|z_n| < 1$ für alle n (notfalls lässt man endlich viele Faktoren weg!) Auf $U_1(1)$ ist aber der Hauptzweig des Logarithmus definiert, d. h. der Zweig mit $-\pi < \arg z < \pi$. Logarithmus und Exponentialfunktion sind stetig, und daher haben wir

$$\prod_{n=1}^{\infty} (1 + z_n) \quad \text{konvergent} \quad \Longleftrightarrow \quad \sum_{n=1}^{\infty} \ln(1 + z_n) \quad \text{konvergent}$$

und

$$\prod_{n=1}^{\infty} (1 + z_n) = \exp\left(\sum_{n=1}^{\infty} \ln(1 + z_n) \right) \,. \tag{17.42}$$

Mittels TAYLOR-Entwicklung lässt sich die Vergleichsreihe $\sum_n \ln(1+z_n)$ noch vereinfachen. Nach (16.40) und (16.41) haben wir nämlich für $|z| < r < 1$

$$\ln(1+z) - z = r_1(z) = \frac{z^2}{2\pi\mathrm{i}} \oint_{S_r(0)} \frac{\ln(1+\zeta)}{\zeta^2(\zeta-z)} \ .$$

Für $|z| < r/2$ ergibt dies die Abschätzung

$$|\ln(1+z) - z| \leq \frac{2M}{r^2}|z|^2 \ ,$$

wobei M eine obere Schranke für $|\ln(1+\zeta)|$ auf $S_r(0)$ bezeichnet. Insbesondere ist $|\ln(1+z) - z| < |z|/2$, sobald $|z|$ genügend klein ist. Für unsere Nullfolge (z_n) bedeutet dies, dass für fast alle n gilt:

$$\frac{1}{2}|z_n| \leq |\ln(1+z_n)| \leq \frac{3}{2}|z_n| \ .$$

Die Reihe $\sum_n \ln(1+z_n)$ konvergiert somit absolut genau dann, wenn $\sum_n z_n$ absolut konvergiert. Insgesamt folgt:

Satz. *Es sei $\lim_{n\to\infty} z_n = 0$ und $z_n \neq -1$ für alle n. Ist die Reihe $\sum_{n=1}^{\infty} z_n$ absolut konvergent, so konvergiert auch das unendliche Produkt $\prod_{n=1}^{\infty}(1+z_n)$, und es gilt (17.42). Sind fast alle z_n reell und nichtnegativ und konvergiert das unendliche Produkt, so konvergiert auch die Reihe $\sum_{n=1}^{\infty} z_n$.*

Unendliche Produkte spielen in der Funktionentheorie eine bedeutende Rolle bei der Konstruktion von holomorphen Funktionen mit vorgegebenen Nullstellen. Sind etwa $z_1, \ldots, z_N$ verschiedene Punkte der komplexen Ebene und $m_1, \ldots, m_n$ gegebene natürliche Zahlen, so stellt man sich die Aufgabe, eine holomorphe Funktion zu finden, die in jedem der z_k eine Nullstelle der Vielfachheit m_k hat ($k = 1, \ldots, N$) und sonst keine Nullstellen. Diese Aufgabe wird offenbar durch das Polynom

$$P(z) := \prod_{k=1}^{N}(z - z_k)^{m_k}$$

gelöst. Hat man es aber mit *unendlich* vielen vorgeschriebenen Nullstellen z_k zu tun, so wird man ein unendliches Produkt ansetzen, wobei aber außer den Faktoren $(z - z_k)^{m_k}$ noch *konvergenzerzeugende Faktoren* hinzugefügt werden müssen, die selbst keine Nullstellen haben dürfen. So beweist man den berühmten

Satz von MITTAG-LEFFLER. *Sei $D \subseteq \mathbb{C}$ ein Gebiet und (z_k) eine (endliche oder unendliche) Folge von Punkten von D, ferner (m_k) eine entsprechende Folge natürlicher Zahlen. Wenn die Menge aus den Punkten z_k keinen Häufungspunkt in D hat, so gibt es eine holomorphe Funktion $f : D \to \mathbb{C}$, die in jedem z_k eine Nullstelle der Vielfachheit m_k hat und sonst keine Nullstellen.*

Beispiel: Wir wählen $\mathbb{Z}$ als Nullstellenmenge und verlangen, dass alle Nullstellen einfach sein sollen. Dann hat das Problem die offensichtliche Lösung $f(z) = \sin \pi z$. Das ist zwar nicht genau die Funktion, die der übliche Beweis des Satzes von MITTAG-LEFFLER liefern würde, aber auch sie hat eine Darstellung als unendliches Produkt, nämlich:

$$\sin \pi z = \pi z \prod_{k=1}^{\infty} \left(1 - \frac{z^2}{k^2}\right) . \tag{17.43}$$

(„EULER'sche Produktformel")

17.17 Analytische Fortsetzung und RIEMANN'sche Flächen.

Sei $D \subseteq \mathbb{C}$ ein Gebiet, $D_0 \subseteq D$ eine offene Teilmenge, und seien $f_1, f_2 : D \to \mathbb{C}$ zwei holomorphe Funktionen. Dann gilt:

$$f_1 \equiv f_2 \quad \text{in} \quad D_0 \quad \Longrightarrow \quad f_1 \equiv f_2 \quad \text{in} \quad D .$$

Man erkennt das sofort, indem man Satz 17.9 auf die Differenz $f_1 - f_2$ anwendet. Ein analoges Resultat gilt natürlich auch für reell-analytische Funktionen auf Teilgebieten der reellen Geraden, d. h. auf offenen Intervallen.

Dieses Resultat, das als das *Prinzip der analytischen Fortsetzung* bezeichnet wird, kann man so interpretieren: Eine analytische Funktion f_0 auf D_0 legt ihre analytischen Fortsetzungen auf größere Gebiete $D \supseteq D_0$ eindeutig fest. Daher wird (z_0, f_0) als *Funktionskeim* bezeichnet, wenn $z_0 \in \mathbb{C}$ ein Punkt und $f_0(z) = \sum_{n=0}^{\infty} b_n (z - z_0)^n$ eine Potenzreihe mit positivem Konvergenzradius R ist. Hier ist $D_0 := U_R(z_0)$, und man versucht, f_0 auf möglichst große Gebiete $D \supseteq D_0$ analytisch fortzusetzen. Das analoge Problem auf der reellen Geraden hat eine einfache Lösung: Man vereinigt sämtliche offenen Intervalle $J \supseteq D_0 =]z_0 - R, z_0 + R[$, auf die sich f_0 analytisch fortsetzen lässt, und erhält so ein maximales offenes Intervall mit dieser Eigenschaft.

In der komplexen Ebene genauso vorzugehen, führt jedoch zu Problemen. Sind nämlich D_1, D_2 Gebiete mit $D_0 \subseteq D_1$, $D_0 \subseteq D_2$, so kann es geschehen, dass $D := D_1 \cap D_2$ nicht zusammenhängend ist. Es gibt dann also ein Stück $\tilde{D} \subseteq D$, dessen Punkte nicht durch eine ganz in D verlaufende Kurve mit z_0 verbunden werden können. Analytische Fortsetzungen f_j von f_0 auf D_j $(j = 1, 2)$ müssen dann auf $\tilde{D}$ durchaus nicht übereinstimmen, und in diesem Fall kann man aus ihnen keine analytische Fortsetzung auf ganz $D_1 \cup D_2$ gewinnen, denn in einem Punkt $z \in \tilde{D}$ hätte solch eine Fortsetzung ja die zwei verschiedenen Werte $f_1(z)$ und $f_2(z)$.

Das Paradebeispiel für diese Situation ist der komplexe Logarithmus. Wir betrachten also den Funktionskeim

$$z_0 = 1, \quad f_0(z) = \ln z = \sum_{n=1}^{\infty} \frac{(-1)^{n-1}}{n} (z - 1)^n$$

mit $D_0 = U_1(1)$. Sei $L_\theta := \{re^{i\theta} \mid 0 \le r < \infty\}$ wie in 16.6. Wir setzen

$$D_1 := \mathbb{C} \setminus L_{-3\pi/2}\,, \quad D_2 := \mathbb{C} \setminus L_{-\pi/2}$$

und bezeichnen mit f_j die analytische Fortsetzung von f_0 auf D_j ($j = 1, 2$). Beide Funktionen sind Zweige des Logarithmus, aber bei f_1 haben wir $-3\pi/2 < \arg z < \pi/2$, und bei f_2 haben wir $-\pi/2 < \arg z < 3\pi/2$. Nun besteht $D_1 \cap D_2$ aus den beiden Halbebenen

$$H_r := \{z \mid \operatorname{Re} z > 0\} \quad \text{und} \quad H_\ell := \{z \mid \operatorname{Re} z < 0\}\,,$$

und in H_ℓ unterscheiden sich f_1 und f_2 offenbar um $2\pi i$. Ausgehend von f_2 auf H_ℓ kann man innerhalb von D_1 weiter analytisch fortsetzen und gelangt so zu einem neuen Zweig des Logarithmus in D_0, nämlich $f_0(z) + 2\pi i$. Setzt man dieses Verfahren fort, indem man immer abwechselnd D_1 und D_2 heranzieht, so erkennt man, dass jeder Zweig $f_0(z) + 2\pi i k$ ($k \in \mathbb{Z}$) mit f_0 durch eine Folge von analytischen Fortsetzungen verbunden werden kann. Um diesen Vorgang auch in allgemeineren Situationen exakt beschreiben zu können, führt man den Begriff der *analytischen Fortsetzung entlang einer Kurve* ein, den wir hier nicht präzise definieren wollen, den man sich aber anschaulich recht gut vorstellen kann: Man überdeckt die gegebene Kurve mit einer Kette von Kreisen und setzt von einem Kreis zum nächsten fort. (Abb. 10.2 aus Ergänzung 10.26 kann hier als Illustration dienen!) Im Falle des Logarithmus führt die analytische Fortsetzung von f_0 längs einer Schleife $\Gamma \subseteq \mathbb{C} \setminus \{0\}$ mit der *Windungszahl* $w(0, \Gamma) = k$ gerade zu dem Zweig $f_0(z) + 2\pi i k$ (vgl. Ergänzung 16.26).

Riemann'sche Flächen.

Wie man aber nun wirklich dem Problem der Mehrdeutigkeit der entstehenden Funktionen beikommt, erklären wir am besten wieder an unserem Beispiel: Als Definitionsbereich für die umfassendste analytische Fortsetzung des Funktionskeims f_0 wählt man einen neuen metrischen Raum Z, dessen Punkte lokal durch eine komplexe Koordinate z beschrieben werden können. Für den Logarithmus ist das ganz einfach: Man setzt

$$Z := \{(z, w) \in \mathbb{C} \times \mathbb{C} \mid z = e^w\}$$

und definiert zwei Funktionen P und F auf Z durch

$$P(z, w) := z\,, \quad F(z, w) := w\,.$$

Offenbar ist $P(Z) = \mathbb{C} \setminus \{0\}$. Ist $z_1 \in \mathbb{C} \setminus \{0\}$, etwa $z_1 = re^{i\varphi}$, so besteht die Urbildmenge $P^{-1}(z_1)$ aus den unendlich vielen Punkten $p_k := (z_1, \ln r + i(\varphi + 2\pi k))$, $k \in \mathbb{Z}$, und die Funktion F nimmt auf diesen Punkten genau die

Werte an, die dem Logarithmus von z_1 erteilt werden können. Fixieren wir also ein $\theta \in \mathbb{R}$ mit $\theta < \varphi < \theta + 2\pi$, für das z_1 also nicht auf dem Strahl L_θ liegt, so hat jedes p_k in Z die zusammenhängende offene Umgebung

$$B_{\theta,k} := \{(\rho e^{it}, \ln \rho + it) \mid \rho > 0 ,\; \theta + 2k\pi < t < \theta + 2(k+1)\pi\} \,,$$

für die $P(B_{\theta,k}) = \mathbb{C} \setminus L_\theta$ ist. Auf $B_{\theta,k}$ lässt sich P eindeutig umkehren, und somit können wir $z = P(p)$ als komplexe Koordinate wählen, die die Punkte $p \in B_{\theta,k}$ beschreibt (in der Funktionentheorie auch *uniformisierende Variable* genannt). Der Wert $F(p)$ ist aber gerade $\ln z$ für $z = P(p)$, wobei hier der Zweig des Logarithmus gemeint ist, für den $\theta + 2k\pi < \arg z < \theta + 2(k+1)\pi$ ist. Alle analytischen Fortsetzungen des ursprünglichen Funktionskeims f_0, die auf Teilgebieten von $\mathbb{C} \setminus \{0\}$ definiert sind, lassen sich also in der Form $\ln z = (F \circ Q)(z)$ darstellen, wobei Q eine lokale Umkehrfunktion von P ist.

Der Raum Z zusammen mit den Funktionen P und F wird als die RIE-MANN'*sche Fläche des Logarithmus* bezeichnet, und die $B_{\theta,k}$ heißen *Blätter* dieser RIEMANN'schen Fläche. Die Abbildung $P : Z \to \mathbb{C} \setminus \{0\}$ wird als *Überlagerung* bezeichnet. Geometrisch stellt man sich vor, dass alle Blätter übereinander liegen, so dass über einem Punkt $z \in \mathbb{C} \setminus \{0\}$ alle Punkte aus dem Urbild $P^{-1}(z)$ zu liegen kommen. Das Blatt $B_{\theta,k}$ ist mit dem Blatt $B_{\theta,k-1}$ längs des Strahls

$$L_{\theta,k} := \{(\rho e^{i\theta}, \ln \rho + i(\theta + 2k\pi)) \mid \rho > 0\}$$

verheftet. (Die Wahl des willkürlichen Parameters θ beeinflusst natürlich nur die Einteilung in Blätter, nicht aber die RIEMANN'sche Fläche selbst.)

Die Wurzelfunktion $w = \sqrt[n]{z}$ liefert ein weiteres wichtiges und instruktives Beispiel. Da sie für $z \neq 0$ nur n verschiedene Werte annimmt, kommt man hier mit n Blättern aus. Außerdem wird der Nullpunkt sowie der *unendlich ferne Punkt* ∞ einbezogen, wobei die n-te Wurzel im Nullpunkt nur den Wert Null und im unendlich fernen Punkt nur den Wert ∞ annimmt. Die RIEMANN'sche Fläche Z_n der n-ten Wurzel wird daher der *erweiterten Ebene* $\bar{\mathbb{C}} := \mathbb{C} \cup \{\infty\}$ überlagert (vgl. Ergänzungen 18.14 und 18.15). Genauer wird definiert:

$$Z_n := \{(z,w) \in \bar{\mathbb{C}} \times \bar{\mathbb{C}} \mid z = w^n\}$$

mit den Funktionen

$$P(z,w) := z\,, \quad F(z,w) := w\,.$$

Nach Festlegung eines Strahls L_θ kann man $P^{-1}(\mathbb{C} \setminus L_\theta) \subseteq Z_n$ in die Blätter

$$B_{\theta,k} := \{(\rho e^{it}, \rho^{1/n} e^{it/n}) \mid \rho > 0 ,\; \theta + 2k\pi < t < \theta + 2(k+1)\pi\}\,,$$
$$k = 0, 1, \ldots, n-1$$

einteilen, und wieder sind die Einschränkungen $P|_{B_{\theta,k}}$ bijektive Abbildungen von $B_{\theta,k}$ auf $\mathbb{C} \setminus L_\theta$. Jedes $z \in \mathbb{C} \setminus L_\theta$ hat in jedem Blatt $B_{\theta,k}$ genau ein Urbild p_k unter P, und die $F(p_k)$ $(k = 0, 1, \ldots, n-1)$ sind gerade die verschiedenen Werte von $\sqrt[n]{z}$. Da θ beliebig gewählt werden kann, ergeben sich wieder alle analytischen Fortsetzungen des Funktionskeims

$$z_0 = 1\,, \quad g_0(z) := \sqrt[n]{z} = \sum_{k=0}^{\infty} \binom{1/n}{k} (z-1)^k$$

in der Form $F \circ Q$, wo Q eine lokale Umkehrfunktion von P ist.

Die Blätter $B_{\theta,k-1}$ und $B_{\theta,k}$ $(k = 1, \ldots, n)$ sind wie beim Logarithmus verheftet, aber wegen $\exp\left(\mathrm{i}\dfrac{\theta + 2n\pi}{n}\right) = \exp \mathrm{i}\theta/n$ ist nun auch $B_{\theta,n-1}$ längs eines Strahls mit $B_{\theta,0}$ verheftet. Außerdem berühren die Punkte $(0,0)$ und (∞,∞) sämtliche Blätter, und der ganze metrische Raum Z_n ist *kompakt*. Man bezeichnet 0 und ∞ als *Verzweigungspunkte* und $P : Z_n \to \bar{\mathbb{C}}$ als eine *verzweigte Überlagerung*.

Unsere einfache Konstruktion von Z bzw. Z_n lässt sich nicht auf allgemeine Funktionskeime übertragen. Trotzdem kann man beweisen, dass zu jedem Funktionskeim ein metrischer Raum Z mit zwei Funktionen P und F existiert, der durch P einem geeigneten Teilbereich von $\bar{\mathbb{C}}$ überlagert ist und für den F in der beschriebenen Weise alle analytischen Fortsetzungen des gegebenen Keims umfasst. Das ist der Beginn einer tiefsinnigen Theorie, die fast alle Teilgebiete der Mathematik berührt, so dass der Autor des Buches [50] sogar so weit geht, eine „Einführung in die zeitgenössische Mathematik" anhand des Themas „Kompakte RIEMANN'sche Flächen" zu versuchen. (Vgl. etwa [25, 50, 78].) In der Physik trifft man auf RIEMANN'sche Flächen z. B. bei der Behandlung gewisser (partieller) Differenzialgleichungen sowie in der String-Theorie.

17.18 Potenzreihen und analytische Funktionen in mehreren Variablen. Die nachfolgenden Betrachtungen gelten für reelle und komplexe Variable gleichermaßen, und daher schreiben wir wieder $\mathbb{K}$ für $\mathbb{R}$ oder $\mathbb{C}$. Eine *Potenzreihe in zwei Variablen* ist eine Doppelreihe der Form

$$\sum_{k,\ell=0}^{\infty} a_{k\ell}(z - z_0)^k (w - w_0)^\ell\,,$$

wobei $(z_0, w_0) \in \mathbb{K}^2$ der *Entwicklungspunkt* und die $a_{k\ell}$ die *Koeffizienten* sind. Solch eine Potenzreihe heißt *konvergent*, wenn es Zahlen $r_0, s_0 > 0$ gibt, für die gilt:

$$M := \sup_{k,\ell \geq 0} |a_{k\ell}| r_0^k s_0^\ell < \infty\,. \tag{17.44}$$

Für $|z - z_0| \leq r < r_0$ und $|w - w_0| \leq s < s_0$ haben wir dann

$$\sum_{k=0}^{\infty} \left(\sum_{\ell=0}^{\infty} |a_{k\ell}| \cdot |z - z_0|^k \cdot |w - w_0|^\ell \right) \leq \sum_{k=0}^{\infty} \left(\sum_{\ell=0}^{\infty} |a_{k\ell}| r^k s^\ell \right)$$

$$= \sum_{k=0}^{\infty} \left(\sum_{\ell=0}^{\infty} |a_{k\ell}| r_0^k s_0^\ell \left(\frac{r}{r_0} \right)^k \left(\frac{s}{s_0} \right)^\ell \right)$$

$$\overset{(17.44)}{\leq} M \sum_{k=0}^{\infty} \left(\sum_{\ell=0}^{\infty} \left(\frac{r}{r_0} \right)^k \left(\frac{s}{s_0} \right)^\ell \right)$$

$$= M \left(\sum_{k=0}^{\infty} \left(\frac{r}{r_0} \right)^k \right) \left(\sum_{\ell=0}^{\infty} \left(\frac{s}{s_0} \right)^\ell \right) = M \frac{r_0}{r_0 - r} \frac{s_0}{s_0 - s} < \infty \,.$$

Der Große Umordnungssatz (vgl. Thm. 13.30) sagt uns nun, dass die Familie $(a_{k\ell}(z - z_0)^k (w - w_0)^\ell)_{k,\ell \geq 0}$ *absolut summierbar* ist und dass

$$f(z,w) := \sum_{k,\ell=0}^{\infty} a_{k\ell}(z - z_0)^k (w - w_0)^\ell = \sum_{k=0}^{\infty} (z - z_0)^k \left(\sum_{\ell=0}^{\infty} a_{k\ell}(w - w_0)^\ell \right)$$

$$= \sum_{\ell=0}^{\infty} (w - w_0)^\ell \left(\sum_{k=0}^{\infty} a_{k\ell}(z - z_0)^k \right)$$

$$\tag{17.45}$$

gilt. Zweimalige Anwendung von Satz 14.16 lehrt auch, dass die Konvergenz auf der Menge

$$C_{r,s}(z_0, w_0) := \{(z,w) \in \mathbb{K}^2 \mid |z - z_0| \leq r, \ |w - w_0| \leq s\}$$

sogar gleichmäßig ist. Auf

$$\Omega := \{(z,w) \in \mathbb{K}^2 \mid \text{Es gibt } r_0 > |z - z_0| \text{ und } s_0 > |w - w_0|,$$
$$\text{für die (17.44) erfüllt ist.}\}$$

ist somit durch (17.45) eine stetige Funktion $f(z,w)$ gegeben. Man nennt $C_{r,s}(z_0, w_0)$ (und seine höherdimensionalen Varianten) einen *Polyzylinder* mit Mittelpunkt (z_0, w_0) und Radien r, s. (Im Falle $\mathbb{K} = \mathbb{R}$ ist es natürlich einfach ein Rechteck, und im höherdimensionalen reellen Fall ist es ein *Intervall*, wie wir es in Kap. 11 betrachtet haben.) Die Menge Ω nennt man das *Konvergenzgebiet* der gegebenen Potenzreihe. Wie man der Definition entnimmt, handelt es sich um eine offene Teilmenge von $\mathbb{K}^2$, die man als Vereinigung von Polyzylindern darstellen kann.

Nun kann man die Beweise der Theoreme 17.3, 17.5 imitieren und stellt fest, dass f sogar beliebig oft differenzierbar ist und im komplexen Fall *holomorph* in beiden Variablen. Auswertung der Ableitungen im Entwicklungspunkt ergibt, dass die Koeffizienten der Potenzreihe gerade die TAYLOR-

Koeffizienten von f sind, also

$$a_{k\ell} = \frac{1}{k!\,\ell!}\,\frac{\partial^{k+\ell}}{\partial z^k\,\partial w^\ell}\,f(z_0, w_0)\,. \tag{17.46}$$

Für $n \geq 2$ Variable liegen die Verhältnisse völlig analog – es ist nur bezeichnungstechnisch schwieriger, alles exakt zu formulieren. Am besten bedient man sich wieder der Multiindex-Schreibweise (vgl. Abschnitte 9E. und 9F. sowie die Ergänzungen zu Kap. 9). Eine Potenzreihe in den Variablen $z = (z_1, \ldots, z_n)$ mit dem Entwicklungspunkt $z^0 = (z_1^0, \ldots, z_n^0) \in \mathbb{K}^n$ wird also in der Form

$$f(z_1, \ldots, z_n) = \sum_\alpha c_\alpha z^\alpha$$

geschrieben, wobei es sich versteht, dass $\alpha = (\alpha_1, \ldots, \alpha_n)$ sämtliche n-stelligen Multiindizes durchläuft. Die Reihe konvergiert (wenn überhaupt) in einer offenen Umgebung $\Omega \subseteq \mathbb{K}^n$ von z^0, die als Vereinigung von Polyzylindern dargestellt werden kann. In Ω kann sie beliebig oft gliedweise differenziert werden, und daher sind ihre Koeffizienten wieder gerade die TAYLOR-Koeffizienten

$$c_\alpha = \frac{D^\alpha f(z^0)}{\alpha!} = \frac{1}{\alpha_1!\alpha_2!\cdots\alpha_n!}\frac{\partial^{|\alpha|}f}{\partial z_1^{\alpha_1}\partial z_2^{\alpha_2}\cdots\partial z_n^{\alpha_n}}\,(z^0)\,. \tag{17.47}$$

Insbesondere sind sie durch den Verlauf von f in einer beliebig kleinen Umgebung des Entwicklungspunktes eindeutig festgelegt, und hieraus kann man – ähnlich wie im Beweis von Satz 17.9 – die sinngemäße Gültigkeit des *Prinzips der analytischen Fortsetzung* aus der vorigen Ergänzung herleiten. Dabei heißt eine Funktion g in einer offenen Teilmenge $\Omega \subseteq \mathbb{K}^n$ *analytisch*, wenn sie in der Nähe eines jeden Punktes $z^0 \in \Omega$ in eine konvergente Potenzreihe entwickelt werden kann (die dann notwendigerweise ihre TAYLOR-Reihe ist!). Der Hauptunterschied zwischen den analytischen Funktionen und den C^∞-Funktionen liegt gerade darin, dass die analytische Fortsetzung eindeutig bestimmt ist, während C^∞-Funktionen, die die gegebene Funktion fortsetzen, weitgehend beliebig gewählt werden können. Allerdings tritt dieser Unterschied wieder nur für den Fall $\mathbb{K} = \mathbb{R}$ in Erscheinung, denn auch für mehrere komplexe Variable hat man die entsprechenden Versionen der Theoreme 16.20 und 17.8: Wenn $f : \Omega \to \mathbb{C}$ nach jeder Variablen komplex differenziert werden kann, so kann es beliebig oft differenziert werden und ist lokal stets Summe seiner TAYLOR-Reihe (Näheres z. B. in [16]). Diese Funktionen nennt man wieder *holomorph*, und ihre nähere Untersuchung ist der Gegenstand der *Funktionentheorie mehrerer Variabler*. Abgesehen von den allerersten Anfangsgründen unterscheidet sich diese Theorie aber wesentlich vom Fall einer Variablen und hat mehr mit gewissen modernen Formen der Geometrie zu tun als mit Analysis. In der Physik tritt sie z. B. bei der Behandlung der axiomatischen Quantenfeldtheorie auf.

17.19 Lineare Systeme von Differenzialgleichungen mit analytischen Koeffizienten. Das Material von Abschnitt D. ist nur ein kleiner Ausschnitt aus einer umfangreichen Theorie der *linearen Systeme von Differenzialgleichungen im Komplexen*, die in vielen Lehrbüchern über gewöhnliche Differenzialgleichungen einen breiten Raum einnimmt, z.B. in [18] und [79]. Wenn man die Differenzialgleichung (17.27) (oder auch eine lineare Differenzialgleichung n-ter Ordnung mit analytischen Koeffizienten) auf die in Abschnitt 8A. beschriebene Weise in ein System erster Ordnung umwandelt, so entsteht offenbar ein System mit *analytischen* Koeffizienten. In ihre Potenzreihenentwicklungen kann man natürlich auch komplexe Argumente einsetzen und so die Koeffizienten zu holomorphen Funktionen in einer offenen Umgebung der reellen Achse fortsetzen. Für diese stehen dann die schlagkräftigen Instrumente der Funktionentheorie zur Verfügung. Deshalb empfiehlt es sich, von vornherein Systeme von Differenzialgleichungen im Komplexen zu untersuchen.

Sei $D \subseteq \mathbb{C}$ ein Gebiet. Eine vektorwertige Funktion $b = (b_1, \ldots, b_N)$ bzw. eine matrixwertige Funktion $A = (a_{jk})$ auf D werden als *holomorph* oder *analytisch* bezeichnet, wenn die einzelnen Komponenten b_j bzw. die einzelnen Matrixeinträge a_{jk} komplex-analytische Funktionen sind. Ein *Anfangswertproblem* hat dann die Form

$$w' = A(z)w + b(z), \quad w(z_0) = w_0, \tag{17.48}$$

wobei $A : D \to \mathbb{C}_{N \times N}$ und $b : D \to \mathbb{C}^N$ gegebene holomorphe Funktionen sind und wobei auch $z_0 \in D$ und $w_0 = (w_1^0, \ldots, w_N^0) \in \mathbb{C}^N$ gegeben sind. Die Ableitung ist als komplexe Ableitung zu verstehen, und die Lösungen $w = \varphi(z)$ sind daher automatisch holomorphe Funktionen. Parallel zu Thm. 8.2a. hat man den folgenden Existenz- und Eindeutigkeitssatz:

Satz. *Ist D einfach zusammenhängend, so hat jedes Anfangswertproblem (17.48) genau eine Lösung $w = \varphi(z)$, und diese ist in ganz D definiert und holomorph. Die Koeffizienten der Potenzreihenentwicklungen ihrer Komponenten $\varphi_1, \ldots, \varphi_N$ um z_0 lassen sich durch Potenzreihenansatz rekursiv bestimmen, und diese Reihen stellen die Lösungskomponenten in der größten Kreisscheibe $U_R(z_0) \subseteq D$ dar.*

Am interessantesten sind aber auch hier die *singulären Punkte*. Ein $z_0 \in D$ wird als *regulärer singulärer Punkt* oder *schwach singulärer Punkt* bezeichnet, wenn sich das gegebene (homogene) System in der Form

$$w' = \frac{1}{z - z_0} B(z)w \tag{17.49}$$

schreiben lässt, wobei $B : U_R(z_0) \longrightarrow \mathbb{C}_{N \times N}$ analytisch ist. Für jeden Eigenwert λ von $B_0 := B(z_0)$ liefert der Ansatz

$$\varphi(z) = (z - z_0)^\lambda \psi(z)$$

mit holomorphem $\psi : U_R(z_0) \to \mathbb{C}^N$ i. A. eine Lösung. Die Koeffizienten der Potenzreihenentwicklungen der Komponenten von $\psi(z)$ bestimmt man wieder rekursiv, ausgehend von den Komponenten eines Eigenvektors c_0 von B_0 zum Eigenwert λ. Es kann aber auch hier vorkommen, dass diese rekursive Bestimmung der Koeffizienten abbricht. In diesem Fall treten Lösungen der Form

$$(z - z_0)^\mu \ln(z - z_0)\psi(z)$$

hinzu, und bei Berücksichtigung aller dieser Möglichkeiten erhält man auch ein Fundamentalsystem von Lösungen.
Bemerkungen:

a. Das Auftreten von allgemeinen Potenzen $(z - z_0)^\lambda$ oder von Logarithmen $\ln(z - z_0)$ bedeutet, dass die Lösung u. U. nicht mehr in der ganzen Kreisscheibe $U_R(z_0)$ definiert ist, sondern nur in einer geschlitzten Scheibe oder – wenn man sie auf ihren maximalen Definitionsbereich fortsetzt – auf einer RIEMANN'schen Fläche (vgl. 17.17), die der Kreisscheibe überlagert ist. Das steht nicht im Widerspruch zum obigen Satz, denn die Differenzialgleichung mit der Koeffizientenmatrix $A(z) = (z - z_0)^{-1}B(z)$ ist ja nur auf $D = U_R(z_0) \setminus \{z_0\}$ definiert, und dieses Gebiet ist nicht einfach zusammenhängend.

b. Obwohl bei Gl. (17.31) der Faktor x^{-2} bei $b(x)$ zugelassen wird, wenn $x_0 = 0$ ein schwach singulärer Punkt ist, stimmen die Begriffe für (17.31) und (17.48) überein. Allerdings wird dabei zur Umwandlung von (17.31) in ein System 1. Ordnung eine neue Transformation benutzt. Man setzt nämlich

$$w_1 = y(x), \quad w_2 = xy'(x)$$

und erhält das äquivalente System

$$w' = \frac{1}{x}\begin{pmatrix} 0 & 1 \\ -b(x) & 1 - a(x) \end{pmatrix} w\,.$$

Die Methode von FROBENIUS, wie sie in Abschn. D. geschildert wurde, ergibt sich als Spezialfall der oben skizzierten allgemeinen Theorie, angewandt auf dieses System.

Aufgaben zu §17

17.1. Man bestimme den Konvergenzradius der folgenden Potenzreihen

$$\sum_{n=0}^\infty \left(\frac{z}{3}\right)^n, \qquad \sum_{n=1}^\infty \frac{3^n}{n} z^n, \qquad \sum_{n=0}^\infty \frac{2^{n+1}+5^n}{6^n} z^n,$$

$$\sum_{n=0}^\infty 4^n z^{2n}, \qquad \sum_{n=0}^\infty \frac{n^n}{n!} z^n,$$

$$\sum_{n=0}^\infty \frac{(2n-1)^{2n-1}}{2^{2n}(2n)!} z^n, \quad \sum_{n=1}^\infty \left(\frac{n+1}{n}\right)^{n^2} z^n\,.$$

17.2. Man bestimme den Konvergenzradius von $\sum_{n=0}^{\infty} a_n z^n$ in den Fällen

a. $a_n := \ln(n+1)$ und
b. $a_n := \ln(n!)$.

(*Hinweis:* In beiden Fällen kann man einfache Folgen (p_n), (q_n) angeben, für die gilt: $0 < p_n \leq a_n \leq q_n$ und die Folgen $(p_n^{1/n})$, $(q_n^{1/n})$ haben einen gemeinsamen Limes, der sich berechnen lässt.)

17.3. Man zerlege die TAYLOR-Reihe von $f(x) = \mathrm{e}^{\mathrm{i}x}$, $x \in \mathbb{R}$ und beweise damit

$$\mathrm{e}^{\mathrm{i}x} = \cos x + \mathrm{i} \sin x \ .$$

17.4. Mit Hilfe der geometrischen Reihe bestimme man durch geeignete Differenziation die Summen der folgenden Potenzreihen und gebe ihr Konvergenzgebiet an:

$$\sum_{n=1}^{\infty} n x^n \ , \quad \sum_{n=1}^{\infty} n^2 x^n \quad \text{und} \quad \sum_{n=1}^{\infty} n^3 x^n \ .$$

17.5. Sei $f(z) = a_0 + a_1 z + a_2 z^2 + \cdots$ konvergent für $|z| < R$. Man zeige

$$\frac{f(z)}{1-z} = a_0 + (a_0 + a_1)z + (a_0 + a_1 + a_2)z^2 + \cdots$$

und gebe das Konvergenzgebiet an.

17.6. Man beweise die Gleichung:

$$\int_0^1 \frac{\sin x}{x} \,\mathrm{d}x = 1 - \frac{1}{3 \cdot 3!} + \frac{1}{5 \cdot 5!} - \frac{1}{7 \cdot 7!} + \cdots$$

Hinter welchem Glied kann man diese Reihe abbrechen, um das Integral bis auf 6 Stellen hinter dem Komma genau zu berechnen?

17.7. Für die folgenden Funktionen bestimme man den Konvergenzradius der TAYLOR-Entwicklung im Nullpunkt:

a. $\dfrac{1}{(z^2 - 5z + 6)^4}$ b. $\sqrt{1 + \ln(1+z)}$

c. $\tanh z$ d. $\displaystyle\int_0^{\pi} \frac{\mathrm{d}\omega}{\cos \omega z}$

17.8. Mit Hilfe eines Potenzreihenansatzes bestimme man die Lösung der Anfangswertaufgabe

$$y' = \frac{2x - y}{1 - x} \,, \quad y(0) = y_0$$

und vergleiche die Potenzreihenlösung mit der expliziten Lösung der Anfangswertaufgabe.

17.9. Man bestimme die allgemeine Lösung der folgenden Differenzialgleichungen

a. $(1 - x^2)y'' + xy' - y = 0$,

b. $2x^2 y'' - xy' + (x^2 + 1)y = 0$,

c. $xy'' + 2y' + xy = 0$.

17.10. Man versuche, die folgenden Differenzialgleichungen mittels Potenzreihenansatzes zu lösen. Was geht dabei schief, und warum?

a. $x^2 y'' - (1 + x)y = 0$,
b. $x^2 y' + y = x$,
c. $x^2 y'' - xy' + y = 0$.

(*Hinweis* zu c.: Diese Differenzialgleichung hat die beiden linear unabhängigen Lösungen $y = x$ und $y = x \ln x$.)

18

LAURENT-Reihen und Residuensatz

Wir behandeln hier eine Verallgemeinerung der TAYLOR-Entwicklung, bei der die holomorphe Funktion $f(z)$ bei Annäherung an den Entwicklungspunkt z_0 ein singuläres Verhalten zeigt und insbesondere z_0 selbst gar nicht zum Definitionsbereich von f gehört (Abschn. A.). Es zeigt sich, dass ein bestimmter Koeffizient in dieser Entwicklung, das sog. *Residuum*, einen entscheidenden Einfluss auf den Wert von Kurvenintegralen von f längs geschlossener Kurven hat (Abschnitte B. und C.). Dies ermöglicht u. a. die Berechnung von uneigentlichen Integralen reell-analytischer Funktionen in vielen Fällen, in denen die explizite Auswertung der Integrale mittels elementarer Methoden nicht gelingt. Ein wichtiges Beispiel für diese Technik wird in Abschn. D. diskutiert.

A. Isolierte Singularitäten

Es kommt häufig vor, dass eine interessante holomorphe Funktion $w = f(z)$ überall in einer gegebenen offenen Menge $D \subseteq \mathbb{C}$ definiert ist außer in gewissen isolierten Punkten $z_1, z_2, \ldots$ von D (vgl. 13.2 d.). Solche Ausnahmepunkte nennt man *isolierte Singularitäten*. Genauer:

Definition 18.1. *Eine holomorphe Funktion $w = f(z)$ hat eine* isolierte Singularität *in einem Punkt z_0 (z_0 ist ein* isolierter singulärer Punkt *von $f(z)$), wenn z_0 eine offene Umgebung U besitzt, so dass f auf $U \setminus \{z_0\}$ definiert ist, jedoch keine holomorphe Fortsetzung auf ganz U besitzt.*

Zum Beispiel ist für die Funktion

$$f(z) = \frac{1}{1-z} = \sum_{n=0}^{\infty} z^n$$

der Punkt $z_0 = 1$ ein isolierter singulärer Punkt. Die Funktion $f_1(z) := (z^n - 1)/(z - 1)$ hingegen ist zwar, genau genommen, in $z = 1$ nicht definiert, doch wird sie durch $f_2(z) := 1 + z + \ldots + z^{n-1}$ holomorph auf ganz

$\mathbb{C}$ fortgesetzt. Hier ist $z = 1$ also kein singulärer Punkt, obwohl es auf den ersten Blick so aussehen mag. In solchen Fällen spricht man von *hebbaren Singularitäten*, und unser erster Satz ermöglicht es uns, diese zu erkennen:

Satz 18.2 (Riemann'scher Hebbarkeitssatz). *Sei $D \subseteq \mathbb{C}$ offen, $z_0 \in D$ und $f : D \setminus \{z_0\} \longrightarrow \mathbb{C}$ holomorph. Wenn $f\left(U_\delta(z_0) \setminus \{z_0\}\right)$ für geeignetes $\delta > 0$ beschränkt ist, so ist z_0 eine „hebbare Singularität", d. h. es gibt ein holomorphes $g : D \to \mathbb{C}$ mit $g|_{D \setminus \{z_0\}} = f$.*

Beweis. Wir definieren eine Hilfsfunktion $h : D \to \mathbb{C}$ durch

$$h(z) := \begin{cases} (z - z_0)^2 f(z) & \text{für} \quad z \neq z_0 \,, \\ 0 & \text{für} \quad z = z_0 \,. \end{cases}$$

Dann ist h holomorph in $D \setminus \{z_0\}$ und stetig in ganz D, denn wegen der Beschränktheitsvoraussetzung ist $\lim_{z \to z_0} h(z) = 0 = h(z_0)$. Ebenso ergibt sich

$$\lim_{\substack{z \to z_0 \\ z \neq z_0}} \frac{h(z) - h(z_0)}{z - z_0} = \lim_{\substack{z \to z_0 \\ z \neq z_0}} (z - z_0) f(z) = 0 \,.$$

Daher ist h auch in $z = z_0$ komplex differenzierbar, und zwar mit der Ableitung $h'(z_0) = 0$. Wir wollen zeigen, dass h' auch in $z = z_0$ stetig ist. Für $z \neq z_0$ haben wir

$$h'(z) = 2(z - z_0) f(z) + (z - z_0)^2 f'(z) \,.$$

Sei nun M eine obere Schranke für $|f(z)|$ in $U_\delta(z_0) \setminus \{z_0\}$. Für $0 < |z - z_0| < 2\delta/3$ ergibt Thm. 16.20c. mit $r := |z - z_0|/2$ dann

$$|f'(z)| \leq \frac{M}{r} = \frac{2M}{|z - z_0|} \,.$$

Damit erkennt man, dass $(z - z_0)^2 f'(z) \longrightarrow 0$ für $z \to z_0$ und somit $\lim_{z \to z_0} h'(z) = 0 = h'(z_0)$, wie gewünscht. Wegen (16.4) zeigt dies auch, dass $h \in C^1(D)$, und damit ist $h : D \to \mathbb{C}$ sogar holomorph. Also wird h in einer Umgebung $U_\rho(z_0)$ von z_0 durch seine Taylor-Entwicklung um den Punkt z_0 dargestellt (Thm. 17.8). Wegen $h(z_0) = h'(z_0) = 0$ lautet diese Entwicklung

$$h(z) = \sum_{n=2}^{\infty} b_n (z - z_0)^n = b_2 (z - z_0)^2 + b_3 (z - z_0)^3 + \dots$$

Für $0 < |z - z_0| < \rho$ ergibt dies

$$f(z) = \sum_{n=2}^{\infty} b_n (z - z_0)^{n-2} = b_2 + b_3 (z - z_0) + \dots$$

Die durch

$$g(z) := f(z) \quad \text{für } z \neq z_0, \qquad g(z_0) := b_2$$

definierte Funktion g ist daher eine holomorphe Fortsetzung von f auf ganz D.
□

In vielen Fällen muss man eine komplexe Funktion $f(z)$ um einen Punkt z_0 entwickeln, der ein isolierter singulärer Punkt von $f(z)$ ist. In diesem Fall kann man den TAYLOR'schen Satz nicht anwenden, da die Ableitungen von $f(z)$ in z_0 nicht existieren. Ein neuer Typ von Reihen, genannt LAURENT-Reihe, ist daher erforderlich. Diese sehen aus wie Potenzreihen, erlauben aber auch *negative* Potenzen von $z - z_0$. Das Verhalten von $f(z)$ in der Nähe von $z = z_0$ ist aber wesentlich verschieden, je nachdem, ob dabei endlich oder unendlich viele Glieder mit negativen Potenzen von $z - z_0$ auftreten:

Theorem 18.3. *Sei $D \subseteq \mathbb{C}$ offen, $z_0 \in D$ und $w = f(z)$ eine holomorphe Funktion in $D \setminus \{z_0\}$. Ist z_0 eine isolierte Singularität von f, so tritt genau einer der folgenden beiden Fälle auf:*

a. *Für $z \neq z_0$ aus einer geeigneten Umgebung von z_0 hat $f(z)$ eine absolut konvergente Reihenentwicklung der Form*

$$f(z) = \sum_{n=1}^{N} c_n(z - z_0)^{-n} + \sum_{n=0}^{\infty} b_n(z - z_0)^n \qquad (18.1)$$

mit $c_N \neq 0$. In diesem Fall ist

$$\lim_{z \to z_0} |f(z)| = \infty. \qquad (18.2)$$

b. *Für $z \neq z_0$ aus einer geeigneten Umgebung von z_0 hat $f(z)$ eine absolut konvergente Reihenentwicklung der Form*

$$f(z) = \sum_{n=1}^{\infty} c_n(z - z_0)^{-n} + \sum_{n=0}^{\infty} b_n(z - z_0)^n \qquad (18.3)$$

wobei $c_n \neq 0$ für beliebig große n vorkommt. In diesem Fall hat $f(z)$ für $z \to z_0$ keinen Grenzwert.

Dieser Satz gibt zu folgender Terminologie Anlass:

Definitionen 18.4. *Seien D, f und z_0 wie in Theorem 18.3.*

a. *Die Reihen der Form (18.1) bzw. (18.3) heißen LAURENT-Reihen mit dem Entwicklungspunkt z_0. Die (möglicherweise abbrechende) Reihe $\sum_{n \geq 1} c_n(z - z_0)^{-n}$ heißt dabei der* Hauptteil *von $f(z)$ bei $z = z_0$.*
b. *Tritt Fall a. des Theorems ein, so sagen wir, z_0 sei ein* Pol N-ter Ordnung *von f.*

c. *Tritt Fall b. des Theorems ein, so wird* z_0 *als* wesentliche Singularität *von* f *bezeichnet.*

Beweis von Theorem 18.3:

(i) Zunächst nehmen wir an, es gibt ein $\delta > 0$ so, dass $\overline{f\left(U_\delta(z_0)\right)} \neq \mathbb{C}$. Setze $D_0 := U_\delta(z_0)$. Dann ist $G := \mathbb{C} \setminus \overline{f(D_0)}$ eine nichtleere offene Teilmenge, und wir wählen $w_0 \in G$ und $\varepsilon > 0$ so, dass $U_\varepsilon(w_0) \subseteq G$. Auf $D_0 \setminus \{z_0\}$ ist dann durch

$$g_0(z) := \frac{1}{w_0 - f(z)}$$

eine holomorphe Funktion definiert, und wegen $|w_0 - f(z)| \geq \varepsilon$ ist $|g_0(z)| \leq 1/\varepsilon$ für $z \in D_0 \setminus \{z_0\}$. Nach Satz 18.2 können wir g_0 also zu einer holomorphen Funktion g auf ganz D_0 fortsetzen. Nun ist

$$f(z) = w_0 - (1/g(z)), \quad z \neq z_0 .$$

Wäre $g(z_0) \neq 0$, so könnte man also f zu einer holomorphen Funktion auf ganz D fortsetzen (mit $f(z_0) := w_0 - (1/g(z_0))$), und das ist ein Widerspruch zu unserer Voraussetzung, dass z_0 eine Singularität von f sein soll. Also ist z_0 eine Nullstelle von g, und diese hat nach Satz 17.9 eine endliche Ordnung N. Taylor-Entwicklung von g um z_0 zeigt dann (wie im Beweis von 17.9), dass $g(z) = (z - z_0)^N h(z)$ in einer Umgebung von z_0, wobei h holomorph und $h(z_0) \neq 0$ ist. Dann ist aber auch $1/h(z)$ in einer Umgebung von z_0 holomorph, und wir haben daher die Potenzreihenentwicklung

$$\frac{1}{h(z)} = \sum_{k=0}^{\infty} \gamma_k (z - z_0)^k .$$

Es folgt

$$f(z) = w_0 - \frac{1}{(z - z_0)^N h(z)} = w_0 - \sum_{k=0}^{\infty} \gamma_k (z - z_0)^{k-N}$$

$$= \sum_{n=1}^{N} (-\gamma_{N-n})(z - z_0)^{-n} + (w_0 - \gamma_N) + \sum_{n=1}^{\infty} (-\gamma_{N+n})(z - z_0)^n .$$

Das ist aber eine Entwicklung der Form (18.1), wenn man die Koeffizienten c_n, b_n geeignet definiert. Insbesondere ist $c_N = -\gamma_0 = -1/h(z_0) \neq 0$, wie gefordert.

Um den Grenzwert für $z \to z_0$ zu berechnen, schreiben wir (18.1) in der Form

$$f(z) = (z - z_0)^{-N} H(z) + G(z)$$

mit

$$H(z) := \sum_{n=1}^{N} c_n (z - z_0)^{N-n} , \quad G(z) := \sum_{n=0}^{\infty} b_n (z - z_0)^n .$$

Für $z \to z_0$ strebt offensichtlich $H(z) \to c_N \neq 0$, $G(z) \to b_0$ und $|(z - z_0)^{-N}| = |z - z_0|^{-N} \to \infty$. Daraus folgt (18.2).

(ii) Nun nehmen wir an, es ist $f\left(\overline{U_\delta(z_0)}\right) = \mathbb{C}$ für jedes $\delta > 0$. Nach Definition des Grenzwerts ist dann klar, dass $\lim\limits_{z \to z_0} f(z)$ nicht existieren kann. Dass eine Entwicklung der Form (18.3) besteht, folgt aus dem allgemeinen Satz von LAURENT, den wir in Ergänzung 18.13 besprechen werden. Dabei muss $c_n \neq 0$ für beliebig hohes n vorkommen, denn sonst hätten wir (18.1) und damit auch (18.2), also doch einen Grenzwert. □

Beispiele:

a. Die Funktion

$$w = f(z) :- \frac{1}{z(z-2)^5} - \frac{3}{(z-3)^2}$$

hat einen
    Pol 1. Ordnung in $z_1 = 0$,
    Pol 2. Ordnung in $z_2 = 3$,
    Pol 5. Ordnung in $z_3 = 2$.

b. Die Funktion

$$w = f(z) := e^{1/z} = \sum_{n=0}^{\infty} \frac{1}{n!} z^{-n}$$

hat eine wesentliche Singularität in $z_0 = 0$.

c. Die Funktion

$$w = f(z) := \tan \frac{1}{z}$$

hat Pole 1. Ordnung in den Punkten $z = \pm \frac{2}{(2k+1)\pi}$, $k \in \mathbb{Z}$ und der Häufungspunkt $z = 0$ dieser Pole ist eine nicht-isolierte Singularität (vgl. Ergänzung 18.12).

Bemerkung: Ist z_0 eine hebbare Singularität von f, so können wir die holomorph ergänzte Funktion um z_0 in ihre TAYLOR-Reihe entwickeln, und auch diese hat die Form (18.3), allerdings mit verschwindendem Hauptteil. Die LAURENT-Entwicklung existiert also für jede in $D \setminus \{z_0\}$ holomorphe Funktion. Dabei ist z_0

- eine hebbare Singularität, wenn der Hauptteil verschwindet,
- ein Pol, wenn der Hauptteil ein Polynom in der Variablen $1/(z - z_0)$ ist, und
- eine wesentliche Singularität, wenn der Hauptteil eine nicht abbrechende Potenzreihe in $1/(z - z_0)$ ist.

Die Koeffizienten einer Laurent-Entwicklung sind eindeutig bestimmt und lassen sich z. B. durch Kurvenintegrale ausdrücken:

Satz 18.5. *Sei $D \subseteq \mathbb{C}$ ein Gebiet, $z_0 \in D$ und $w = f(z)$ holomorph in $D \setminus \{z_0\}$. Die Koeffizienten b_n, c_n der Laurent-Entwicklung (18.3) von f um z_0 sind dann gegeben durch*

$$b_n = \frac{1}{2\pi\mathrm{i}} \oint_\Gamma \frac{f(z)}{(z-z_0)^{n+1}}\, \mathrm{d}z, \quad c_n = \frac{1}{2\pi\mathrm{i}} \oint_\Gamma (z-z_0)^{n-1} f(z)\mathrm{d}z. \quad (18.4)$$

Dabei ist Γ eine beliebige positiv orientierte stückweise glatte geschlossene Jordan-Kurve in D, die z_0 in ihrem Inneren enthält.

Beweis. Wir wählen $r > 0$ so, dass (18.3) in $U_r(z_0) \setminus \{z_0\}$ absolut konvergent ist und $f(z)$ darstellt. Weiter wählen wir $0 < \rho < r$ und ersetzen die Integrale in (18.4) durch analoge Integrale längs des Kreises $S_\rho(z_0)$, was nach dem Deformationssatz (Korollar 16.18) ihren Wert nicht ändert. Diese neuen Integrale lassen sich aber leicht berechnen. Beispiel 16.12 ergibt nämlich für $m \in \mathbb{Z}$:

$$\oint_{S_\rho(z_0)} \frac{f(z)}{(z-z_0)^m}\, \mathrm{d}z = \oint_{S_\rho(z_0)} \frac{1}{(z-z_0)^m} \left\{ \sum_{k=1}^{\infty} \frac{c_k}{(z-z_0)^k} + \sum_{k=0}^{\infty} b_k(z-z_0)^k \right\} \mathrm{d}z$$

$$= \sum_{k=1}^{\infty} c_k \oint_{S_\rho(z_0)} \frac{\mathrm{d}z}{(z-z_0)^{m+k}} + \sum_{k=0}^{\infty} b_k \oint_{S_\rho(z_0)} \frac{\mathrm{d}z}{(z-z_0)^{m-k}}$$

$$= \begin{cases} 2\pi\mathrm{i} b_{m-1}, & \text{falls } m \geq 1, \\ 2\pi\mathrm{i} c_{1-m}, & \text{falls } m \leq 0. \end{cases}$$

Die Formel für b_n (bzw. c_n) ergibt sich hieraus mit der Wahl $m = 1 + n$ (bzw. $m = 1 - n$).

Allerdings haben wir bei dieser Rechnung die Reihen gliedweise integriert, müssen uns also überzeugen, dass dies gestattet war. Aus dem allgemeinen Satz von Laurent (Ergänzung 18.13) wissen wir aber, dass die Laurent-Entwicklung auf der kompakten Menge $S_\rho(z_0)$ gleichmäßig konvergent ist. Nach Einsetzen einer Parameterdarstellung in die Kurvenintegrale können wir also den Satz 14.19b. anwenden, womit die Vertauschung der Grenzprozesse in obiger Rechnung gerechtfertigt ist.   □

Definitionen 18.6.

a. *Eine Funktion $f(z)$, die holomorph in ganz $\mathbb{C}$ ist, heißt eine* ganze Funktion, *und zwar*
  - *eine* ganze rationale Funktion *(= Polynom), falls die Taylor-Reihe nur endlich viele Summanden enthält,*
  - *eine* ganze transzendente Funktion, *falls die Taylor-Reihe unendlich viele nichtverschwindende Summanden enthält.*

b. *Eine holomorphe Funktion* $f : D \to \mathbb{C}$ *heißt eine* meromorphe Funktion, *wenn jeder Punkt von* $S := \mathbb{C} \setminus D$ *ein Pol von* f *ist. (Insbesondere besteht* S *dann aus lauter isolierten Punkten, enthält also keinen Häufungspunkt.)*

Das erstaunliche Verhalten einer holomorphen Funktion in der Nähe einer wesentlichen Singularität wird durch den folgenden tiefliegenden Satz ins rechte Licht gerückt:

Satz 18.7 (Großer Satz von PICARD). *Ist* $f(z)$ *holomorph in einer Umgebung einer wesentlichen Singularität* z_0, *so bildet* $f(z)$ *jede Umgebung* $\mathcal{U}_\varepsilon(z_0) \setminus \{z_0\}$ *auf ganz* $\mathbb{C}$ *mit Ausnahme von höchstens einem Punkt ab.*

Als Beispiel für dieses Verhalten betrachte man die Funktion

$$f(z) = \mathrm{e}^{1/z} \quad \text{in der Nähe von} \quad z_0 = 0 \,.$$

Ein Beweis des Satzes findet sich z. B. im zweiten Band von [70].

B. Der Residuensatz

Wir wollen nun eine Anwendung der LAURENT-Entwicklung auf die Berechnung komplexer Kurvenintegrale kennen lernen.

Ist D ein einfach zusammenhängendes Gebiet in $\mathbb{C}$, $f(z)$ holomorph in D und Γ ein geschlossener Weg in D, so gilt nach dem CAUCHY'schen Integralsatz

$$\oint_\Gamma f(z) \, \mathrm{d}z = 0 \,.$$

Anders ist die Situation, wenn $f(z)$ innerhalb von Γ (d. h. innerhalb eines von Γ berandeten Gebiets) einen singulären Punkt z_0 hat, wie wir schon aus der CAUCHY'schen Integralformel 16.19 entnehmen können. Das Kurvenintegral verschwindet dann i. A. nicht. Wir wollen daher eine Methode kennen lernen, wie man solche Integrale verhältnismäßig einfach berechnen kann. Dazu gehen wir aus von der LAURENT-Entwicklung

$$f(z) = \sum_{n=0}^{\infty} b_n(z - z_0)^n + \sum_{n=1}^{\infty} \frac{c_n}{(z - z_0)^n} \tag{18.3}$$

in einer Umgebung des singulären Punktes z_0. Nach Satz 18.5 gilt dann für den ersten Koeffizienten c_1 des Hauptteils

$$c_1 = \frac{1}{2\pi\mathrm{i}} \oint_\Gamma f(z) \, \mathrm{d}z \,,$$

wobei Γ eine geschlossene JORDAN-Kurve um z_0 ist, die außer z_0 keine weiteren Singularitäten von $f(z)$ in ihrem Inneren enthält. Diese Beziehung können wir auch schreiben

$$\oint_{\Gamma} f(z)\,\mathrm{d}z = 2\pi\mathrm{i}\,c_1\,,$$

so dass uns diese Gleichung eine Möglichkeit liefert, das links stehende Integral zu berechnen, falls wir den Koeffizienten c_1 anderweitig bestimmen können.

Man definiert:

Definition 18.8. *Der Koeffizient c_1 im Hauptteil der* Laurent-*Entwicklung der Funktion $f(z)$ um z_0 heißt das* Residuum *von $f(z)$ in z_0 und man schreibt*

$$c_1 = \operatorname*{Res}_{z=z_0} f(z)\,.$$

Damit können wir für unser Kurvenintegral schreiben:

$$\oint_{\Gamma} f(z)\,\mathrm{d}z = 2\pi\mathrm{i}\operatorname*{Res}_{z=z_0} f(z)\,,$$

wenn Γ nur die Singularität z_0 in seinem Innern enthält und $f(z)$ holomorph in einer Umgebung von $\Gamma \cup I(\Gamma)$ ist. Dies sieht zunächst wie eine formale Umformung aus und scheint wenig hilfreich für die Berechnung von Integralen zu sein, wenn man keine Methode zur Berechnung von Residuen hat. Das folgende Beispiel mag die Nützlichkeit der Methode demonstrieren:

Beispiel: Die Funktion $f(z) = \frac{\sin z}{z^4}$ hat die Laurent-Entwicklung

$$f(z) = \frac{1}{z^3} - \frac{1}{3!z} + \frac{z}{5!} - \frac{z^3}{7!} + \cdots$$

$f(z)$ hat also einen Pol 3. Ordnung in $z_0 = 0$, und das Residuum kann man direkt ablesen:

$$c_1 = \operatorname*{Res}_{z=0} \left(\frac{\sin z}{z^4} \right) = -\frac{1}{3!}\,.$$

Für eine einfach geschlossene Kurve Γ, die z_0 im Gegenuhrzeigersinn umläuft, gilt daher:

$$\oint_{\Gamma} \frac{\sin z}{z^4}\,\mathrm{d}z = -\frac{\pi\mathrm{i}}{3}\,.$$

Die Grundidee ist hier, dass man von bekannten Reihenentwicklungen ausgeht und daraus durch geeignete Umformungen die Laurent-Entwicklung gewinnt, aus der sich dann das Residuum c_1 ablesen lässt. Dieses Vorgehen führt in vielen Fällen zum Erfolg, aber wir werden im nächsten Abschnitt auch noch eine systematischere Methode zur Residuenberechnung kennen lernen.

Von großer Bedeutung ist nun, dass sich dieses Verfahren zur Berechnung von Kurvenintegralen auch anwenden lässt, wenn sich mehrere Singularitäten innerhalb der Kurve Γ befinden.

Theorem 18.9 (*Residuensatz*). *Sei $\Gamma \subseteq \mathbb{C}$ eine stückweise glatte geschlossene JORDAN-Kurve, und sei $f(z)$ eine komplexe Funktion, die holomorph ist in einer offenen Umgebung von $\Gamma \cup I(\Gamma)$ mit Ausnahme von endlich vielen Singularitäten $z_1, \ldots, z_n \in I(\Gamma)$. Dann gilt*

$$\oint_{\Gamma} f(z)\,\mathrm{d}\,z \;=\; 2\pi\mathrm{i} \sum_{k=1}^{n} \operatorname*{Res}_{z=z_k} f(z)\,,$$

wenn Γ einmal positiv orientiert (also im Gegenuhrzeigersinn) durchlaufen wird.

Beweis. Wir wählen eine offene Umgebung U von $\overline{I(\Gamma)} = \Gamma \cup I(\Gamma)$ so, dass f in $U \setminus \{z_1, \ldots, z_n\}$ holomorph ist. Wir schließen die Singularitäten z_k in disjunkte kleine Kreise $\Gamma_k \subseteq I(\Gamma)$ ein und bezeichnen das von $\Gamma, \Gamma_1, \ldots, \Gamma_n$ berandete Gebiet mit D. Dann ist $A := \overline{D}$ ein GREEN'scher Teilbereich von $U \setminus \{z_1, \ldots, z_n\}$. Wir können daher Theorem 16.15b. anwenden und folgern

$$\oint_{\Gamma^+} f(z)\,\mathrm{d}\,z + \oint_{\Gamma_1^-} f(z)\,\mathrm{d}\,z + \cdots + \oint_{\Gamma_n^-} f(z)\,\mathrm{d}\,z = 0\,.$$

Dabei wird Γ^+ im Gegenuhrzeigersinn, und Γ_k^- im Uhrzeigersinn durchlaufen. Ändern wir auf $\Gamma_1, \ldots, \Gamma_n$ die Orientierung, so bekommen wir

$$\oint_{\Gamma^+} f(z)\,\mathrm{d}\,z \;=\; \sum_{k=1}^{n} \oint_{\Gamma_k^+} f(z)\,\mathrm{d}\,z\,,$$

wobei jetzt alle Kurven im Gegenuhrzeigersinn durchlaufen werden.

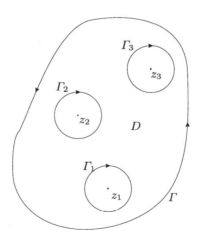

Abb. 18.1. Zum Beweis des Residuensatzes

Da im Innern von Γ_k jeweils eine Singularität z_k von $f(z)$ liegt, gilt nach unseren obigen Überlegungen

$$\oint\limits_{\Gamma_k} f(z)\, \mathrm{d}\, z = 2\pi \mathrm{i} \operatorname*{Res}_{z=z_k} f(z) \,,$$

und dies liefert die Behauptung.   □

Betrachten wir als Beispiel die Funktion

$$f(z) = \frac{4 - 3z}{z^2 - z} \,.$$

Diese hat einfache Pole in den Punkten $z = 0$ und $z = 1$. Schreiben wir

$$f(z) = \frac{4 - 3z}{-z} \cdot \frac{1}{1 - z} = \frac{3z - 4}{z} \sum_{n=0}^{\infty} z^n$$

$$= -\frac{4}{z} - 4 - 4z - 4z^2 + \cdots + 3 + 3z + 3z^2 + \cdots$$

$$= -\frac{4}{z} - 1 - z - z^2 + \cdots \,,$$

so bekommen wir zunächst

$$\operatorname*{Res}_{z=0} f(z) = -4 \,.$$

Weiter

$$f(z) = \frac{4 - 3z}{z - 1} \cdot \frac{1}{1 - (1 - z)} = \frac{4 - 3z}{z - 1} \sum_{n=0}^{\infty} (1 - z)^n$$

$$= \{\frac{1}{z - 1} - 3\} \cdot \sum_{n=0}^{\infty} (-1)^n (z - 1)^n$$

$$= \frac{1}{z - 1} - 1 + (z - 1) - + \cdots - 3 + 3(z - 1) - + \cdots$$

$$= \frac{1}{z - 1} - 4 + 4(z - 1) - + \cdots \,,$$

woraus folgt:

$$\operatorname*{Res}_{z=1} f(z) = 1 \,.$$

Ist daher Γ ein geschlossener Weg, der $z = 0$ und $z = 1$ umschließt, so liefert der Residuensatz

$$\oint\limits_{\Gamma} \frac{4 - 3z}{z^2 - z}\, \mathrm{d}\, z = 2\pi \mathrm{i} \, (-4 + 1) = -6\pi \mathrm{i} \,.$$

C. Berechnung von Residuen

Der Residuensatz ist nur dann für die Berechnung komplexer Integrale nützlich, wenn man eine einfache Methode zur Verfügung hat, um die Residuen einer Funktion $f(z)$ zu berechnen. Das „Erraten" der LAURENT-Entwicklung, wie wir es bis jetzt praktiziert haben, ist dafür i. A. unpraktisch und führt bei hinreichend komplizierten Funktionen kaum zum Ziel. Wir wollen daher jetzt ein systematisches Verfahren kennen lernen, das wenigstens bei *meromorphen* Funktionen erfolgreich arbeitet, d. h. bei Funktionen, die höchstens Pole als Singularitäten haben.

Nehmen wir zunächst an, die meromorphe Funktion habe einen *einfachen Pol* in z_0. Dann lautet die LAURENT-Entwicklung um z_0

$$f(z) = \frac{c_1}{z - z_0} + b_0 + b_1(z - z_0) + b_2(z - z_0)^2 + \cdots$$

mit

$$\operatorname*{Res}_{z=z_0} f(z) = c_1 \neq 0 \,,$$

also

$$(z - z_0)\,f(z) = c_1 + b_0(z - z_0) + b_1(z - z_0)^2 + \cdots \,.$$

Grenzübergang $z \longrightarrow z_0$ liefert nun

$$c_1 = \operatorname*{Res}_{z=z_0} f(z) = \lim_{z \longrightarrow z_0} \left[f(z) \cdot (z - z_0) \right] \,. \tag{18.5}$$

Dieses Berechnungsverfahren ist einfach und lässt sich leicht anwenden.

Ein weiteres Verfahren im Falle eines einfachen Pols ist das folgende: Wir schreiben $f(z)$ in der Form

$$f(z) = \frac{p(z)}{q(z)} \,, \tag{18.6}$$

wobei $p(z)$, $q(z)$ in einer Umgebung von z_0 holomorphe Funktionen sind, und $p(z_0) \neq 0$ ist, während $q(z)$ in z_0 eine einfache Nullstelle hat. $q(z)$ hat daher eine TAYLOR-Entwicklung der Form

$$q(z) = q'(z_0)(z - z_0) + \frac{1}{2!}\, q''(z_0)(z - z_0)^2 + \cdots$$

und daher ist

$$(z - z_0)\,f(z) = \frac{p(z)}{q'(z_0) + \frac{1}{2}\, q''(z_0)(z - z_0) + \cdots} \,.$$

Grenzübergang $z \longrightarrow z_0$ liefert dann mit (18.5)

$$\operatorname*{Res}_{z=z_0} f(z) = \frac{p(z_0)}{q'(z_0)} \,, \tag{18.7}$$

was sich ebenfalls in vielen Fällen anwenden lässt.

Betrachten wir nun den Fall, dass $f(z)$ einen Pol m-ter Ordnung in z_0 hat. Die Laurent-Entwicklung von $f(z)$ in z_0 ist dann

$$f(z) = \frac{c_m}{(z-z_0)^m} + \cdots + \frac{c_1}{(z-z_0)} + b_0 + b_1(z-z_0) + \cdots$$

mit $c_m \neq 0$. Daraus folgt

$$(z-z_0)^m f(z) = c_m +_{m-1}(z-z_0) + \cdots + c_1(z-z_0)^{m-1}$$

$$+ b_0(z-z_0)^m + \cdots ,$$

und das gesuchte Residuum ist dann der Koeffizient bei der Potenz $(z-z_0)^{m-1}$. Die rechte Seite können wir aber auffassen als die Taylor-Entwicklung der holomorphen Funktion

$$g(z) = (z-z_0)^m f(z) ,$$

welche bei $(z-z_0)^{m-1}$ den Taylor-Koeffizienten $g^{(m-1)}(z_0)/(m-1)!$ hat, so dass wir mit dem Identitätssatz 17.5 bekommen

$$c_1 = \frac{g^{(m-1)}(z_0)}{(m-1)!} ,$$

also

$$\operatorname*{Res}_{z=z_0} f(z) = \frac{1}{(m-1)!} \frac{\mathrm{d}^{m-1}}{\mathrm{d}\,z^{m-1}} [(z-z_0)^m f(z)]\Big|_{z=z_0} , \qquad (18.8)$$

was uns eine Formel für die Berechnung des Residuums eines Pols m-ter Ordnung liefert. Wir fassen zusammen:

Satz 18.10.

a. *Hat die holomorphe Funktion $f(z)$ einen Pol m-ter Ordnung in z_0, so gilt*

$$\operatorname*{Res}_{z=z_0} f(z) = \frac{1}{(m-1)!} \lim_{z \longrightarrow z_0} \frac{\mathrm{d}^{m-1}}{\mathrm{d}\,z^{m-1}} [(z-z_0)^m f(z)] .$$

b. *Sind $p(z)$, $q(z)$ holomorphe Funktionen, ist $p(z_0) \neq 0$ und hat $q(z)$ in z_0 eine einfache Nullstelle, so gilt*

$$\operatorname*{Res}_{z=z_0} \frac{p(z)}{q(z)} = \frac{p(z_0)}{q'(z_0)} .$$

D. Berechnung von uneigentlichen Integralen

Man kann den Residuensatz dazu benutzen, um reelle uneigentliche Integrale explizit zu berechnen. Wir betrachten Integrale der Form

$$\int_{-\infty}^{\infty} f(x)\,dx\,,$$

wobei

$$f(x) = \frac{p(x)}{q(x)} = \frac{a_n x^n + \cdots + a_1 x + a_0}{b_m x^m + \cdots + b_1 x + b_0}$$

eine rationale Funktion ist. Dabei setzen wir voraus

I. $q(x) \neq 0$ für alle $x \subset \mathbb{R}$,

II. Grad $q = m \geq n + 2 = \operatorname{grad} p + 2$.

Diese Voraussetzungen sichern die Existenz des uneigentlichen Integrals und erlauben, dieses folgendermaßen zu berechnen

$$\int_{-\infty}^{\infty} f(x)\,dx = \lim_{N \to \infty} \int_{-N}^{N} f(x)\,dx\,.$$

Die Integrale auf der rechten Seite wollen wir mit dem Residuensatz auswerten. Dazu setzen wir $f(x)$ ins Komplexe fort, d. h. wir betrachten

$$f(z) = \frac{p(z)}{q(z)} = \frac{a_n z^n + \cdots + a_0}{b_m z^m + \cdots + b_0} \quad \text{für} \quad z \in \mathbb{C},\, q(z) \neq 0\,.$$

In $\mathbb{C}$ betrachten wir dann den geschlossenen Weg, bestehend aus dem Intervall $\Sigma_N = [-N, N]$ auf der reellen Achse und dem Halbkreis Γ_N vom Radius N um 0 in der oberen Halbebene (vgl. Abb. 18.2).

Das Polynom $q(z)$ hat nach dem Fundamentalsatz der Algebra m komplexe Nullstellen. Seien $c_1, \ldots, c_k$ die verschiedenen komplexen Nullstellen von $q(z)$ in der oberen Halbebene, d. h. $\operatorname{Im} c_j > 0$. Diese c_j sind dann Pole von $f(z)$.

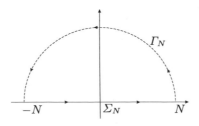

Abb. 18.2.

Wir wählen nun N so groß, dass die Kurve $\Sigma_N + \Gamma_N$ alle diese Pole $c_1, \ldots, c_k$ in ihrem Inneren enthält, was für

$$N > N_0 := \max\{\, |c_j| \,\big|\, j = 1, \ldots, k\}$$

der Fall ist.

Nach dem Residuensatz gilt dann

$$\oint_{\Sigma_N + \Gamma_N} f(z)\,\mathrm{d}z = \sum_{j=1}^{k} 2\pi\mathrm{i}\,\underset{z=c_k}{\mathrm{Res}}\, f(z)\,,$$

also

$$\int_{-N}^{N} f(x)\,\mathrm{d}x = -\oint_{\Gamma_N} f(z)\,\mathrm{d}z + 2\pi\mathrm{i} \sum_{j=1}^{k} \underset{z=c_k}{\mathrm{Res}}\, f(z)\,, \quad N > N_0\,.$$

Wegen $m \geq n + 2$ gibt es nun ein $N_1 \geq N_0$ und ein $C > 0$, so dass

$$\left| \frac{p(z)}{q(z)} \right| = \frac{1}{|z|^2} \cdot \frac{|a_n z^n + a_{n-1} z^{n-1} + \cdots + a_0|}{|b_m z^{m-2} + \cdots + b_0 z^{-2}|} \leq \frac{C}{N^2}$$

für $|z| = N$ und $N \geq N_1$. Daher folgt mit Satz 16.13

$$\left| \oint_{\Gamma_N} f(z)\,\mathrm{d}z \right| \leq \frac{C}{N^2} \cdot \pi N = \frac{\pi C}{N}\,,$$

und wir bekommen

$$\int_{-\infty}^{\infty} f(x)\,\mathrm{d}x = \lim_{N \longrightarrow \infty} \int_{-N}^{N} f(x)\,\mathrm{d}x$$

$$= -\lim_{N \longrightarrow \infty} \oint_{\Gamma_N} f(z)\,\mathrm{d}z + 2\pi\mathrm{i} \sum_{j=1}^{k} \underset{z=c_j}{\mathrm{Res}}\, f(z)$$

$$= 2\pi\mathrm{i} \sum_{j=1}^{k} \underset{z=c_j}{\mathrm{Res}}\, f(z)\,.$$

Damit haben wir den folgenden Satz hergeleitet:

Satz 18.11. *Sei*

$$f(x) = \frac{p(x)}{q(x)} = \frac{a_n x^n + \cdots + a_1 x + a_0}{b_m x^m + \cdots + b_1 x + b_0}$$

eine rationale Funktion mit

a. $m \geq n + 2$,

b. $q(x) \neq 0$ *für* $x \in \mathbb{R}$.

Sind dann $c_1, \ldots, c_k$ *die verschiedenen Nullstellen von* $q(z)$ *in der oberen Halbebene* $\operatorname{Im} z > 0$, *so gilt*

$$\int\limits_{-\infty}^{\infty} f(x)\,\mathrm{d}x \; = \; 2\pi\mathrm{i} \sum_{j=1}^{k} \operatorname*{Res}_{z=c_j} f(z)\,.$$

Beispiel:

$$f(x) = \frac{1}{x^4 + 5x^2 + 4} = \frac{1}{(x^2 + 1)(x^2 + 4)}\,.$$

Pole in der oberen Halbebene: $c_1 = \mathrm{i}$, $c_2 = 2\mathrm{i}$.

$$\operatorname*{Res}_{z=i} f(z) = \frac{1}{4z^3 + 10z}\,\Big|_{z=i} = \frac{1}{6\mathrm{i}}$$

$$\operatorname*{Res}_{z=2i} f(z) = \frac{1}{4z^3 + 10z}\,\Big|_{z=2i} = \frac{1}{-12\mathrm{i}}\,.$$

Also

$$\int\limits_{-\infty}^{\infty} \frac{\mathrm{d}x}{x^4 + 5x^2 + 4} \; = \; 2\pi\mathrm{i}\left(\frac{1}{6\mathrm{i}} \quad \frac{1}{12\mathrm{i}}\right) - \frac{\pi}{6}\,.$$

Ergänzungen zu §18

Singuläre Punkte, LAURENT-Entwicklungen und Residuenkalkül – alle diese Themen verdienen Vertiefung, und diese liefern wir in den Ergänzungen 18.12, 18.13, 18.17 und 18.18. Dazwischen geben wir in drei weiteren Ergänzungsabschnitten wieder einen Ausblick von der Art, wie es in den Ergänzungen zum vorigen Kapitel geschehen ist. Hier handelt es sich darum, wie man das Verhalten einer holomorphen Funktion im Unendlichen funktionentheoretisch behandeln kann, indem man zur komplexen Ebene einen „unendlich fernen Punkt" hinzufügt, und wie man die so entstandene „erweiterte Ebene" geometrisch als Kugeloberfläche deuten kann.

18.12 Der allgemeine Begriff des singulären Punktes. Bisher haben wir nur *isolierte* Singularitäten definiert, aber am Beispiel der Funktion $f(z) := \tan\frac{1}{z}$ gesehen, dass es auch nicht-isolierte gibt. Die singulären Punkte einer holomorphen Funktion $f : D \longrightarrow \mathbb{C}$ bilden gewissermaßen die Barriere am Rand des Definitionsgebiets D, die weitere analytische Fortsetzung verhindert. Genauer:

Definition. *Sei $w = f(z)$ eine holomorphe Funktion mit dem Definitions-
gebiet $D \subseteq \mathbb{C}$. Ein Randpunkt $z_0 \in \partial D$ heißt* regulär, *wenn er eine offene Umgebung U besitzt, auf der es eine holomorphe Funktion h gibt mit
$h\big|_{D \cap U} = f\big|_{D \cap U}$. Anderenfalls heißt er* singulär. *Die Menge der singulären
Punkte von ∂D heißt der* natürliche Rand *des Definitionsbereichs von f.*

Beispiel: Die Potenzreihe $\sum_{n=0}^{\infty} z^{n!}$ hat den Konvergenzradius $R = 1$, definiert also in $D = U_1(0)$ eine holomorphe Funktion f. Der Einheitskreis $S_1(0)$
besteht hier aus lauter singulären Punkten, ist also der natürliche Rand. Wäre
nämlich ein Punkt $z_0 \in S_1(0)$ regulär, so müsste er eine offene Umgebung U
besitzen, für die f auf $U \cap D$ beschränkt bleibt. Es gibt dann aber einen Punkt
$z_1 = e^{it} \in U \cap S_1(0)$, für den $t/2\pi$ eine *rationale* Zahl p/q ist ($p, q \in \mathbb{N}$). Für
$n \geq q$ ist dann $n!\,p/q$ ganzzahlig, also $e^{in!t} = 1$. Das ergibt:

$$f(rz_1) = \underbrace{\sum_{n=0}^{q-1} (rz_1)^{n!}}_{=:g(rz_1)} + \underbrace{\sum_{n=q}^{\infty} r^{n!}}_{=:h(r)}$$

für $0 \leq r < 1$. Aber

$$h(r) \to \infty \quad \text{für} \quad r \to 1- \ . \tag{$*$}$$

Wählen wir nämlich zu gegebenem $C > 0$ eine natürliche Zahl $N \geq C + q$,
so erfüllt die stetige Funktion $h_N(r) := \sum_{n=q}^{N} r^{n!}$ die Bedingung $h_N(1) =
N - q + 1 > C$, also auch $h_N(r) > C$ für $r < 1$ nahe genug bei 1. Für
solche r ist dann erst recht $h(r) > C$, und wir haben $(*)$ bewiesen. Aber $g(z)$
ist ein Polynom, also beschränkt auf beschränkten z-Bereichen. Somit zeigt
$(*)$, dass $f(rz_1)$ für $r \to 1-$ nicht beschränkt bleiben kann, und das ist ein
Widerspruch.

18.13 Die LAURENT-Entwicklung in einem Ringgebiet. Dies ist eine
Reihendarstellung, die in einem Ringgebiet

$$D = \{z \,|\, r_2 < |z - z_0| < r_1\}$$

gültig ist, wobei $r_2 = 0$ und $r_1 = \infty$ zugelassen sind. Für $0 < r_2 < r_1 < \infty$
wird es aber von zwei konzentrischen Kreisen

$$\Gamma_1 = \{z \,|\, |z - z_0| = r_1\} \quad \text{und} \quad \Gamma_2 = \{z \,|\, |z - z_0| = r_2\}$$

berandet. Die darzustellende Funktion $f(z)$ soll dabei in D holomorph sein,
während innerhalb des Kreises Γ_2 und außerhalb des Kreises Γ_1 Singularitäten
von $f(z)$ liegen können.

Satz. (Satz von LAURENT) *Sei $0 \leq r_2 < r_1 \leq \infty$, $D = \{z \,|\, r_2 < |z - z_0| < r_1\}$
und sei $f(z)$ eine holomorphe Funktion in D.*

a. Dann kann f(z) dargestellt werden durch eine LAURENT-*Reihe der Form*

$$f(z) = \sum_{n=0}^{\infty} b_n (z - z_0)^n + \sum_{n=1}^{\infty} c_n \frac{1}{(z - z_0)^n}$$

$$= \sum_{n=-\infty}^{\infty} a_n (z - z_0)^n \,, \qquad (18.9)$$

wobei die Koeffizienten eindeutig bestimmt sind und gegeben durch

$$b_n = \frac{1}{2\pi i} \oint_{\Gamma} \frac{f(\zeta)}{(\zeta - z_0)^{n+1}} \, d\zeta \,, \quad c_n = \frac{1}{2\pi i} \oint_{\Gamma} (\zeta - z_0)^{n-1} f(\zeta) d\zeta \quad (18.10)$$

bzw.

$$a_n = \frac{1}{2\pi i} \oint_{\Gamma} \frac{f(\zeta)}{(\zeta - z_0)^{n+1}} \, d\zeta \quad \text{für} \quad n \in \mathbb{Z} \,.$$

Dabei ist Γ eine beliebige positiv orientierte, stückweise glatte geschlossene JORDAN-*Kurve in dem Ringgebiet D, die den Punkt z_0 in ihrem Innern enthält.*

b. Die LAURENT-*Reihe (18.9) stellt $f(z)$ in dem größten Ringgebiet dar, das durch Aufblähen von D bis zu den singulären Punkten von $f(z)$ entsteht. In diesem Gebiet ist die Konvergenz absolut und auf kompakten Teilmengen gleichmäßig.*

Beweis. Um a. zu beweisen, wählen wir Zahlen ρ_1, ρ_2 mit $r_2 < \rho_2 < \rho_1 < r_1$ und betrachten das Ringgebiet

$$D_0 := \{ z \mid \rho_2 < |z - z_0| < \rho_1 \} \,,$$

das von den Kreisen $C_j := S_{\rho_j}(z_0)$ $(j = 1, 2)$ berandet wird. Der Zykel $C_1 - C_2$ ist offenbar nullhomolog in D, und für jedes $z \in D_0$ ist die Windungszahl $w(z, C_1 - C_2) = 1$. Nach der allgemeinen CAUCHY'schen Integralformel aus Ergänzung 16.27 gilt also für jedes $z \in D_0$:

$$f(z) = g_1(z) + g_2(z) \qquad (18.11)$$

mit

$$g_j(z) := \frac{(-1)^{j-1}}{2\pi i} \oint_{C_j} \frac{f(\zeta)}{\zeta - z} \, d\zeta \,, \quad j = 1, 2 \,, \qquad (18.12)$$

wobei beide Randkreise C_1 und C_2 von D im Gegenuhrzeigersinn durchlaufen werden. (Man kann diese Zerlegung auch elementarer herleiten, indem man ähnlich vorgeht wie bei unserem Beweis des Residuensatzes.)

Nach Satz 16.8 sind die Funktionen g_j sogar in $D_j := \mathbb{C} \setminus C_j$ definiert und holomorph. Nach 17.8 und 17.2b. hat g_1 also eine TAYLOR-Entwicklung

$$g_1(z) = \sum_{n=0}^{\infty} b_n (z - z_0)^n \, ,$$

die in der Kreisscheibe $U_{\rho_1}(z_0)$ absolut und auf jeder kompakten Teilmenge davon sogar gleichmäßig konvergent ist. Der Definitionsbereich D_2 von g_2 hingegen enthält alle z mit $|z - z_0| > \rho_2$, und wenn wir mit M eine obere Schranke für $|f(\zeta)|$ auf C_2 bezeichnen, erhalten wir aus (18.12) und Satz 16.13

$$|g_2(z)| \leq \frac{M\rho_2}{|z - z_0| - \rho_2} \longrightarrow 0 \quad \text{für} \quad |z| \to \infty \, .$$

Die Funktion $h(w) := g_2(z_0 + 1/w)$ hat daher in $w = 0$ eine hebbare Singularität und kann durch die Festsetzung $h(0) := \lim_{w \to 0} h(w) = 0$ zu einer holomorphen Funktion auf $U_{1/\rho_2}(0)$ ergänzt werden. Für diese Funktion bekommen wir (wie eben für g_1) in $U_{1/\rho_2}(0)$ eine absolut und auf kompakten Teilmengen gleichmäßig konvergente TAYLOR-Entwicklung

$$h(w) = \sum_{n=1}^{\infty} c_n w^n \, .$$

(Wegen $h(0) = 0$ fehlt hier das absolute Glied!) Das ergibt

$$g_2(z) = h\left(\frac{1}{z - z_0}\right) = \sum_{n=1}^{\infty} c_n \frac{1}{(z - z_0)^n}$$

für $|z - z_0| > \rho_2$, ebenfalls mit absoluter und auf kompakten Teilmengen gleichmäßiger Konvergenz. Für $z \in D_0$ sind beide Reihenentwicklungen gültig, und wir erhalten (18.9) zusammen mit den behaupteten Konvergenzaussagen für das Ringgebiet D_0 aus (18.11). Die Formeln (18.10) lassen sich nun genauso herleiten wie im Beweis von Satz 18.5. Damit sind die Koeffizienten b_n, c_n auch eindeutig bestimmt, und zwar unabhängig von der Wahl der Zahlen ρ_1, ρ_2. Jedes $z \in D$ ist aber bei geeigneter Wahl dieser Zahlen in dem entsprechenden Bereich D_0 enthalten, und daher gelten die Behauptungen in ganz D. Schließlich kann man r_1 maximal und r_2 minimal wählen und dadurch D durch das größte Ringgebiet ersetzen, das D umfasst und keine singulären Punkte von $f(z)$ enthält. $\qquad\Box$

Die Eindeutigkeitsaussage des Satzes sagt zwar, dass die LAURENT-Entwicklung innerhalb des Konvergenzgebietes eindeutig ist, doch zeigt das folgende Beispiel, dass eine gegebene Funktion $f(z)$ in verschiedenen Konvergenzgebieten sehr wohl verschiedene LAURENT-Entwicklungen um denselben Entwicklungspunkt z_0 haben kann.

Beispiel: Wir betrachten die LAURENT-Entwicklungen der Funktion

$$f(z) = \frac{1}{1-z^2} \quad \text{um } z_0 = 1 .$$

(i) Wegen $1 - z^2 = -(z-1)(z+1)$ bekommen wir mit der geometrischen Reihe

$$\frac{1}{z+1} = \frac{1}{2+(z-1)} = \frac{1}{2}\frac{1}{1-(-\frac{z-1}{2})} = \frac{1}{2}\sum_{k=0}^{\infty}\left(-\frac{z-1}{2}\right)^k$$

$$= \sum_{n=0}^{\infty}\frac{(-1)^n}{2^{n+1}}(z-1)^n .$$

Diese Reihe konvergiert für $\frac{|z-1|}{2} < 1$, d. h. $|z-1| < 2$. Für $0 < |z-1| < 2$ haben wir daher die LAURENT-Entwicklung

$$\frac{1}{1-z^2} = -\frac{1}{2}\frac{1}{z-1} + \sum_{n=0}^{\infty}\frac{(-1)^n}{2^{n+2}}(z-1)^n ,$$

d. h. der Anteil mit negativen Potenzen enthält einen Summanden.

(ii) Schreibt man andererseits

$$\frac{1}{z+1} = \frac{1}{(z-1)+2} = \frac{1}{z-1}\cdot\frac{1}{(1+\frac{2}{z-1})}$$

$$= \frac{1}{z-1}\sum_{k=0}^{\infty}\left(-\frac{2}{z-1}\right)^k = \sum_{n=0}^{\infty}\frac{(-2)^n}{(z-1)^{n+1}} ,$$

so konvergiert diese Reihe für

$$\frac{2}{|z-1|} < 1 , \quad \text{d.h. für} \quad |z-1| > 2 ,$$

und wir bekommen daher für $|z-1| > 2$ die folgende LAURENT-Entwicklung

$$\frac{1}{1-z^2} = -\sum_{n=0}^{\infty}\frac{(-2)^n}{(z-1)^{n+?}} .$$

18.14 Der unendlich ferne Punkt. Es ist nützlich, der komplexen Ebene einen *unendlich fernen Punkt* ∞ hinzuzufügen. Man definiert daher die *erweiterte Ebene* $\bar{\mathbb{C}}$ durch $\bar{\mathbb{C}} := \mathbb{C} \cup \{\infty\}$ und betrachtet alle Mengen $U \subseteq \bar{\mathbb{C}}$, die ∞ enthalten und für die $\mathbb{C} \setminus U$ beschränkt ist, als *Umgebungen* von ∞. Jede Umgebung von ∞ enthält also eine Umgebung der speziellen Form

$$U_\delta(\infty) := \{\infty\} \cup \{z \in \mathbb{C} \mid |z| > 1/\delta\} \quad (\delta > 0) .$$

Damit ordnen sich Limesbeziehungen wie

$$w_0 = \lim_{z \to \infty} f(z) \quad \text{oder} \quad \lim_{z \to z_0} g(z) = \infty$$

korrekt in den allgemeinen Grenzwertbegriff ein, wie wir ihn in Ergänzung 2.43 für die reelle Gerade diskutiert haben.

Wir setzen den *Kehrwert* $w = 1/z$ stetig fort zu einer Abbildung $\kappa : \bar{\mathbb{C}} \to \bar{\mathbb{C}}$, d. h. wir definieren:

$$\kappa(z) := 1/z \quad \text{für} \quad 0 \neq z \neq \infty\,,$$
$$\kappa(0) := \infty\,, \quad \kappa(\infty) := 0\,.$$

Dann ist κ eine stetige Bijektion $\bar{\mathbb{C}} \to \bar{\mathbb{C}}$ mit Umkehrfunktion $\kappa^{-1} = \kappa$. Außerdem ist κ eine konforme Abbildung von $\mathbb{C} \setminus \{0\}$ auf sich (vgl. Ergänzungen 16.30–16.32), und wir benutzen sie daher als *Koordinatentransformation*, mit der wir funktionentheoretische Begriffe und Resultate aus einer Umgebung der Null in eine Umgebung von Unendlich übertragen können. Daher definieren wir:

Definitionen. *Sei* $f : U \to \mathbb{C}$ *eine holomorphe Funktion, für die* $U \cup \{\infty\}$ *eine Umgebung von* ∞ *ist.*

a. *Der Punkt* ∞ *ist eine* hebbare Singularität *bzw. ein* Pol m-*ter Ordnung bzw. eine* wesentliche Singularität *von* f, *wenn* $z_0 = 0$ *eine hebbare Singularität bzw. ein Pol* m-*ter Ordnung bzw. eine wesentliche Singularität von* $f \circ \kappa$ *ist.*

b. *Die* LAURENT-*Reihe von* f *um den Punkt* ∞ *ist die* LAURENT-*Entwicklung in einem Ringgebiet*

$$D = \{z \mid R < |z|\}\,,$$

wobei R *so groß gewählt ist, dass* $D \subseteq U$. *Der* Hauptteil *von* f *bei* ∞ *ist die Summe der Terme der* LAURENT-*Reihe mit* positivem *Exponenten.*

Wenden wir Theorem 18.3 und die Bemerkung vor Satz 18.5 auf $f \circ \kappa$ an, so erkennen wir, wie die LAURENT-Entwicklung

$$f(z) = \sum_{n=-\infty}^{\infty} a_n z^n$$

in ∞ die Natur der Singularität ∞ widerspiegelt. Es ergibt sich:

Der Punkt ∞ ist

- eine hebbare Singularität, wenn $a_n = 0$ für alle $n \geq 1$, d. h. wenn der Hauptteil verschwindet,
- ein Pol N-ter Ordnung, wenn der Hauptteil ein Polynom N-ten Grades ist, also wenn $a_N \neq 0$, aber $a_n = 0 \quad \forall \quad n > N$,
- eine wesentliche Singularität, wenn $a_n \neq 0$ für beliebig hohe n vorkommt.

Anwendung des RIEMANN'schen Hebbarkeitssatzes auf $f \circ \kappa$ zeigt, dass im unendlich fernen Punkt genau dann eine hebbare Singularität vorliegt, wenn f in einer Umgebung von ∞ beschränkt bleibt. In diesem Fall wird f durch

$$f(\infty) := b_0 = a_0 = \frac{1}{2\pi i} \oint_\Gamma \frac{f(\zeta)}{\zeta} \, d\zeta$$

stetig ergänzt (vgl. (18.10)). Dabei ist Γ eine geschlossene JORDAN-Kurve, die innerhalb von U den Nullpunkt einmal im Gegenuhrzeigersinn umläuft. Da $g = f \circ \kappa$ durch die Vorschrift $g(0) = b_0$ sogar *holomorph* ergänzt ist, bezeichnet man die so auf $U \cup \{\infty\}$ fortgesetzte Funktion f ebenfalls als holomorph.

Der unendlich ferne Punkt kann auch den *Wertebereich* holomorpher Funktionen sinnvoll ergänzen. Um dies näher zu erläutern, betrachten wir eine holomorphe Funktion $h : D \setminus \{z_0\} \to \mathbb{C}$, die in $z_0 \in D$ einen Pol hat. Wegen (18.2) wird h durch $h(z_0) := \infty$ stetig ergänzt, wenn wir h als Funktion mit Wertebereich in $\bar{\mathbb{C}}$ auffassen. Die Funktion $\kappa \circ h$ ist durch $(\kappa \circ h)(z_0) = 0$ sogar holomorph ergänzt, und darum bezeichnet man auch die so fortgesetzte Funktion $h : D \to \bar{\mathbb{C}}$ als holomorph.

Beim Übergang von h zu $\kappa \circ h$ entsprechen sich die Ordnungen von Polen und Nullstellen. Ist nämlich z_0 ein Pol m-ter Ordnung von h, so ist

$$h(z) = \frac{g(z)}{(z - z_0)^m} \quad \text{mit} \quad g(z_0) \neq 0 \,,$$

wie die LAURENT-Entwicklung zeigt. Dann ist aber

$$(\kappa \circ h)(z) = \frac{(z - z_0)^m}{g(z)} = (z - z_0)^m \cdot \frac{1}{g(z)}$$

und $1/g(z_0) \neq 0$. Damit hat z_0 als Nullstelle von $\kappa \circ h$ die Vielfachheit m.

Diese Überlegungen kann man leicht auch auf $z_0 = \infty$ ausdehnen. In diesem Sinne sind die *meromorphen* Funktionen auf einem Teilgebiet $D \subseteq \bar{\mathbb{C}}$ nichts anderes als die holomorphen Abbildungen $D \longrightarrow \bar{\mathbb{C}}$. Die meromorphen Funktionen auf ganz $\bar{\mathbb{C}}$ – also die holomorphen Abbildungen $\bar{\mathbb{C}} \longrightarrow \bar{\mathbb{C}}$ – sind übrigens gerade die rationalen Funktionen.

18.15 Die RIEMANN'sche Zahlenkugel. Die erweiterte Ebene wird auch als RIEMANN'sche Zahlenkugel bezeichnet, denn man kann sie sich geometrisch als Kugeloberfläche

$$\mathbf{S}^2 = \{(\xi, \eta, \zeta) \in \mathbb{R}^3 \mid \xi^2 + \eta^2 + \zeta^2 = 1\}$$

vorstellen. Um Punkte von $\mathbf{S}^2$ mit Punkten von $\bar{\mathbb{C}}$ zu identifizieren, denken wir uns die komplexe Ebene als die Ebene $\zeta = 0$ in den dreidimensionalen (ξ, η, ζ)-Raum eingebettet, zeichnen auf $\mathbf{S}^2$ den Punkt $N := (0, 0, 1)^T$ als *Nordpol* aus und definieren eine Abbildung $\Phi : \mathbf{S}^2 \longrightarrow \bar{\mathbb{C}}$ in folgender Weise

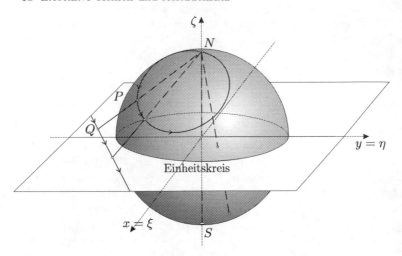

Abb. 18.3. Stereografische Projektion

(vgl. Abb. 18.3): Jede Gerade durch N, die nicht in der Ebene $\zeta = 1$ verläuft, schneidet $\mathbf{S}^2$ in genau einem Punkt $P \neq N$ und $\mathbb{C} = \mathbb{R}^2 \times \{0\}$ in genau einem Punkt $Q = (x, y, 0)^T$. Wir setzen $\Phi(P) = x + \mathrm{i}y$ und ergänzen diese Abbildung stetig durch $\Phi(N) := \infty$.

Diese Abbildung nennt man *stereografische Projektion* (vom Nordpol aus). Um sie in Koordinaten zu beschreiben, stellen wir die Gerade, auf der N, P und Q liegen, dar als die Menge der Punkte

$$N + t(Q - N) = \begin{pmatrix} tx \\ ty \\ 1 - t \end{pmatrix}, \quad t \in \mathbb{R}.$$

Der Punkt $P = (\xi, \eta, \zeta)^T$ entsteht für $t = 1 - \zeta$, also ist $x = \xi/(1 - \zeta)$, $y = \eta/(1 - \zeta)$. Wir haben daher

$$\Phi(\xi, \eta, \zeta) = \frac{\xi + \mathrm{i}\eta}{1 - \zeta} \tag{18.13}$$

für alle $P = (\xi, \eta, \zeta)^T \in \mathbf{S}^2 \setminus \{N\}$. Ist umgekehrt $z = x + \mathrm{i}y \in \mathbb{C}$, also $Q = (x, y, 0)^T$, gegeben, so bestimmen wir $P = (\xi, \eta, \zeta)^T$ aus den Bedingungen

$$\xi = tx, \quad \eta = ty, \quad \zeta = 1 - t$$

und $\xi^2 + \eta^2 + \zeta^2 = 1$. Das ergibt $1 = t^2(x^2 + y^2) + (1 - t)^2 = t^2|z|^2 + 1 - 2t + t^2$, also

$$(1 + |z|^2)t^2 - 2t = 0.$$

Die Lösung $t = 0$ dieser quadratischen Gleichung ist uninteressant, denn sie liefert nur den Nordpol. Der gesuchte Punkt P ergibt sich aus der anderen

Lösung $t = 2/(1 + |z|^2)$. Wir haben also:

$$\Phi^{-1}(-z) = \left(\frac{2\mathrm{Re}\, z}{|z|^2 + 1}, \frac{2\mathrm{Im}\, z}{|z|^2 + 1}, \frac{|z|^2 - 1}{|z|^2 + 1} \right)^T \qquad (18.14)$$

sowie $\Phi^{-1}(\infty) = N$. Damit ist klar, dass Φ und Φ^{-1} stetige Bijektionen sind, die $\mathbf{S}^2$ und $\bar{\mathbb{C}}$ miteinander in Verbindung bringen.

Insbesondere kann man $z = \Phi(P)$ als *komplexe Koordinate* für die Punkte $P \in \mathbf{S}^2 \setminus \{N\}$ einführen. Genauso gut kann man aber auch vom Südpol $S := (0, 0, -1)^T$ aus stereografisch projizieren und erhält für die entsprechende Abbildung $\Phi_S : \mathbf{S}^2 \longrightarrow \bar{\mathbb{C}}$ durch analoge Überlegungen:

$$\Phi_S(P) = \begin{cases} \frac{\xi + \mathrm{i}\eta}{1 + \zeta} & \text{für } P = (\xi, \eta, \zeta)^T \in \mathbf{S}^2 \setminus \{S\}, \\ \infty & \text{für } P = S. \end{cases} \qquad (18.15)$$

Für $P \neq N, S$ folgt

$$\Phi(P)\overline{\Phi_S(P)} = \frac{\xi + \mathrm{i}\eta}{1 - \zeta} \cdot \frac{\xi - \mathrm{i}\eta}{1 + \zeta} = \frac{\xi^2 + \eta^2}{1 - \zeta^2} = 1$$

wegen $\xi^2 + \eta^2 + \zeta^2 = 1$. Beschreiben wir also die Punkte $P \neq S$ mit der komplexen Koordinate $w = \overline{\Phi_s(P)}$, so erfolgt die Umrechnung der einen Koordinate in die andere auf $\mathbf{S}^2 \setminus \{N, S\}$ durch $w = 1/z$, also durch die schon in der vorigen Ergänzung betrachtete Kehrwertabbildung κ.

18.16 MÖBIUS-Transformationen in der erweiterten Ebene. Durch Gl. (16.46) haben wir zu jeder regulären Matrix $A \in \mathbb{C}_{2 \times 2}$, also

$$A = \begin{pmatrix} a & b \\ c & d \end{pmatrix} \quad \text{mit} \quad \det A = ad - bc \neq 0$$

die MÖBIUS-Transformation M_A definiert. Wir erweitern sie (im Fall $c \neq 0$) durch die Festsetzungen

$$M_A(-d/c) := \infty, \quad M_A(\infty) := a/c$$

zu einer bijektiven Abbildung $M_A : \bar{\mathbb{C}} \to \bar{\mathbb{C}}$. (Im Fall $c = 0$ tun wir das durch $M_A(\infty) := \infty$.) In jedem Fall entsteht eine bijektive Abbildung von $\bar{\mathbb{C}}$ auf sich, die im Sinne von 18.14 *holomorph* ist, und dasselbe trifft auf ihre Umkehrabbildung zu, die ja von demselben Typ ist. Die gebrochen linearen Transformationen sind also konforme Äquivalenzen von $\bar{\mathbb{C}}$ auf sich, und man kann beweisen, dass sie auch die einzigen sind. Ihre grundsätzliche Bedeutung rührt z. T. davon her. Ebenso wichtig ist aber die Invarianz vieler geometrischer Konfigurationen gegenüber gebrochen linearen Transformationen. Z. B. gilt der

Satz. *Ist $K \subseteq \mathbb{C}$ ein Kreis oder eine Gerade und ist M_A eine beliebige gebrochen lineare Transformation, so ist $M_A(K)$ wieder ein Kreis oder eine Gerade.*

In der erweiterten Ebene ist es natürlich, die Geraden als Kreise aufzufassen, die durch den unendlich fernen Punkt gehen. In dieser Terminologie lautet der Satz einfach: *Jede gebrochen lineare Transformation führt Kreise in Kreise über.*

Zum Beweis machen wir uns zunächst klar, dass sich jede gebrochen lineare Transformation M_A aus affinen Abbildungen und der Kehrwertabbildung κ zusammensetzen lässt. Ist nämlich M_A durch (16.46) gegeben und keine affine Abbildung, so ist $c \neq 0$, und wir setzen $w = cz + d$, also $z = (w - d)/c$. Damit wird

$$M_A(z) = \frac{(a/c)(w-d) + b}{w} = \frac{a}{c} + \frac{b - ad/c}{w} \, .$$

Dies bedeutet aber

$$M_A = \alpha_2 \circ \kappa \circ \alpha_1$$

mit den affinen Abbildungen

$$\alpha_1(z) := cz + d \, , \quad \alpha_2(z) := \frac{bc - ad}{c} z + \frac{a}{c} \, .$$

Es ist klar, dass affine Abbildungen die behauptete Eigenschaft haben. Wir müssen sie also nur noch für die spezielle Transformation $M_A = \kappa$ nachprüfen. Dazu ein

Lemma. *Für $\rho \geq 0$, $\sigma \in \mathbb{R}$ und $a \in \mathbb{C}$ so, dass $\rho\sigma < |a|^2$ ist die Menge*

$$K := \{ z \in \mathbb{C} \mid \rho|z|^2 - 2\mathrm{Re}\, az + \sigma = 0 \} \tag{$*$}$$

stets ein Kreis, falls $\rho > 0$ bzw. eine Gerade, falls $\rho = 0$. Alle Kreise und Geraden der komplexen Ebene können auf diese Weise geschrieben werden.

Beweis. Der Kreis $S_R(z_0)$ ist gegeben durch die Gleichung $|z - z_0|^2 = R^2$ oder, äquivalent

$$|z|^2 - 2\mathrm{Re}\, \overline{z_0} z + |z_0|^2 - R^2 = 0 \, ,$$

und das hat die Form $(*)$ mit $\rho = 1$, $a = \overline{z_0}$ und $\sigma = |z_0|^2 - R^2 = |a|^2 - R^2 < |a|^2$. Jede Gerade lässt sich durch eine Gleichung der Form $(*)$ mit $\rho = 0$ beschreiben, wobei man a so wählt, dass $\bar{a}$ auf der Geraden senkrecht steht (man beachte, dass $\mathrm{Re}\, az$ das Euklid'sche Skalarprodukt zwischen $\bar{a}$ und z ist!).

Nun seien ρ, σ und a vorgegeben. Im Falle $\rho = 0$, $a \neq 0$ ist K offensichtlich eine Gerade. Sei also $\rho > 0$ und $\rho\sigma < |a|^2$. Wir dividieren $(*)$ durch ρ und ergänzen quadratisch. Das liefert für die $z \in K$ die äquivalente Gleichung

$$|z - z_0|^2 = \frac{|a|^2}{\rho^2} - \frac{\sigma}{\rho}$$

mit $z_0 := \rho^{-1}\bar{a}$. Nach Voraussetzung ist die rechte Seite positiv. Also ist $K = S_R(z_0)$ mit $R := \frac{1}{\rho}\sqrt{|a|^2 - \rho\sigma}$. $\qquad\square$

Nun sei $K \subseteq \mathbb{C}$ durch (∗) gegeben. Wir müssen zeigen, dass $\kappa(K \setminus \{0\}) = \kappa(K) \setminus \{\infty\}$ wieder in der Form (∗) darstellbar ist. Dividieren wir aber die Gleichung

$$\rho|z|^2 - 2\operatorname{Re} az + \sigma = 0$$

durch $|z|^2$, so erhalten wir für $w = 1/z$ die äquivalente Gleichung

$$\rho - 2\operatorname{Re} a\bar{w} + \sigma|w|^2 = 0 \ .$$

Aber $\operatorname{Re} a\bar{w} = \operatorname{Re} \bar{a}w$, also lautet die Gleichung

$$\tilde{\rho}|w|^2 - 2\operatorname{Re} \tilde{a}w + \tilde{\sigma} = 0$$

mit $\tilde{\rho} := \sigma$, $\tilde{\sigma} := \rho$ und $\tilde{a} := \bar{a}$, vorausgesetzt, es ist $\sigma \geq 0$. Im Fall $\sigma < 0$ multiplizieren wir noch mit -1 und erhalten dann dieselbe Gleichung mit $\tilde{\rho} := -\sigma$, $\tilde{\sigma} := -\rho$ und $\tilde{a} := -\bar{a}$. In jedem Fall ist $\tilde{\rho}\tilde{\sigma} = \rho\sigma < |a|^2 = |\tilde{a}|^2$ und $\tilde{\rho} \geq 0$, wie verlangt.

18.17 Der allgemeine Residuensatz. Der in den Ergänzungen 16.26–16.28 entwickelte Begriffsapparat ermöglicht es auch, dem Residuensatz eine sehr schlagkräftige allgemeine Form zu geben:

Theorem. *Sei $D \subseteq \mathbb{C}$ ein Gebiet, $S \subseteq D$ eine Teilmenge, die in D keinen Häufungspunkt hat, und sei $F : D \setminus S \longrightarrow \mathbb{C}$ eine holomorphe Funktion. Ferner sei Γ ein nullhomologer Zykel in D, bei dem kein Punkt von S auf einer der an Γ beteiligten Schleifen liegt. Dann ist*

$$\oint_\Gamma f(z)\,\mathrm{d}z = 2\pi\mathrm{i} \sum_{z \in S} w(z, \Gamma)\operatorname*{res}_z f \ .$$

Die rechts stehende Summe hat in Wirklichkeit nur endlich viele nichtverschwindende Terme, denn nach Voraussetzung ist $w(z, \Gamma) = 0$ für alle $z \notin D$, und, wie wir aus 16.26 wissen, gilt dies auch für $z \in D$, wenn nur $|z|$ genügend groß ist. Daraus kann man mit Hilfe des Satzes von BOLZANO-WEIERSTRASS leicht folgern, dass nur für endlich viele Punkte von S $w(z, \Gamma) \neq 0$ ist. – Der Beweis des Theorems verläuft ebenso wie der von Thm. 18.9, nur dass man von dem allgemeinen CAUCHY'schen Integralsatz aus 16.27 ausgeht. Unser Theorem 18.9 gewinnt man als Spezialfall zurück, wenn man beachtet, dass für eine positiv orientierte geschlossene JORDAN-Kurve Γ stets gilt:

$$w(z, \Gamma) = 1 \text{ für } z \in I(\Gamma), \quad w(z, \Gamma) = 0 \text{ für } z \notin \Gamma \cup I(\Gamma) \ ,$$

wie wir schon am Schluss von 16.26 angemerkt haben.

18.18 Weitere Integralberechnungen. Der Beweis von Satz 18.11 ist nicht an rationale Funktionen gebunden. Mit derselben Beweismethode (vgl. Abb. 18.2) erhält man ohne Schwierigkeiten auch den folgenden Satz:

Satz 1. *Es sei D ein Gebiet, das alle Punkte z mit Im z ≥ 0 enthält, und es sei S ⊆ D eine endliche Teilmenge, die keinen Punkt der reellen Achse enthält. Wenn für eine holomorphe Funktion g : D \ S ⟶ ℂ und die Halbkreise* $\Gamma_R := \{R\,e^{it} \mid 0 \le t \le \pi\}$ *die Beziehung*

$$\lim_{R \to \infty} \oint_{\Gamma_R} g(z)\,\mathrm{d}z = 0 \qquad (18.16)$$

gilt, so ist

$$\lim_{R \to \infty} \int_{-R}^{R} g(x)\,\mathrm{d}x = 2\pi\mathrm{i} \sum_{j=1}^{k} \operatorname*{res}_{z=z_j} g(z)\,, \qquad (18.17)$$

wobei $z_1, \ldots, z_k$ *die Singularitäten von g in der oberen Halbebene sind.*

Die Existenz des Grenzwerts in (18.17) ist hier mitbehauptet, und der Satz schließt auch Fälle ein, wo das uneigentliche Integral $\int_{-\infty}^{\infty} g(x)\,\mathrm{d}x$ konvergent, aber nicht absolut konvergent ist. – Die einfachste Methode, die Gültigkeit von (18.16) sicherzustellen, besteht natürlich in der Voraussetzung

$$\lim_{\substack{z \to \infty \\ \operatorname{Im} z \ge 0}} z\,g(z) = 0\,, \qquad (18.18)$$

denn dann folgt (18.16) sofort durch Abschätzen der Integrale mittels Satz 16.13. So ergibt sich z. B. leicht (Übung!), dass

$$\int_{0}^{\infty} \frac{\cos x}{1 + x^2}\,\mathrm{d}x = \frac{\pi}{2\mathrm{e}}\,. \qquad (18.19)$$

(Man betrachtet das Integral als $\frac{1}{2}\operatorname{Re} \int_{-\infty}^{\infty} \frac{e^{ix}}{1+x^2}\,\mathrm{d}x$ und wendet hierauf Satz 1 an.)

Besonders wichtig sind Integranden der Form

$$g(x) = f(x)\mathrm{e}^{\mathrm{i}\omega x}\,.$$

Im Falle $\omega > 0$ ist $\mathrm{e}^{\mathrm{i}\omega z} = \mathrm{e}^{\mathrm{i}\omega x}\mathrm{e}^{-\omega y}$ in der oberen Halbebene beschränkt, und man wird versuchen, Satz 1 anzuwenden. Im Falle $\omega < 0$ jedoch bleibt $\mathrm{e}^{\mathrm{i}\omega z}$ in der *unteren* Halbebene beschränkt, und dann verwendet man eine Variante von Satz 1, die mit Halbkreisen in der unteren Halbebene arbeitet. Wir schauen uns den Fall $\omega > 0$ näher an:

Satz 2. *Sei w = f(z) holomorph in einem Definitionsbereich D \ S wie in Satz 1, und sei*

$$\lim_{\substack{z \to \infty \\ \operatorname{Im} z \ge 0}} f(z) = 0\,. \qquad (18.20)$$

Für jedes $\omega > 0$ gilt dann:

$$\lim_{R \to \infty} \int_{-R}^{R} f(x)e^{i\omega x}\, dx = 2\pi i \sum_{j=1}^{k} \operatorname*{res}_{z=z_j} f(z)e^{i\omega z}\,, \qquad (18.21)$$

wobei $z_1, \ldots, z_k$ die Singularitäten von f in der oberen Halbebene sind.

Dies folgt direkt aus Satz 1, sobald die Voraussetzung (18.16) nachgeprüft ist. Dazu setzen wir

$$M(R) := \max_{z \in \Gamma_R} |f(z)| \qquad (18.22)$$

und beachten, dass $M(R) \to 0$ für $R \to \infty$ wegen (18.20). Der Beweis ergibt sich daher aus dem folgenden

Lemma. *Für $\omega > 0$ und $R > 0$ ist stets*

$$\left| \oint_{\Gamma_R} f(z)e^{i\omega z}\, dz \right| \le M(R)\frac{\pi}{\omega}\,.$$

Beweis. Die Abschätzung aus Satz 16.13 ist für diese Situation zu grob, und wir müssen etwas genauer hinschauen. Wir setzen die Parameterdarstellung des Halbkreises in das Kurvenintegral ein und erhalten:

$$\oint_{\Gamma_R} f(z)e^{i\omega z}\, dz = \int_0^{\pi} f(Re^{it})e^{i\omega R(\cos t + i \sin t)} Rie^{it}\, dt$$

$$= \int_0^{\pi} f(Re^{it})e^{iR\omega \cos t}e^{-R\omega \sin t} Rie^{it}\, dt\,.$$

Dieses Integral schätzen wir mittels Ungleichung (16.23) ab:

$$\left| \oint_{\Gamma_R} f(z)e^{i\omega z}\, dz \right| \le \int_0^{\pi} |f(Re^{it})| \cdot \underbrace{|e^{i\omega R \cos t}|}_{=1} \cdot e^{-\omega R \sin t} R \underbrace{|ie^{it}|}_{=1}\, dt$$

$$\le M(R) \int_0^{\pi} e^{-R\omega \sin t} R\, dt\,.$$

Im Intervall $0 \le t \le \pi/2$ ist $\sin t > (2/\pi)t$, also

$$\int_0^{\pi} e^{-R\omega \sin t} R\, dt = 2 \int_0^{\pi/2} e^{-R\omega \sin t} R\, dt$$

$$\le 2 \int_0^{\pi/2} e^{-R\omega(2/\pi)t} R\, dt$$

$$= \frac{\pi}{\omega} \int_0^{R\omega} e^{-s}\, ds \;<\; \frac{\pi}{\omega}\,.$$

$\square$

Beispiel: Für $a > 0$, $\omega > 0$ ist

$$\int_0^\infty \frac{x \sin \omega x}{x^2 + a} \, \mathrm{d}x = \frac{\pi}{2} \mathrm{e}^{-\omega \sqrt{a}} . \tag{18.23}$$

Zum Beweis verwendet man Satz 2 für den Integranden $g(z) := \dfrac{z\mathrm{e}^{\mathrm{i}\omega z}}{z^2 + a}$ an und beachtet, dass auf der reellen Achse der Realteil von $g(x)$ eine ungerade, der Imaginärteil eine gerade Funktion ist.

Mit dieser Technik kann man sogar gewisse Fälle behandeln, bei denen ein Pol auf der reellen Achse liegt. Nehmen wir z. B. an, der Integrand $g(z)$ hat einen Pol 1. Ordnung in $z = 0$. Dann verbiegt man den Integrationsweg, indem man das Intervall $[-\varepsilon, \varepsilon]$ durch den negativ durchlaufenen Halbkreis $-\Gamma_\varepsilon$ ersetzt, der in der oberen Halbebene am Nullpunkt vorbei läuft. Durch direktes Einsetzen der Parameterdarstellung dieses Halbkreises findet man

$$\oint_{\Gamma_\varepsilon} \frac{\mathrm{d}z}{z} = \pi\mathrm{i} ,$$

und wenn man $g(z)$ durch seine Laurent-Entwicklung $c_1 z^{-1} + h(z)$ ersetzt, ergibt sich hieraus

$$\lim_{\varepsilon \to 0} \oint_{\Gamma_\varepsilon} g(z) \, \mathrm{d}z = \pi\mathrm{i}c_1 = \pi\mathrm{i}\operatorname*{res}_{z=0} g(z) . \tag{18.24}$$

Damit kann man den Fehler kontrollieren, den man macht, wenn man den Pol $z = 0$ in der beschriebenen Weise umgeht.

Als Beispiel betrachten wir den Integranden $g(z) := \mathrm{e}^{\mathrm{i}z}/z$. Er hat in der oberen Halbebene keine Singularitäten, also verschwindet nach dem Cauchy'schen Integralsatz das Kurvenintegral längs des Integrationsweges $\Gamma(R, \varepsilon)$ $(0 < \varepsilon < R)$, der sich aus der Strecke $[-R, -\varepsilon]$, dem negativ durchlaufenen Halbkreis $-\Gamma_\varepsilon$, der Strecke $[\varepsilon, R]$ und schließlich dem positiv durchlaufenen Halbkreis Γ_R zusammensetzt. Aus dem Beweis von Satz 2 wissen wir schon, dass (18.16) hier erfüllt ist, also können wir $R \to \infty$ schicken und erhalten

$$0 = \left(\int_{-\infty}^{-\varepsilon} + \int_\varepsilon^\infty \right) \frac{\mathrm{e}^{\mathrm{i}x}}{x} \, \mathrm{d}x - \oint_{\Gamma_\varepsilon} \frac{\mathrm{e}^{\mathrm{i}z}}{z} \, \mathrm{d}z$$

für alle $\varepsilon > 0$. Das Residuum in $z = 0$ hat hier offenbar den Wert 1, also ergibt (18.24)

$$\pi\mathrm{i} = \lim_{\varepsilon \to 0} \left[\left(\int_{-\infty}^{-\varepsilon} + \int_\varepsilon^\infty \right) \frac{\mathrm{e}^{\mathrm{i}x}}{x} \, \mathrm{d}x \right]$$

$$= \mathrm{i} \int_{-\infty}^\infty \frac{\sin x}{x} \, \mathrm{d}x .$$

(Zuletzt wurde noch beachtet, dass $x^{-1}\cos x$ eine ungerade Funktion ist und dass $x^{-1}\sin x$ im Nullpunkt stetig ergänzt werden kann.) Da $x^{-1}\sin x$ gerade ist, folgt nun

$$\int_0^\infty \frac{\sin x}{x}\,\mathrm{d}x = \frac{\pi}{2}\,,$$

was wir schon in Ergänzung 15.17 ohne Funktionentheorie hergeleitet hatten. Das war aber wesentlich komplizierter und unsystematischer.

Integration in der geschlitzten Ebene

Will man $\int_0^\infty g(x)\,\mathrm{d}x$ für einen Integranden berechnen, in dem der Logarithmus oder die allgemeine Potenz vorkommt, so wählt man als Grundgebiet am besten die längs der nichtnegativen reellen Achse geschlitzte Ebene $D := \mathbb{C} \setminus L_0$, wobei

$$L_0 := \{re^{it} \mid r \geq 0,\, t = 0\}\,.$$

Man integriert längs Wegen der Form $\Gamma(\varepsilon, \delta, R)$, wie sie in Abb. 18.4 skizziert sind. Die Kurve $\Gamma(\varepsilon, \delta, R)$ setzt sich also aus den folgenden vier Teilkurven zusammen:

$$\begin{aligned}
\Gamma_1 &: te^{i\delta}, & \varepsilon &\leq t \leq R,\\
\Gamma_2 &: Re^{it}, & \delta &\leq t \leq 2\pi - \delta,\\
\Gamma_3 &: (R + \varepsilon - t)e^{i(2\pi-\delta)}, & \varepsilon &\leq t \leq R,\\
\Gamma_4 &: \varepsilon\,e^{i(2\pi-t)}, & \delta &\leq t \leq 2\pi - \delta.
\end{aligned}$$

Damit können wir den folgenden Satz beweisen:

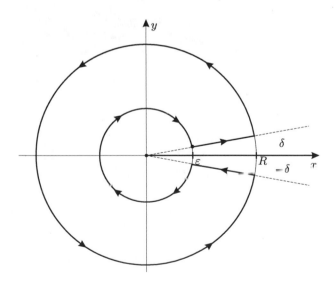

Abb. 18.4. Der Integrationsweg $\Gamma(\varepsilon, \delta, R)$

Satz 3. *Sei $g(z) = f(z)z^{-\alpha}$, wobei $0 < \alpha < 1$ ist und wobei die Funktion f überall in der komplexen Ebene holomorph ist mit Ausnahme von endlich vielen Punkten $z_1, \ldots, z_k$, von denen keiner auf der nichtnegativen reellen Achse liegt. Wenn $|zf(z)|$ für $|z| \to \infty$ beschränkt bleibt, so gilt*

$$\int_0^\infty \frac{f(x)}{x^\alpha}\,\mathrm{d}x = \frac{2\pi\mathrm{i}}{1 - \mathrm{e}^{-2\pi\mathrm{i}\alpha}} \sum_{j=1}^k \operatorname*{res}_{z=z_j} \frac{f(z)}{z^\alpha}\,. \tag{18.25}$$

Beweis. In $D = \mathbb{C} \setminus L_0$ legen wir den Zweig der allgemeinen Potenz z^α fest durch die Vorschrift $0 < \arg z < 2\pi$. Die Funktion $g(z) = f(z)/z^\alpha$ ist dann holomorph in ganz D mit Ausnahme der endlich vielen Singularitäten von f. Werden ε und δ klein genug und R groß genug gewählt, so liegen alle diese Singularitäten im Inneren der geschlossenen Jordan-Kurve $\Gamma(\varepsilon, \delta, R)$, und der Residuensatz ergibt dann

$$\oint_{\Gamma(\varepsilon,\delta,R)} g(z)\,\mathrm{d}z = 2\pi\mathrm{i} \sum_{j=1}^k \operatorname*{res}_{z=z_j} g(z) =: S\,. \tag{18.26}$$

Für die radialen Strecken Γ_1 und Γ_3 haben wir dabei:

$$\oint_{\Gamma_1} g(z)\,\mathrm{d}z = \int_\varepsilon^R \frac{f(t\mathrm{e}^{\mathrm{i}\delta})}{t^\alpha \mathrm{e}^{\mathrm{i}\alpha\delta}}\mathrm{e}^{\mathrm{i}\delta}\,\mathrm{d}t\,,$$

$$\oint_{\Gamma_3} g(z)\,\mathrm{d}z = \int_\varepsilon^R \frac{f((R+\varepsilon-t)\mathrm{e}^{\mathrm{i}(2\pi-\delta)})}{(R+\varepsilon-t)^\alpha \mathrm{e}^{\mathrm{i}\alpha(2\pi-\delta)}}(-\mathrm{e}^{\mathrm{i}(2\pi-\delta)})\,\mathrm{d}t$$

$$= -\frac{1}{\mathrm{e}^{2\pi\mathrm{i}\alpha}} \int_\varepsilon^R \frac{f(s\mathrm{e}^{\mathrm{i}(2\pi-\delta)})}{s^\alpha \mathrm{e}^{-\mathrm{i}\alpha\delta}}\mathrm{e}^{\mathrm{i}(2\pi-\delta)}\,\mathrm{d}s\,.$$

Für $\delta \to 0+$ konvergieren diese Ausdrücke offenbar gegen

$$\int_\varepsilon^R f(t)t^{-\alpha}\,\mathrm{d}t \quad \text{bzw.} \quad -\mathrm{e}^{-2\pi\mathrm{i}\alpha} \int_\varepsilon^R f(s)s^{-\alpha}\,\mathrm{d}s\,.$$

Die Integrale über Γ_2 bzw. Γ_4 hingegen konvergieren gegen die entsprechenden Integrale über die orientierten Kreise $S_R(0)$ bzw. $-S_\varepsilon(0)$. Also haben wir

$$S = \int_{S_R(0)} g(z)\,\mathrm{d}z - \int_{S_\varepsilon(0)} g(z)\,\mathrm{d}z + (1 - \mathrm{e}^{-2\pi\mathrm{i}\alpha}) \int_\varepsilon^R g(x)\,\mathrm{d}x\,.$$

Da $f(z)$ in einer Umgebung des Nullpunkts beschränkt ist, geht das Integral über $S_\varepsilon(0)$ für $\varepsilon \to 0+$ gegen Null (Satz 16.13). Derselbe Satz liefert

$$\left| \int_{S_R(0)} g(z)\,\mathrm{d}z \right| \leq 2\pi R^{1-\alpha} M(R)$$

mit der oben eingeführten Größe $M(R)$ (vgl. (18.22)). Nach Voraussetzung bleibt $RM(R)$ aber beschränkt für $R \to \infty$, also geht auch das Integral über

$S_R(0)$ gegen Null für $R \to \infty$. Machen wir beide Grenzübergänge, so folgt

$$\int_0^\infty g(x)\,\mathrm{d}x = \frac{S}{1 - \mathrm{e}^{-2\pi i \alpha}}\,,$$

und das ist die Behauptung.   □

Bemerkung: Die in Satz 3 zugelassenen Funktionen f sind offenbar holomorph in einer Umgebung von ∞, haben also den unendlich fernen Punkt als eine isolierte Singularität. Die Voraussetzung, dass $zf(z)$ für $z \to \infty$ beschränkt bleiben soll, ist daher äquivalent zu

$$\lim_{z \to \infty} f(z) = 0\,.$$

Denn dies bedeutet ja, dass $z = \infty$ hebbar und eine Nullstelle ist (vgl. 18.14), und damit existiert sogar der Grenzwert $\lim_{z \to \infty} zf(z)$.

Beispiel: Für $0 < \alpha < 1$ ist

$$\int_0^\infty \frac{\mathrm{d}x}{x^\alpha(1 + x)} = \frac{\pi}{\sin \pi\alpha}\,. \tag{18.27}$$

Als Übung sollten Sie dies aus Satz 3 herleiten. Bei der Berechnung des Residuums muss man dabei die Funktion $z^{-\alpha}$ in $z = -1$ auswerten, und das Ergebnis ist gemäß unserer Festlegung der Argumentfunktion in D $(-1)^{-\alpha} = \mathrm{e}^{-i\pi\alpha}$.

Zum Schluss betrachten wir noch Integrale der Form

$$I = \int_0^\infty f(z)\ln z\,\mathrm{d}z\,. \tag{18.28}$$

Dabei sei f wieder holomorph auf $\mathbb{C} \setminus \{z_1, \ldots, z_k\}$, wobei keine der Singularitäten z_j auf der nichtnegativen reellen Halbachse L_0 liegen soll. Für das Verhalten im Unendlichen brauchen wir diesmal die etwas schärfere Voraussetzung

$$zf(z) \to 0 \quad \text{für} \quad z \to \infty\,, \tag{18.29}$$

die man – wie in der letzten Bemerkung – umformulieren kann zu

$$|z^2 f(z)| \le C \tag{18.30}$$

für ein gewisses $C > 0$ und alle genügend großen $|z|$. Aus dieser Voraussetzung folgt die absolute Konvergenz des uneigentlichen Integrals I (Übung!). Um es zu berechnen, verwenden wir den Residuensatz für die Funktion

$$g(z) := f(z)(\ln z)^2$$

in $D := \mathbb{C} \setminus L_0$, wobei der zu betrachtende Zweig des Logarithmus festgelegt ist durch $0 < \arg z < 2\pi$. Für genügend kleine ε und δ sowie genügend große R

ergibt sich:

$$S := 2\pi i \sum_{j=1}^{k} \operatorname*{res}_{z=z_j} g(z) = \oint_{\Gamma(\varepsilon,\delta,R)} g(z)\,\mathrm{d}z \ .$$

Auf der Teilkurve Γ_1 ist dabei $\ln z = \ln|z| + \mathrm{i}\delta$, und auf Γ_3 ist $\ln z = \ln|z| + \mathrm{i}(2\pi - \delta)$. Die entsprechenden Integrale konvergieren daher für $\delta \to 0+$ gegen $\int_\varepsilon^R f(x)(\ln x)^2\,\mathrm{d}x$ bzw. gegen $-\int_\varepsilon^R f(x)(\ln x + 2\pi\mathrm{i})^2\,\mathrm{d}x$. Die Integrale über die Kreise $S_\varepsilon(0)$ bzw. $S_R(0)$ konvergieren gegen Null für $\varepsilon \to 0+$ bzw. für $R \to \infty$. Beides folgt direkt aus Satz 16.13, wobei man zur Abschätzung des Integrals über $S_R(0)$ noch (18.30) heranziehen muss. Insgesamt folgt

$$S = \int_0^\infty f(x)(\ln x)^2\,\mathrm{d}x - \int_0^\infty f(x)(\ln x + 2\pi\mathrm{i})^2\,\mathrm{d}x$$

$$= -2\pi\mathrm{i}\left(2\int_0^\infty f(x)\ln x\,\mathrm{d}x + 2\pi\mathrm{i}\int_0^\infty f(x)\,\mathrm{d}x\right)\,,$$

also

$$I + \pi\mathrm{i}\int_0^\infty f(x)\,\mathrm{d}x = -\frac{1}{2}\sum_{j=1}^{k} \operatorname*{res}_{z=z_j} f(z)(\ln z)^2 \ . \tag{18.31}$$

Das zweite Integral auf der linken Seite kann man mittels Residuenkalkül berechnen, indem man das eben geschilderte Verfahren auf den Integranden $\tilde{g}(z) := f(z)\ln z$ anwendet (Übung!). Meist ist das aber gar nicht nötig, denn wenn $f(x)$ auf der positiven reellen Achse nur *reelle* Werte annimmt, so kann man (18.31) in Real- und Imaginärteil aufspalten und erhält:

$$\int_0^\infty f(x)\ln x\,\mathrm{d}x = -\frac{1}{2}\mathrm{Re}\left(\sum_{j=1}^{k} \operatorname*{res}_{z=z_j} f(z)(\ln z)^2\right)\,, \tag{18.32}$$

$$\int_0^\infty f(x)\,\mathrm{d}x = -\frac{1}{2\pi}\mathrm{Im}\left(\sum_{j=1}^{k} \operatorname*{res}_{z=z_j} f(z)(\ln z)^2\right) \ . \tag{18.33}$$

Beispiel: $\int_0^\infty \dfrac{\ln x}{(1+x)^3}\,\mathrm{d}x = -1/2$. Das folgt sofort aus (18.32), sobald wir das Residuum in $z = -1$ berechnet haben. Da es sich um einen Pol 3. Ordnung handelt, muss man dazu entweder LAURENT-Entwicklung vornehmen oder auf (18.8) zurückgreifen. Wir tun das Letztere:

$$\frac{\mathrm{d}^2}{\mathrm{d}z^2}\left[(z+1)^3 g(z)\right] = \frac{\mathrm{d}^2}{\mathrm{d}z^2}(\ln z)^2 = \frac{2}{z^2}(1 - \ln z)\,,$$

und $\ln(-1) = \mathrm{i}\pi$ gemäß unserer Wahl des Zweiges. Das gesuchte Residuum hat also den Wert $1 - \mathrm{i}\pi$, und damit liefert (18.32) die behauptete Formel.

Dies ist nur ein kleiner (und recht willkürlicher) Ausschnitt aus dem reichen Arsenal von Rechenmethoden, das der Residuenkalkül zur Verfügung stellt. Diese Methoden werden in der theoretischen Physik an vielen Stellen benutzt, und Sie werden sicherlich nicht zum letzten mal damit in Kontakt kommen.

Aufgaben zu §18

18.1. Man bestimme die LAURENT-Reihe für die folgenden Funktionen $f(z)$ um die Singularität z_0. Ferner bestimme man den Typ der Singularität und gebe das Konvergenzgebiet der Reihen an:

   a. $f(z) = \frac{e^{2z}}{(z-1)^3}$, $z_0 = 1$

   b. $f(z) = (z-3)\sin\frac{1}{z+2}$, $z_0 = -2$

   c. $f(z) = \frac{z}{(z+1)(z+2)}$, $z_0 = -2$

   d. $f(z) = \frac{1}{z^2(z-3)^3}$, $z_0 = 3$

   e. $f(z) = \frac{z^2 e^{1/z}}{1-z}$, $z_0 = 0$

18.2. Seien $P(z)$ und $Q(z)$ Polynome und sei N_Q die Menge der Nullstellen von Q. Wir betrachten die holomorphe Funktion $f(z) = \frac{P(z)}{Q(z)}$ auf $\mathbb{C} \setminus N_Q$. Die Nullstellen von P und Q sowie deren jeweilige Vielfachheiten seien bekannt. Welche von den isolierten Singularitäten $z \in N_Q$ sind hebbar und welche sind Polstellen? Falls $z \in N_Q$ ein Pol ist, was ist seine Ordnung?

18.3. Für die auf $\mathbb{C} \setminus \{0\}$ holomorphen Funktionen

   a. $f(z) = \frac{1}{1-e^z}$,
   b. $f(z) = z^5 e^{\frac{1}{z^2}}$,
   c. $f(z) = \cos\left(\frac{1}{z}\right)$,
   d. $f(z) = \frac{\sin z}{z}$,

bestimme man, ob die isolierte Singularität $z = 0$ hebbar, ein Pol oder eine wesentliche Singularität ist. Fall sie ein Pol ist, bestimme man dessen Ordnung.

18.4. Man entwickle die Funktion $f(z) = \frac{1}{(z+1)(z+3)}$ in eine LAURENT-Reihe mit folgenden Konvergenzbereichen: (Hier ist die LAURENT-Entwicklung im Sinne von Ergänzung 18.13 gemeint!)

   a. $0 < |z+1| < 2$

   b. $|z| < 1$

18.5. Man zeige mit Hilfe des großen Satzes von PICARD, dass für jedes $w \in \mathbb{C} \setminus \{0\}$ $e^{1/z} = w$ für unendlich viele $z \in \mathbb{C}$ ist.

18.6. Mit Hilfe des Residuensatzes berechne man die folgenden Integrale entlang $\Gamma : |z| = 3$:

a. $\oint\limits_\Gamma \frac{z^2 - 2z}{(z+1)^2(z^2+4)} \, \mathrm{d}\, z$,

b. $\oint\limits_\Gamma \frac{e^{zt}}{z^2(z^2+2z+2)} \, \mathrm{d}\, z$, $\quad t \in \mathbb{R}$.

18.7. Für $a > 0$, $a \neq \mathrm{e}, \mathrm{e}^{-1}$ berechne man

$$\oint_{S_1(0)} \frac{\mathrm{d}z}{\mathrm{e}^z - a} \, .$$

18.8. Man bestimme das Residuum von

$$f(z) = \frac{\cot z \, \coth z}{z^3} \quad \text{in } z = 0.$$

18.9. Es sei $w = f(z)$ eine holomorphe Funktion im Gebiet $D \subseteq \mathbb{C}$. Man zeige nacheinander:

a. Ist $z_0 \in D$ eine Nullstelle m-ter Ordnung von f, so ist z_0 ein Pol 1. Ordnung von f'/f mit dem Residuum

$$\operatorname*{res}_{z=z_0} \frac{f'(z)}{f(z)} = m \, .$$

(*Hinweis:* Schreibe $f(z) = (z - z_0)^m g(z)$ mit $g(z_0) \neq 0$.)

b. (*Argumentprinzip*) Sei $\Gamma \subseteq D$ eine geschlossene JORDAN-Kurve, für die $I(\Gamma) \subseteq D$ und $f(z) \neq 0$ für alle $z \in \Gamma$ ist. Dann ist

$$\frac{1}{2\pi\mathrm{i}} \oint_\Gamma \frac{f'(z)}{f(z)} \, \mathrm{d}z$$

eine nichtnegative ganze Zahl, und zwar die Summe der Vielfachheiten aller Nullstellen von f, die in $I(\Gamma)$ liegen.

c. (*Satz von* ROUCHÉ) Die geschlossene JORDAN-Kurve Γ möge dieselben Eigenschaften haben wie in Teil b., und $w = h(z)$ sei eine holomorphe Funktion in D, für die gilt:

$$|h(z)| < |f(z)| \quad \forall \quad z \in \Gamma \, .$$

Dann ist die Summe der Vielfachheiten aller in $I(\Gamma)$ gelegenen Nullstellen der Funktion $f + h$ gleich der entsprechenden Summe für f. Wenn man also die Nullstellen mit Vielfachheit zählt, kann man sagen, dass f und $f + h$ in $I(\Gamma)$ gleich viele Nullstellen haben. (*Hinweis:* Für $0 \leq s \leq 1$

betrachte man die Größe

$$M(s) := \frac{1}{2\pi i} \oint_\Gamma \frac{f'(z) + sh'(z)}{f(z) + sh(z)}\, dz \;.$$

Wieso ist $M(s)$ wohldefiniert und stetig, und wieso folgt daraus, dass $M(s) \equiv \text{const}$ sein muss?)

18.10. Die folgenden Integralformeln lassen sich beweisen, indem man die reellen Integrale als komplexe Kurvenintegrale auffasst, die man mit dem Residuensatz berechnen kann. Man beweise also

a. $\int_0^\pi e^{\cos kt} \cos(k \sin t)\, dt = \pi \quad \forall k$ durch Betrachtung von $\oint_{S_1(0)} \frac{e^{kz}}{z}\, dz$,

b. $\int_0^{2\pi} \frac{R - a\cos t}{R^2 - 2aR\cos t + a^2}\, dt = \begin{cases} 2\pi/R\,, & R > |a|\,, \\ 0\,, & R < |a| \end{cases}$ mit $a \in \mathbb{R}$ durch Verwendung des Integrals $\oint_{S_R(0)} \frac{dz}{z - a}$,

c. $\int_0^{2\pi} \frac{dt}{a + \sin t} = \frac{2\pi}{\sqrt{a^2 - 1}}$ für $a > 1$ durch Betrachtung von $\oint_{S_1(0)} \frac{dz}{z^2 + 2iaz - 1}$.

18.11. Mit Hilfe des Residuenkalküls berechne man die folgenden Integrale

a. $\int\limits_0^\infty \frac{d\,x}{x^6 + 1}$,

b. $\int\limits_{-\infty}^\infty \frac{x^2}{(x^2 + 1)(x^2 + 2x + 2)}\, d\,x$,

c. $\int\limits_{-\infty}^\infty \frac{d\,x}{1 + x^4}$,

d. $\int\limits_0^\infty \frac{d\,x}{(x^2 + 1)(x^2 + 4)^2}$.

18.12. Man berechne $\int_{-\infty}^\infty \frac{dx}{x^2 + i}$ und trenne Real- und Imaginärteil.

Teil VI

Differenzialgleichungen und Variationsrechnung

19

Die Exponentialfunktion einer Matrix

Wir beginnen mit der Diskussion einer Methode, um eine Fundamentalmatrix eines homogenen linearen Differenzialgleichungssystems

$$\dot{x} = Ax, \quad A \in \mathbb{K}_{n \times n}$$

mit konstanten Koeffizienten zu konstruieren. Zwar haben wir dieses Problem (zumindest für $\mathbb{K} = \mathbb{R}$) schon in Thm. 8.6 gelöst, doch war die dort gewonnene Lösung recht kompliziert und unhandlich. Eine geschlossene und sehr praktische Darstellung der Lösung ergibt sich, wenn man das Vorgehen aus Abschn. 17D. imitiert und für die Lösung mit dem Anfangswert $x(0) = x^0$ den Potenzreihenansatz

$$x(t) = \sum_{m=0}^{\infty} c_m t^m \tag{19.1}$$

mit vektoriellen Koeffizienten $c_m = (c_{m,1}, \ldots, c_{m,n})$ macht. Einsetzen in die Differenzialgleichung ergibt dann die Rekursionsformel

$$m c_m = A c_{m-1} \quad (m \geq 1),$$

und die Anfangsbedingung ergibt $c_0 = x^0$ als Startwert für die Rekursion. Dies führt zu

$$x(t) = \sum_{m=0}^{\infty} \frac{t^m}{m!} A^m x^0 = (\exp tA) x^0$$

mit der Abkürzung

$$\exp tA := \sum_{m=0}^{\infty} \frac{t^m}{m!} A^m . \tag{19.2}$$

Die so eingeführte *Exponentialmatrix* $\exp tA$ ist für viele Bereiche in Mathematik und Physik ein sehr wichtiges Objekt, und wir werden jetzt ihre Eigenschaften genauer diskutieren. Im zweiten Teil dieses Kapitels verwenden wir sie dann zur Begründung des Rechnens mit *infinitesimalen Transformationen*, das für die Behandlung von Symmetrien und Invarianzen in der modernen Physik grundlegend ist.

A. Die Exponentialmatrix

Um mit vektorwertigen oder matrixwertigen Potenzreihen, wie sie in (19.1) und (19.2) vorkommen, sauber rechnen zu können, müssen wir vorab kurz das Konvergenzverhalten solcher Reihen klären:

19.1 Vektorwertige Potenzreihen.

(i) Die vektorwertige Potenzreihe (19.1) ist nichts als eine Abkürzung für das n-tupel aus den skalaren Potenzreihen

$$x_k(t) = \sum_{m=0}^{\infty} c_{m,k} t^m \ . \tag{19.3}$$

Sind $R_1, \ldots, R_n$ ihre Konvergenzradien, so betrachten wir $R := \min(R_1, \ldots, R_n)$ als den Konvergenzradius von (19.1). Für $|t| \le r < R$ sind dann alle Komponenten (19.3) nach Thm. 17.2b. absolut und gleichmäßig konvergent, und folglich haben wir auch in $\mathbb{K}^n$ die gleichmäßige Konvergenz

$$x(t) = \lim_{M \to \infty} \sum_{m=0}^{M} c_m t^m$$

für $|t| \le r$. Im Konvergenzgebiet $|t| < R$ sind daher auf (19.1) alle Rechenregeln anwendbar, die wir in Kap. 17 für den skalaren Fall diskutiert haben. Außerdem spielt es keine Rolle, welche Norm wir auf $\mathbb{K}^n$ zu Grunde legen, wie wir in Bemerkung 13.9, Beispiel 13.10 und Ergänzung 14.23 erläutert haben. (Dies trifft auch auf $\mathbb{K} = \mathbb{C}$ zu, denn $\mathbb{C}^n = \mathbb{R}^{2n}$.)

Legen wir uns aber auf eine bestimmte Norm $\| \cdot \|$ auf $\mathbb{K}^n$ fest, so können wir die skalare Potenzreihe

$$\sum_{m=0}^{\infty} \|c_m\| t^m$$

als Vergleichsreihe heranziehen. Ihr Konvergenzradius ρ ist eine untere Schranke für R. Für $|t| \le r_0 < \rho$ ist nämlich die Reihe $\sum_m \|c_m\| r_0^m$ eine gleichmäßige Majorante für jede Komponente (19.3), also liefert Satz 14.16 die absolute und gleichmäßige Konvergenz aller dieser Komponenten. Daher ist tatsächlich

$$R \ge \rho \ , \tag{19.4}$$

und außerdem gilt

$$\left\| \sum_{m=0}^{\infty} c_m t^m \right\| \le \sum_{m=0}^{\infty} \|c_m\| \cdot |t|^m \tag{19.5}$$

für $|t| < \rho$. Das folgt aus der Dreiecksungleichung für die gegebene Norm, wenn man die Summen zunächst nur bis $M < \infty$ erstreckt und dann $M \to \infty$ gehen lässt.

(ii) Ist nun (A_m) eine Folge von $n \times n$-Matrizen, so können wir Reihen der Form

$$\sum_{m=0}^{\infty} A_m t^m \tag{19.6}$$

als Spezialfälle von (19.1) auffassen, denn man kann $\mathbb{K}_{n \times n}$ ja als $\mathbb{K}^{n^2}$ betrachten. Man stellt sich eine $n \times n$-Matrix eben als eine Liste mit n^2 Einträgen vor. Alles unter (i) Gesagte trifft daher auch auf matrixwertige Potenzreihen zu. Allerdings gibt es hier eine bevorzugte Norm: Ist auf $\mathbb{K}^n$ eine Norm $\|\cdot\|$ gegeben, so wählen wir auf $\mathbb{K}_{n \times n}$, wenn nichts anderes gesagt ist, stets die entsprechende *Operatornorm* (vgl. die Sätze 14.17 und 14.18).

Damit können wir zeigen

Satz 19.2. *Für jedes $t \in \mathbb{R}$ und $A \in \mathbb{K}_{n \times n}$ existiert die* Exponentialmatrix

$$\exp(tA) = e^{tA} := \sum_{m=0}^{\infty} \frac{t^m}{m!} A^m \in \mathbb{K}_{n \times n} , \tag{19.7}$$

wobei die Matrixpotenzreihe auf jedem kompakten Intervall $I \subseteq \mathbb{R}$ absolut und gleichmäßig konvergiert. Ferner ist

$$\|e^{tA}\| \leq \sum_{m=0}^{\infty} \frac{|t|^m}{m!} \|A\|^m = e^{|t| \cdot \|A\|} \tag{19.8}$$

für alle t.

Beweis. Nach (14.20) ist $\|A^m\| \leq \|A\|^m$, also hat die Vergleichsreihe $\sum_m \|A^m\| \cdot t^m / m!$ für jedes t die konvergente Majorante

$$\sum_{m=0}^{\infty} \frac{\|A\|^m \cdot |t|^m}{m!} = e^{\|A\| \cdot |t|} .$$

Also ist hier $\rho = \infty$, und die Behauptung folgt aus (19.4) und (19.5).   □

Die Bedeutung der Exponentialmatrix liegt in folgendem Satz begründet, mit dem wir auf unser Ausgangsproblem zurückkommen:

Satz 19.3. *Für $A \in \mathbb{K}_{n \times n}$ ist die Exponentialmatrix e^{tA} die Fundamentalmatrix $Y(t)$ des Differenzialgleichungssystems*

$$\dot{x} = Ax \tag{19.9}$$

mit $Y(0) = E$.

Beweis. Nach der entsprechenden Verallgemeinerung von Thm. 17.3 darf die Matrixpotenzreihe

$$Y(t) = e^{tA} = \sum_{m=0}^{\infty} \frac{t^m}{m!} A^m$$

gliedweise differenziert werden:

$$\dot{Y}(t) = \frac{\mathrm{d}}{\mathrm{d}\,t} e^{tA} = \sum_{m=0}^{\infty} \frac{\mathrm{d}}{\mathrm{d}\,t} \left(\frac{t^m}{m!} A^m \right) = \sum_{m=1}^{\infty} \frac{t^{m-1}}{(m-1)!} A^m$$

$$= A \sum_{m=0}^{\infty} \frac{t^m}{m!} A^m = AY(t) \,,$$

woraus wegen $Y(0) = E$ die Behauptung folgt. $\square$

Bemerkung: Die Variable t stellen wir uns zwar wegen des Zusammenhangs mit gewöhnlichen Differenzialgleichungen reell vor, doch könnte sie genauso gut komplex sein. Alles hier Gesagte gilt auch für $t \in \mathbb{C}$.

Die praktische Berechnung von $\exp tA$ – die wir in den Aufgaben auch üben werden – ist kein prinzipielles Problem. In vielen Fällen kann man die Exponentialreihe (19.7) direkt auswerten, und in jedem Fall kann man in der in Thm. 8.6 beschriebenen Weise das lineare System (19.9) lösen. Gemäß Satz 19.3 sind die Lösungen der entsprechenden Anfangswertprobleme mit den Anfangswerten $x(0) = e_k$ (kanonische Basisvektoren!) dann gerade die Spaltenvektoren von e^{tA}. Eine weitere wichtige Berechnungsmethode, bei der die JORDAN'sche Normalform herangezogen wird, werden wir in Ergänzung 19.13 skizzieren.

Die explizite Berechnung ist aber oft gar nicht wünschenswert. Vielmehr sollte man die Exponentialmatrix als ein eigenständiges, leicht zu handhabendes Objekt betrachten, das viel Information in sich trägt. Daher stellen wir nun ihre wichtigsten Eigenschaften zusammen (wobei die Aussage von Satz 19.3 natürlich noch hinzukommt):

Theorem 19.4. *Für beliebige $n \times n$-Matrizen A, B und Zahlen s, t gilt stets*

a. $e^{A+B} = e^A e^B$, *falls A und B vertauschen, d. h. falls $AB = BA$.*

b. $e^{(s+t)A} = e^{sA} e^{tA}$.

c. e^A *ist regulär,* $\left(e^A \right)^{-1} = e^{-A}$.

d. $\det e^A = e^{Spur\,A}$.

e. $S e^A S^{-1} = e^{SAS^{-1}}$ *für jede reguläre Matrix S.*

f. $e^{A^T} = \left(e^A \right)^T$ *und* $e^{A^*} = \left(e^A \right)^*$. *Außerdem vertauscht A mit jedem e^{tA}, d. h.* $Ae^{tA} = e^{tA}A$.

Beweis.

a. Die Matrix-Potenzreihen, die e^{tA} und e^{tB} definieren, haben nach Satz 19.2 den Konvergenzradius unendlich. Wie in 19.1 erläutert, können wir also die CAUCHY'sche Produktformel (Satz 17.6) auf sie anwenden. Für $t = 1$ ergibt das:

$$\mathrm{e}^A \mathrm{e}^B = \sum_{m=0}^{\infty} \sum_{k=0}^{m} \frac{A^{m-k} B^k}{(m-k)! k!} \ .$$

Andererseits hat man für jedes $m \geq 0$ den binomischen Satz

$$(A+B)^m = \sum_{k=0}^{m} \binom{m}{k} A^{m-k} B^k = \sum_{k=0}^{m} \frac{m!}{(m-k)! k!} A^{m-k} B^k \ ,$$

denn wegen der Vertauschbarkeit $AB = BA$ kann man beim Ausmultiplizieren die Terme genauso sammeln wie wenn es sich um Zahlen handeln würde. Es folgt

$$\mathrm{e}^{A+B} = \sum_{m=0}^{\infty} \frac{1}{m!} (A+B)^m = \sum_{m=0}^{\infty} \sum_{k=0}^{m} \frac{A^{m-k} B^k}{(m-k)! k!}$$

und damit die Behauptung.

b. $\Longleftarrow$ a., denn die Matrizen sA, tA vertauschen natürlich.

c. Die Exponentialfunktion der $n \times n$-Nullmatrix ist offenbar die $n \times n$-Einheitsmatrix E. Teil b. ergibt also $\mathrm{e}^A \mathrm{e}^{-A} = \mathrm{e}^{-A} \mathrm{e}^A = \mathrm{e}^{1-1} A = E$.

d. ist nach Satz 19.3 ein Spezialfall von Gl. (8.20) aus Thm. 8.2.

e. $(SAS^{-1})^2 = SAS^{-1}SAS^{-1} = SAEAS^{-1} = SA^2 S^{-1}$, und eine analoge Rechnung lässt sich auch für mehr als zwei Faktoren durchführen. Also ist $(SAS^{-1})^m = SA^m S^{-1}$ für alle $m \geq 0$. Es folgt

$$\mathrm{e}^{SAS^{-1}} = \sum_{m=0}^{\infty} \frac{1}{m!} (SAS^{-1})^m = \sum_{m=0}^{\infty} \frac{1}{m!} SA^m S^{-1}$$

$$= S \left(\sum_{m=0}^{\infty} \frac{A^m}{m!} \right) S^{-1} = S\mathrm{e}^A S^{-1} \ .$$

f. folgt sofort aus den Definitionen, denn nach Satz 5.6 c. ist $(A^m)^T = (A^T)^m$ und $(A^m)^* = (A^*)^m$.

$\square$

Bemerkung: Das „Additionstheorem" aus Teil a. ist ohne die Voraussetzung $AB = BA$ i. A. falsch! (Mehr dazu in Ergänzung 19.15.)

Um die Eigenwerte von e^A mit denen von A vergleichen zu können, benötigen wir etwas Zusatzinformation aus der linearen Algebra. Eine beliebige Matrix $A \in \mathbb{C}_{n \times n}$ ist, wie wir wissen, i. A. nicht ähnlich zu einer Diagonalmatrix. Jedoch kann man immer die folgende Aussage beweisen, die in vielen Fällen ausreicht.

Satz 19.5.

a. *Sei $A \in \mathbb{C}_{n \times n}$ eine Matrix mit Eigenwerten $\lambda_1, \ldots, \lambda_n$. Dann ist A ähnlich zu einer oberen Dreiecksmatrix C mit Diagonalelementen $\lambda_1, \ldots, \lambda_n$, d. h. es gibt eine reguläre Matrix $B \in \mathbb{C}_{n \times n}$, so dass*

$$BAB^{-1} = C = \begin{pmatrix} \lambda_1 & & & \\ & \lambda_2 & & * \\ & & \ddots & \\ 0 & & & \lambda_n \end{pmatrix}. \tag{19.10}$$

b. *Bei jeder Dreiecksmatrix $C \in \mathbb{K}_{n \times n}$ sind die Diagonalelemente die Eigenwerte. Dabei kommt jeder Eigenwert so oft vor, wie seine algebraische Vielfachheit angibt.*

Beweis.

a. Das folgt sofort aus dem Satz über die JORDAN'sche Normalform (vgl. Ergänzung 7.29). Ein elementarer Beweis jedoch lässt sich durch Induktion nach n führen, wobei (19.10) für $n = 1$ trivialerweise richtig ist. Sei die Behauptung bereits für Matrizen $A' \in \mathbb{C}_{n-1 \times n-1}$ bewiesen. Wir wählen einen Eigenvektor $0 \neq V \in \mathbb{C}^n$ von A zum Eigenwert λ_1. Sei $B_1 \in \mathbb{C}_{n \times n}$, eine reguläre Matrix, für die

$$B_1 V = E^1, \quad \text{wobei} \quad E^1 = (1, 0, \ldots, 0)^T.$$

Wegen

$$B_1 A B_1^{-1} E^1 = B_1 A V = \lambda_1 B_1 V = \lambda_1 E^1$$

hat die zu A ähnliche Matrix $B_1 A B_1^{-1}$ die Form

$$B_1 A B_1^{-1} = \begin{pmatrix} \lambda_1 & * & \ldots & * \\ 0 & & & \\ \vdots & & A' & \\ 0 & & & \end{pmatrix}$$

mit $\det(A - \lambda E) = \det(B_1 A B_1^{-1} - \lambda E) = (\lambda_1 - \lambda) \det(A' - \lambda E')$, d. h. $\lambda_2, \ldots, \lambda_n$ sind die Eigenwerte von A'. Nach Induktionsvoraussetzung gibt es ein $B_2' \in \mathbb{C}_{n-1 \times n-1}$, so dass

$$B_2' A' (B_2')^{-1} = \begin{pmatrix} \lambda_2 & & * \\ & \ddots & \\ 0 & & \lambda_n \end{pmatrix}.$$

Setzen wir

$$B_2 = \begin{pmatrix} 1\ 0 \dots 0 \\ 0 \\ \vdots \quad B_2' \\ 0 \end{pmatrix} , \quad B = B_2 B_1 ,$$

so folgt die Induktionsbehauptung mit B als Transformationsmatrix.

b. Für eine Dreiecksmatrix $C = (c_{jk})$ ist das charakteristische Polynom nach Korollar 5.23 gegeben durch

$$p_C(\lambda) = (-1)^n (\lambda - c_{11})(\lambda - c_{22}) \cdots (\lambda - c_{nn}) .$$

Seine Nullstellen sind also gerade die Diagonalelemente $c_{11}, \dots, c_{nn}$.

$\square$

Diese Informationen sind auch für sich interessant und nützlich. Z. B. folgt nun leicht:

Korollar 19.6. *Bei jeder quadratischen Matrix A ist Spur A die Summe und $\det A$ das Produkt der (mit Vielfachheit gezählten) Eigenwerte.*

Beweis. Für eine Dreiecksmatrix folgt dies aus Satz 19.5b. sowie der Definition der Spur bzw. Korollar 5.23. Also ergibt 19.5a. die Behauptung, denn bei Ähnlichkeitstransformationen bleiben Spur, Determinante und die Eigenwerte unverändert (vgl. Thm. 7.6b. und Satz 7.8b.). $\square$

Hier ist nun die Nutzanwendung auf die Exponentialmatrix:

Satz 19.7 (*Spektraler Abbildungssatz*). *Die Eigenwerte von e^A sind die Zahlen e^λ, wobei λ die Eigenwerte von $A \in \mathbb{C}_{n \times n}$ durchläuft. Dabei ist die (algebraische) Vielfachheit eines Eigenwerts μ von e^A stets gleich der Summe der Vielfachheiten der Eigenwerte λ von A, für die $\mu = e^\lambda$ ist.*

Beweis. Sind $C = (c_{jk})$ und $D = (d_{jk})$ obere Dreiecksmatrizen, so ist CD ebenfalls eine obere Dreiecksmatrix, und zwar mit den Diagonalelementen $c_{jj}d_{jj}$ $(j = 1, \dots, n)$. Das ergibt sich sofort aus der Definition der Matrizenmultiplikation. Insbesondere ist C^m eine obere Dreiecksmatrix mit den Diagonalelementen c_{jj}^m $(j = 1, \dots, n)$. Nach Definition der Exponentialmatrix ist daher $\exp C$ eine obere Dreiecksmatrix mit den Diagonalelementen

$$\sum_{m=0}^{\infty} \frac{c_{jj}^m}{m!} = \exp c_{jj}, \quad j = 1, \dots, n .$$

Wegen Satz 19.5b. stimmt die Behauptung also für obere Dreiecksmatrizen. Dann stimmt sie aber auch für beliebige Matrizen, wie aus Satz 19.5a., Thm. 19.4e. und Satz 7.8b. hervorgeht. $\square$

Bemerkung: Aus diesem Satz zusammen mit Korollar 19.6 ergibt sich sofort ein zweiter Beweis für Teil d. von Thm. 19.4, bei dem das Material aus Kap.8 nicht benötigt wird.

B. Klassische Gruppen
und ihre infinitesimalen Transformationen

In der Physik ist immer wieder von *infinitesimalen Drehungen, infinitesimalen* LORENTZ-*Transformationen* usw. die Rede. Betrachten wir z. B. Drehungen

$$R_3(t) = \begin{pmatrix} \cos t & -\sin t & 0 \\ \sin t & \cos t & 0 \\ 0 & 0 & 1 \end{pmatrix}$$

um die z-Achse wie in Satz 7.24. Dann ist $R_3(0) = E$ die Einheitsmatrix und

$$L_3 := \frac{\mathrm{d}}{\mathrm{d}t}R(t)\Big|_{t=0} = \begin{pmatrix} 0 & -1 & 0 \\ 1 & 0 & 0 \\ 0 & 0 & 0 \end{pmatrix},$$

und man bestätigt durch direktes Nachrechnen sofort, dass $\dot{R}_3(t) = L_3 R_3(t)$. Nach Satz 19.3 ist also

$$R_3(t) = \exp t L_3,$$

was man auch direkt durch Einsetzen in die Reihe (19.7) bestätigen kann (Übung!) Eine „infinitesimale Drehung um die z-Achse" ist nun in der Physik eine lineare Abbildung, deren Matrix die Form $E + \varepsilon L_3$ hat, wobei $|\varepsilon|$ so klein sein soll, dass man in der Reihe

$$R_3(\varepsilon) = E + \varepsilon L_3 + \frac{\varepsilon^2}{2!}L_3^2 + \frac{\varepsilon^3}{3!}L_3^3 + \cdots$$

die Terme höherer Ordnung gefahrlos vernachlässigen kann. L_3 wird als der *Generator* der infinitesimalen Drehungen um die z-Achse bezeichnet. In der Mathematik würde man eher die Matrizen tL_3 (bzw. die dadurch dargestellten linearen Abbildungen) als infinitesimale Drehungen um die z-Achse ansprechen, und diese „erzeugen" oder „generieren" die echten Drehungen $R_3(t) = \exp t L_3$.

Wir wollen nun einen allgemeinen Rahmen schaffen, in dem sich bestimmte Typen von linearen Transformationen und die zugehörigen Typen infinitesimaler Transformationen gut diskutieren lassen. Dazu betrachten wir auf $\mathbb{R}^n$ oder $\mathbb{C}^n$ das Euklid'sche Skalarprodukt

$$\langle v|w\rangle = \sum_{k=1}^{n} \overline{v_k}w_k$$

sowie eine feste $n \times n$-Matrix G.

Satz 19.8.

  a. *Sei $G \in \mathbb{R}_{n\times n}$ gegeben. Für reelle $n\times n$-Matrizen S sind dann die folgenden beiden Bedingungen äquivalent:*

$$\langle Sv|GSw\rangle = \langle v|Gw\rangle \quad \forall\, v, w \in \mathbb{R}^n \tag{19.11}$$

und

$$S^T G S = G \; . \tag{19.12}$$

Die Menge $\mathbf{O}_G(n)$ *aller invertierbaren* $S \in \mathbb{R}_{n \times n}$, *die diese Bedingungen erfüllen, bildet in Bezug auf die Matrizenmultiplikation eine Gruppe. Ihre Elemente nennt man G-orthogonale Transformationen.*

b. *Sei* $G \in \mathbb{C}_{n \times n}$ *gegeben. Für komplexe* $n \times n$-*Matrizen* T *sind dann die folgenden beiden Bedingungen äquivalent:*

$$\langle Tv | GTw \rangle = \langle v | Gw \rangle \quad \forall v, w \in \mathbb{C}^n \tag{19.13}$$

und

$$T^* G T = G \; . \tag{19.14}$$

Die Menge $\mathbf{U}_G(n)$ *aller invertierbaren* $T \in \mathbb{C}_{n \times n}$, *die diese Bedingungen erfüllen, bildet in Bezug auf die Matrizenmultiplikation eine Gruppe. Ihre Elemente nennt man G-unitäre Transformationen.*

c. *Ist* G *invertierbar, so ist*

$$|\det S| = 1 \; , \quad |\det T| = 1$$

für $S \in \mathbf{O}_G(n)$ *bzw. für* $T \in \mathbf{U}_G(n)$.

Beweis. Wir behandeln nur den komplexen Fall ausführlich – der reelle Fall ergibt sich völlig analog. Zunächst einmal gilt immer

$$\langle Tv | GTw \rangle = \langle v | T^* GTw \rangle$$

(vgl. Thm.7.10b.) Damit ist die Implikation (19.14) $\implies$ (19.13) klar. Wenn umgekehrt T die Bedingung (19.13) erfüllt, so folgt

$$\langle v | (G - T^* GT)w \rangle = 0 \quad \forall v, w \in \mathbb{C}^n \; .$$

Speziell für $v = (G - T^* GT)w$ ergibt dies $\langle v | v \rangle = 0$, also $v = 0$ und damit $Gw = T^* GTw$ für beliebiges w. Es folgt (19.14).

Um nachzuweisen, dass $\mathbf{U}_G(n)$ eine Gruppe bildet, muss man die beiden Bedingungen (G 1), (G 2) nachprüfen, die am Beginn von Abschn. 7E. besprochen wurden.

Zu (G 1): $T_1, T_2 \in \mathbf{U}_G(n) \implies T_1, T_2$ erfüllen (19.13) $\implies$ für beliebige v, w ist

$$\langle T_1 T_2 v | G T_1 T_2 w \rangle = \langle T_2 v | G T_2 w \rangle = \langle v | Gw \rangle$$

$\implies T_1 T_2 \in \mathbf{U}(n)$.

Zu (G 2): Sei $T \in \mathbf{U}_G(n)$. Für beliebige $v, w \in \mathbb{C}^n$ setzen wir $\tilde{v} := T^{-1}v$, $\tilde{w} := T^{-1}w$. Dann folgt

$$\langle T^{-1}v | GT^{-1}w \rangle = \langle \tilde{v} | G\tilde{w} \rangle = \langle T\tilde{v} | GT\tilde{w} \rangle = \langle v | Gw \rangle \; ,$$

d. h. auch T^{-1} erfüllt (19.13) und gehört damit zu $\mathbf{U}_G(n)$.

Für Teil c. beachten wir den Determinanten-Multiplikationssatz sowie $\det T^* = \overline{\det T}$. Aus (19.14) folgt damit

$$\det G = \overline{\det T} \cdot \det G \cdot \det T = |\det T|^2 \det G \,,$$

und wegen der Voraussetzung $\det G \neq 0$ folgt daraus die Behauptung. $\square$

Beispiele 19.9.

a. Für $G = E$ sind $\mathbf{O}_G(n)$ bzw. $\mathbf{U}_G(n)$ offenbar die üblichen orthogonalen bzw. unitären Gruppen, wie sie bereits in Abschn. 7E. betrachtet wurden.

b. Ist $G \in \mathbb{R}_{n \times n}$ symmetrisch und *positiv definit* (vgl. Satz 9.25), so ist durch

$$\langle v|w \rangle_G := \langle v|Gw \rangle$$

ein neues Skalarprodukt auf $\mathbb{R}^n$ gegeben, denn man kann die Bedingungen **(S 1)**–**(S 3)** aus 6.10 leicht nachrechnen. (Man kann beweisen, dass *alle* Skalarprodukte auf $\mathbb{R}^n$, also alle Abbildungen $\mathbb{R}^n \times \mathbb{R}^n \to \mathbb{R}$, die **(S 1)**–**(S 3)** erfüllen, in dieser Art durch symmetrische positiv definite Matrizen gegeben sind – vgl. Aufg. 7.15.) Bedingung (19.11) zeigt nun, dass die Elemente von $\mathbf{O}_G(n)$ genau die linearen Transformationen S sind, die die mittels des neuen Skalarprodukts $\langle \cdot|\cdot \rangle_G$ gemessenen Längen und Winkel invariant lassen. Eine analoge Bemerkung trifft auf den komplexen Fall zu, wobei positiv definite HERMITE'sche Matrizen G betrachtet werden müssen.

c. Ist $G \in \mathbb{R}_{4 \times 4}$ die Diagonalmatrix mit den Diagonalelementen $(1, 1, 1, -1)$, so ist $\mathbf{O}_G(4)$ die sog. LORENTZ-*Gruppe*, und ihre Elemente sind die LORENTZ-*Transformationen*, die für die Relativitätstheorie eine fundamentale Rolle spielen.

d. Sei $n = 2m$ eine gerade Zahl, und sei E_m die $m \times m$-Einheitsmatrix. Das sog. *symplektische Skalarprodukt* auf $\mathbb{R}^{2m}$ ist gegeben durch

$$\omega(v, w) := \langle v|Jw \rangle$$

mit der Matrix

$$J := \begin{pmatrix} 0 & -E_m \\ E_m & 0 \end{pmatrix} \,.$$

(Diese Abbildung ist allerdings kein Skalarprodukt im Sinne der Def. 6.10!) Die entsprechende Gruppe $\mathbf{Sp(2m)} := \mathbf{O}_J(2m)$ nennt man *symplektische Gruppe*, und ihre Elemente heißen *symplektische Transformationen*. In der Physik sind sie als *lineare kanonische Transformationen* bekannt, und sie spielen für die klassische Mechanik eine wichtige Rolle. Wir werden in Abschn. 24D. noch etwas näher darauf eingehen.

e. Für $G = 0$ ergeben sich die Gruppen $\mathbf{GL}(n, \mathbb{R})$ bzw. $\mathbf{GL}(n, \mathbb{C})$ *aller* invertierbaren $n \times n$-Matrizen. Man nennt $\mathbf{GL}(n, \mathbb{K})$ die *lineare Gruppe* über dem Körper $\mathbb{K}$ zur Dimension n.

Jeder der Gruppen $\mathbf{O}_G(n)$, $\mathbf{U}_G(n)$ werden wir nun einen Vektorraum von Matrizen zuordnen, die als die infinitesimalen Transformationen des betreffenden Typs (bzw. die Generatoren der infinitesimalen Transformationen, in physikalischer Sprechweise) anzusprechen sind. Dabei geben wir die Details nur für den reellen Fall – im komplexen Fall läuft alles völlig analog. Wir benutzen dabei glatte Kurven im Raum der Matrizen, also matrixwertige C^1-Funktionen, die auf einem Intervall definiert sind. Mit diesen geht man natürlich genauso um wie mit den Vektorfunktionen, die wir in den Kapiteln 8 und 9 betrachtet haben. Insbesondere gilt die Produktregel

$$\frac{\mathrm{d}}{\mathrm{d}t}\Big(R(t)S(t)\Big) = \dot{R}(t)S(t) + R(t)\dot{S}(t) \,, \tag{19.15}$$

wie man aus der Definition der Matrizenmultiplikation sofort abliest. (Verallgemeinerung von (9.5)!)

Satz 19.10. *Sei $G \in \mathbb{R}_{n \times n}$ fest vorgegeben.*

a. *Für Matrizen $A \in \mathbb{R}_{n \times n}$ sind die folgenden drei Bedingungen äquivalent:*
   (i) Auf einem Intervall der Form $]-\varepsilon, \varepsilon[$ ist eine C^1-Funktion R mit Werten in $\mathbf{O}_G(n)$ definiert, für die gilt:

$$R(0) = E \quad und \quad \dot{R}(0) = A \,.$$

   (ii) $A^T G + GA = 0$.
   (iii) $\mathrm{e}^{tA} \in \mathbf{O}_G(n) \quad \forall t \in \mathbb{R}$.

b. *Die Matrizen, die diese Bedingungen erfüllen, bilden einen linearen Teilraum $\mathfrak{o}_G(n)$ von $\mathbb{R}_{n \times n}$. Zusätzlich gilt dabei:*

$$A, B \in \mathfrak{o}_G(n) \quad \Longrightarrow \quad [A, B] := AB - BA \in \mathfrak{o}_G(n) \,.$$

Beweis.

a. (i) $\Longrightarrow$ (ii): Wegen $R(t) \in O_G(n)$ haben wir

$$R(t)^T G R(t) = G \,, \quad -\varepsilon < t < \varepsilon \,.$$

Wir differenzieren und werten dann in $t = 0$ aus. Mit (19.15) ergibt sich

$$0 = \dot{R}(0)^T G R(0) + R(0)^T G \dot{R}(0) = A^T G + GA \,,$$

wie gewünscht.

(ii) $\Longrightarrow$ (iii): Wir setzen $Y(t) := \exp tA$ und weisen nach, dass (19.12) für $S = Y(t)$ ($t \in \mathbb{R}$ beliebig) stets gilt. Dazu rechnen wir unter Verwendung von (19.15) und Satz 19.3:

$$\frac{\mathrm{d}}{\mathrm{d}t}\big(Y(t)^T G Y(t)\big) = \dot{Y}(t)^T G Y(t) + Y(t)^T G \dot{Y}(t)$$

$$= (AY(t))^T G Y(t) + Y(t)^T G A Y(t)$$

$$= Y(t)^T \big(A^T G + GA\big) Y(t) \overset{(ii)}{=} 0 \,.$$

Also ist die Funktion $Y(t)^T G Y(t)$ konstant auf $\mathbb{R}$, und für $t = 0$ hat sie offenbar den Wert G. Also ist (19.12) für $S = Y(t)$ stets erfüllt und damit $e^{tA} \in \mathbf{O}_G(n) \quad \forall t$.

(iii) $\Longrightarrow$ (i): klar mit $R(t) := \exp tA$.

b. Bedingung (ii) ist eine homogene lineare Gleichung für A, definiert also einen linearen Teilraum von $\mathbb{R}_{n \times n}$. Wenn A, B die Bedingung (ii) erfüllen, so haben wir

$$A^T G = -GA, \quad B^T G = -GB$$

und somit $(AB)^T G = B^T A^T G = -B^T GA = GBA$ und ebenso $(BA)^T G = GAB$, also $[A, B]^T G = ((AB)^T - (BA)^T)G = G(BA - AB) = -G[A, B]$. Bedingung (ii) ist also auch für $[A, B]$ erfüllt.

$\square$

Bemerkung: Im komplexen Fall haben wir statt (ii) die Bedingung

$$(ii^*) \qquad\qquad\qquad A^* G + GA = 0 \,.$$

Sie definiert einen *reell-linearen* Teilraum $\mathfrak{u}_G(n)$ von $\mathbb{C}_{n \times n}$, d. h. reelle Vielfache einer Matrix $A \in \mathfrak{u}_G(n)$ gehören wieder dazu, aber komplexe Vielfache i. A. nicht.

Neben Bedingungen der Form (19.11) oder (19.13) ist die Forderung $\det S = 1$ eine wichtige Zusatzbedingung für Matrizen oder lineare Transformationen. Wir definieren die *spezielle lineare Gruppe* über dem Körper $\mathbb{K}$ zur Dimension n durch:

$$\mathbf{SL}(n, \mathbb{K}) := \{S \in \mathbb{K}_{n \times n} | \det S = 1\} \,. \qquad (19.16)$$

Dass $\mathbf{SL}(n, \mathbb{K})$ (mit der Matrizenmultiplikation als Verknüpfung) wirklich eine Gruppe ist, erkennt man sofort, indem man mit Hilfe des Determinanten-Multiplikationssatzes die Bedingungen (G 1) und (G 2) aus Abschn. 7E. nachrechnet. Analog zu Satz 19.10 hat man

Satz 19.11.

a. *Für Matrizen $A \in \mathbb{K}_{n \times n}$ sind die folgenden drei Bedingungen äquivalent:*
   (i) *Auf einem Intervall der Form $]-\varepsilon, \varepsilon[$ ist eine C^1-Funktion R mit Werten in $\mathbf{SL}(n, \mathbb{K})$ definiert, für die gilt:*

$$R(0) = E \quad und \quad \dot{R}(0) = A \,.$$

(ii) *Spur $A = 0$.*
(iii) $e^{tA} \in \mathbf{SL}(n, \mathbb{K}) \quad \forall t \in \mathbb{R}$.

b. *Die Matrizen, die diese Bedingungen erfüllen, bilden einen linearen Teilraum $\mathfrak{sl}(n, \mathbb{K})$ von $\mathbb{K}_{n \times n}$. Zusätzlich gilt dabei:*

$$A, B \in \mathfrak{sl}(n, \mathbb{K}) \quad \Longrightarrow \quad [A, B] := AB - BA \in \mathfrak{sl}(n, \mathbb{K}) \,.$$

Beweis. a. (i) $\implies$ (ii): Setze $B(t) := \dot{R}(t)R(t)^{-1}$. Dann ist $R(t)$ offenbar ein *Fundamentalsystem* für das lineare homogene System $\dot{x} = B(t)x$ von Differenzialgleichungen, und seine WRONSKI-Determinante ist $W(t) = \det R(t) \equiv 1$. Auf sie können wir Gl. (8.19) aus Thm. 8.2 anwenden, und das ergibt Spur $B(t) = 0$ für alle t. Aber $B(0) = \dot{R}(0)R(0)^{-1} = A$, und (ii) folgt.

(ii) $\implies$ (iii): Klar nach Thm. 19.4d.

$\overline{\text{(iii)}}$ $\implies$ (i): Klar mit $R(t) := \exp tA$.

b. Wieder ist es trivial, dass Bedingung (ii) einen linearen Teilraum definiert. Außerdem gilt nach Satz 5.6d. (sogar für beliebige Matrizen A, B)

$$\text{Spur}\,[A, B] = \text{Spur}\,AB - \text{Spur}\,BA = 0\,.$$

Bedingung (ii) ist also für $[A, B]$ erfüllt. $\square$

Man kann die verschiedenen Bedingungen an Matrizen auch kombinieren. Insbesondere sind folgende Gruppen wichtig:

$$\mathbf{SO}_G(n) := \mathbf{O}_G(n) \cap \mathbf{SL}(n, \mathbb{R})\,, \tag{19.17}$$

$$\mathbf{SU}_G(n) := \mathbf{U}_G(n) \cap \mathbf{SL}(n, \mathbb{C}) \tag{19.18}$$

(*spezielle G-orthogonale Gruppe* bzw. *spezielle G-unitäre Gruppe*). Die entsprechenden infinitesimalen Transformationen bilden wiederum reell-lineare Teilräume von $\mathbb{K}_{n\times n}$, die mit A, B auch $[A, B]$ enthalten, nämlich

$$\mathfrak{so}_G(n) := \mathfrak{o}_G(n) \cap \mathfrak{sl}(n, \mathbb{R}) \quad \text{bzw.} \tag{19.19}$$

$$\mathfrak{su}_G(n) := \mathfrak{u}_G(n) \cap \mathfrak{sl}(n, \mathbb{C})\,. \tag{19.20}$$

Jedesmal sind diese Vektorräume mit den entsprechenden Gruppen durch die äquivalenten Bedingungen (i) oder (iii) verknüpft. Wir bezeichnen die in diesem Abschnitt behandelten Matrizengruppen als *klassische Gruppen* und führen für sie die folgende einheitliche Sprechweise ein:

Definitionen 19.12. *Es sei* $\mathbf{G} \subseteq \mathbb{K}_{n\times n}$ *eine klassische Gruppe.*

a. *Die* LIE-*Algebra von* $\mathbf{G}$ *ist der* $\mathbb{R}$-*Vektorraum*

$$\mathfrak{g} \equiv L(\mathbf{G}) := \{A \in \mathbb{K}_{n\times n} | \exp tA \in \mathbf{G} \quad \forall t \in \mathbb{R}\}\,.$$

Ihre Dimension nennt man auch die Dimension von $\mathbf{G}$.

b. $[A, B] := AB - BA$ *heißt der* Kommutator *oder die* LIE-*Klammer der Matrizen* A *und* B. *Ebenso für lineare Abbildungen.*

c. *Gleichungen der Form* $[A, B] = C$ *nennt man* Vertauschungsrelationen.

Bemerkung: Man beachte, dass

$$\mathfrak{so}_G(n) = \mathfrak{o}_G(n)\,,$$

wenn G invertierbar ist (vgl. Aufg. 19.8). Insbesondere besteht $\mathfrak{so}(n) = \mathfrak{o}(n)$ genau aus den *antisymmetrischen* $n \times n$-Matrizen.

Ergänzungen zu §19

Schon im Hauptteil dieses Kapitels dürfte es aufgefallen sein, mit wie vielen verschiedenen mathematischen Teilgebieten die Exponentialfunktion von Matrizen in Beziehung steht. Diese Tendenz ist noch ausgeprägter als es bisher klar wurde, und wir werden jetzt sowie im nächsten Kapitel und in den Ergänzungen zum übernächsten Gelegenheit haben, weitere derartige Bezüge kennen zu lernen. In den nachfolgenden Ergänzungen geht es vor allem um Bezüge zur *Funktionalanalysis* und zur Theorie der LIE'schen Gruppen und LIE'schen Algebren – beides Gebiete, die für die moderne Physik unverzichtbar sind und die doch so abstrakt sind, dass sie auf den ersten Blick für die Denkweise des Physikers sehr ungewohnt erscheinen. Wir nähern uns diesen Themen sozusagen „von unten", indem wir Sie mit elementaren, gut verständlichen Beispielen versorgen, die klarmachen, welche Ideen hinter den Abstraktionen der höheren Theorien stecken.

19.13 Allgemeine Matrixfunktionen. Wir haben gesehen, dass durch Einsetzen einer Matrix A in die Exponentialfunktion ein sehr nützliches Objekt entsteht. Warum sollte man sich dann auf die Exponentialfunktion beschränken? Betrachten wir z. B. eine Potenzreihe $f(z) = \sum_{m=0}^{\infty} c_m z^m$ mit Konvergenzradius $R > \|A\|$, wobei $\|A\|$ die Operatornorm einer komplexen $n \times n$-Matrix A ist, die wir in die Funktion f einsetzen wollen. Wir tun dies, indem wir definieren:

$$f(A) := \sum_{m=0}^{\infty} c_m A^m \ . \tag{19.21}$$

Diese Reihe ist tatsächlich absolut konvergent, denn wegen $\|A^m\| \leq \|A\|^m$ hat sie die konvergente Majorante $\sum_{m=0}^{\infty} |c_m| \cdot \|A\|^m$. So entstehen *Matrixfunktionen* wie $\cos A$, $\sin A$ oder auch – im Falle $\|A\| < 1$ – die Reihe $\ln(E - A) = A + A^2/2 + A^3/3 + \ldots$.

Zur Berechnung von $f(A)$ (und auch zur theoretischen Untersuchung derartiger Matrixfunktionen) ist es vorteilhaft, die JORDAN'sche Normalform zu benutzen (vgl. Ergänzung 7.29). Dazu beachten wir zunächst, dass gilt:

$$f(TAT^{-1}) = Tf(A)T^{-1} \quad \forall\, T \in \mathbf{GL}(n, \mathbb{C}) \tag{19.22}$$

sowie

$$A = \begin{pmatrix} A_1 & \cdots & 0 \\ \vdots & \ddots & \vdots \\ 0 & \cdots & A_s \end{pmatrix} \quad \Longrightarrow \quad f(A) = \begin{pmatrix} f(A_1) & \cdots & 0 \\ \vdots & \ddots & \vdots \\ 0 & \cdots & f(A_s) \end{pmatrix} \ . \tag{19.23}$$

Hier ist A also eine Matrix in Block-Diagonalgestalt mit quadratischen Matrizen $A_1, \ldots, A_s$ in der Diagonale. – Beide Tatsachen lassen sich leicht aus der Definition (19.21) ableiten. Nun wählt man eine invertierbare Matrix T, die die gegebene Matrix A auf JORDAN'sche Normalform transformiert, d. h. man hat $A = TBT^{-1}$, wobei B eine Block-Diagonalmatrix mit JORDAN-Blöcken $J_{\lambda_0,r}$ ist (Bezeichnungen wie in 7.29). Mit (19.22) und (19.23) können wir also $f(A)$ bestimmen, wenn wir das entsprechende Problem für einen JORDAN-Block $J_{\lambda_0,r}$ lösen können. Hierzu schreiben wir

$$J_{\lambda_0,r} = \lambda_0 E + S \ ,$$

wobei $S := J_{0,r}$ die Darstellungsmatrix eines Shift-Operators ist. Es ist also

$$S^m = 0 \quad \forall\, m \geq r \ . \tag{19.24}$$

Andererseits lässt sich die eindeutig bestimmte Reihenentwicklung

$$f(\lambda) = \sum_{k=0}^{\infty} \frac{f^{(k)}(\lambda_0)}{k!}(\lambda - \lambda_0)^k$$

mit dem Eigenwert λ_0 als Zentrum auch dadurch bestimmen, dass man $z = (\lambda - \lambda_0) + \lambda_0$ in die ursprüngliche Reihe $\sum_m c_m z^m$ einsetzt, alles mittels des binomischen Satzes ausmultipliziert und die Terme neu sammelt. Setzt man nun für λ die Matrix $J_{\lambda_0,r}$ ein und für λ_0 die Matrix $\lambda_0 E$, so verrechnen sich die Terme ganz genauso, da die beiden Matrizen vertauschen. Das ergibt

$$f(J_{\lambda_0,r}) = \sum_{k=0}^{\infty} \frac{f^{(k)}(\lambda_0)}{k!}(J_{\lambda_0,r} - \lambda_0 E)^k = \sum_{k=0}^{\infty} \frac{f^{(k)}(\lambda_0)}{k!}S^k \ .$$

Aber wegen (19.24) reduziert sich diese Reihe auf ein Polynom:

$$f(J_{\lambda_0,r}) = \sum_{k=0}^{r-1} \frac{f^{(k)}(\lambda_0)}{k!}S^k \ . \tag{19.25}$$

Bemerkung: Verwendet man diese Berechnungsmethode für e^{tA}, so kann man aus Satz 19.3 leicht wieder Thm. 8.6 gewinnen. Die komplexen Fälle ergeben sich, wenn man als Anfangswerte die Vektoren einer Basis verwendet, in der der von A erzeugte Operator JORDAN'sche Normalform hat, und die reellen Fälle lassen sich dann leicht folgern, indem man die Differenzialgleichung zunächst in $\mathbb{C}^n$ betrachtet und dann zu Real- und Imaginärteil übergeht.

Da in (19.25) nur endlich viele Summanden vorkommen, entfallen hier alle Konvergenzbetrachtungen. Dies legt die Vermutung nahe, dass man $f(A)$ noch für wesentlich größere Klassen von Funktionen f sinnvoll definieren kann. Ein elementarer (allerdings recht algebraisch gehaltener) Zugang zu derartigen allgemeinen Matrixfunktionen ist im ersten Band von [28] zu finden. Wichtiger für uns ist die Tatsache, dass man auch für lineare Operatoren in (möglicherweise unendlichdimensionalen) BANACH-Räumen derartige Einsetzungsprozeduren definieren und betrachten kann (vgl. Ergänzung 7.25 und Def. 13.6b.). Eine Abbildung, die bei gegebenem Operator $\mathcal{A}$ jeder Funktion

f aus einer geeigneten Klasse einen Operator $f(\mathcal{A})$ in sinnvoller Weise zuordnet, nennt man einen *Funktionalkalkül*. Solche Funktionalkalküle werden u. a. in der Quantenmechanik verwendet. Ihre Theorie gehört zu einem mathematischen Teilgebiet, das sich *Funktionalanalysis* nennt. Ein Funktionalkalkül, der sich auf beliebige Matrizen – oder lineare Operatoren im endlichdimensionalen BANACH-Raum $\mathbb{C}^n$ – anwenden lässt, ist der *analytische* oder *holomorphe* Funktionalkalkül, den wir jetzt kurz beschreiben werden.

Der analytische Funktionalkalkül.

In der Funktionalanalysis ordnet man jedem linearen Operator eine Menge komplexer Zahlen zu, die man das *Spektrum* des Operators nennt. Im Fall endlicher Dimension handelt es sich dabei einfach um die Menge der Eigenwerte. Der analytische Funktionalkalkül ist für Funktionen definiert, die in einer Umgebung des Spektrums holomorph sind. Daher führen wir folgende Bezeichnungen ein:

Definitionen. *Zu gegebener Matrix $A \in \mathbb{C}_{n \times n}$ definieren wir:*

a. *Die Menge*
$$\sigma(A) := \{\lambda \in \mathbb{C} \mid \operatorname{Kern}(\lambda E - A) \neq \{0\}\}$$

 heißt das Spektrum *von A (oder auch das Spektrum des von A erzeugten linearen Operators).*

b. *Sei $K \subseteq \mathbb{C}$ eine kompakte Teilmenge. Mit $\mathcal{H}(K)$ bezeichnen wir die Menge aller holomorphen Funktionen, die auf einer offenen Umgebung U von K definiert sind.*

Die offene Menge U muss dabei nicht zusammenhängend sein. Sie kann durchaus aus mehreren getrennten Teilen bestehen. Außerdem wird sie i. A. für verschiedene $f \in \mathcal{H}(K)$ verschieden sein. Trotzdem kann man Linearkombinationen und Produkte von Funktionen aus $\mathcal{H}(K)$ bilden. Man nimmt als Definitionsbereich einfach den Durchschnitt der Definitionsbereiche der beteiligten Funktionen. Da der Durchschnitt von endlich vielen offenen Mengen wieder offen ist (Satz 13.3b.), erhält man also wieder eine Funktion aus $\mathcal{H}(K)$.

Die zentralen Aussagen über den analytischen Funktionalkalkül sind in den folgenden beiden Hauptsätzen enthalten:

Theorem 1. *Zu jedem $A \in \mathbb{C}_{n \times n}$ gibt es genau eine Abbildung*

$$\Psi_A : \mathcal{H}(\sigma(A)) \longrightarrow \mathbb{C}_{n \times n} : f \mapsto \Psi_A(f) \equiv f(A)$$

mit den folgenden Eigenschaften:

a. *Für $f_1, f_2 \in \mathcal{H}(\sigma(A))$, $c_1, c_2 \in \mathbb{C}$, $g := c_1 f_1 + c_2 f_2$, $h := f_1 f_2$ gilt*

$$g(A) = c_1 f_1(A) + c_2 f_2(A) \quad und \quad h(A) = f_1(A) f_2(A) = f_2(A) f_1(A)\,.$$

b. Für Polynome $P(\lambda) = c_m \lambda^m + \ldots + c_1 \lambda + c_0$ *gilt*

$$P(A) = c_m A^m + \ldots + c_1 A + c_0 E \,.$$

Insbesondere ist $P_0(A) = E$ *für* $P_0(\lambda) \equiv 1$ *und* $P_1(A) = A$ *für* $P_1(\lambda) \equiv \lambda$.

c. Angenommen, $f, f_1, f_2, \ldots$ *sind auf einer gemeinsamen offenen Umgebung* U *von* $\sigma(A)$ *definiert und holomorph. Ist dann* $\lim_{k \to \infty} f_k(\lambda) = f(\lambda)$ *gleichmäßig auf jeder kompakten Teilmenge von* U, *so ist auch*

$$f(A) = \lim_{k \to \infty} f_k(A) \,.$$

Man nennt Ψ_A *den* analytischen *oder* holomorphen *Funktionalkalkül* zu A.

Theorem 2. *Für jedes* $f \in \mathcal{H}(\sigma(A))$ *gilt*

$$\sigma(f(A)) = f(\sigma(A)) \equiv \{f(\lambda) \mid \lambda \in \sigma(A)\} \tag{19.26}$$

(*„Spektraler Abbildungssatz"*). *Für* $g \in \mathcal{H}(f(\sigma(A)))$ *gilt weiterhin*

$$g(f(A)) = (g \circ f)(A) \,. \tag{19.27}$$

Beweise hierfür findet man in Lehrbüchern der Funktionalanalysis, allerdings durchweg in dem angedeuteten allgemeineren Rahmen und daher nicht ganz leicht zugänglich.

Auch für den analytischen Funktionalkalkül gelten die Gleichungen (19.22) und (19.23), wie sich leicht mit Hilfe der Eindeutigkeitsaussage von Theorem 1 nachweisen lässt. Betrachten wir z. B. eine invertierbare Matrix T und setzen $B := TAT^{-1}$. Dann ist $\sigma(B) = \sigma(A)$, und wie man ohne Mühe nachrechnet, gelten für die Abbildung

$$\Psi : \mathcal{H}(\sigma(B)) = \mathcal{H}(\sigma(A)) \longrightarrow \mathbb{C}_{n \times n} : f \mapsto T f(A) T^{-1}$$

alle drei Eigenschaften, die den Funktionalkalkül Ψ_B zu B charakterisieren. Wegen der besagten Eindeutigkeit ist somit $f(B) = T f(A) T^{-1}$ für alle in Frage kommenden f, also (19.22) gültig. Ähnlich beweist man (19.23) (Übung!).

Ist $A = J_{\lambda_0, r}$ ein JORDAN-Block, so ist $\sigma(A) = \{\lambda_0\}$, und nun gilt (19.25) für jede Funktion f, die in einer offenen Umgebung von λ_0 definiert und holomorph ist. Dies erkennt man, wenn man die TAYLOR-Reihe von $f(\lambda)$ in $\lambda - \lambda_0$ als Limes ihrer Partialsummen auffasst und Theorem 1 b., c. sowie (19.24) verwendet. Insgesamt sehen wir, dass die oben skizzierte Berechnung von $f(A)$ durch Transformation auf *Jordan*'sche Normalform für jedes $f \in \mathcal{H}(\sigma(A))$ möglich ist.

Wenn die holomorphe Funktion f sogar auf einer Kreisscheibe $U_R(0)$ mit $R > \|A\|$ gegeben ist, so kann $\Psi_A(f) = f(A)$ wieder durch (19.21) ausgedrückt werden. Dies folgt ebenfalls aus Theorem 1 b., c. Der holomorphe Funktionalkalkül ergibt also für diesen Fall nichts anderes als unser ursprünglicher Ansatz, er erweitert jedoch den Bereich der Funktionen, in die man A einsetzen kann, ganz beträchtlich.

Beispiel: Ist A invertierbar, so ist $0 \notin \sigma(A)$, und dann können wir einen Phasenwinkel $\theta \in \mathbb{R}$ so wählen, dass alle Eigenwerte von A in $D_\theta = \mathbb{C} \setminus L_\theta$ liegen (Bezeichnungen wie in 16.6). Wählen wir nun für f den in D_θ definierten Zweig des komplexen Logarithmus, so ist $f \in \mathcal{H}(\sigma(A))$, also $X := f(A)$ definiert. Aus (19.27) ergibt sich aber

$$\exp X = \exp(f(A)) = (\exp \circ f)(A) = A \, .$$

Somit haben wir das

Korollar. *Jede reguläre komplexe $n \times n$-Matrix kann in der Form $\exp X$ mit einem $X \in \mathbb{C}_{n \times n}$ geschrieben werden.*

19.14 Ein-Parameter-Gruppen. Aus Thm. 19.4b., c. wissen wir, dass für $X(t) := \mathrm{e}^{tA}$ die folgenden Rechenregeln gelten:

$$X(s + t) = X(s)X(t) = X(t)X(s) \quad \forall \, s, t \in \mathbb{R} \, , \tag{19.28}$$

$$X(0) = E \, . \tag{19.29}$$

Eine Abbildung $X : \mathbb{R} \to \mathbb{K}_{n \times n}$ mit diesen Eigenschaften nennt man eine *Ein-Parameter-Gruppe* von Matrizen, und natürlich hat man für lineare Operatoren statt Matrizen einen analogen Begriff. Aus den beiden Regeln folgt $X(t)X(-t) = X(-t)X(t) = X(t - t) = X(0) = E$ für beliebiges t, also ist jedes $X(t)$ regulär und hat die Inverse $X(-t)$. Daher bilden die $X(t)$, $t \in \mathbb{R}$ eine Untergruppe von $\mathbf{GL}(n, \mathbb{K})$, und diese lässt sich durch den einen Parameter t parametrisieren. Ein-Parameter-Gruppen von linearen Operatoren – allerdings in gewissen unendlichdimensionalen Räumen (vgl. Ergänzung 7.25) – sind fundamental für die mathematische Beschreibung der zeitlichen Entwicklung eines physikalischen Systems in der Quantenmechanik („lineare Dynamik"). Fordert man (19.28) nur für $s, t \geq 0$, so spricht man von einer *Operatorhalbgruppe*, und diese spielen bei der Beschreibung von *stochastischen Prozessen* wie z. B. der BROWN'schen Bewegung und von Diffusionsvorgängen wie etwa der Ausbreitung von Wärme in einem Material eine tragende Rolle.

Bemerkenswert ist nun, dass wir für den Fall endlicher Dimension schon alle stetigen Ein-Parameter-Gruppen kennen:

Satz. *Eine stetige Abbildung $X : \mathbb{R} \to \mathbb{K}_{n \times n}$ ist eine Ein-Parameter-Gruppe genau dann, wenn $X(t) = \exp tA$ ist für eine feste Matrix $A \in \mathbb{K}_{n \times n}$. Dabei ist A eindeutig bestimmt durch $A = \dot{X}(0)$, und man nennt A den* infinitesimalen Generator *der Ein-Parameter-Gruppe X. Analog für lineare Operatoren in $\mathbb{K}^n$.*

Beweis. Dass $X(t) = \exp tA$ eine Ein-Parameter-Gruppe definiert, haben wir gerade erörtert. Es geht nur um die umgekehrte Richtung. Sei also eine stetige Ein-Parameter-Gruppe $X : \mathbb{R} \to \mathbb{K}_{n \times n}$ gegeben.

(i) Angenommen, es existiert in jedem Punkt $t \in \mathbb{R}$ die Ableitung $\dot{X}(t)$, insbesondere $A := \dot{X}(0)$. Dann haben wir für beliebiges $t \in \mathbb{R}$:

$$\dot{X}(t) = \frac{\mathrm{d}}{\mathrm{d}s}X(t+s)\Big|_{s=0} = \frac{\mathrm{d}}{\mathrm{d}s}X(s)X(t)\Big|_{s=0} = \dot{X}(0)X(t) = AX(t) .$$

Wir haben also $\dot{X}(t) = AX(t)$ für alle t. Damit ist $X(t)$ die Fundamentalmatrix des linearen Systems $\dot{x} = Ax$ mit dem Anfangswert $X(0) = 0$, und da die Lösungen dieses Systems durch ihre Anfangswerte eindeutig festgelegt sind, folgt $X(t) = \exp tA$, wie behauptet.

(ii) Wir müssen also nur noch die Differenzierbarkeit der Funktion X nachweisen. Dazu setzen wir

$$Z(t) := \int_0^t X(s)\,\mathrm{d}s ,$$

wobei das Integral komponentenweise zu verstehen ist. Nach Thm. 3.4 (angewandt auf die einzelnen Komponenten) ist klar, dass $Z \in C^1(\mathbb{R})$ ist mit $\dot{Z} = X$. Für $h > 0$ ist nun

$$Z(t+h) - Z(t) = \int_t^{t+h} X(s)\,\mathrm{d}s = \int_0^h X(t+\tau)\,\mathrm{d}\tau$$
$$= \int_0^h X(t)X(\tau)\,\mathrm{d}\tau = X(t)Z(h) .$$

Wegen $Z(0) = 0$ ist aber

$$\lim_{\substack{h\to 0 \\ h\neq 0}} \frac{Z(h)}{h} = \dot{Z}(0) = X(0) = E ,$$

und da die Determinante eine stetige Funktion der Matrixelemente ist, folgt hieraus $h^{-n}\det Z(h) = \det(h^{-1}Z(h)) \to 1$ für $h \to 0$. Also ist $Z(h)$ invertierbar für alle genügend kleinen $h > 0$. Wir fixieren solch ein h und erhalten

$$X(t) = (Z(t+h) - Z(t))Z(h)^{-1} .$$

Hieraus folgt die behauptete Differenzierbarkeit von X.   □

19.15 Approximationsformeln. Sei $A \in \mathbb{K}_{n\times n}$ gegeben. Unter den Kurven $R:\,]-\varepsilon,\varepsilon[\to \mathbb{K}_{n\times n}$, die bei $t = 0$ durch die Einheitsmatrix E gehen und den Geschwindigkeitsvektor $\dot{R}(0) = A$ haben, ist $\exp tA$ in vieler Hinsicht die optimale Wahl. Es lohnt sich daher, beliebige derartige Kurven mit $\exp tA$ zu vergleichen:

Lemma. *Es gilt*

$$\exp tA = \lim_{m\to\infty} R(t/m)^m , \quad (t \in \mathbb{R}\ beliebig)$$

für jede C^1-kurve R in $\mathbb{K}_{n\times n}$, die auf einem die Null enthaltenden offenen Intervall definiert ist und $R(0) = E$, $\dot{R}(0) = A$ erfüllt.

Beweis. Setze $Y(s) := \mathrm{e}^{sA}$, also $\dot{Y}(0) = A = \dot{R}(0)$ und daher

$$\lim_{\substack{s \to 0 \\ s \neq 0}} \frac{Y(s) - R(s)}{s} = \frac{\mathrm{d}}{\mathrm{d}s}\left(Y(s) - R(s)\right)\bigg|_{s=0} = 0 \,.$$

Insbesondere haben wir für $t \neq 0$:

$$\lim_{m \to \infty} m(Y(t/m) - R(t/m)) = 0 \,. \tag{19.30}$$

Weiterhin rechnet man sofort folgendes nach (Teleskopsumme!)

$$S^m - T^m = \sum_{k=1}^{m} S^{k-1}(S-T)T^{m-k}$$

für beliebige Matrizen S, T. Insbesondere ist

$$Y(t/m)^m - R(t/m)^m = \sum_{k=1}^{m} Y(t/m)^{k-1}(Y(t/m) - R(t/m))R(t/m)^{m-k}$$

$$\tag{19.31}$$

für alle genügend großen m. (Wir müssen m so groß wählen, dass $R(t/m)$ definiert ist.) Nach Definition der Ableitung haben wir $R(s) = E + sA + s\rho(s)$ mit $\rho(s) \to 0$ für $s \to 0$. Für genügend große m ist also $\|\rho(t/m)\| \leq 1$, und dann folgt

$$\|R(t/m)\| \leq 1 + \frac{|t|}{m}\|A\| + \frac{|t|}{m}\|\rho(t/m)\| \leq 1 + \frac{|t|}{m}(\|A\| + 1) < \mathrm{e}^{\gamma/m}$$

mit $\gamma := |t|(1 + \|A\|)$. Außerdem ist $\|Y(t/m)\| = \|\mathrm{e}^{(t/m)A}\| \leq \mathrm{e}^{|t| \cdot \|A\|/m} < \mathrm{e}^{\gamma/m}$ nach (19.8). (Wie meist bei Matrizen, verwenden wir hier die Operatornorm!) Mit diesen Abschätzungen erhalten wir aus (19.31)

$$\|Y(t) - R(t/m)^m\| = \|Y(t/m)^m - R(t/m)^m\|$$

$$\leq \sum_{k=1}^{m} \|Y(t/m)^{k-1}\| \cdot \|Y(t/m) - R(t/m)\| \cdot \|R(t/m)^{m-k}\|$$

$$\leq \sum_{k=1}^{m} \|Y(t/m)\|^{k-1} \cdot \|Y(t/m) - R(t/m)\| \cdot \|R(t/m)\|^{m-k}$$

$$\leq \sum_{k=1}^{m} (\mathrm{e}^{\gamma/m})^{k-1} \cdot \|Y(t/m) - R(t/m)\| \cdot (\mathrm{e}^{\gamma/m})^{m-k}$$

$$\leq \mathrm{e}^{(m-1)\gamma/m} m \|Y(t/m) - R(t/m)\|$$

für alle genügend großen m. Aus (19.30) folgt also die Behauptung.   □

Im Rest dieser und in der folgenden Ergänzung werden wir einige bemerkenswerte Folgerungen aus diesem Lemma ziehen.

Die einfachste Wahl für eine Kurve mit den im Lemma genannten Eigenschaften ist natürlich $R(t) := E + tA$. Damit ergibt sich

$$\mathrm{e}^{tA} = \lim_{m \to \infty} \left(E + \frac{tA}{m} \right)^m \tag{19.32}$$

in Verallgemeinerung von Korollar 2.20. Noch wichtiger ist das

Korollar (TROTTER'sche Produktformel). *Für beliebige $B, C \in \mathbb{K}_{n \times n}$ gilt*

$$\mathrm{e}^{t(B+C)} = \lim_{m \to \infty} [\mathrm{e}^{(t/m)B} \mathrm{e}^{(t/m)C}]^m . \tag{19.33}$$

Zum Beweis verwendet man das Lemma mit $A = B + C$ und $R(t) = \mathrm{e}^{tB}\mathrm{e}^{tC}$. Dass $R(0) = E$ und $\dot{R}(0) = B + C$ ist, rechnet man problemlos nach.

19.16 Abgeschlossene Matrixgruppen als LIE-Gruppen. Es ist auffällig, dass die Bedingungen (i) und (iii) in den Sätzen 19.10 und 19.11 immer gleich lauten. Nur Bedingung (ii) ist von Fall zu Fall verschieden und stellt eine Art differenzierte Variante der Bedingung dar, die die betreffende Gruppe definiert. Tatsächlich genügt es, zu verlangen, dass die betrachtete Gruppe **G** von Matrizen eine *abgeschlossene* Teilmenge von $\mathbb{K}_{n \times n}$ darstellt (vgl. die Definitionen in 13.2 sowie den Satz 13.3d.). Dabei ist die Metrik auf $\mathbb{K}_{n \times n}$ durch die Operatornorm gegeben. (Man könnte auch irgendeine andere Norm nehmen, denn man kann $\mathbb{K}_{n \times n}$ ja als $\mathbb{R}^{n^2}$ bzw. $\mathbb{C}^{n^2} = \mathbb{R}^{2n^2}$ auffassen, also den Satz von der Äquivalenz aller Normen auf $\mathbb{R}^N$ aus Ergänzung 14.23 verwenden.)

Satz. *Sei* **G** *eine abgeschlossene Untergruppe von* **GL**$(n, \mathbb{K})$*, d. h. eine abgeschlossene Teilmenge von* **GL**$(n, \mathbb{K})$*, die schon für sich in Bezug auf die Matrizenmultiplikation eine Gruppe darstellt. Ferner sei*

$$\mathfrak{g} \equiv L(\mathbf{G}) := \{ A \in \mathbb{K}_{n \times n} | \mathrm{e}^{tA} \in \mathbf{G} \quad \forall t \in \mathbb{R} \} .$$

Dann gilt:

a. $A \in \mathfrak{g}$ $\iff$ *für geeignetes $\varepsilon > 0$ gibt es eine C^1-Kurve $R :\,]-\varepsilon, \varepsilon[\to \mathbf{G}$ mit $R(0) = E$ und $\dot{R}(0) = A$.*

b. $\mathfrak{g}$ *ist ein reell-linearer Teilraum von $\mathbb{K}_{n \times n}$.*

c. $A, B \in \mathfrak{g}$ $\implies$ $[A, B] \in \mathfrak{g}$.

Man nennt $\mathfrak{g}$ die LIE-Algebra zu **G**.

Beweis.

a. Ist $A \in \mathfrak{g}$, so ist offenbar $R(t) := \mathrm{e}^{tA}$ eine Kurve der verlangten Art. Ist umgekehrt $A = \dot{R}(0)$ für eine C^1-Kurve $R :\,]-\varepsilon, \varepsilon[\to \mathbf{G}$ mit $R(0) = E$, so ist nach dem Lemma aus der vorigen Ergänzung

$$\mathrm{e}^{tA} = \lim_{m \to \infty} R(t/m)^m$$

für beliebiges $t \in \mathbb{R}$. Aber $R(t/m) \in \mathbf{G} \implies R(t/m)^m \in \mathbf{G}$, da $\mathbf{G}$ eine Untergruppe ist. Da $\mathbf{G}$ abgeschlossen ist, gehört der Limes einer Folge von Elementen von $\mathbf{G}$ ebenfalls zu $\mathbf{G}$ (vgl. die Sätze 13.7 und 13.3d.) Also ist $e^{tA} \in \mathbf{G}$ für alle t.

b. Seien $A, B \in \mathfrak{g}$. Für $\lambda \in \mathbb{R}$ ist $t(\lambda A) = (\lambda t)A$, also $\exp(t\lambda A) \in \mathbf{G}$ für alle t und damit $\lambda A \in \mathfrak{g}$. Nach der TROTTER'schen Produktformel (19.33) ist außerdem

$$\exp t(A + B) = \lim_{m \to \infty} [e^{(t/m)A} e^{(t/m)B}]^m \, .$$

Hier gehört jedes Folgenglied auf der rechten Seite zu $\mathbf{G}$, weil $\mathbf{G}$ eine Untergruppe ist. Nach Satz 13.7 gehört dann auch $\exp t(A + B)$ zu $\mathbf{G}$, weil $\mathbf{G}$ abgeschlossen ist. Damit ist $A + B \in \mathfrak{g}$.

c. Seien wieder $A, B \in \mathfrak{g}$. Um zu zeigen, dass $AB - BA \in \mathfrak{g}$ ist, betrachten wir zunächst für ein festes, aber beliebiges $t \in \mathbb{R}$ die Kurve

$$R_0(s) := e^{tA} e^{sB} e^{-tA} \, .$$

Diese verläuft offenbar in $\mathbf{G}$, da es sich um eine Untergruppe handelt. Ferner: $R_0(0) = e^{tA} e^{-tA} = E$ und

$$\frac{\mathrm{d}}{\mathrm{d}s} R_0(s) \bigg|_{s=0} = e^{tA} B e^{-tA} \, .$$

Damit ist

$$C(t) := e^{tA} B e^{-tA} \in \mathfrak{g} \quad \text{für alle} \, t \, .$$

Da $\mathfrak{g}$ ein reell-linearer Teilraum ist, gehören nun auch alle Differenzenquotienten der Funktion $C(t)$ zu $\mathfrak{g}$. Tangentenvektoren $\dot{C}(t)$ gehören damit zum Abschluss $\bar{\mathfrak{g}}$ von $\mathfrak{g}$ (Satz 13.7). Aber jeder lineare Teilraum eines $\mathbb{R}^N$ ist abgeschlossen, wie wir unten zeigen werden. Also ist $\dot{C}(t) \in \mathfrak{g}$. Nun ist

$$\dot{C}(t) = A e^{tA} B e^{-tA} - e^{tA} B A e^{-tA}$$

und insbesondere $\dot{C}(0) = AB - BA$, woraus die Behauptung folgt.   □

Bemerkung: Wir halten noch die folgende wichtige Beziehung fest, die wir im Laufe des gerade beendeten Beweises hergeleitet haben:

$$[A, B] = \frac{\mathrm{d}}{\mathrm{d}t} \left(e^{tA} B e^{-tA} \right) \bigg|_{t=0} \, . \tag{19.34}$$

Es ist noch nachzutragen:

Lemma. *Jeder lineare Teilraum von $\mathbb{R}^N$ ist abgeschlossen.*

Beweis. Sei L ein linearer Teilraum von $\mathbb{R}^N$. Wir versehen $\mathbb{R}^N$ mit irgendeinem Skalarprodukt (z. B. dem Euklid'schen) und machen ihn so zum endlichdimensionalen Prähilbertraum. Nach Satz 6.17b. ist also $L = L^{\perp\perp}$. Dies bedeutet:

L ist die Lösungsmenge des linearen Gleichungssystems

$$\langle \boldsymbol{b}_j | x \rangle = 0\,, \quad j = 1,\ldots,r\,,$$

wobei die Vektoren $\boldsymbol{b}_1,\ldots,\boldsymbol{b}_r$ so gewählt sind, dass sie eine Basis von $L^\perp$ bilden. Mittels Satz 13.7 und der Stetigkeit der Funktionen $\varphi_j(x) := \langle \boldsymbol{b}_j | x \rangle$ $(j = 1,\ldots r)$ sieht man aber sofort, dass diese Lösungsmenge abgeschlossen ist. $\square$

Wir sagen, $\mathbf{G}$ sei eine *lineare* LIE-*Gruppe*. Was allgemein eine lineare LIE-Gruppe oder gar eine beliebige LIE-Gruppe ist, werden wir später erörtern (vgl. Ergänzung 21.32). Wir halten jedoch fest, dass zu jeder derartigen Gruppe $\mathbf{G}$ eine LIE-Algebra $\mathfrak{g} = L(\mathbf{G})$ gehört und dass die Exponentialfunktion eine Abbildung

$$\exp : L(\mathbf{G}) \longrightarrow \mathbf{G}$$

definiert. Diese Abbildung ermöglicht es, vieles, was in $\mathbf{G}$ geschieht, durch „infinitesimale Varianten" zu ersetzen, die sich in $L(\mathbf{G})$ abspielen und meist viel einfacher zu behandeln sind. Die klassischen Gruppen aus Abschn. 19B. sind natürlich spezielle Beispiele für abgeschlossene Matrixgruppen und damit auch für (lineare) LIE-Gruppen.

19.17 Abstrakte LIE-Algebren. Die Rechenregeln, die für den Umgang mit dem Kommutator $[A, B] = AB - BA$ von Matrizen oder linearen Abbildungen grundlegend sind, spielen auch in vielen anderen Situationen eine entscheidende Rolle und geben daher Anlass zur Einführung eines entsprechenden abstrakten Begriffs, wie wir es schon bei Gruppen, Körpern, Vektorräumen, metrischen Räumen usw. gesehen haben:

Definition. *Eine* LIE-*Algebra ist ein Vektorraum L zusammen mit einer Abbildung*

$$L \times L \longrightarrow L : (A, B) \mapsto [A, B]\,,$$

für die folgende Axiome gelten:

(L 1) (Linearität) $[c_1 A_1 + c_2 A_2, B] = c_1[A_1, B] + c_2[A_2, B]$ *für alle* $A_1, A_2,$
    $B \in L$ *und alle Skalare* c_1, c_2.
(L 2) (Antisymmetrie) $[B, A] = -[A, B]$ *für alle* $A, B \in L$.
(L 3) (JACOBI-Identität) *Für alle* $A, B, C \in L$ *gilt*

$$[A, [B, C]] + [B, [C, A]] + [C, [A, B]] = 0\,.$$

Man nennt $[A, B]$ wieder die LIE-*Klammer der Elemente A, B.*

Aus (L 1) und (L 2) folgt sofort, dass die LIE-Klammer auch im rechten Argument linear ist, dass also gilt: $[A, c_1 B_1 + c_2 B_2] = c_1[A, B_1] + c_2[A, B_2]$. Aus (L 2) folgt $[A, A] = 0$, und man könnte diese Beziehung anstatt (L 2) postulieren, denn aus ihr zusammen mit (L 1) kann man wieder (L 2) herleiten, indem man die Gleichung $[A + B, A + B] = 0$ ausdistribuiert. Die JACOBI-Identität mag etwas überraschen, doch es stellt sich heraus, dass sie für die tiefergehende Theorie unentbehrlich ist.

Beispiele von LIE-*Algebren*

a. Wir kennen schon die LIE-Algebra $\mathfrak{gl}(n, \mathbb{K}) = \mathbb{K}_{n \times n}$ mit dem Kommutator $[A, B] := AB - BA$ als LIE-Klammer. Dass für sie die JACOBI-Identität gilt, weist man nach, indem man die Definition der LIE-Klammer einsetzt und so lange rechnet, bis sich alle Terme weggehoben haben.

b. Ein linearer Teilraum L_0 einer LIE-Algebra ist offenbar genau dann (mit denselben Rechenoperationen) schon für sich eine LIE-Algebra, wenn gilt:

$$(\text{TLA}) \, A, B \in L_0 \implies [A, B] \in L_0 \, .$$

Man sagt dann, L_0 sei eine LIE-*Teilalgebra* von L. Die schon betrachteten LIE-Algebren von abgeschlossenen Matrixgruppen sind also LIE-Teilalgebren von $\mathfrak{gl}(n, \mathbb{K})$, und insbesondere trifft dies auf die LIE-Algebren $\mathfrak{sl}(n, \mathbb{K})$, $\mathfrak{o}_G(n)$, $\mathfrak{u}_G(n)$, $\mathfrak{so}_G(n)$ und $\mathfrak{su}_G(n)$ der klassischen Gruppen zu.

c. Der $\mathbb{R}^3$ wird zur LIE-Algebra, wenn wir als LIE-Klammer das *Vektorprodukt* einführen: $[\boldsymbol{a}, \boldsymbol{b}] = \boldsymbol{a} \times \boldsymbol{b}$ für $\boldsymbol{a}, \boldsymbol{b} \in \mathbb{R}^3$. Dass (L 1) und (L 2) erfüllt sind, ist klar. (L 3) rechnet man mittels (6.34) leicht nach.

d. Statt mit Matrizen könnte man natürlich auch mit linearen Abbildungen arbeiten, und dann spielt es absolut keine Rolle, ob der zu Grunde liegende Vektorraum endliche oder unendliche Dimension hat. Es sei also V ein ganz beliebiger $\mathbb{K}$-Vektorraum und $L(V, V)$ der Vektorraum seiner Endomorphismen, wie er in 7.1c. eingeführt wurde. In $L(V, V)$ definieren wir eine LIE-Klammer durch

$$[\mathcal{A}, \mathcal{B}] := \mathcal{A} \circ \mathcal{B} - \mathcal{B} \circ \mathcal{A} \, .$$

Damit wird $L(V, V)$ zu einer LIE-Algebra, denn die Gültigkeit der Axiome (L 1)–(L 3) kann man durch analoge Rechnungen nachweisen wie für Matrizen.

e. Sei $\Omega \subseteq \mathbb{R}^n$ eine nichtleere offene Teilmenge, $V := C^\infty(\Omega)$ der Vektorraum der beliebig oft differenzierbaren Funktionen auf Ω und $W := C^\infty(\Omega, \mathbb{R}^n)$ der Vektorraum der auf Ω definierten Vektorfelder mit C^∞-Komponenten. Wir werden jetzt in W eine LIE-Klammer einführen. Für $\boldsymbol{A} = (a_1, \ldots, a_n)$, $\boldsymbol{B} = (b_1, \ldots, b_n) \in W$ setzen wir nämlich $[\boldsymbol{A}, \boldsymbol{B}] = (c_1, \ldots, c_n)$ mit

$$c_k(x) := \sum_{j=1}^{n} \left(a_j(x) \frac{\partial b_k}{\partial x_j}(x) - b_j(x) \frac{\partial a_k}{\partial x_j}(x) \right), \quad x \in \Omega \, . \tag{19.35}$$

Die Gültigkeit von (L 1)–(L 3) lässt sich durch direkte Rechnung bestätigen. Wer sich aber das viele Rechnen ersparen und überdies verstehen möchte, warum Formel (19.35) ein guter Ansatz ist, der mache sich folgendes klar: Ist $\boldsymbol{A} = (a_1, \ldots, a_n) \in W$ ein Vektorfeld und $f \in V$ eine Funktion, so können wir eine neue Funktion $g = L_{\boldsymbol{A}} f$ bilden, indem wir setzen

$$g(x) \equiv (L_A f)(x) := \mathrm{d}_x f(\boldsymbol{A}(x)) = \sum_{j=1}^{n} \frac{\partial f}{\partial x_j}(x) a_j(x)\,, \quad x \in \Omega\,. \quad (19.36)$$

Hierdurch wird eine lineare Abbildung $L_A : V \to V$ definiert, die sog. LIE-*Ableitung* zum Vektorfeld $\boldsymbol{A}$. Für zwei derartige Operatoren L_A, L_B bilden wir nun den Kommutator $[L_A, L_B] = L_A \circ L_B - L_B \circ L_A$, so wie wir es im vorigen Beispiel für ganz beliebige Endomorphismen von V getan haben. D. h. wir berechnen

$$h = L_A(L_B f) - L_B(L_A f)$$

für Funktionen $f \in V$ (Übung!). Dabei treten natürlich auch Terme mit zweiten partiellen Ableitungen von f auf, aber aufgrund des Satzes von H. A. SCHWARZ löschen diese sich gegenseitig aus, und es stellt sich heraus, dass $g = L_C f$, wobei $\boldsymbol{C} = (c_1, \ldots, c_n)$ gerade durch (19.35) gegeben ist. Wenn wir also die LIE-Klammer von Vektorfeldern durch (19.35) definieren, so erhalten wir die Beziehung

$$[L_A, L_B] = L_{[\boldsymbol{A}, \boldsymbol{B}]}\,. \quad (19.37)$$

Die Gültigkeit von (L 1)–(L 3) für die durch (19.35) definierte LIE-Klammer von Vektorfeldern folgt daher aus den entsprechenden Rechenregeln für den Kommutator von Endomorphismen. Man muss nur noch beachten, dass

$$L_A = L_B \implies \boldsymbol{A} = \boldsymbol{B} \quad (19.38)$$

gilt. Dies wiederum sieht man, wenn man die Operatoren L_A, L_B auf die Funktionen $f_i(x) := x_i$ anwendet $(i = 1, \ldots, n)$.

19.18 Strukturkonstanten und Isomorphie von LIE-Algebren. In einer endlichdimensionalen LIE-Algebra L wählen wir eine Basis $\mathfrak{B} = \{B_1, \ldots, B_m\}$. Entwickeln wir nun $[B_i, B_j]$ nach dieser Basis, so erhalten wir die Beziehungen (*Vertauschungsrelationen*)

$$[B_i, B_j] = \sum_{k-1}^{m} c_{ijk} B_k\,, \quad i, j = 1, \ldots, m \quad (19.39)$$

mit eindeutig bestimmten Zahlen c_{ijk}. Diese Zahlen nennt man die *Strukturkonstanten* von L in Bezug auf die Basis $\mathfrak{B}$, und ihre Kenntnis erlaubt es, alle LIE-Klammern in L zu berechnen. Denn da die LIE-Klammer sich in beiden Argumenten linear verhält, können wir $[A, B]$ als Linearkombination der $[B_i, B_j]$ schreiben, indem wir die Basisentwicklungen der beliebigen Elemente $A, B \in L$ in $[A, B]$ einsetzen.

Nehmen wir nun an, in zwei LIE-Algebren $L, \tilde{L}$ finden wir Basen $\mathfrak{B} = \{B_1, \ldots, B_m\}$ bzw. $\tilde{\mathfrak{B}} = \{\tilde{B}_1, \ldots, \tilde{B}_m\}$, für die L und $\tilde{L}$ *ein und dieselben* Strukturkonstanten haben. Dann definieren wir eine bijektive lineare Abbildung $\Phi : L \to \tilde{L}$ durch

$$\Phi(B_i) := \tilde{B}_i , \quad i = 1, \ldots, m .$$

Aus der Übereinstimmung der Strukturkonstanten folgt dann für den Vektor-raum-Isomorphismus Φ die zusätzliche Eigenschaft

$$[\Phi(A), \Phi(B)] = \Phi([A, B]) \quad \forall A, B \in L \tag{19.40}$$

sowie eine entsprechende Gleichung für Φ^{-1}. Mittels Φ kann man dann jede rechnerische Beziehung, die in L besteht, in eine entsprechende Beziehung in $\tilde{L}$ transformieren, und umgekehrt. Daher kann man L und $\tilde{L}$ mittels der Rechenoperationen einer LIE-Algebra nicht voneinander unterscheiden, und man bezeichnet sie als *isomorph*.

Allgemein nennt man zwei LIE-Algebren L, $\tilde{L}$ (deren Dimension auch unendlich sein darf!) *isomorph*, wenn es einen Vektorraum-Isomorphismus $\Phi : L \to \tilde{L}$ gibt, für den zusätzlich (19.40) gilt. Solch eine Abbildung Φ nennt man einen *Isomorphismus von LIE-Algebren*. Sind nun zwei *endlichdimensio-nale* LIE-Algebren in diesem Sinne isomorph, so können wir auch wieder Basen finden, für die sie ein und dieselben Strukturkonstanten besitzen (Übung!)
Beispiele:

(i) Sei $L = \mathbb{R}^3$ mit dem Vektorprodukt als LIE-Klammer, und sei $\{e_1, e_2, e_3\}$ die Standardbasis. Aus (6.33) liest man ab, dass

$$e_i \times e_j = \sum_{k=1}^{3} \varepsilon_{ijk} e_k$$

ist für $i, j = 1, 2, 3$. Dabei sind die ε_{ijk} die in Satz 6.19 eingeführten Zahlen, die in der Physik häufig als die *Komponenten des ε-Tensors* bezeichnet werden. Sie sind also die Strukturkonstanten von L in Bezug auf die Standardbasis.

(ii) Die LIE-Algebra $\mathfrak{so}(3) = \mathfrak{o}(3)$ besteht aus den antisymmetrischen reellen 3×3-Matrizen, d. h. aus den Matrizen der Form

$$\begin{pmatrix} 0 & -z & y \\ z & 0 & -x \\ -y & x & 0 \end{pmatrix} = xL_1 + yL_2 + zL_3$$

mit

$$L_1 := \begin{pmatrix} 0 & 0 & 0 \\ 0 & 0 & -1 \\ 0 & 1 & 0 \end{pmatrix} , \quad L_2 := \begin{pmatrix} 0 & 0 & 1 \\ 0 & 0 & 0 \\ -1 & 0 & 0 \end{pmatrix} , \quad L_3 := \begin{pmatrix} 0 & -1 & 0 \\ 1 & 0 & 0 \\ 0 & 0 & 0 \end{pmatrix} .$$

Diese Matrizen bilden also eine Basis von $\mathfrak{so}(3)$, und man bestätigt durch schlichtes Nachrechnen, dass gilt:

$$[L_i, L_j] = \sum_{k=1}^{3} \varepsilon_{ijk} L_k \,, \quad i,j = 1,2,3 \,.$$

Also ist $\mathfrak{so}(3)$ isomorph zur LIE-Algebra L.

Die Matrizen L_j sind *infinitesimale Drehungen* um die $\boldsymbol{e}_j$-Achse ($j = 1,2,3$), denn wenn $R_1(t), R_2(t), R_3(t)$ die in Satz 7.24 eingeführten Drehmatrizen bezeichnet, so ist offenbar $L_j = \dot{R}_j(0)$. Da es sich bei den Kurven $R_j(t)$ um Ein-Parameter-Gruppen handelt, folgt auch

$$R_j(t) = \exp t L_j \,,$$

was man natürlich auch leicht direkt nachrechnen kann. Der Isomorphismus Φ mit $\Phi(L_j) = \boldsymbol{e}_j$, $j = 1,2,3$ ordnet also jeder infinitesimalen Drehung ihre Drehachse zu.

(iii) $\mathfrak{su}(2)$ besteht aus den komplexen 2×2-Matrizen A mit $A^* = -A$ und Spur $A = 0$, also aus den Matrizen der Form

$$A = \begin{pmatrix} \mathrm{i}z & y + \mathrm{i}x \\ -y + \mathrm{i}x & -\mathrm{i}z \end{pmatrix} = 2x S_1 + 2y S_2 + 2z S_3$$

mit reellen Parametern x, y, z. Die Matrizen S_1, S_2, S_3 sind dabei gegeben durch $S_j := (\mathrm{i}/2)\sigma_j$, wobei die spurlosen HERMITE'schen Matrizen σ_j die berühmten PAULI'schen *Spinmatrizen* sind:

$$\sigma_1 := \begin{pmatrix} 0 & 1 \\ 1 & 0 \end{pmatrix}, \quad \sigma_2 := \begin{pmatrix} 0 & -\mathrm{i} \\ \mathrm{i} & 0 \end{pmatrix}, \quad \sigma_3 := \begin{pmatrix} 1 & 0 \\ 0 & -1 \end{pmatrix} . \qquad (19.41)$$

Die Matrizen S_1, S_2, S_3 bilden offenbar eine Basis von $\mathfrak{su}(2)$ als *reellem* Vektorraum, und wieder rechnet man ohne weiteres nach, dass die Vertauschungsrelationen

$$[S_i, S_j] = \sum_{k-1}^{3} \varepsilon_{ijk} S_k \,, \quad i,j = 1,2,3 \,.$$

gelten. Also ist auch $\mathfrak{su}(2)$ zu den beiden vorigen LIE-Algebren isomorph.

(iv) Auf ähnliche Weise kann man feststellen, dass die LIE-Algebra der LORENTZ-Gruppe zu der (reell) sechsdimensionalen LIE-Algebra $\mathfrak{sl}(2, \mathbb{C})$ isomorph ist.

Bemerkung: Die hier aufgeführten Beispiele sind grundlegend für die Theorie des Elektronenspins und allgemeiner für die Physik der Elementarteilchen.

19.19 Kanonische Vertauschungsrelationen. Für die Quantenmechanik ist die folgende Vertauschungsrelation fundamental (*kanonische Vertauschungsrelation*):

$$[P, X] = hE \qquad (19.42)$$

mit einer Konstanten $h > 0$. Diese Relation kann jedoch nicht durch $n \times n$-Matrizen realisiert werden (also auch nicht durch Endomorphismen eines endlichdimensionalen Vektorraums!). Denn wegen Satz 5.6d. ist die Spur eines Kommutators immer Null, während die Spur der rechten Seite von (19.42) offenbar gleich $hn > 0$ ist.

In den Anfangszeiten der Quantenmechanik hat W. HEISENBERG die Relation (19.42) durch Matrizen realisiert („Matrizenmechanik"), doch waren seine Matrizen *doppelt unendlich*. Die Theorie der Materiewellen andererseits führte zu einer Realisierung durch *lineare Operatoren* in einem Funktionenraum (vgl. Ergänzung 7.25). Z. B. kann man im Vektorraum $V = C^\infty(\mathbb{R})$ Operatoren X, P definieren durch

$$[X\psi](x) := x\psi(x) \,, \quad [P\psi](x) := h\psi'(x)$$

für $\psi \in V$. Dann ist nach der Produktregel

$$[(PX - XP)\psi](x) = h(x\psi(x))' - hx\psi'(x) = h\psi(x) \,,$$

also ist (19.42) erfüllt. (Man muss die Einheitsmatrix E natürlich durch die identische Abbildung I ersetzen.)

Aufgaben zu §19

19.1. Man berechne e^A für die folgenden Matrizen:

a. $A = \begin{pmatrix} 0 & -1 \\ 1 & 0 \end{pmatrix}$.

b. $A = \lambda E + B$, wenn e^B bekannt ist.

c. $A = \begin{pmatrix} \alpha & -\beta \\ \beta & \alpha \end{pmatrix}$, wobei $\alpha, \beta \in \mathbb{R}$ gegeben sind.

d. die Matrix A, die bezüglich der Standardbasis $\{e_1, \dots, e_n\}$ den Verschiebeoperator $\mathcal{S}$ darstellt. Dieser ist definiert durch:

$$\mathcal{S}(e_1) = 0 \,, \ \mathcal{S}(e_2) = e_1 \,, \dots, \mathcal{S}(e_n) = e_{n-1} \,.$$

19.2. Sei J die Matrix aus Aufg. 19.1a. und $\mathcal{M} := \{\alpha E + \beta J \mid \alpha, \beta \in \mathbb{R}\}$. Wir haben in Aufg. 5.8 gesehen, dass $\mathcal{M}$ ein zu $\mathbb{C}$ isomorpher Körper ist. Dabei kann man einen Isomorphismus $\varphi : \mathcal{M} \to \mathbb{C}$ so wählen, dass

$$\varphi(E) = 1 \quad \text{und} \quad \varphi(J) = i$$

ist, und hierdurch ist φ auch eindeutig festgelegt (wieso?). Man zeige:

$$\varphi(\exp A) = \exp \varphi(A)$$

für alle $A \in \mathcal{M}$. Dabei steht auf der linken Seite die Exponentialfunktion von Matrizen, auf der rechten aber die altbekannte Exponentialfunktion von komplexen Zahlen. Wenn man also komplexe Zahlen mittels des Isomorphismus φ als reelle 2×2-Matrizen auffasst, so stimmen die beiden Begriffe von Exponentialfunktion überein.

19.3. a. Man beweise

$$A = \begin{pmatrix} A_1 & \cdots & 0 \\ \vdots & \ddots & \vdots \\ 0 & \cdots & A_s \end{pmatrix} \quad \Longrightarrow \quad e^A = \begin{pmatrix} e^{A_1} & \cdots & 0 \\ \vdots & \ddots & \vdots \\ 0 & \cdots & e^{A_s} \end{pmatrix}.$$

Dabei sind $A_1, \ldots, A_s$ quadratische Matrizen.

b. Man beweise: Wenn A diagonalisierbar ist, so sind auch alle e^{tA} diagonalisierbar. Wie sieht e^{tA} aus, wenn A die Diagonalmatrix mit den Diagonalelementen $\lambda_1, \ldots, \lambda_n$ ist?

19.4. a. Sei $A \in \mathbb{K}_{n \times n}$, und sei $X \in \mathbb{K}_{n \times 1}$ ein Spaltenvektor, der ein Eigenvektor zum Eigenwert λ von A ist. Man zeige: $e^{tA} X = e^{\lambda t} X$.

b. Sei $A \in \mathbb{K}_{n \times n}$, und sei $U \subseteq \mathbb{K}^n$ ein A-invarianter Unterraum (vgl. Def. 7.14 – die lineare Abbildung $\mathcal{A}$ ist dabei durch die Linksmultiplikation mit A gegeben!). Man beweise: U ist dann auch gegen jedes e^{tA} invariant.

c. Sei $A \in \mathbb{R}_{n \times n}$, und sei $\lambda = \alpha + i\beta$ ein nicht-reeller Eigenwert von A. Man zeige: Es gibt zwei linear unabhängige Spaltenvektoren $X, Y \in \mathbb{R}^n$, die einen A-invarianten Unterraum U aufspannen, wobei $e^{tA}|_U$ in der Basis $\{X, Y\}$ durch die Matrix

$$e^{\alpha t} \begin{pmatrix} \cos \beta t & -\sin \beta t \\ \sin \beta t & \cos \beta t \end{pmatrix}$$

dargestellt wird.

d. Sei A eine reelle $n \times n$-Matrix, die komplex diagonalisierbar ist (d. h. es gibt eine komplexe Ähnlichkeitstransformation, die A in eine komplexe Diagonalmatrix überführt). Seien $\lambda_1, \ldots, \lambda_r$ die reellen Eigenwerte von A und $\lambda_{r+j}^{\pm} = \alpha_j \pm i\beta_j$ die Paare konjugiert komplexer Eigenwerte ($\beta_j \neq 0$, $j = 1, \ldots, s := (n - r)/2$). Man beweise: Jedes e^{tA} kann durch eine reelle Ähnlichkeitstransformation überführt werden in eine Block-Diagonalmatrix, die in der Diagonalen r reelle 1×1-Matrizen und s reelle 2×2-Matrizen enthält. Wie sehen diese Matrizen aus? (*Hinweis:* Man sollte die linearen Abbildungen betrachten, die durch A bzw. die e^{tA} definiert sind.)

e. Für $\alpha, \beta, \gamma \in \mathbb{R}$ berechne man

$$\exp t \begin{pmatrix} \alpha & 0 & -\beta \\ 0 & \gamma & 0 \\ \beta & 0 & \alpha \end{pmatrix}.$$

19.5. Sei $I \subseteq \mathbb{R}$ ein offenes Intervall. Man beweise nacheinander:

a. Sei $C(t) := \exp B(t)$, wobei $B : I \to \mathbb{K}_{n \times n}$ eine gegebene C^1-Kurve von Matrizen ist. <u>Behauptung:</u> Wenn für beliebige $t_1, t_2 \in \mathbb{R}$ die Matrizen $B(t_1)$, $B(t_2)$ stets vertauschen, so gilt:

$$\dot{C}(t) = \left(\exp B(t) \right) \dot{B}(t) = \dot{B}(t) \exp B(t) .$$

b. Sei $A : I \to \mathbb{K}_{n \times n}$ eine stetige Kurve von Matrizen, bei der zwei Matrizen $A(t_1)$, $A(t_2)$ für $t_1, t_2 \in I$ stets vertauschen. Sei ferner $t_0 \in I$ und $X^0 \in \mathbb{K}_{n \times 1}$ ein beliebiger Spaltenvektor. <u>Beh.</u> Die Anfangswertaufgabe

$$\dot{X} = A(t)X , \quad X(t_0) = X^0$$

hat die Lösung $X(t) = U(t, t_0)X^0$ mit

$$U(t, t_0) := \exp \left(\int_{t_0}^{t} A(s) \, \mathrm{d}s \right) .$$

c. Sei $C \in \mathbf{GL}(n, \mathbb{K})$. <u>Beh.:</u> Unter den Voraussetzungen von Teil b. ist $\Phi(t) := U(t, t_0)C$ ein Fundamentalsystem für das homogene lineare System $\dot{X} = A(t)X$.

d. Unter den Voraussetzungen von Teil b. betrachten wir die Anfangswertaufgabe

$$\dot{X} = A(t)X + B(t) , \quad X(t_0) = X^0 ,$$

wobei $B : I \to \mathbb{K}_{n \times 1}$ eine gegebene stetige Kurve von Spaltenvektoren ist. <u>Beh.:</u> Die Lösung dieser Aufgabe ist

$$X(t) = U(t, t_0)X^0 + \int_{t_0}^{t} U(t, s) \, \mathrm{d}s .$$

(*Hinweis:* Spezialfall von Satz 8.3!)

Bemerkung: Es handelt sich um Verallgemeinerungen von 4.3.

19.6. Sei $\mathbf{G} \subseteq \mathbf{GL}(n, \mathbb{K})$ eine der klassischen Gruppen und $\mathfrak{g} \subseteq \mathbb{K}_{n \times n}$ ihre LIE-Algebra, ferner $I \subseteq \mathbb{R}$ ein offenes Intervall. Wir betrachten eine stetige Kurve $A : I \to \mathbb{K}_{n \times n}$ sowie eine Fundamentalmatrix $X : I \to \mathbf{GL}(n, \mathbb{K})$ des homogenen Systems $\dot{x} = A(t)x$. Man beweise:

a. Ist $X(t) \in \mathbf{G}$ für alle t, so ist $A(t) \in \mathfrak{g}$ für alle t. (*Hinweis:* Um $A(t_0) \in \mathfrak{g}$ nachzuweisen, betrachte man die Kurve $R(s) := X(t_0 + s)X(t_0)^{-1}$.)

b. Ist $A(t) \in \mathfrak{g}$ für alle t und $X(t_0) = E$ für ein $t_0 \in I$, so ist $X(t) \in \mathbf{G}$ für alle t. (*Hinweis:* Hier muss man die einzelnen klassischen Gruppen durchgehen und Ausdrücke wie

$$\frac{\mathrm{d}}{\mathrm{d}t} \left(X(t)^T G X(t) \right) \quad \text{bzw.} \quad \frac{\mathrm{d}}{\mathrm{d}t} \det X(t)$$

betrachten.)

19.7. Sei $A \in \mathbb{C}_{n \times n}$. Man zeige: A ist HERMITE'sch genau dann, wenn alle e^{itA} ($t \in \mathbb{R}$) unitär sind.

19.8. Man zeige: Sind $A, G \in \mathbb{R}_{n \times n}$ und G regulär, so gilt:

$$A^T G + GA = 0 \quad \Longrightarrow \quad \text{Spur } A = 0 .$$

Ebenso zeige man, dass die Spur einer komplexen $n \times n$-Matrix A rein-imaginär sein muss, wenn $A^* G + GA = 0$ ist für eine reguläre Matrix $G \in \mathbb{C}_{n \times n}$.

19.9. Seien $R_j(\alpha)$, $j = 1, 2, 3$ die in Satz 7.24 eingeführten Drehmatrizen, die die Gruppe $\mathbf{SO}(3)$ in dem dort beschriebenen Sinn erzeugen.

a. Man bestimme explizit die infinitesimalen Generatoren

$$\widehat{R}_j = \frac{\mathrm{d}}{\mathrm{d}\alpha} \, R_j(\alpha) \Big|_{\alpha = 0}$$

der LIE-Algebra $\mathfrak{so}(3) = L(\mathbf{SO}(3))$.

b. Man beweise die Vertauschungsrelationen

$$\left[\widehat{R}_j, \widehat{R}_k \right] = \sum_{l=1}^{3} \varepsilon_{jkl} \widehat{R}_l .$$

(Die ε_{jkl} sind die in Satz 6.19 eingeführten Größen.)

c. Für $\boldsymbol{v} = (v_1, v_2, v_3) \in \mathbb{R}^3$ setzen wir

$$\widehat{R}(\boldsymbol{v}) := v_1 \widehat{R}_1 + v_2 \widehat{R}_2 + v_3 \widehat{R}_3 .$$

Für den Fall $\boldsymbol{v} \neq 0$ beweise man: Die $\exp t\widehat{R}(\boldsymbol{v})$ sind Drehungen mit der Geraden $\mathbb{R}\boldsymbol{v}$ als Drehachse. (*Hinweis:* Man löse das lineare Gleichungssystem $\widehat{R}(\boldsymbol{v})(x, y, z)^T = 0$ und mache sich das Ergebnis zunutze!)

19.10. Seien $\widehat{R}_k$, $k = 1, 2, 3$, die infinitesimalen Generatoren von $\mathfrak{so}(3)$ gemäß Aufg. 19.9 und seien

$$J_k := i\widehat{R}_k, \quad k = 1, 2, 3$$
$$J_+ := J_1 + iJ_2, \quad J_- = J_1 - iJ_2 .$$

a. Man bestimme die LIE-Klammern

$$[J_k, J_l], \quad 1 \leq k, \, l \leq 3 .$$

b. Man bestimme die LIE-Klammern

$$[J_+, J_3], \quad [J_-, J_3], \quad [J_+, J_-] .$$

c. Man zeige

$$J_+^* = J_-, \quad J_-^* = J_+ .$$

19.11. Mit J_1, J_2, J_3, J_+, J_- wie in Aufg. 19.10 sei

$$J^2 = J_1^2 + J_2^2 + J_3^2 \ .$$

Man zeige

a. $J^2 = J_+ J_- + J_3^2 - J_3$
b. $\left[J^2, L \right] = 0$ für alle $L \in \mathfrak{so}(3)$.
c. Man bestimme J^2 explizit. Ist $J^2 \in \mathfrak{so}(3)$?

19.12.   a. Man bestimme die Eigenwerte und Eigenvektoren von J_3.
b. Man zeige direkt mit den Vertauschungsrelationen: Ist $X \in \mathbb{C}^3$ ein Eigenvektor von J_3 zum Eigenwert λ, so ist

$$X_+ = J_+ X \quad \text{bzw. } X_- = J_- X$$

ein Eigenvektor von J_3 zum Eigenwert $\lambda + 1$ bzw. $\lambda - 1$, falls $X_+ \neq 0$ bzw. $X_- \neq 0$.

20

Allgemeine Theorie
der gewöhnlichen Differenzialgleichungen

Gewöhnliche Differenzialgleichungen haben wir schon in den Kapiteln 4 und 8 sowie in den Abschnitten 17D. und 19A. besprochen, aber doch hauptsächlich unter dem Aspekt der Gewinnung und Darstellung expliziter Lösungen. Nun ist es an der Zeit, sich ein paar grundsätzliche Gedanken über das Verhalten von Lösungen und Lösungsmengen solcher Gleichungen zu machen. Dabei wird der Begriff des *dynamischen Systems* eine zentrale Rolle spielen, und wir werden sehen, inwiefern die mathematische Theorie das Dogma des *Determinismus* in der klassischen Physik unterstützt.

A. Existenz und Eindeutigkeit von Lösungen

Ein allgemeines System von n (expliziten) gewöhnlichen Differenzialgleichungen 1. Ordnung hat die Form

$$\left. \begin{array}{l} \dot{x}_1 = f_1(t, x_1, \ldots, x_n) \\ \dot{x}_2 = f_2(t, x_1, \ldots, x_n) \\ \quad\vdots \qquad\quad \vdots \\ \dot{x}_n = f_n(t, x_1, \ldots, x_n) \,, \end{array} \right\} \tag{20.1}$$

wobei die Variablen $(t, x_1, \ldots, x_n)$ eine offene Menge $D \subseteq \mathbb{R}^{n+1}$ durchlaufen. Wir schreiben solche Systeme kurz in der Vektorschreibweise

$$\dot{X} = F(t, X) \,. \tag{20.2}$$

Eine explizite gewöhnliche Differenzialgleichung n-ter Ordnung hingegen hat die Form

$$y^{(n)} = f(t, y, y', \ldots, y^{(n-1)}) \,. \tag{20.3}$$

Sie lässt sich mit Hilfe der Transformation (8.6) in ein äquivalentes System 1. Ordnung überführen, wie es in Kap. 8 geschildert wurde. (Die Linearität der dort betrachteten Gleichungen spielt für diese Transformation überhaupt keine Rolle!)

Wir wenden uns nun dem Existenz- und Eindeutigkeitsproblem zu, wobei wir die Aussagen für Systeme und Differenzialgleichungen n-ter Ordnung formulieren, Beweise jedoch nur für Systeme 1. Ordnung führen, was wegen der Transformation (8.6) genügt. Ohne Beweis geben wir einen reinen Existenzsatz an:

Theorem 20.1 (*Satz von* PEANO). *Sei $D \subseteq \mathbb{R}^{n+1}$ ein Gebiet.*

a. *Ist $F : D \longrightarrow \mathbb{R}^n$ eine stetige Vektorfunktion, so existiert für jeden Punkt $(t_0, X_0) \in D$ mindestens eine maximale Lösung der Anfangswertaufgabe*

$$\dot{X} = F(t, X), \quad X(t_0) = X_0 \, . \tag{20.4}$$

b. *Ist $f : D \longrightarrow \mathbb{R}$ eine stetige Funktion, so existiert für jeden Punkt $(t_0, y_0, \ldots, y_{n-1}) \in D$ mindestens eine maximale Lösung der Anfangswertaufgabe*

$$y^{(n)} = f(t, y, y', \ldots, y^{(n-1)})$$
$$y(t_0) = y_0, \ldots, y^{(n-1)}(t_0) = y_{n-1} \, . \tag{20.5}$$

Der Ausdruck „maximale Lösung" bedeutet dabei, dass der Definitionsbereich maximal ist, d. h. dass man diese Lösung nicht zu einer auf einem echt größeren Intervall definierten Lösung fortsetzen kann. Die Stetigkeit der rechten Seite F bzw. f der Differenzialgleichung sichert also die Existenz einer maximalen Lösung, jedoch i. A. nicht die Eindeutigkeit (vgl. Aufg. 20.1). Um diese zu bekommen, muss man mehr voraussetzen. Wir gehen aus von der Anfangswertaufgabe (20.4) und nehmen an, $\Phi : I \longrightarrow \mathbb{R}^n$ sei eine Lösung von (20.4) auf einem Intervall $I \subseteq \mathbb{R}$. Es gilt also

$$\dot{\Phi}(s) = F(s, \Phi(s)), \quad s \in I \, ,$$
$$\Phi(t_0) = X_0 \, . \tag{20.6}$$

Integrieren wir diese Gleichung bezüglich s von t_0 bis t, so folgt

$$\Phi(t) = X_0 + \int_{t_0}^{t} F(s, \Phi(s)) \, \mathrm{d}s \, . \tag{20.7}$$

Dies ist eine sogenannte *Integralgleichung* für die Lösung $\Phi(t)$, aus der man durch Differenziation wieder nach (20.6) zurück kommt. Wir halten dies fest.

Satz 20.2. *Eine C^0-Funktion $\Phi : I \longrightarrow \mathbb{R}^n$ ist genau dann eine Lösung der Anfangswertaufgabe (20.4), wenn Φ eine Lösung der Integralgleichung (20.7) ist.*

Man kann dies noch anders interpretieren. Dazu definieren wir für beliebige stetige Funktionen $\Psi : I \longrightarrow \mathbb{R}^n$ eine Abbildung $\mathcal{A}$ durch

$$(\mathcal{A}(\Psi))(t) := X_0 + \int_{t_0}^{t} F(s, \Psi(s)) \, ds . \tag{20.8}$$

Vergleichen wir dies mit (20.7), so sehen wir, dass eine Lösung der Anfangswertaufgabe die Gleichung

$$\mathcal{A}(\Phi) = \Phi \tag{20.9}$$

erfüllt, d. h. Φ ist ein *Fixpunkt* der Abbildung $\mathcal{A}$ in (20.8). Über die Existenz und Eindeutigkeit gibt der BANACH'sche Fixpunktsatz 14.11 Auskunft, der folgendes besagt:

In einem vollständigen metrischen Raum $(\mathcal{M}, d)$ besitzt eine Abbildung $\mathcal{A} : \mathcal{M} \longrightarrow \mathcal{M}$ genau einen Fixpunkt, wenn $\mathcal{A}$ kontrahierend ist, d. h. wenn es ein $0 < q < 1$ gibt, so dass

$$d(\mathcal{A}(\Phi), \mathcal{A}(\Psi)) \leq q \, d(\Phi, \Psi) \quad \forall \, \Phi, \Psi \in \mathcal{M} . \tag{20.10}$$

Nach unseren Überlegungen bekommen wir damit die eindeutige Lösbarkeit der Anfangswertaufgabe (20.4), wenn die durch (20.8) definierte Abbildung $\mathcal{A}$ kontrahierend ist. Der folgende Satz gibt Voraussetzungen an F an, die dies erzwingen.

Satz 20.3. *Sei $D = I \times \mathbb{R}^n$, wo $I \subseteq \mathbb{R}$ ein offenes Intervall ist, und sei $F : D \to \mathbb{R}^n$ stetig. Angenommen, zu jedem kompakten Teilintervall $[a, b] \subseteq I$ gibt es eine Konstante $L > 0$ so, dass*

$$\|F(t, X) - F(t, Y)\| \leq L \, \|X - Y\| \tag{20.11}$$

für alle $(t, X), (t, Y) \in D$ mit $t \in [a, b]$ („gleichmäßige LIPSCHITZ-Bedingung"). Dann gibt es zu jedem Punkt $(t_0, X_0) \in D$ genau eine auf ganz I definierte Lösung $X = \Phi(t)$ der Anfangswertaufgabe (20.4).

Bemerkung: Welche Norm $\| \cdot \|$ auf $\mathbb{R}^n$ dabei zu Grunde gelegt wurde, ist unerheblich (vgl. Beispiel 13.10), denn beim Übergang zu einer äquivalenten Norm geht eine LIPSCHITZ-Bedingung wieder in eine LIPSCHITZ-Bedingung über.

Beim Beweis des Satzes benötigen wir die folgende Verallgemeinerung von (16.23), die auch später immer wieder eine Rolle spielen wird:

Lemma 20.4. *Es gilt*

$$\left\| \int_a^b \Phi(t) \, dt \right\| \leq \int_a^b \|\Phi(t)\| \, dt$$

für jede beliebige Norm auf $\mathbb{R}^n$ und jede stetige Funktion $\Phi : [a, b] \to \mathbb{R}^n$.

Zum Beweis approximiert man $\int_a^b \Phi(t)\,dt$ durch RIEMANN'sche Zwischen-summen, wobei man für jede Komponente dieselben Zerlegungen und dieselben Stützstellenmengen nimmt. Die Dreiecksungleichung ergibt dann eine Abschätzung, bei der rechts eine RIEMANN'sche Zwischensumme für $\int_a^b \|\Phi(t)\|\,dt$ steht, und nach Grenzübergang folgt die Behauptung.

Beweis von Satz 20.3:

(i) Zu dem gegebenen Punkt $(t_0, X_0) \in D$ betrachten wir zunächst ein kompaktes Intervall $[a, b] \subseteq I$ mit $a < t_0 < b$. Für die angekündig-te Anwendung des BANACH'schen Fixpunktsatzes wählen wir den Raum $\mathcal{M} := C^0([a, b], \mathbb{R}^n)$ der stetigen Vektorfunktionen auf $[a, b]$. Mit der üb-lichen Maximumsnorm $\|\cdot\|_\infty$ ist er ein BANACH-Raum (Satz 14.15). Wir verwenden jedoch (aus Gründen, die in Kürze klar werden!) die alterna-tive Norm
$$\|\Phi\|' := \max_{a \leq t \leq b} e^{-2L|t-t_0|} \|\Phi(t)\| .$$

Sie ist zur Maximumsnorm äquivalent, denn mit $\beta := \max(t_0 - a, b - t_0)$ haben wir offenbar
$$e^{-2L\beta} \|\Phi\|_\infty \leq \|\Phi\|' \leq \|\Phi\|_\infty \quad \forall \Phi \in \mathcal{M} .$$

Der metrische Raum $(\mathcal{M}, d_L)$ mit der Abstandsfunktion $d_L(\Phi, \Psi) := \|\Phi - \Psi\|'$ ist also ebenfalls vollständig. Der BANACH'sche Fixpunktsatz wird somit eine eindeutige, auf $[a, b]$ definierte Lösung unseres Problems liefern, sobald nachgeprüft ist, dass die durch (20.8) definierte Abbildung $\mathcal{A} : \mathcal{M} \longrightarrow \mathcal{M}$ kontrahierend ist.

Dazu betrachten wir $\Phi, \Psi \in \mathcal{M}$ und notieren zunächst, dass nach Defini-tion der neuen Norm gilt:
$$\|\Phi(t) - \Psi(t)\| \leq e^{2L|t-t_0|} \|\Phi - \Psi\ial|' , \quad a \leq t \leq b . \tag{20.12}$$

Wir setzen $\tilde{\Phi} := \mathcal{A}(\Phi)$, $\tilde{\Psi} := \mathcal{A}(\Psi)$. Für beliebiges $t \in [a, b]$ haben wir dann:

$$\begin{aligned}
\|\tilde{\Phi}(t) - \tilde{\Psi}(t)\| &= \left\| \int_{t_0}^t \left(F(s, \Phi(s)) - F(s, \Psi(s)) \right)\,ds \right\| \\
&\leq \left| \int_{t_0}^t \|F(s, \Phi(s)) - F(s, \Psi(s))\|\,ds \right| \\
&\leq L \left| \int_{t_0}^t \|\Phi(s) - \Psi(s)\|\,ds \right| \\
&\overset{(20.12)}{\leq} L\|\Phi - \Psi\|' \cdot \left| \int_{t_0}^t e^{2L|s-t_0|}\,ds \right| \\
&= L\|\Phi - \Psi\|' \cdot \frac{e^{2L|t-t_0|} - 1}{2L} \\
&< \frac{e^{2L|t-t_0|}}{2} \|\Phi - \Psi\|' .
\end{aligned}$$

Multiplikation mit $e^{-2L|t-t_0|}$ und Übergang zum Maximum über die $t \in [a, b]$ ergibt nun die Abschätzung

$$\|\tilde{\Phi} - \tilde{\Psi}\|' \leq \frac{1}{2}\|\Phi - \Psi\|'$$

und damit die gewünschte Kontraktionseigenschaft von $\mathcal{A}$.

(ii) Auf einem größeren kompakten Intervall $[a_1, b_1] \subseteq I$ ($a_1 < a < b < b_1$) ist nach Teil (i) ebenfalls eine eindeutige Lösung Φ_1 der Anfangswertaufgabe definiert. Diese muss wegen der Eindeutigkeit auf $[a, b]$ mit der dort konstruierten Lösung Φ übereinstimmen. Jedes $t \in I$ ist aber in irgendeinem derartigen kompakten Teilintervall enthalten. Daher ist auf ganz I eine eindeutige Lösung definiert. $\square$

Bemerkungen:

a. Versucht man, den obigen Beweis mit der Maximumsnorm auf $\mathcal{M}$ durchzuführen (Übung!), so stellt man fest, dass $\mathcal{A}$ kontrahierend wird, sofern $b - a$ klein genug ist. Die Einführung der gewichteten Norm $\|\cdot\|'$ ist also ein Trick, der es uns ermöglicht, beliebig lange Intervalle zuzulassen.

b. Die einfachste Anwendung von Satz 20.3 bezieht sich auf *lineare* Systeme. Haben wir nämlich stetige Funktionen $A : I \to \mathbb{R}_{n \times n}$, $B : I \to \mathbb{R}_{n \times 1}$ auf einem offenen Intervall I, so ist (8.17) der Spezialfall von (20.4), für den

$$F(t, X) := A(t)X + B(t)$$

ist. Auf einem kompakten Teilintervall $[a, b] \subseteq I$ hat die stetige Funktion $\|A(t)\|$ (Operatornorm!) aber ein Maximum L, und damit ist

$$\|F(t, X) - F(t, Y)\| = \|A(t)(X - Y)\| \leq \|A(t)\| \cdot \|X - Y\| \leq L\|X - Y\|$$

für alle $t \in [a, b]$, $X, Y \in \mathbb{R}_{n \times 1}$. Also liefert Satz 20.3 den Beweis für Thm. 8.2a., der in Kap. 8 nicht geführt wurde.

Beim Beweis des BANACH'schen Fixpunktsatzes 14.11 wurde die sogenannte *Methode der sukzessiven Approximation* eingesetzt. Ausgehend von einem beliebigen Startwert Φ_0 wurde eine Folge

$$\Phi_1 := \mathcal{A}(\Phi_0), \quad \Phi_2 = \mathcal{A}(\Phi_1), \ldots, \Phi_{k+1} = \mathcal{A}(\Phi_k), \ldots$$

konstruiert, von der gezeigt wurde, dass sie gegen den eindeutigen Fixpunkt von $\mathcal{A}$ konvergiert. Wendet man dieses Verfahren auf die Abbildung (20.8) mit dem Startwert $\Phi_0(t) \equiv X_0$ an, so bekommt man das sogenannte PICARD'sche *Iterationsverfahren*, mit dem der Eindeutigkeitssatz ursprünglich bewiesen wurde. Explizit lautet das Verfahren also

$$\left.\begin{array}{l} \Phi_0(t) \equiv X_0\,, \\ \Phi_{k+1}(t) = X_0 + \int\limits_{t_0}^{t} F(s, \Phi_k(s))\,\mathrm{d}s\,, \end{array}\right\} \tag{20.13}$$

und es konvergiert gleichmäßig auf kompakten Teilintervallen von I gegen die Lösung der Anfangswertaufgabe, zumindest wenn die Voraussetzungen von Satz 20.3 erfüllt sind.

Für Anwendungen auf nichtlineare Differenzialgleichungen ist Satz 20.3 meist ungeeignet, denn eine LIPSCHITZ-Bedingung ist i. A. nicht auf ganz $[a, b] \times \mathbb{R}^n$ erfüllt, sondern höchstens auf beschränkten Teilmengen davon. Man braucht daher die folgende Variante:

Satz 20.5 (*Satz von* PICARD-LINDELÖF *– lokale Version*). *Sei $D \subseteq \mathbb{R}^{n+1}$ ein Gebiet, $F : D \longrightarrow \mathbb{R}^n$ eine stetige Vektorfunktion, $(t_0, X_0) \in D$ ein Punkt. Existiert dann ein Quader*

$$Q = \{(t, X) \mid |t - t_0| \leq a, \quad \|X - X_0\|_\infty \leq b\} \subseteq D, \qquad (20.14)$$

so dass F auf Q eine gleichmäßige LIPSCHITZ-Bedingung *erfüllt, d. h. es gibt eine Konstante $L \geq 0$ (unabhängig von t), so dass (20.11) für alle (t, X), $(t, Y) \in Q$ gilt, so gibt es ein $\delta > 0$, so dass die Anfangswertaufgabe (20.4) auf dem Intervall $I = {]t_0 - \delta, t_0 + \delta[}$ genau eine Lösung $X = \Phi(t)$ hat.*

Beim Beweis verfährt man ebenso wie im Falle von Satz 20.3, doch muss man sicherstellen, dass die Graphen der beteiligten Funktionen innerhalb von Q verlaufen. Dies gelingt, wenn man das Definitionsintervall kurz genug, d. h. δ klein genug, wählt. Auf der kompakten Menge Q hat die stetige Funktion $\|F(t, X)\|_\infty$ nämlich einen Maximalwert M (Thm. 14.7), und wenn nun der Graph von Φ in Q verläuft, so haben wir für $\tilde{\Phi}$ die Abschätzung

$$\|\tilde{\Phi}(t) - X_0\|_\infty \leq \left| \int_{t_0}^{t} \|F(s, \Phi(s))\|_\infty \, ds \right| \leq M|t - t_0| \,.$$

Haben wir also $\delta \leq \min(a, b/M)$ gewählt, so wird der Graph von $\tilde{\Phi}$ wieder in Q verlaufen (vgl. Abb. 20.1, wo der Graph von $\tilde{\Phi}$ innerhalb des Doppelkegels $\Delta_1 \cup \Delta_2$ verlaufen muss).

Das PICARD'sche Iterationsverfahren konvergiert nun gleichmäßig auf $[t_0 - \delta, t_0 + \delta]$ gegen eine Lösung.

Der Satz 20.5 liefert zunächst nur die Existenz und Eindeutigkeit einer Lösung der Anfangswertaufgabe in einer kleinen Umgebung des Anfangspunktes (t_0, X_0). Tatsächlich darf man bei nichtlinearen Problemen nicht davon ausgehen, dass die Lösung überall dort definiert ist, wo die Differenzialgleichung erklärt ist. Das vielleicht einfachste Beispiel hierfür ist die Anfangswertaufgabe

$$\dot{x} = 1 + x^2, \quad x(t_0) = 0 \,.$$

Sie lässt sich mittels Methode I aus Kap. 4 mühelos lösen, und man erhält

$$x(t) = \tan(t - t_0), \quad t_0 - \frac{\pi}{2} < t < t_0 + \frac{\pi}{2} \,.$$

Offensichtlich lässt sich diese Lösung nicht auf ein größeres Intervall fortsetzen, d. h. sie ist schon maximal, und das, obwohl die Differenzialgleichung selbst für alle $(t, x) \in \mathbb{R}^2$ definiert ist.

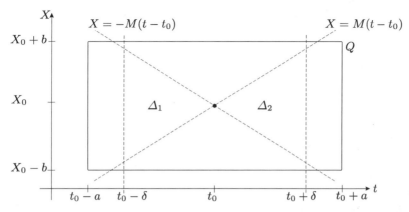

Abb. 20.1. Auf einem genügend kleinen Intervall bleibt der Graph von $\mathcal{A}(\Phi)$ in Q

Das von Satz 20.5 gelieferte Definitionsintervall der Lösung ist jedoch in vielen Fällen deutlich kleiner als das maximale. Um zu einer maximalen Lösung zu kommen, muss man die gewonnene Lösung

$$X = \Phi(t) \,, \quad t \in I_0 = [t_0 - \delta, \, t_0 + \delta]$$

fortsetzen, was folgendermaßen geht:

Man wähle einen Punkt t_1 mit $t_0 < t_1 < t_0 + \delta$ und löse die Anfangswertaufgabe

$$\dot{X} = F(t, X) \,, \quad X(t_1) = X_1 := \Phi(t_1) \,.$$

Nach Satz 20.5 gibt es dann eine eindeutige Lösung

$$X = \Phi_1(t) \quad \text{auf einem Intervall} \quad I_1 = [t_1 - \delta_1, \, t_1 + \delta_1] \,.$$

Auf $I_0 \cap I_1$ stimmen beide Lösungen wegen der Eindeutigkeit überein. Ist daher $t_1 + \delta_1 > t_0 + \delta_0$, so haben wir eine eindeutige Lösung auf dem größeren Intervall $I_0 \cup I_1 = [t_0 - \delta, \, t_1 + \delta_1]$. Indem man auf diese Weise nach links und rechts fortsetzt, kommt man zu einer maximalen Lösung. Diese ist stets auf einem *offenen* Intervall

$$I_{max} =]\omega_-, \omega_+[\,, \quad -\infty \le \omega_- < t_0 < \omega_+ \le +\infty$$

definiert, und es tritt am rechten (und analog am linken) Randpunkt von I_{max} mindestens einer der folgenden drei Fälle auf:

- $\omega_+ = +\infty$ oder
- $\lim_{t \to \omega_+} \|\Phi(t)\| = \infty$ oder
- für $t \to \omega_+$ kommt der Graph von Φ dem Rand von D beliebig nahe.

Man drückt dies dadurch aus, dass man sagt, eine maximale Lösung sei (nach rechts und links) *bis zum Rande fortgesetzt*. Eine maximale Lösung hört also nicht einfach auf, sondern sie hat gute Gründe, warum sie nicht weiter fortgesetzt werden kann.

Wir fassen alles in folgendem Satz zusammen, bei dem wir auch die Folgerungen für Differenzialgleichungen n-ter Ordnung wieder ausdrücklich erwähnen

Theorem 20.6 (*Satz von* PICARD-LINDELÖF − *allgemeine Version*). *Sei $D \subseteq \mathbb{R}^{n+1}$ eine offene Menge.*

a. *Ist $F : D \longrightarrow \mathbb{R}^n$ eine stetige Vektorfunktion, welche auf jedem kompakten Teil $K \subseteq D$ eine gleichmäßige LIPSCHITZ-Bedingung erfüllt, so geht durch jeden Punkt $(t_0, X_0) \in D$ eine eindeutige maximale Lösung*

$$X = \Phi(t) \equiv \Phi(t; t_0, X_0), \quad \omega_-(t_0, X_0) < t < \omega_+(t_0, X_0) \qquad (20.15)$$

der Anfangswertaufgabe

$$\dot{X} = F(t, X), \quad X(t_0) = X_0. \qquad (20.4)$$

Diese ist nach rechts und links bis zum Rande fortgesetzt.

b. *Definiert man gemäß (20.13) die PICARD'sche Iterationsfolge, so konvergiert diese auf jedem kompakten Intervall*

$$[a, b] \subseteq \,]\omega_-, \, \omega_+[$$

gleichmäßig gegen die eindeutige Lösung der Anfangswertaufgabe (20.4).

c. *Ist $f : D \longrightarrow \mathbb{R}$ eine stetige Funktion, welche auf jedem kompakten Teil $K \subseteq D$ eine gleichmäßige LIPSCHITZ-Bedingung erfüllt, so hat die Anfangswertaufgabe*

$$\begin{aligned} y^{(n)} &= f\left(t, y, y', \ldots, y^{(n-1)}\right) \\ y(t_0) &= y_0, \ldots, y^{(n-1)}(t_0) = y_{n-1} \end{aligned} \qquad (20.5)$$

eine eindeutige maximale Lösung, und diese ist nach rechts und links bis zum Rande fortgesetzt.

Man wird sich noch fragen, wie man denn testen kann, ob die hier geforderten LIPSCHITZ-Bedingungen erfüllt sind. Darauf gibt es eine ganz einfache Antwort, die für fast alle praktischen Anwendungen ausreicht. Wir benötigen dazu das (auch sonst sehr nützliche)

Lemma 20.7. *Sei $\Omega \subseteq \mathbb{R}^n$ ein konvexes Gebiet und $V : \Omega \to \mathbb{R}^n$ ein C^1-Vektorfeld. Für $X, Y \in \Omega$ gilt dann*

$$\|V(X) - V(Y)\| \leq L\|X - Y\|,$$

wobei L das Maximum der Operatornorm der JACOBI-Matrix $JV(Z)$ ist, wenn der Punkt Z die Verbindungsstrecke von X und Y durchläuft.

Beweis. Die Funktion $H(s) := V(X + s(Y - X))$ $(0 \leq s \leq 1)$ lässt sich nach der Kettenregel ableiten, und man erhält $H'(s) = JV(X+s(Y-X))\cdot(Y-X)$. Also ist

$$V(Y) - V(X) = H(1) - H(0) = \int_0^1 JV(X + s(Y - X)) \cdot (Y - X)\, \mathrm{d}s\,.$$

Lemma 20.4 und die Eigenschaft (14.19) der Operatornorm ergeben nun

$$\|V(Y) - V(X)\| \leq \int_0^1 \|JV(X + s(Y - X))\| \cdot \|Y - X\|\, \mathrm{d}s$$

$$= \|Y - X\| \int_0^1 \|JV(X + s(Y - X))\|\, \mathrm{d}s\,,$$

und daraus folgt die Behauptung. $\qquad\square$

Wenn nun F auf D stetig differenzierbar ist, so haben wir für jede kompakte Teilmenge $K \subseteq D$ nach Thm. 14.7 einen maximalen Wert der Operatornorm der – nur bezüglich der x-Variablen gebildeten – JACOBI-Matrix, können also setzen:

$$L := \max_{(t,X)\in K} \|\nabla_x F(t, X)\| < \infty$$

(Bezeichnungen wie in Abschn. 10A.). Anwendung von Lemma 20.7 auf die Vektorfelder $V(X) := F(t, X)$ (t fest) liefert nun eine LIPSCHITZ-Bedingung für K, jedenfalls wenn K in eine offene konvexe Teilmenge von D hineinpasst. Eine beliebige kompakte Teilmenge von D kann man aber mit derartigen Mengen überdecken (z. B. mit kleinen Quadern, wie sie in Satz 20.5 betrachtet wurden) und dann die entsprechenden LIPSCHITZ-Bedingungen zusammensetzen. So erhält man

Korollar 20.8. *Die Behauptungen von Thm. 20.6 treffen insbesondere dann zu, wenn F bzw. f stetig differenzierbar sind.*

In der klassischen Physik gibt man die Zustände eines physikalischen Systems durch *Zustandsvektoren* $X = (x_1, \ldots, x_n) \in \mathbb{R}^n$ wieder, und als Gesetz für die zeitliche Entwicklung solch eines Systems leitet man ein System von gewöhnlichen Differenzialgleichungen mit glatten Daten her, bei dem die Zeit die Rolle der unabhängigen Variablen t spielt. Korollar 20.8 begründet damit den *Determinismus* der klassischen Physik: Ist der Zustand X_0 zum Zeitpunkt t_0 exakt bekannt, so ist der Zustand zu jedem späteren und auch zu jedem früheren Zeitpunkt t exakt festgelegt, nämlich als der Wert der Lösung $X = \Phi(t; t_0, X_0)$ aus (20.15). Physikalische Prinzipien wie etwa die Endlichkeit der Energie sorgen dafür, dass die Fälle $\omega_+ < +\infty$ oder $\omega_- > -\infty$ („endliche Fluchtzeit") nicht auftreten. Die „exakte Kenntnis" des Anfangszustandes X_0 ist natürlich eine radikale Idealisierung, aber, wie wir in den nächsten

Abschnitten noch sehen werden, liefert die Theorie auch hier Möglichkeiten, einen realistischeren Standpunkt einzunehmen.

Bemerkung: Ein rigoroser Beweis wurde hier nur für Satz 20.3 geliefert. Die detaillierte Ausführung der im weiteren Verlauf skizzierten Beweisideen kann man in einschlägigen Lehrbüchern über gewöhnliche Differenzialgleichungen nachlesen, z. B. in [5, 7, 8, 9, 18, 35, 37, 68] oder [79].

B. Abhängigkeit der Lösungen von Parametern und Anfangswerten

In vielen Fällen hängen Differenzialgleichungssysteme außer von den t-, X-Variablen noch von Parametern $\lambda_1, \ldots, \lambda_m$ wie z. B. Massen, Ladungen, Materialkonstanten usw. ab, die als zu messende Größen i. A. mit Messfehlern behaftet sind, so dass man die Abhängigkeit der Lösungen von diesen Parametern möglichst gut kontrollieren möchte.

Ein Anfangswertproblem für eine Differenzialgleichung, die zusätzlich von m reellen Parametern $\lambda_1, \ldots, \lambda_m$ abhängt, lautet also

$$\dot{X} = F(t, X, \Lambda), \quad X(t_0) = X_0 . \tag{20.16}$$

Dabei durchläuft (t, X) eine offene Menge $D \subseteq \mathbb{R}^{n+1} = \mathbb{R}_t \times \mathbb{R}_X^n$ wie bisher, und der Vektor $\Lambda = (\lambda_1, \ldots, \lambda_m)$ aus den Parametern durchläuft (z. B.) ein m-dimensionales Intervall $Q \subseteq \mathbb{R}_\Lambda^m$. Unter passenden Voraussetzungen an F wird dann die PICARD'sche Iterationsfolge

$$\left.\begin{aligned} \Phi_0(t, \Lambda) &= X_0 , \\ \Phi_{k+1}(t, \Lambda) &= X_0 + \int_{t_0}^{t} F(s, \Phi_k(s, \Lambda), \Lambda) \, \mathrm{d}s \end{aligned}\right\} \tag{20.17}$$

gleichmäßig auf $[a, b] \times Q$ gegen eine Lösung $\Phi(t; t_0, X_0, \Lambda)$ von (20.16) konvergieren, wobei $[a, b]$ ein genügend kurzes kompaktes Intervall ist, das t_0 enthält. Da nach Satz 14.15e. der gleichmäßige Limes stetiger Funktionen stetig ist, folgt hieraus die Stetigkeit der Lösung $\Phi(t; t_0, X_0, \Lambda)$ als Funktion der Variablen $t, \lambda_1, \ldots, \lambda_m$. Für die Praxis bedeutet das, dass der Wert der Lösung mit beliebig vorgegebener Genauigkeit festgelegt werden kann, sofern nur die zugelassenen Schwankungen der Parameter in genügend engen Grenzen gehalten werden.

Natürlich ist diese Argumentation alles andere als ein Beweis. Wir haben die Voraussetzungen an F nicht spezifiziert, und wir haben uns weder über die Definitionsbereiche Gedanken gemacht noch über die Laufbereiche der verschiedenen Variablen, in denen die benötigten Abschätzungen zur Verfügung stehen. Sie macht aber den folgenden fundamentalen Satz zumindest plausibel:

Theorem 20.9 (Stetige Abhängigkeit von Parametern). *Sei $D \subseteq \mathbb{R}_t \times$ $\mathbb{R}^n_X$ ein Gebiet, $Q \subseteq \mathbb{R}^m_\Lambda$ ein m-dimensionales Intervall und sei $F = F(t, X, \Lambda)$: $D \times Q \longrightarrow \mathbb{R}^n$ eine Vektorfunktion mit folgenden Eigenschaften:*

a. Für jedes $(t_0, X_0) \in D$ und $\Lambda \in Q$ ist die Anfangswertaufgabe (20.16) eindeutig lösbar.
b. F ist stetig in allen Variablen $(t, x_1, \ldots, x_n, \lambda_1, \ldots, \lambda_m) \in D \times Q$.

Ist dann
$$X = \Phi(t; t_0, X_0, \Lambda), \quad \Lambda \in Q \tag{20.18}$$

die eindeutige maximale Lösung von (20.16), so ist Φ eine stetige Funktion von $\lambda_1, \ldots, \lambda_m$. Genauer:

Für $\Lambda^* \in Q$ und ein kompaktes Teilintervall $[a, b]$ des Definitionsbereichs der maximalen Lösung $\Phi(\cdot; t_0, X_0, \Lambda^*)$ gilt stets:

a. es gibt $\delta > 0$ so, dass $[a, b]$ auch im Definitionsbereich von $\Phi(\cdot; t_0, X_0, \Lambda)$ liegt, sofern $\Lambda \in Q$, $\|\Lambda - \Lambda^*\| < \delta$, und
b. $\lim_{\Lambda \to \Lambda^*} \Phi(t; t_0, X_0, \Lambda) = \Phi(t; t_0, X_0, \Lambda^*)$ gleichmäßig auf $[a, b]$.

Also: Hängt F stetig von den Parametern ab, so auch die Lösung.

Dies ist in den meisten Lehrbüchern unter Zusatzvoraussetzungen bewiesen, die die eindeutige Lösbarkeit sichern. Der hier angegebene allgemeinere Satz ist in [37] bewiesen. Die Beweise sind aber in jedem Fall recht mühsam und knifflig und sollen uns hier nicht näher beschäftigen.

Auch in Abwesenheit von Parametern ist es wichtig, festzustellen, wie die maximale Lösung $\Phi_0(t)$ der Anfangswertaufgabe (20.4) von den Anfangswerten t_0 und X_0 abhängt, denn die Anfangswerte sind i. A. als gemessene Größen ebenfalls mit Messfehlern behaftet. Sei daher $\Phi_1(t)$ die eindeutige maximale Lösung einer zweiten Anfangswertaufgabe

$$\dot{X} = F(t, X), \quad X(t_1) = X_1, \tag{20.19}$$

wobei etwa

$$t_1 = t_0 + \tau, \quad X_1 = X_0 + H. \tag{20.20}$$

Wir führen diese Problemstellung auf die Abhängigkeit von Parametern zurück. Dazu definieren wir die Vektorfunktion

$$\Psi(t) := \Phi_1(t + \tau) - H. \tag{20.21}$$

Für diese Funktion gilt

$$\begin{aligned}
\dot{\Psi}(t) &= \frac{\partial}{\partial t} \Phi_1(t + \tau) \\
&= F(t + \tau, \Phi_1(t + \tau)) = F(t + \tau, \Psi(t) + H), \\
\Psi(t_0) &= \Phi_1(t_0 + \tau) - H = \Phi_1(t_1) - H = X_1 - H = X_0,
\end{aligned}$$

d. h. die durch (20.21) definierte Funktion $\Psi(t)$ ist Lösung der parameterabhängigen Anfangswertaufgabe

$$\dot{X} = G(t, X; \tau, H) := F(t + \tau, X + H), \quad X(t_0) = X_0, \qquad (20.22)$$

so dass sich die Abhängigkeit von den Anfangswerten aus der Abhängigkeit von Parametern ergibt. Man erhält:

Theorem 20.10 (Stetige Abhängigkeit von Anfangswerten). *Sei $D \subseteq \mathbb{R}_t \times \mathbb{R}_X^n$ ein Gebiet, und sei $F : D \longrightarrow \mathbb{R}^n$ eine stetige Vektorfunktion, bei der für jeden Punkt $(t_0, X_0) \in D$ eine eindeutige maximale Lösung $\Phi(\cdot; t_0, X_0)$ der entsprechenden Anfangswertaufgabe (20.4) existiert. Für jedes kompakte Teilintervall $[a, b]$ des Definitionsbereichs von $\Phi(\cdot; t_0, X_0)$ gilt dann:*

a. Es gibt $\delta > 0$ so, dass für $|t_1 - t_0| < \delta$, $\|X_1 - X_0\| < \delta$ der Definitionsbereich von $\Phi(\cdot; t_1, X_1)$ das Intervall $[a, b]$ enthält, und

b. es ist $\lim\limits_{\substack{t_1 \to t_0 \\ X_1 \to X_0}} \Phi(t; t_1, X_1) = \Phi(t; t_0, X_0)$ gleichmäßig auf $[a, b]$.

Insbesondere ist $\Phi(t; t_0, X_0)$ stetig in Bezug auf alle $n + 2$ Variablen, nämlich t, t_0 und die n Komponenten von X_0.

Ist $F \in C^p(D; \mathbb{R}^n)$, $p \geq 1$, so ist die Existenz und Eindeutigkeit der maximalen Lösungen der Anfangswertaufgaben durch Korollar 20.8 gewährleistet. Die Differenzierbarkeit überträgt sich dann auf die Lösungen, wie der folgende Satz zeigt:

Theorem 20.11 (Differenzierbare Abhängigkeit von Anfangswerten). *Sei $D \subseteq \mathbb{R}^{n+1}$ ein Gebiet und sei $F \in C^P(D, \mathbb{R}^n)$, $p \geq 1$. Dann ist die eindeutige maximale Lösung $\Phi(t; \tau, \xi_1, \ldots, \xi_n)$ der Anfangswertaufgabe*

$$\dot{X} = F(t, X), \quad X(\tau) = (\xi_1, \ldots, \xi_n)^T \qquad (20.23)$$

p-mal stetig differenzierbar in allen $n + 2$ Variablen $t, \tau, \xi_1, \ldots, \xi_n$. Ferner darf die Ableitung nach t sogar im Falle $p = 1$ mit den anderen Ableitungen vertauscht werden.

Die letzte Bemerkung erübrigt sich im Fall $p \geq 2$ wegen Thm. 9.19. Sie hat in jedem Fall zur Folge, dass man die Differenzialgleichung

$$\frac{\partial}{\partial t} \Phi(t; \tau, \xi_1, \ldots, \xi_n) = F(t, \Phi(t; \tau, \xi_1, \ldots, \xi_n)) \qquad (20.24)$$

und die Anfangsbedingung

$$\Phi(\tau; \tau, \xi_1, \ldots, \xi_n) = (\xi_1, \ldots, \xi_n)^T$$

nach den Variablen τ oder ξ_j differenzieren kann und dann für die entsprechende Ableitung von Φ eine *lineare* Differenzialgleichung (bzw. eine Anfangsbedingung) erhält. Wählen wir z. B. $(t_0, X_0) \in D$ fest, $X_0 = (\xi_1^0, \ldots, \xi_n^0)^T$, so erhalten wir für die partiellen Ableitungen

$$\Psi_j(t) := \frac{\partial \Phi}{\partial \xi_j}(t; t_0, \xi_1^0, \ldots, \xi_n^0), \quad j = 1, \ldots, n$$

aus (20.24) mittels der Kettenregel

$$
\begin{aligned}
\frac{\mathrm{d}}{\mathrm{d}t}\Psi_j(t) &= \frac{\partial}{\partial \xi_j}\frac{\partial}{\partial t}\Phi(t; t_0, X)\Big|_{X=X_0} \\
&= \frac{\partial}{\partial \xi_j}F(t, \Phi(t; t_0, X))\Big|_{X=X_0} \\
&= \nabla_X F(t, \Phi(t; t_0, X_0)) \cdot \Psi_j(t) .
\end{aligned}
$$

(Wie in Abschn. 10A. bezeichnet $\nabla_X F$ die „partielle JACOBI-Matrix", die nur die partiellen Ableitungen nach den Komponenten ξ_j von X enthält.) Aus der Anfangsbedingung $\Phi(t_0; t_0, X) = X$ bekommt man durch Differenzieren

$$\Psi_j(t_0) = E^j \quad (= j\text{-te Spalte der Einheitsmatrix.})$$

Die Ableitung Ψ_j der Lösung Φ ist also selber Lösung einer interessanten Anfangswertaufgabe, nämlich

$$\dot{X} = A(t)X, \quad X(t_0) = E^j \tag{20.25}$$

mit $A(t) := \nabla_X F(t, \Phi(t; t_0, X_0))$. Man kann sich daher die Theorie der linearen Systeme zunutze machen, um das Verhalten der Lösungen von (20.4) auf dem Umweg über das Verhalten ihrer Ableitungen nach den Anfangswerten zu studieren. Die Differenzialgleichung in (20.25) nennt man die *Variationsgleichung* für die Variation der Anfangswerte im Punkt (t_0, X_0).

Für die differenzierbare Abhängigkeit von Parametern gilt ein analoger Satz und analoge rechnerische Folgerungen. Die Beweise aller dieser Sätze beruhen auf sehr sorgfältigen und auch recht raffinierten Abschätzungen, und wir verweisen dafür wieder auf die mathematische Lehrbuchliteratur.

C. Autonome Systeme und dynamische Systeme

In diesem Abschnitt betrachten wir Differenzialgleichungssysteme, bei denen die rechte Seite nicht explizit von t abhängt.

Definition 20.12. *Sei $\Omega \subseteq \mathbb{R}^n$ ein Gebiet, $F : \Omega \longrightarrow \mathbb{R}^n$ ein Vektorfeld. Dann heißt ein Differenzialgleichungssystem der Form*

$$\dot{X} = F(X) \tag{20.26}$$

oder, ausführlich

$$\dot{x}_j = f_j(x_1, \ldots, x_n), \quad j = 1, \ldots, n$$

ein autonomes Differenzialgleichungssystem. *Wir schreiben* $F \in \mathcal{E}(\Omega)$, *wenn die Anfangswertaufgabe*

$$\dot{X} = F(X), \quad X(t_0) = X_0 \tag{20.27}$$

für jedes $t_0 \in \mathbb{R}$, $X_0 \in \Omega$ eine eindeutige maximale Lösung hat.

Aus Korollar 20.8 folgt sofort, dass $\mathcal{E}(\Omega) \supseteq C^1(\Omega)$, und tatsächlich ist in erster Linie der Fall $F \in C^1(\Omega)$ für uns interessant.

Bei der Behandlung der Anfangswertaufgabe (20.27) kann man sich auf den Fall $t_0 = 0$ beschränken, denn es gilt:

Satz 20.13. *Ist $X = \Phi(t)$, $\alpha < t < \beta$, eine maximale Lösung des autonomen Systems (20.26) mit $F \in \mathcal{E}(\Omega)$, so ist für beliebiges $c \in \mathbb{R}$ auch*

$$X = \Psi(t) := \Phi(t - c), \quad \alpha + c < t < \beta + c \tag{20.28}$$

eine maximale Lösung von (20.26).

Eine Verschiebung der Zeitskala beeinflusst also die Lösungen autonomer Systeme nicht. Der Beweis dieser Aussage ist eine leichte Übung.

Wir betrachten die Lösungen $\Phi(t; t_0, X_0)$ also nur für $t_0 = 0$ und definieren daher:

Definition 20.14. *Für $F \in \mathcal{E}(\Omega)$ (insbes. $F \in C^1(\Omega)$) bezeichnet man mit*

$$\varphi(t, X) := \Phi(t; 0, X), \quad \omega_-(X) < t < \omega_+(X) \tag{20.29}$$

die maximale Lösung von (20.26), die für $t_0 = 0$ den Wert X annimmt. Auf dem Definitionsbereich

$$G := \{(t, X) \mid X \in \Omega, \; \omega_-(X) < t < \omega_+(X)\} \tag{20.30}$$

ist hierdurch eine Abbildung $\varphi : G \longrightarrow \Omega$ definiert, und diese heißt der Fluss *des Vektorfelds F oder das von F erzeugte* dynamische System. *Statt $\varphi(t, X)$ schreibt man auch $\varphi_t(X)$, betrachtet also die Abbildungen $\varphi_t : \Omega_t \longrightarrow \Omega$, wobei*

$$\Omega_t := \{X \in \Omega \mid (t, X) \in G\}.$$

In Anwendungen repräsentieren die Punkte $X \in \Omega$ meist die möglichen Zustände eines physikalischen Systems, dessen zeitliche Entwicklung von der Differenzialgleichung (20.26) bestimmt wird. Befindet sich dieses System zur Zeit $t_0 = 0$ im Zustand X, so wird es sich zur Zeit $t > 0$ im Zustand $Y := \varphi(t, X)$ befinden, und zur Zeit $s < 0$ muss es sich im Zustand $Z := \varphi(s, X)$

befunden haben. In diesem Sinne beschreibt der Fluss φ die Dynamik des Systems.

Geometrisch kann man sich einen Fluss als eine Strömung in Ω vorstellen, die jeden Punkt $X \in \Omega$ im Verlauf der Zeit t in den Punkt $\varphi(t, X)$ transportiert. Nach Definition des Flusses ist

$$\frac{\partial \varphi}{\partial t}(t, X) = F(\varphi(t, X)) \quad \forall (t, X) \in G$$

sowie $\varphi(0, X) = X$, also insbesondere

$$F(X) = \frac{\partial \varphi}{\partial t}(0, X) \quad \forall X \in \Omega \, . \tag{20.31}$$

Das gegebene Vektorfeld ist also das Geschwindigkeitsfeld der Strömung, und man kann es mittels (20.31) aus dem Fluss zurückgewinnen.

Die folgenden fundamentalen Eigenschaften der Flüsse sind nun ausgesprochen einleuchtend:

Theorem 20.15. *Für den Fluss* $\varphi : G \longrightarrow \Omega$ *eines Vektorfelds* $F \in \mathcal{E}(\Omega)$ *gilt:*

a. *G ist offen in* $\mathbb{R}^{n+1} = \mathbb{R}_t \times \mathbb{R}_X^n$, *und* $\varphi : G \to \mathbb{R}^n$ *ist stetig.*

b. *Ist* $(t, X) \in G$, $Y := \varphi(t, X)$ *und ist auch* $(s, Y) \in G$, *so ist* $(s+t, X) \in G$, *und es gilt* $\varphi(s + t, X) = \varphi(s, Y)$ *bzw. anders geschrieben:*

$$\varphi_{s+t}(X) = \varphi_s(\varphi_t(X)) \, . \tag{20.32}$$

c. *$\varphi_0(X) \equiv X$, und wenn* $(t, X) \in G$, $Y := \varphi(t, X)$ *ist, so ist auch* $(-t, Y) \in G$ *und* $\varphi(-t, Y) = X$.

d. *Ist* $F \in C^p(\Omega, \mathbb{R}^n)$ *für ein* $p \geq 1$, *so ist auch* $\varphi \in C^p(G, \mathbb{R}^n)$. *Sogar im Fall* $p = 1$ *darf man die Differenziation nach* t *mit einer Differenziation nach einer der Komponenten von* X *vertauschen.*

Beweis. Teile a. und d. sind Spezialfälle der Theoreme 20.10 bzw. 20.11.

<u>Zu b.:</u> Wir betrachten ein festes t mit $(t, X) \in G$. Die Funktion

$$\psi(s) := \varphi(s + t, X)$$

ist für $\omega_-(X) < s + t < \omega_+(X)$ definiert, und nach Satz 20.13 ist sie die maximale Lösung der Anfangswertaufgabe

$$\dot{Z} = F(Z) \, , \quad Z(0) = \varphi(t, X) = Y \, .$$

Aber nach Definition des Flusses ist auch $\Phi(s) := \varphi(s, Y)$ diese maximale Lösung. Die beiden Funktionen müssen daher übereinstimmen, sobald s in ihrem gemeinsamen Definitionsbereich liegt, d. h. sobald $(s, Y) \in G$ ist.

<u>Zu c.</u>: $\varphi_0(X) \equiv X$ ist klar. Nun sei $(t_0, X) \in G$, $Y := \varphi(t_0, X)$. Dann sind die beiden Funktionen

$$\Phi(t) := \varphi(t, X) \quad \text{und} \quad \Psi(t) := \varphi(t - t_0, Y)$$

maximale Lösungen der Anfangswertaufgabe

$$\dot{Z} = F(Z), \quad Z(t_0) = Y.$$

Sie stimmen also überein, einschließlich ihrer Definitionsbereiche. Offensichtlich liegt $t = 0$ im Definitionsbereich von Φ, also auch in dem von Ψ, und wir haben

$$X = \Phi(0) = \Psi(0) = \varphi(-t_0, Y),$$

wie behauptet. □

Bemerkung: Ist $G = \mathbb{R} \times \Omega$ (was in den physikalischen Anwendungen meist der Fall ist), so ergeben die Teile b., c. des letzten Theorems die für alle $s, t \in \mathbb{R}$ gültigen Rechenregeln

$$\varphi_s \circ \varphi_t = \varphi_{s+t}, \quad \varphi_0 = \text{id}, \quad \varphi_{-t} = \varphi_t^{-1}. \tag{20.33}$$

Dabei ist mit id die *identische Abbildung* $\Omega \to \Omega$ gemeint, die jedes $X \in \Omega$ in sich überführt.

Beispiel: Wir wählen für F ein *lineares* Vektorfeld, d. h. $F(X) := AX$ mit einer festen reellen $n \times n$-Matrix A. Der Definitionsbereich ist $\Omega = \mathbb{R}^n$. Nach Satz 19.3 ist der zugehörige Fluss gegeben durch

$$\varphi(t, X) = e^{tA} X.$$

Damit erweisen sich die Rechenregeln aus Thm. 19.4b., c. als Spezialfälle von (20.33).

Die dynamische und geometrische Sichtweise, die wir hier in den Vordergrund stellen, motiviert weitere Terminologie:

Definitionen 20.16. *Gegeben sei das autonome System (20.26) mit* $F :$ $\Omega \longrightarrow \mathbb{R}^n$, $F \in \mathcal{E}(\Omega)$.

a. *Dann nennt man den X-Raum $\mathbb{R}_X^n$ den* Phasenraum *(= Zustandsraum) und den (t, X)-Raum $\mathbb{R}^{n+1} = \mathbb{R}_t \times \mathbb{R}_X^n$ den* Lösungsraum *von (20.26).*

b. *Ist $X = \Phi(t)$, $\alpha < t < \beta$, eine maximale Lösung von (20.26), so nennt man den Graph*

$$\left\{ (t, \Phi(t)) \in \mathbb{R}^{n+1} \mid \alpha < t < \beta \right\} \tag{20.34}$$

eine Lösungskurve *von (20.26) und dessen Projektion in den Phasenraum*

$$\Gamma = \{ X = \Phi(t) \mid \alpha < t < \beta \} \tag{20.35}$$

eine Trajektorie *(= Bahn = Orbit) von (20.26). Die Gesamtheit aller Trajektorien von (20.26) nennt man das* Phasenbild *oder* Phasenporträt.

Obwohl im Falle $F \in \mathcal{E}(\Omega)$ durch jeden Punkt $(t_0, X_0) \in \mathbb{R} \times \Omega$ genau eine Lösungskurve geht, folgt daraus noch nicht, dass durch jedes $X_0 \in \Omega$ genau eine Trajektorie geht. Jedoch folgt aus Satz 20.13, dass Lösungskurven, die zu verschiedenen Zeiten durch denselben Punkt $X_0 \in \Omega$ gehen, lediglich Umparametrisierungen voneinander sind und daher dieselbe Trajektorie darstellen. Wir haben also

Satz 20.17. *Ist $F \in \mathcal{E}(\Omega)$, so geht durch jeden Punkt $X_0 \in \Omega$ genau eine Trajektorie von (20.26).*

Das Phasenbild liefert also eine Zerlegung von Ω in disjunkte Kurven, nämlich die einzelnen Trajektorien. Interessante Phasenbilder erhält man schon mit linearen Systemen für zwei Variable, und wir werden solche Beispiele am Schluss (Abschn. E.) ausführlich diskutieren.

Wir fragen uns nun, welche Arten von Trajektorien bei autonomen Systemen möglich sind. Die einfachste Trajektorie ist natürlich ein einzelner Punkt, und man überlegt sich sofort folgendes:

$\qquad X_0 \in \Omega$ bildet eine Trajektorie

$\Longleftrightarrow \quad$ die konstante Funktion $\varPhi(t) \equiv X_0$ ist eine Lösung von (20.26)

$\Longleftrightarrow \quad F(X_0) = 0$.

Daher definieren wir:

Definitionen 20.18. *Gegeben sei das autonome Differenzialgleichungssystem (20.26) mit $F : \Omega \longrightarrow \mathbb{R}^n$, $F \in \mathcal{E}(\Omega)$.*

a. *Ein Punkt $X_0 \in \Omega$ mit $F(X_0) = 0$ heißt ein* kritischer Punkt *oder* singulärer Punkt *von (20.26).*

b. *Ist $X_0 \in \Omega$ ein kritischer Punkt von (20.26), so heißt die konstante Lösung*

$$X = \varPhi(t) \equiv X_0, \quad t \in \mathbb{R} \tag{20.36}$$

eine Gleichgewichts- oder Ruhelage *von (20.26).*

Damit können wir beweisen:

Satz 20.19. *Für eine Trajektorie $\varGamma$ des autonomen Systems (20.26) gibt es folgende Möglichkeiten:*

a. *$\varGamma = \{X_0\}$ ist eine Gleichgewichtslage;*

b. *$\varGamma$ ist eine offene glatte JORDAN-Kurve;*

c. *$\varGamma$ ist eine geschlossene glatte JORDAN-Kurve.*

Beweis. Sei $\varGamma$ eine Trajektorie von (20.26).

a. Wenn ein kritischer Punkt X_0 auf $\varGamma$ liegt, so ist $\varGamma = \{X_0\}$, weil nach Satz 20.17 durch jeden Punkt nur eine Trajektorie geht.

b. Wenn Γ keinen singulären Punkt enthält, dann ist nach Definition 20.16

$$\Gamma = \{X = \Phi(t) \mid \alpha < t < \beta\} \quad \text{mit} \quad \Phi'(t) \neq 0, \ \alpha < t < \beta$$

d. h. eine glatte, reguläre JORDAN-Kurve, so dass im Falle

$$\Phi(t_1) \neq \Phi(t_2) \quad \text{für alle} \quad \alpha < t_1 < t_2 < \beta$$

der Fall b. vorliegt.

c. Angenommen, es gilt

$$\Phi(t_1) = \Phi(t_2) \quad \text{für gewisse} \quad \alpha < t_1 < t_2 < \beta \ .$$

Nach Satz 20.13 ist dann

$$\Psi(t) := \Phi(t + t_2 - t_1), \quad \alpha + t_1 - t_2 < t < \beta + t_1 - t_2$$

eine weitere maximale Lösung, welche durch den Punkt

$$(t_1, \Phi(t_2)) = (t_1, \Phi(t_1)) \in \mathbb{R} \times \Omega$$

geht. Wegen $F \in \mathcal{E}(\Omega)$ muss also $\Phi = \Psi$ gelten, d. h.

$$\Phi(t + t_2 - t_1) = \Phi(t) \ , \tag{20.37}$$

$$\alpha + t_1 - t_2 = \alpha \ , \quad \beta + t_1 - t_2 = \beta \ , \tag{20.38}$$

weil die beiden maximalen Lösungen übereinstimmen. Wegen $t_1 \neq t_2$ kann aber (20.38) nur gelten, wenn

$$\alpha = -\infty \quad \text{und} \quad \beta = +\infty$$

ist, d. h. wenn $\Phi(t)$ auf ganz $\mathbb{R}$ definiert ist, und (20.37) besagt dann, dass $\Phi(t)$ eine periodische Funktion ist mit einer Periode $p = t_2 - t_1 > 0$, die allerdings nicht minimal zu sein braucht.

$\square$

D. Stabilität im Sinne von LJAPUNOW

Wir betrachten das Differenzialgleichungssystem

$$\dot{X} = F(t, X) \ , \tag{20.39}$$

wobei $F : D \longrightarrow \mathbb{R}^n$ stetig, $D \subseteq \mathbb{R}^{n+1}$ offen, und $F \in \mathcal{E}(D)$ ist. Wir setzen ferner voraus, dass die eindeutige maximale Lösung

$$X = \Phi(t; t_0, X_0) \tag{20.40}$$

von (20.39), die durch den Punkt $(t_0, X_0) \in D$ geht, für alle $t \geq t_0$ definiert ist. Ist dann

$$X = \Phi(t; t_0, Y_0)$$

eine zweite für alle $t \geq t_0$ definierte Lösung, so fragen wir, ob $\|\Phi(t; t_0, X_0) - \Phi(t; t_0, Y_0)\|$ für alle $t \geq t_0$ klein bleibt, wenn $\|X_0 - Y_0\|$ klein ist. Solange t nur auf einem *kompakten* Teilintervall von $[t_0, \infty[$ variieren darf, ist diese Frage grundsätzlich mit ja zu beantworten, wie Thm. 20.10 zeigt. Bei vielen praktischen Anwendungen spielt sich jedoch die innere Dynamik des Systems auf einer wesentlich kleineren Zeitskala ab als die äußeren Veränderungen seiner Parameter, und in solchen Fällen ist das Studium des asymptotischen Verhaltens der Abweichung zweier Lösungen voneinander für $t \to \infty$ die wesentlich angemessenere Fragestellung.

Die Fragestellung lässt sich etwas vereinfachen, wenn man das System (20.39) transformiert. Dazu gehen wir aus von der Lösung (20.40) durch (t_0, X_0) und machen die Transformation

$$X = Y + \Phi(t; t_0, X_0) \,. \tag{20.41}$$

Einsetzen in (20.39) ergibt

$$\dot{X} = \dot{Y} + \frac{\partial}{\partial t}\Phi(t; t_0, X_0) = \dot{Y} + F(t, \Phi(t; t_0, X_0))$$
$$= F(t, Y + \Phi(t; t_0, X_0)) \,,$$

d. h. wir bekommen das transformierte Differenzialgleichungssystem

$$\dot{Y} = G(t, Y) := F(t, Y + \Phi(t; t_0, X_0)) - F(t, \Phi(t; t_0, X_0)) \tag{20.42}$$

mit der Eigenschaft

$$G(t, 0) = 0 \,, \tag{20.43}$$

bei dem also $Y(t) \equiv 0$ eine Lösung ist. Wir nennen auch diese konstante Lösung eine *Ruhelage*. Unser Problem ist also äquivalent zu folgender spezieller Fragestellung:

Definitionen 20.20. *Gegeben sei das Differenzialgleichungssystem (20.39), wobei $F \in \mathcal{E}(\mathbb{R}^{n+1})$ und $F(t, 0) = 0$.*

   a. *Die Ruhelage $X = 0$ von (20.39) heißt* stabil, *wenn es zu jedem $\varepsilon > 0$ ein $\delta = \delta(\varepsilon) > 0$ gibt, so dass*

$$\|\Phi(t; 0, X_0)\| < \varepsilon \quad \textit{für alle} \quad t \geq 0 \,, \tag{20.44}$$

   falls $\|X_0\| < \delta$.

   b. *Die Ruhelage $X = 0$ von (20.39) heißt* attraktiv *oder ein* Attraktor, *wenn es ein $\delta > 0$ gibt, so dass*

$$\lim_{t \longrightarrow +\infty} \|\Phi(t; 0, X_0)\| = 0 \,, \quad \textit{sobald} \quad \|X_0\| < \delta \,. \tag{20.45}$$

Die Menge

$$\left\{ X_0 \mid \lim_{t \longrightarrow +\infty} \Phi(t; 0, X_0) = 0 \right\} \tag{20.46}$$

heißt der Einzugsbereich *des Attraktors* $X = 0$.

c. *Die Ruhelage* $X = 0$ *heißt* asymptotisch stabil, *wenn sie ein stabiler Attraktor ist.*

d. *Die Ruhelage* $X = 0$ *heißt* instabil, *wenn sie nicht stabil ist.*

Beispiel: Die Ruhelage $x = 0$ der Differenzialgleichung $\dot{x} = \lambda x$ ist

- asymptotisch stabil, wenn $\lambda < 0$,
- stabil, aber kein Attraktor, wenn $\lambda = 0$, und
- instabil, wenn $\lambda > 0$.

Bemerkung: In älterer Literatur wird zwischen „attraktiv" und „asymptotisch stabil" nicht unterschieden. Das liegt daran, dass die Existenz von instabilen Attraktoren lange Zeit unbemerkt blieb.

Eine allgemeine Methode zur Untersuchung der Stabilität von Lösungen ist die sogenannte *direkte Methode von* LJAPUNOW, die wir kurz skizzieren wollen. Dabei beschränken wir uns auf autonome Systeme und verweisen für allgemeinere Fälle und auch für die Einzelheiten der Beweise auf die mathematischen Lehrbücher, etwa auf [5], [41] oder [35].

Gegeben sei also das autonome Differenzialgleichungssystem

$$\dot{X} = F(X), \quad F \in \mathcal{E}(\Omega), \quad \text{mit} \quad F(0) = 0, \tag{20.47}$$

d. h. $X = 0$ ist Ruhelage. Sei $\varphi : G \longrightarrow \Omega$ der zugehörige Fluss, und sei $V \in C^1(\Omega)$ eine reelle Funktion. Dann ist nach der Kettenregel

$$\dot{V}(X) := \left. \frac{\mathrm{d}}{\mathrm{d}t} V(\varphi(t, X)) \right|_{t=0} = \operatorname{grad} V(X) \cdot F(X). \tag{20.48}$$

Wegen $\varphi(t + \tau, X) = \varphi_\tau(\varphi(t, X))$ folgt hieraus

$$\dot{V}(\varphi(t, X)) := \frac{\mathrm{d}}{\mathrm{d}t} V(\varphi(t, X)) = \operatorname{grad} V(\varphi(t, X)) \cdot F(\varphi(t, X)). \tag{20.49}$$

Ist also in einer gewissen offenen Teilmenge $\mathcal{U} \subseteq \Omega$ etwa $\dot{V} < 0$ (bzw. > 0), so ist V entlang einer Trajektorie mit fortschreitender Zeit streng monoton fallend (bzw. wachsend), jedenfalls solange diese Trajektorie in $\mathcal{U}$ verläuft. Findet man also in einer offenen Umgebung $\mathcal{U}$ des Nullpunkts eine geeignete Funktion V, für die das Vorzeichen von V und $\dot{V}$ in $\mathcal{U}$ bekannt ist, so kann man Aussagen über den Verlauf der Trajektorien machen, die durch $\mathcal{U}$ laufen, also auch Aussagen über Stabilität oder Instabilität der Ruhelage $X = 0$.

In diesem Zusammenhang ist die folgende Terminologie üblich:

Definitionen 20.21.

a. *Sei $\Omega \subseteq \mathbb{R}^n$ ein Gebiet mit $0 \in \Omega$ und sei $V : \Omega \longrightarrow \mathbb{R}$ eine C^1-Funktion. Dann heißt V* positiv (negativ) definit, *wenn*

$$V(0) = 0 \quad und \quad V(x) > 0 \; (V(x) < 0), \quad x \in \Omega \setminus \{0\}$$

und positiv (negativ) semidefinit, *wenn*

$$V(0) = 0 \quad und \quad V(x) \geq 0 \; (V(x) \leq 0), \quad x \in \Omega .$$

b. *Sei weiterhin ein Vektorfeld $F \in \mathcal{E}(\Omega)$ mit Fluss φ gegeben. Dann heißt die durch (20.48) gegebene Funktion $\dot{V}$ die* orbitale Ableitung *von V.*

Grob gesprochen, kann man sagen, dass für eine positiv definite C^1-Funktion V die Beziehung

$$\dot{V} = \operatorname{grad} V(X) \cdot F(X) > 0 \tag{20.50}$$

ein Kriterium für Instabilität ist und $\dot{V} < 0$ ein Kriterium für Stabilität.

Ist z.B. V positiv definit und $\dot{V}$ negativ definit, so betrachtet man $\mathcal{U} := V^{-1}([0, c[)$ für ein $c > 0$ sowie $S := V^{-1}(c)$. Dann ist $\mathcal{U}$ eine offene Umgebung des Nullpunkts und $S = \partial\mathcal{U}$. Geometrisch kann man sich S als eine Hyperfläche vorstellen, die $\mathcal{U}$ berandet. Wegen $\nabla V(Y) \cdot F(Y) = \dot{V}(Y) < 0$ für $Y \in S$ können Trajektorien von F den Rand von $\mathcal{U}$ nur so kreuzen, dass der Geschwindigkeitsvektor an die Trajektorie mit der äußeren Normalen an die Hyperfläche einen stumpfen Winkel bildet, also „von außen nach innen" (vgl. Abb. 20.2). Wenn sich die Trajektorie für $t = 0$ in $\mathcal{U}$ befindet, so kann sie $\mathcal{U}$ daher nicht mehr verlassen.

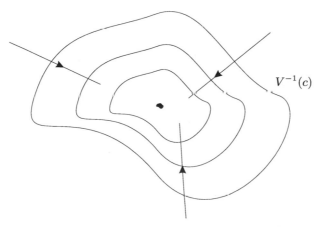

$V^{-1}(c)$

Abb. 20.2. Niveaulinien einer LJAPUNOW-Funktion und Verlauf des Vektorfelds

Der weitere Ausbau solcher Überlegungen führt zu dem folgenden wichtigen Satz:

Satz 20.22 (*Stabilitätssatz von* LJAPUNOW). *Gegeben sei das autonome System (20.47). Sei* $V : \Omega \longrightarrow \mathbb{R}$ *eine positiv definite* C^1*-Funktion und es sei*

$$\dot{V}(X) := \operatorname{grad} V(X) \cdot F(X)$$

ihre orbitale Ableitung.

   a. Ist $\dot{V}$ *negativ semidefinit in* Ω*, so ist die Ruhelage* $X = 0$ *stabil.*

   b. Ist $\dot{V}$ *negativ definit in* Ω*, so ist die Ruhelage asymptotisch stabil.*

Beweis. Wir übergehen den etwas komplizierteren Teil b. und beweisen hier nur Teil a.

Sei $\varepsilon > 0$ gegeben, und zwar so klein, dass die abgeschlossene Kugel $B_\varepsilon(0)$ noch in Ω liegt. Auf der kompakten Menge $S_\varepsilon(0) = \{X \mid \|X\| = \varepsilon\}$ nimmt die positiv definite stetige Funktion V ein positives Minimum c_0 an (Thm. 14.7). Setze

$$\mathcal{U} := U_\varepsilon(0) \cap V^{-1}([0, c_0[) \,.$$

Dies ist eine offene Menge, die den Nullpunkt enthält. Wähle $\delta > 0$ so klein, dass $U_\delta(0) \subseteq \mathcal{U}$. Für $X_0 \in U_\delta(0)$ ist dann $V(X_0) < c_0$. Die *positive Halbtrajektorie*

$$\Gamma^+ := \{\varphi(t, X_0) \mid t \geq 0\}$$

ist dann in $U_\varepsilon(0)$ enthalten. Anderenfalls müsste nämlich ein Punkt $Z \in \Gamma^+ \cap S_\varepsilon(0)$ existieren, und es wäre $V(Z) \geq c_0$. Aber wegen $\dot{V} \leq 0$ ist $t \mapsto V(\varphi(t, X_0))$ monoton fallend, also $V(Z) \leq V(X_0) < c_0$ für alle $Z \in \Gamma^+$. $\square$

Eine Funktion V, die die Voraussetzungen von Teil a. (bzw. Teil b.) erfüllt, wird oft als LJAPUNOW-*Funktion* (bzw. *strikte* LJAPUNOW-*Funktion*) bezeichnet. Der Sprachgebrauch ist jedoch nicht völlig einheitlich, und man kann sich unter einer LJAPUNOW-Funktion im Prinzip jede Funktion vorstellen, die in der beschriebenen Weise zur Beurteilung der Stabilität herangezogen wird. Insbesondere gibt es auch ein hinreichendes Kriterium für *Instabilität*, das mit solchen Funktionen arbeitet. Es ist allerdings komplizierter, und wir verzichten auf Details.

Das Problem bei der Anwendung des LJAPUNOW'schen Stabilitätssatzes und verwandter Sätze besteht darin, eine passende LJAPUNOW-Funktion zu finden. In der Physik kann man häufig die Energie verwenden. Die Bewegungsgleichungen eines mechanischen Systems zum Beispiel bilden zwar ein System 2. Ordnung, aber wenn man sie in der üblichen Weise in ein System 1. Ordnung (mit doppelt so vielen Gleichungen) umwandelt, so ist die mechanische Energie eine Funktion auf dem entsprechenden Phasenraum. Hat das System Reibung, so verliert es während seiner Bewegung ständig mechanische Energie, und das bedeutet nichts anderes als dass die mechanische Energie hier eine LJAPUNOW-Funktion darstellt.

Beispiel: Wir betrachten das nicht-lineare System

$$\dot{x} = -y - x^3 \,,$$
$$\dot{y} = x - y^3 \quad \text{mit Ruhelage} \quad (x, y) = (0, 0) \,.$$

Als LJAPUNOW-Funktion wählen wir

$$V(x, y) = x^2 + y^2 \,,$$

die sicher positiv definit auf dem $\mathbb{R}^2$ ist. Für die orbitale Ableitung ergibt sich

$$\dot{V}(x, y) = \nabla V(x, y) \cdot F(x, y)$$
$$= 2x(-y - x^3) + 2y(x - y^3) = -2x^4 - 2y^4 < 0 \,,$$

d. h. die Ruhelage ist asymptotisch stabil und der ganze $\mathbb{R}^2$ ist Einzugsbereich.

Das System im obigen Beispiel ist ein sogenanntes *gestörtes lineares System* der allgemeinen Form

$$\dot{X} = AX + G(X) \,, \quad A \in \mathbb{R}_{n \times n} \,.$$

Für solche Systeme vereinfachen sich die Stabilitätsuntersuchungen, wie wir nun zeigen wollen.

Wir betrachten zunächst die Ruhelage $X = 0$ des linearen Systems:

$$\dot{X} = AX \quad \text{mit} \quad A \in \mathbb{R}_{n \times n} \,. \tag{20.51}$$

Nach Thm. 8.6 besteht ein Fundamentalsystem von Lösungen zu (20.51) aus Vektorfunktionen der Form

$$X = \Phi(t) = P(t) e^{\alpha t} \begin{cases} \cos \beta t \\ \sin \beta t \end{cases} \,, \tag{20.52}$$

wobei $\lambda = \alpha + i\beta$ ein Eigenwert der Vielfachheit s von A und $P(t)$ ein Vektorpolynom vom Grade $s - 1$ ist. Über Stabilität entscheiden daher allein die Realteile α der Eigenwerte. Das bekannte asymptotische Verhalten der Exponentialfunktion für $t \to \infty$ ergibt nämlich für $\alpha \neq 0$ die beiden Fälle:

(i) $\alpha < 0$ und $\delta > 0$ so gewählt, dass $\alpha + \delta < 0 \implies \|\Phi(t)\| e^{\delta t}$ bleibt beschränkt für $t \to \infty$,

(ii) $\alpha > 0$ und $\delta > 0$ so gewählt, dass $\alpha - \delta > 0 \implies \|\Phi(t)\| e^{-\delta t}$ ist unbeschränkt auf $[0, \infty[$.

Tritt Fall (i) für *alle* Eigenwerte ein, so haben wir also eine Fundamentalmatrix $Z(t)$, bei der $\|Z(t)\| e^{\delta t}$ für genügend kleines $\delta > 0$ auf $[0, \infty[$ beschränkt bleibt. Da sich zwei Fundamentalmatrizen aber nur um eine konstante Matrix unterscheiden, gilt dies dann aber auch für jede andere Fundamentalmatrix, z. B. für die Exponentialmatrix e^{tA}. So erkennt man schließlich:

Satz 20.23. *Gegeben sei das lineare System (20.51) und es seien* $\lambda_1, \ldots, \lambda_p \in$ $\mathbb{C}$ *die verschiedenen Eigenwerte von A. Wir setzen*

$$\gamma := \max\{Re\,\lambda_i \mid i = 1, \ldots, p\} \, . \tag{20.53}$$

Dann ist die Gleichgewichtslage $X = 0$

a. *asymptotisch stabil, falls* $\gamma < 0$,
b. *instabil, falls* $\gamma > 0$,
c. *nicht asymptotisch stabil im Falle* $\gamma = 0$, *wobei Stabilität vorliegt, wenn alle Vektorpolynome* $P(t)$ *in (20.52) den Grad 0 haben. Anderenfalls liegt Instabilität vor.*
d. *(Verschärfung von a.) Ist* $\delta > 0$ *so, dass* $\gamma + \delta < 0$, *so gilt für eine geeignete Konstante* $C = C(\delta) > 0$:

$$\|e^{tA}\| \leq Ce^{\delta t} \quad \text{für alle} \quad t \geq 0 \, . \tag{20.54}$$

Den leichten Beweis genau auszuführen, ist eine gute Übung.

Dieses Ergebnis für lineare Systeme lässt sich auf sogenannte *gestörte lineare Systeme*

$$\dot{X} = AX + G(t, X) \, , \quad A \in \mathbb{R}_{n \times n} \tag{20.55}$$

übertragen, vorausgesetzt, die *Störung* $G : \mathbb{R}_t \times \mathbb{R}_X^n \longrightarrow \mathbb{R}^n$ ist stetig und erfüllt

$$G(t, 0) \equiv 0 \quad \text{und} \quad \lim_{x \longrightarrow 0} \frac{G(X)}{\|X\|} = 0 \tag{20.56}$$

gleichmäßig für $t \geq 0$. Das besagt, dass das System (20.55) ebenfalls $X = 0$ als Ruhelage hat und dass die Störung bei $X = 0$ von höherer Ordnung verschwindet, so dass sich das System (20.55) in der Nähe von $X = 0$ wie das lineare System (20.51) verhält. Diese Überlegung macht den folgenden fundamentalen Satz plausibel:

Theorem 20.24 (*Prinzip der linearisierten Stabilität*). *Gegeben sei das gestörte lineare Differenzialgleichungssystem (20.55) mit den Voraussetzungen (20.56). Sind dann* λ_i, $i = 1, \ldots, p$ *die verschiedenen Eigenwerte von A,* γ *wieder durch (20.53) definiert, so gilt*

a. *Ist* $\gamma < 0$, *so ist die Ruhelage* $X = 0$ *von (20.55) asymptotisch stabil.*
b. *Ist* $\gamma > 0$, *so ist die Ruhelage* $X = 0$ *instabil.*

Bemerkung: Ist $\gamma = 0$, so kann die Störung $G(t, X)$ das Stabilitätsverhalten der Ruhelage $X = 0$ beeinflussen.

In [35], S. 296 findet man einen besonders originellen Beweis von Thm. 20.24 (zumindest für den autonomen Fall), bei dem die direkte Methode von LJAPUNOW verwendet wird.

Bei autonomen Systemen führt das Prinzip der linearisierten Stabilität zu einem Kriterium, das rechnerisch sehr leicht zu handhaben ist:

Korollar 20.25. *Sei $\Omega \subseteq \mathbb{R}^n$ eine offene Teilmenge, $F \in C^1(\Omega, \mathbb{R}^n)$, und sei $X_0 \in \Omega$ eine Ruhelage für das autonome System $\dot{X} = F(X)$. Schließlich sei γ das Maximum der Realteile der Eigenwerte der JACOBI-Matrix $A := JF(X_0)$. Die Ruhelage X_0 ist dann asymptotisch stabil, wenn $\gamma < 0$, und instabil, wenn $\gamma > 0$.*

Beweis. Nach Satz 9.15b. ist A die totale Ableitung der Vektorfunktion F im Punkt X_0. Das bedeutet (vgl. Def. 9.14), dass

$$F(X) = \underbrace{F(X_0)}_{= 0} + A(X - X_0) + G(X)$$

mit

$$\lim_{X \longrightarrow X_0} \frac{\|G(X)\|}{\|X - X_0\|} = 0 \, .$$

Wird nun mittels (20.41) die Lösung $\Phi(t; 0, X_0) \equiv X_0$ in die Ruhelage $X = 0$ transformiert, so erfüllt die transformierte Gleichung offenbar die Voraussetzungen von Thm. 20.24, und es folgt die Behauptung. $\qquad\Box$

E. Phasenbilder ebener linearer Flüsse (Beispielsammlung)

In diesem Abschnitt betrachten wir ein zweidimensionales lineares System

$$\dot{X} = AX \quad \text{mit} \quad X = \begin{pmatrix} x_1 \\ x_2 \end{pmatrix}, \quad A = \begin{pmatrix} a_{11} & a_{12} \\ a_{21} & a_{22} \end{pmatrix} \in \mathbb{R}_{2 \times 2} \, , \qquad (20.57)$$

d. h.

$$\dot{x}_1 = a_{11} x_1 + a_{12} x_2$$
$$\dot{x}_2 = a_{21} x_1 + a_{22} x_2 \, .$$

Das System ist autonom, und wenn wir noch $\det A \neq 0$ voraussetzen, so hat es $X = (0, 0)$ als einzigen kritischen Punkt, so dass

$$\Phi(t) = \begin{pmatrix} 0 \\ 0 \end{pmatrix} \quad \text{für} \quad t \in \mathbb{R}$$

die eindeutige *Ruhelage* des Systems (20.57) ist. Wir interessieren uns für das *Phasenbild*, d. h. den Verlauf der Trajektorien in der (x_1, x_2)-Ebene. Dieser hängt im Wesentlichen von den Eigenwerten der Matrix A ab, wobei insgesamt drei Fälle unterschieden werden müssen.

A. Verschiedene reelle Eigenwerte λ_1, λ_2 von A:

Seien also $\lambda_1 \neq \lambda_2 \in \mathbb{R}$ die Eigenwerte von A und seien

$$C_1 = \begin{pmatrix} c_{11} \\ c_{21} \end{pmatrix} , \quad C_2 = \begin{pmatrix} c_{12} \\ c_{22} \end{pmatrix}$$

zugehörige Eigenvektoren. Diese sind dann linear unabhängig nach Satz 7.9b. und bilden eine Basis des $\mathbb{R}^2$. Das entsprechende Fundamentalsystem besteht nun nach Thm. 8.6 aus den beiden Lösungen

$$\Phi_j(t) = C_j \, \mathrm{e}^{\lambda_j t} , \quad j = 1, 2, \quad t \in \mathbb{R} .$$

Wir betrachten die Anfangswertaufgabe

$$\dot{X} = AX , \quad X(0) = X_0 , \tag{20.58}$$

deren eindeutige Lösung gerade $\varphi(t, X_0) = \mathrm{e}^{tA} X_0$ ist.

Diese Lösung beschreiben wir in einem (y_1, y_2)-Koordinatensystem, das die Eigenvektoren C_1, C_2 als Basis hat. Sei dazu

$$X_0 = \begin{pmatrix} x_1^0 \\ x_2^0 \end{pmatrix} = x_1^0 E^1 + x_2^0 E^2 = y_1^0 C_1 + y_2^0 C_2 \tag{20.59}$$

der Anfangswert. Die Lösung $\varphi(t, X_0)$ kann man dann mit dem obigen Fundamentalsystem folgendermaßen schreiben:

$$\varphi(t, X_0) = y_1^0 \Phi_1(t) + y_2^0 \Phi_2(t) = y_1^0 \, \mathrm{e}^{\lambda_1 t} C_1 + y_2^0 \, \mathrm{e}^{\lambda_2 t} C_2 . \tag{20.60}$$

Wir setzen zur Abkürzung

$$y_1 = y_1(t) = y_1^0 \, \mathrm{e}^{\lambda_1 t} , \; y_2 = y_2(t) = y_2^0 \, \mathrm{e}^{\lambda_2 t} , \; Y = Y(t) = \begin{pmatrix} y_1(t) \\ y_2(t) \end{pmatrix} . \tag{20.61}$$

Diese Gleichungen stellen dann die Parameterdarstellung einer Trajektorie durch den Punkt (y_1^0, y_2^0) in der (y_1, y_2)-Ebene dar. Um den Kurventyp dieser Trajektorien festzustellen, unterscheiden wir drei Fälle:

a. $\lambda_1 < 0 < \lambda_2$ oder $\lambda_2 < 0 < \lambda_1$

d. h. die Eigenwerte haben verschiedene Vorzeichen. Dann ist

$$\lambda_1 |\lambda_2| = -\lambda_2 |\lambda_1|$$

und aus den Gleichungen

$$|y_1|^{|\lambda_2|} = |y_1^0|^{|\lambda_2|} \, \mathrm{e}^{\lambda_1 |\lambda_2| t} , \quad |y_2|^{|\lambda_1|} = |y_2^0|^{|\lambda_1|} \, \mathrm{e}^{\lambda_2 |\lambda_1| t}$$

folgt dann

$$|y_1|^{|\lambda_2|} \cdot |y_2|^{|\lambda_1|} = |y_1^0|^{|\lambda_2|} |y_2^0|^{|\lambda_1|} = \mathrm{const} . \tag{20.62}$$

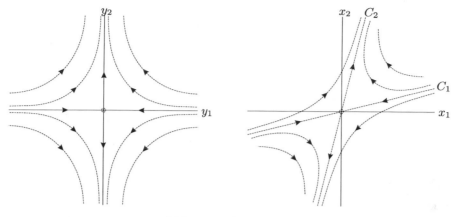

Abb. 20.3. $\lambda_1 < 0 < \lambda_2$

Diese Gleichungen beschreiben Kurven in der (y_1, y_2)-Ebene, die qualitativ wie Hyperbeln aussehen, so dass das Phasenbild (für den Fall $\lambda_1 < 0 < \lambda_2$) aussieht wie die linke Hälfte von Abb. 20.3.

Im (x_1, x_2)-Koordinatensystem sind die Eigenvektoren i. A. nicht orthogonal, so dass das effektive Phasenbild verzerrt wird, wie es die rechte Hälfte von Abb. 20.3 zeigt.

Bei einem solchen Phasenbild nennt man die Ruhelage $X = 0$ einen *Sattelpunkt* des Systems. Wie man sieht und wie auch aus der Eigenwertbedingung a. folgt, liegt nach Satz 20.23b. ein *instabiler Sattel* vor. Es ist zu beachten, dass keine Trajektorien durch $X = 0$ laufen (was auch Satz 20.17 widersprechen würde, da $X = 0$ selbst eine Trajektorie ist). Wie aus (20.61) folgt, wird $X = Y = 0$ entlang der y_1-Achse im Fall $\lambda_1 < 0$, bzw. entlang der y_2-Achse im Fall $\lambda_2 < 0$ erst für $t \longrightarrow +\infty$ näherungsweise erreicht.

b. $\lambda_1 \cdot \lambda_2 > 0$,

d. h. beide Eigenwerte haben das gleiche Vorzeichen. Wir betrachten zunächst Spezialfälle:

(i) $y_1^0 = 0$. Dann folgt aus (20.61)

$$y_1(t) = 0, \quad y_2(t) = y_2^0 \, e^{\lambda_2 t} \,,$$

d. h. es ergeben sich die Halbgeraden

$$y_1 = 0, \, y_2 > 0 \quad \text{bzw.} \quad y_1 = 0, \, y_2 < 0$$

als Trajektorien.

(ii) $y_2^0 = 0$. Dann folgt aus (20.61)

$$y_1(t) = y_1^0 \, e^{\lambda_1 t} \,, \quad y_2(t) = 0 \,,$$

d. h. es ergeben sich die Halbgeraden

$$y_1 > 0\,,\ y_2 = 0 \quad \text{bzw.} \quad y_1 < 0\,,\ y_2 = 0$$

als Trajektorien.

(iii) Nun sei $y_1^0 \neq 0$ und $y_2^0 \neq 0$. Dann folgt aus (20.61)

$$|y_1|^{|\lambda_2|} = |y_1^0|^{|\lambda_2|}\,\mathrm{e}^{\lambda_1\lambda_2 t}\,, \quad |y_2|^{|\lambda_1|} = |y_2^0|^{|\lambda_2|}\,\mathrm{e}^{\lambda_1\lambda_2 t}\,.$$

Division und Auflösen nach $|y_2|$ liefert:

$$|y_2| = \frac{|y_2^0|}{|y_1^0|^{|\lambda_2/\lambda_1|}}\,|y_1|^{\lambda_1/\lambda_2}\,. \tag{20.63}$$

Dies stellt die Gleichung einer parabelähnlichen Kurve dar und zwar mit

- y_1-Achse als Tangente in 0, falls $|\lambda_1| > |\lambda_2|$,
- y_2-Achse als Tangente in 0, falls $|\lambda_1| < |\lambda_2|$.

In der (y_1, y_2)-Ebene ergeben sich für positive Eigenwerte die Phasenbilder aus den Abbildungen 20.4a und 20.4b. Bei negativen Eigenwerten werden dieselben Trajektorien in umgekehrter Richtung durchlaufen.

Im (x_1, x_2)-Koordinatensystem werden die Phasenbilder entsprechend der Richtungen der Eigenvektoren verzerrt.

In den Fällen $0 > \lambda_2 > \lambda_1$ und $0 > \lambda_1 > \lambda_2$ nennt man den kritischen Punkt $X = 0$ einen *stabilen Knoten*, in den Fällen $\lambda_1 > \lambda_2 > 0$ und $\lambda_2 > \lambda_1 > 0$ einen *instabilen Knoten*.

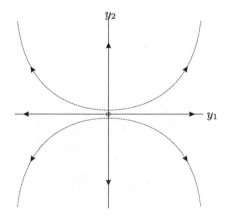

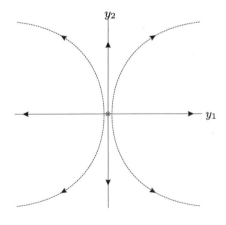

Abb.   20.4a.
$\lambda_1 > \lambda_2 > 0$

Abb.   20.4b.
$\lambda_2 > \lambda_1 > 0$

c. $\lambda_1 \cdot \lambda_2 = 0$,

d. h. es ist ein Eigenwert $\lambda_i = 0$. Ist $\lambda_2 = 0$, $\lambda_1 \neq 0$, so ist

$$y_1(t) = y_1^0 \, e^{\lambda_1 t} \, , \ y_2(t) = y_2^0 = \text{const} \, .$$

Daraus folgt zunächst, dass jeder Punkt auf der y_2-Achse, d. h. $y_1^0 = 0$ ein singulärer Punkt ist. Im Falle $y_1^0 \neq 0$ sind die Trajektorien $y_2 = \text{const}$ Parallelen zur y_1-Achse.

Ist $\lambda_1 = 0$, $\lambda_2 \neq 0$, so ist

$$y_1(t) = y_1^0 = \text{const} \, , \ y_2(t) = y_2^0 \, e^{\lambda_2 t} \, .$$

In diesem Fall besteht die y_1-Achse aus singulären Punkten und die übrigen Trajektorien sind Parallelen zur y_2-Achse. Im (x_1, x_2)-Koordinatensystem werden diese Phasenbilder entsprechend den Richtungen der Eigenvektoren verzerrt:

B. Komplexe Eigenwerte

Es seien jetzt

$$\lambda_1 = \alpha + i\beta \, , \quad \lambda_2 = \alpha - i\beta \, , \quad \beta \neq 0$$

die Eigenwerte der Matrix A. Nach 8.6 hat dann das Differenzialgleichungssystem (20.57) die beiden linear unabhängigen reellen Lösungen

$$\Psi_1(t) = e^{\alpha t} \left(B_1 \cos \beta t - B_2 \sin \beta t \right) ,$$
$$\Phi_2(t) = e^{\alpha t} \left(B_1 \sin \beta t + B_2 \cos \beta t \right) , \qquad (20.64)$$

wobei

$$B_1 = \operatorname{Re} C \, , \quad B_2 = \operatorname{Im} C$$

Real- und Imaginärteil eines komplexen Eigenvektors C zu λ_1 sind. B_1, B_2 bilden eine Basis des $\mathbb{R}^2$ und legen ein (y_1, y_2)-Koordinatensystem fest. Setzen wir für den Anfangspunkt

$$x_0 = y_1^0 B_1 + y_2^0 B_2 \, ,$$

so ist die Lösung der Anfangswertaufgabe (20.58) gegeben durch

$$\varphi(t, x_0) = e^{\alpha t} \left\{ \left(y_1^0 \cos \beta t + y_2^0 \sin \beta t \right) B_1 + \left(-y_1^0 \sin \beta t + y_2^0 \cos \beta t \right) B_2 \right\} \ (20.65)$$

oder, anders geschrieben

$$\varphi(t, x_0) = y_1(t) B_1 + y_2(t) B_2$$

mit

$$y_1(t) = e^{\alpha t} \left(y_1^0 \cos \beta t + y_2^0 \sin \beta t \right) ,$$
$$y_2(t) = e^{\alpha t} \left(-y_1^0 \sin \beta t + y_2^0 \cos \beta t \right) . \qquad (20.66)$$

Wir müssen zwei Fälle unterscheiden:

a. $\alpha \neq 0$.

In diesem Fall stellen die Gleichungen (20.66) die Parameterdarstellung einer *Spirale* um den singulären Punkt $X = 0$ dar, die für $\alpha > 0$ nach außen, für $\alpha < 0$ nach innen läuft, und zwar für $\beta > 0$ im Uhrzeigersinn, für $\beta < 0$ im Gegenuhrzeigersinn. Dies ergibt folgende Phasenbilder (nur zwei von den vier Möglichkeiten sind gezeichnet):

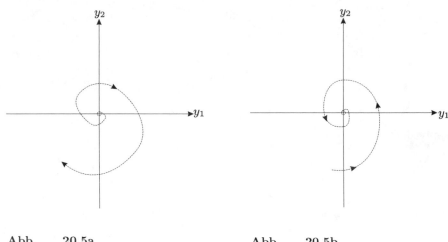

Abb.   20.5a.
$\alpha > 0$, $\beta > 0$

Abb.   20.5b.
$\alpha < 0$, $\beta < 0$

In der (x_1, x_2)-Ebene werden die Spiralen entsprechend den Richtungen der Vektoren B_1, B_2 verzerrt.

Phasenbilder dieses Typs nennt man einen *Strudel* und den singulären Punkt $X = 0$ einen *Strudelpunkt* oder *Fokus*, und zwar einen (asymptotisch) *stabilen Strudelpunkt* für $\alpha < 0$, einen *instabilen Strudelpunkt* für $\alpha > 0$.

b. $\alpha = 0$.

In diesem Fall liefert (20.66) periodische Lösungen, deren Trajektorien im (y_1, y_2)-System konzentrische Kreise sind, denn nach (20.66) ist

$$y_1(t)^2 + y_2(t)^2 = (y_1^0)^2 + (y_2^0)^2 = \text{const}.$$

Diese werden im (x_1, x_2)-System zu Ellipsen verzerrt. Es ergeben sich also die Phasenbilder aus Abb. 20.6.

Solche Phasenbilder nennt man einen *Wirbel* und den singulären Punkt $X = 0$ einen *Wirbelpunkt* oder ein *Zentrum*. Ein Wirbelpunkt ist offensichtlich stabil, aber nicht asymptotisch stabil.

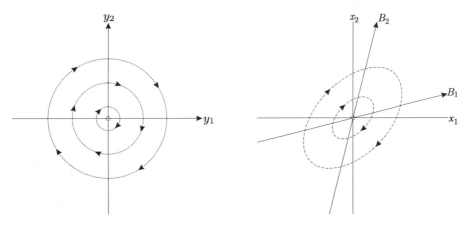

Abb. 20.6. Zentrum für $\beta > 0$ in der y- und in der x-Ebene

C. Reeller doppelter Eigenwert

Sei jetzt $\lambda = \lambda_1 = \lambda_2$ der einzige reelle Eigenwert von A. Dann müssen wir zwei Fälle unterscheiden:

a. $\text{Rang}\,(A - \lambda E) = 0$, was nur für

$$A = \begin{pmatrix} \lambda & 0 \\ 0 & \lambda \end{pmatrix}$$

möglich ist. In diesem Fall können wir die Lösungsfunktion direkt hinschreiben, nämlich

$$X = \varphi(t, x_0) = X_0\, e^{\lambda t}\ . \tag{20.67}$$

Für $\lambda > 0$ sind dies Parameterdarstellungen von Geraden, die von $(0,0)$ weglaufen, für $\lambda < 0$ von Geraden, die nach $(0,0)$ laufen.

b. $\text{Rang}\,(A - \lambda E) = 1$.

In diesem Fall liefert die Eigenwertgleichung

$$A C = \lambda C$$

nur einen linear unabhängigen Eigenvektor. Nach Thm. 8.6 sind dann die linear unabhängigen Lösungen des Differenzialgleichungssystems von der Form

$$\begin{aligned} X &= \Phi_1(t) = e^{\lambda t}\, C_1\ , \\ X &= \Phi_2(t) = e^{\lambda t}\, (C_2 + t C_1) \end{aligned} \tag{20.68}$$

mit linear unabhängigen Vektoren C_1, C_2, die als Basis des (y_1, y_2)-Koordinatensystems im $\mathbb{R}^2$ gewählt werden können.

Schreiben wir für den Anfangspunkt

$$X_0 = y_1^0 C_1 + y_2^0 C_2 \, ,$$

so hat die Lösungsfunktion $\varphi(t, X_0) = e^{tA} X_0$ der Anfangswertaufgabe (20.58) die Form

$$\varphi(t, X_0) = e^{\lambda t} \left[(y_1^0 + y_2^0 t) C_1 + y_2^0 C_2 \right]$$
$$= y_1(t) C_1 + y_2(t) C_2 \tag{20.69}$$

mit

$$y_1(t) = e^{\lambda t} \left(y_1^0 + y_2^0 t \right), \quad y_2(t) = y_2^0 \, e^{\lambda t} \, . \tag{20.70}$$

Wir unterscheiden nochmals zwei Fälle:

(i) $\lambda = 0$.

In diesem Fall ist

$$y_1(t) = y_1^0 + y_2^0 t \, , \quad y_2(t) = y_2^0 = \text{const} \, , \tag{20.71}$$

d. h. die Trajektorien sind Parallelen zur y_2-Achse, wobei jedoch die y_1-Achse selbst ($y_2^0 = 0$) aus lauter singulären Punkten, also konstanten Lösungen besteht.

(ii) $\lambda \neq 0$

In diesem Fall haben wir die Parameterdarstellung (20.70) vorliegen. Gilt für den Anfangspunkt $y_2^0 = 0$, so bekommen wir

$$y_1(t) = y_1^0 \, e^{\lambda t} \, , \quad y_2(t) = 0 \, ,$$

d. h. die Trajektorie ist entweder
- die Halbgerade $y_1 > 0$, falls $y_1^0 > 0$, die für $\lambda > 0$ in positiver, für $\lambda < 0$ in negativer Richtung durchlaufen wird,
- die Halbgerade $y_1 < 0$, falls $y_1^0 < 0$, die für $\lambda > 0$ in negativer, für $\lambda < 0$ in positiver Richtung durchlaufen wird,
- die Ruhelage $y_1 = y_2 = 0$.

Sei also im Folgenden $y_2^0 \neq 0$. Aus (20.70) folgt dann, dass y_2^0 und $y_2(t)$ dasselbe Vorzeichen haben, so dass wir nach t auflösen können:

$$t = \frac{1}{\lambda} \ln \left(\frac{y_2}{y_2^0} \right) \, .$$

Setzen wir dies in die Gleichung für $y_1(t)$ ein, so bekommen wir eine explizite Kurvengleichung für die Trajektorien

$$y_1 = \frac{y_2}{y_2^0} \left\{ y_1^0 + \frac{y_2^0}{\lambda} \ln \left(\frac{y_2}{y_2^0} \right) \right\} \, , \tag{20.72}$$

in der y_1 als Funktion von y_2 gegeben wird. Der Verlauf der durch (20.72) definierten Kurven ist kompliziert, kann jedoch für spezielle Parameterwerte explizit berechnet werden.

In der (y_1, y_2)-Ebene ergeben sich folgende Phasenbilder:

In diesem Fall nennt man den singulären Punkt $X = 0$ ebenfalls einen *Knoten*. Dieser ist asymptotisch stabil für $\lambda < 0$ und instabil für $\lambda > 0$.

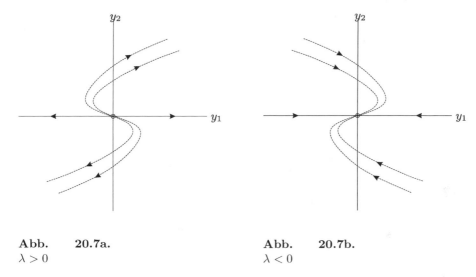

Abb.   20.7a.

$\lambda > 0$

Abb.   20.7b.

$\lambda < 0$

Ergänzungen zu §20

Wir beginnen mit zwei Ergänzungen zu den linearen Systemen, die nur deshalb nicht früher besprochen wurden, weil wir erst jetzt mit der äquivalenten Integralgleichung (20.7) und mit dem Abschätzen von vektorwertigen Integralen vertraut geworden sind. Danach gehen wir kurz auf das – eigentlich sehr umfangreiche – Thema der *numerischen Berechnung* von Lösungen ein, also auf die Frage, wie ein Computer eine näherungsweise Lösung einer Anfangswertaufgabe (als Wertetabelle oder Grafik) berechnen kann und wie man die Zuverlässigkeit solcher Berechnungen beurteilt. Es folgen drei Ergänzungen, die in Richtung Tensoranalysis und LIE-Theorie gehen und auf die wir auch in den Kapiteln 21 und 24 zurückgreifen werden.

Schließlich geben wir in einem eigenen Zusatzabschnitt einen Ausblick auf das, was in der Physik heute als *nichtlineare Dynamik* bezeichnet wird.

20.26 Die Lösungen von analytischen linearen Systemen sind analytisch. Für den Beweis von Satz 17.12 hatte uns bisher die Ausrüstung gefehlt. Mit Abschnitt A. hat sich das gebessert, und wir beweisen nun den folgenden, etwas allgemeineren, Satz:

Satz. *Sei $I \subseteq \mathbb{R}$ ein offenes Intervall, und sei $A : I \longrightarrow \mathbb{K}_{n \times n}$ eine analytische matrixwertige Funktion (d. h. die Matrixelemente $a_{jk}(t)$ sind analytische Funktionen von t). Jede Lösung des linearen Systems $\dot{X} = A(t)X$ ist dann (komponentenweise) eine analytische Funktion von t.*

Beweis. Sei $X = \Phi(t)$, $t \in I$ irgendeine Lösung. Dann ist jedenfalls $\Phi \in C^1(I)$, und wir haben $\dot{\Phi}(t) = A(t)\Phi(t)$ in I. Also ist auch $\dot{\Phi} \in C^1(I)$ und damit $\Phi \in C^2(I)$. Mit dieser Information liefert uns die Differenzialgleichung nun $\dot{\Phi} \in C^2(I)$, also $\Phi \in C^3(I)$ usw. Induktion ergibt daher $\Phi \in C^\infty(I)$, und daher können wir in jedem Punkt $t_0 \in I$ die TAYLOR-Reihe von Φ aufschreiben. Wir werden nun mittels Satz 17.7a. nachweisen, dass Φ in einer Umgebung von t_0 tatsächlich die Summe seiner TAYLOR-Reihe ist.

Nach Teil b. von Satz 17.7 gibt es Konstanten $\delta > 0$, $C > 0$, $q > 0$ so, dass

$$\|A^{(m)}(t)\| \leq Cm!q^m \quad \forall\, m \in \mathbb{N}_0 \tag{20.73}$$

für $|t - t_0| \leq \delta$. (Genau genommen, weiß man das zunächst für die Matrix-elemente $a_{jk}(t)$, aber dann folgt es für $\|A^{(m)}(t)\|_\infty := \max_{j,k=1,\dots,n} |a_{jk}^{(m)}(t)|$, und schließlich nutzt man die Äquivalenz aller Normen auf $\mathbb{R}_{n \times n}$ aus, um es für die Operatornorm zu erhalten. Die Werte der Konstanten ändern sich natürlich dabei, aber das spielt keine Rolle.) Nun setzen wir

$$M := \max_{|t-t_0| \leq \delta} \|\Phi(t)\|, \quad p := \max(C, q)$$

und zeigen durch Induktion, dass für alle $m \in \mathbb{N}_0$, $|t - t_0| \leq \delta$ gilt:

$$\|\Phi^{(m)}(t)\| \leq Mm!p^m\,. \tag{20.74}$$

Für $m = 0$ ist das klar nach Definition von M. Sei es nun für die k-ten Ableitungen, $0 \leq k \leq m$, schon bekannt. Aus $\dot\Phi(t) = A(t)\Phi(t)$ ergibt sich durch m-maliges Differenzieren

$$\Phi^{(m+1)}(t) = \frac{\mathrm{d}^m}{\mathrm{d}t^m}\left(A(t)\Phi(t)\right) = \sum_{k=0}^{m} \binom{m}{k} A^{(m-k)}(t)\Phi^{(k)}(t)\,.$$

(Dass die LEIBNIZ-Regel hier anwendbar ist, ergibt sich ohne weiteres aus der Definition der Matrixmultiplikation – vgl. (19.15) und Ergänzung 2.44.) Mittels (20.73), der Induktionsvoraussetzung und der Eigenschaften der Operatornorm folgert man hieraus

$$\|\Phi^{(m+1)}(t)\| \leq \sum_{k=0}^{m} \frac{m!}{k!(m-k)!} \|A^{(m-k)}(t)\| \cdot \|\Phi^{(k)}(t)\|$$

$$\leq m! \sum_{k=0}^{m} \underbrace{(Cq^{m-k})}_{\leq\, p^{m+1-k}} \cdot (Mp^k) \leq Mm!(m+1)p^{m+1}$$

für $|t - t_0| \leq \delta$. Damit ist (20.74) für $m + 1$ nachgewiesen, d. h. der Induktionsschritt ist gelungen. Nach Übergang zur Maximumsnorm erkennen wir, dass für jede Komponente von $\Phi(t)$ eine Abschätzung der Form (20.74) für alle $m \in \mathbb{N}_0$ gültig ist, und damit liefert Satz 17.7a. die Behauptung. □

20.27 Die DYSON-Reihe. In Bemerkung b. hinter Satz 20.3 haben wir schon festgestellt, dass dieser Satz die eindeutige Lösbarkeit von Anfangswertaufgaben für *lineare* Systeme $\dot x = A(t)X$, $t \in I$ liefert, sofern die Koeffizientenmatrix stetig von t abhängt. Die PICARD'sche Iterationsfolge (20.13) konvergiert dann gleichmäßig auf kompakten Teilintervallen gegen die Lösung der Anfangswertaufgabe. Wir berechnen diese Iterationsfolge explizit:

$$\Phi_0(t) \equiv X_0 \,,$$

$$\Phi_1(t) = X_0 + \int_{t_0}^{t} A(s_1)X_0 \, ds_1 \;=\; \left(E + \int_{t_0}^{t} A(s_1) \, ds_1 \right) X_0 \,,$$

$$\Phi_2(t) = X_0 + \int_{t_0}^{t} A(s_1) \cdot \left(E + \int_{t_0}^{s_1} A(s_2) \, ds_2 \right) X_0 \, ds_1$$

$$= \left(E + \int_{t_0}^{t} A(s_1) \, ds_1 + \int_{t_0}^{t} \int_{t_0}^{s_1} A(s_1)A(s_2) \, ds_2 ds_1 \right) X_0 \,,$$

$$\vdots$$

$$\Phi_m(t) = \left(E + \int_{t_0}^{t} A(s_1) \, ds_1 + \cdots + \int_{t_0}^{t} ds_1 \int_{t_0}^{s_1} ds_2 \cdots \right.$$

$$\left. \cdots \int_{t_0}^{s_{m-1}} ds_m A(s_1)A(s_2) \ldots A(s_m) \right) X_0 \,.$$

Die allgemeine Form kann man etwas kompakter auch folgendermaßen schreiben:

$$\Phi_m(t) = \sum_{k=0}^{m} U_k(t,t_0)X_0 \;=\; \left(\sum_{k=0}^{m} U_k(t,t_0) \right) X_0$$

mit

$$U_k(t,t_0) := \int_{\triangle_k(t,t_0)} A(s_1)A(s_2) \ldots A(s_k) \, d^k s \,, \tag{20.75}$$

wobei

$$\triangle_k(t,t_0) := \{(s_1,\ldots,s_k) \in \mathbb{R}^k \mid t_0 \le s_k \le s_{k-1} \le \ldots \le s_2 \le s_1 \le t\}$$

gesetzt wurde. Man nennt den Integranden hier ein *zeitgeordnetes Produkt*, da durch die Definition von $\triangle_k(t,t_0)$ dafür gesorgt ist, dass die Operatoren $A(s)$, die die Dynamik verursachen, nur in chronologischer Reihenfolge angewendet werden dürfen.

Die $\Phi_m(t)$ bilden also die Partialsummen der unendlichen Reihe

$$\Phi(t) := \sum_{k=0}^{\infty} U_k(t,t_0)X_0 \,, \tag{20.76}$$

die man als DYSON-*Reihe* bezeichnet. In der Quantenmechanik und Quantenfeldtheorie sind gewisse unendlichdimensionale Verallgemeinerungen dieser Reihe wichtig und unter demselben Namen bekannt. Unsere Konvergenzaussage über die PICARD'sche Iterationsfolge besagt natürlich, dass die DYSON-Reihe gleichmäßig auf kompakten Teilintervallen gegen die Lösung der Anfangswertaufgabe konvergiert. Es handelt sich sogar um *absolute* gleichmäßige

Konvergenz. Ist nämlich etwa M eine obere Schranke für $\|A(s)\|$ auf einem Intervall $[t_0 - c, t_0 + c] \subseteq I$, so haben wir

$$
\begin{aligned}
\|U_k(t, t_0)\| &\leq \int_{\triangle_k(t,t_0)} \|A(s_1)\| \cdot \|A(s_2)\| \cdots \|A(s_k)\| \, \mathrm{d}^k s \\
&\leq M^k \int_{\triangle_k(t,t_0)} \mathrm{d}^k s = M^k \frac{(t-t_0)^k}{k!} \,,
\end{aligned}
$$

also haben wir die Exponentialreihe als konvergente Majorante. Gl. (20.76) stellt also in gewissem Sinne eine explizite Formel für die Lösung der Anfangswertaufgabe dar, und

$$
Y(t) = \sum_{k=0}^{\infty} U_k(t, t_0)
$$

ist eine explizite Formel für das Fundamentalsystem mit $Y(t_0) = E$.

Bemerkung: Im Spezialfall konstanter Koeffizienten ist die DYSON-Reihe nichts anderes als die Exponentialreihe für Matrizen (wieso?)

20.28 Ausblick: Nummerische Berechnung von Lösungen. Für die meisten nichtlinearen Systeme von Differenzialgleichungen kann man die Anfangswertaufgaben nicht explizit lösen, und selbst wenn man es kann, sind die gewonnenen, oft sehr komplizierten Formeln nicht unbedingt hilfreich, wenn es darum geht, sich den Verlauf der Lösungsfunktionen klar zu machen oder ihre Werte direkt mit experimentell gewonnenen Messwerten zu vergleichen. Hier benötigt man Methoden der *numerischen Mathematik*, deren Ziel es ist, durch explizite Rechnungen mit Zahlen näherungsweise Lösungen gegebener Probleme zu erhalten und die Genauigkeit dieser Näherungen zu kontrollieren. Eine numerische Lösung einer Anfangswertaufgabe ist speziell eine Zahlentabelle, die die Werte der Lösungsfunktion auf einer vernünftig gewählten endlichen Menge von Argumenten („Punktegitter") in guter und kontrollierter Näherung wiedergibt. Aus solch einer Wertetabelle kann man durch Interpolation leicht Grafiken gewinnen, die den Verlauf der gesuchten Funktion veranschaulichen, und der Vergleich mit experimentellen Messungen liegt auf der Hand.

Um den bezeichnungstechnischen Aufwand in Grenzen zu halten, wollen wir uns bei der Diskussion, wie man solche numerischen Lösungen berechnen kann, auf den skalaren Fall beschränken, also auf Anfangswertaufgaben der Form

$$
\dot{y} = f(t, y), \quad y(t_0) = y_0 \tag{20.77}
$$

mit $(t_0, y_0) \in D \subseteq \mathbb{R}^2$, D offen und $f \in C^1(D)$. Es sei $y = u(t)$ die Lösung dieser Anfangswertaufgabe. An jedem Punkt $(t, u(t))$ ihres Graphen schreibt die Differenzialgleichung ihre Tangentensteigung vor. Wenn man nun auf einem kleinen Intervall $[t, t + h]$ entlang der *Tangente* an den Graphen weiterwandert, so wird man sich nicht weit vom Graphen entfernen, d. h. die Größe $u(t) + hf(t, u(t))$ ist eine gute Näherung für $u(t + h)$. Um also eine Wertetabelle $(x_0, x_1, x_2, \dots)$ zu erzeugen, die die Lösung näherungsweise wiedergibt, liegt es nahe, bei dem vorgeschriebenen Anfangswert y_0 zu beginnen und dann von $t_k := t_0 + kh$ bis $t_{k+1} := t_0 + (k+1)h$ mit der konstanten Tangentensteigung fortzuschreiten, die am Punkt (t_k, x_k) durch die Differenzialgleichung vorgeschrieben wird. Man definiert also die Folge $(x_k)_{k \geq 0}$ rekursiv durch

$$x_0 := y_0 \, , \quad x_{k+1} := x_k + hf(t_k, x_k) \quad \text{mit} \quad t_k := t_0 + kh \, . \qquad (20.78)$$

Diese Iterationsvorschrift nennt man das EULER-*Verfahren* mit der *Schrittweite* $h > 0$. Das Argument, dass die Tangente sich dem Graphen anschmiegt, ist hier allerdings nur von begrenztem Nutzen, denn man muss bedenken, dass die Tangentensteigung ja eigentlich $f(t_k, u(t_k))$ sein müsste, was man mangels genauer Kenntnis von $u(t_k)$ durch den Näherungswert $f(t_k, x_k)$ ersetzt hat. Deshalb kann es auch leicht geschehen, dass die Folge (t_k, x_k) bei wachsendem k vom Graphen der Lösung wegdriftet und womöglich ein ganz anderes asymptotisches Verhalten zeigt als die Lösung selbst. Aber auf einem kompakten Intervall $[t_0, t_0 + a]$ wird sich eine brauchbare Näherung ergeben, wenn man $h := a/m$ setzt und m groß genug wählt.

Man kann sich das EULER-Verfahren auch so vorstellen: Man ersetzt die Ableitung $\dot{u}(t)$ durch einen Differenzenquotienten $\Delta_h u(t) := (u(t+h) - u(t))/h$ und die Differenzialgleichung durch die *Differenzengleichung*

$$\Delta_h x = f(t, x) \qquad (20.79)$$

oder, ausführlich geschrieben

$$(x_{k+1} - x_k)/h = f(t_k, x_k) \, ,$$

die trivialerweise durch die rekursive Vorschrift (20.78) gelöst wird. Solche Differenzengleichungen treten auch als eigenständige mathematische Modelle für gewisse Vorgänge der realen Welt auf, und es gibt mittlerweile eine ausgefeilte Theorie solcher Gleichungen.

Das EULER'sche Verfahren ist aber in gewisser Hinsicht naiv und hat schwerwiegende Mängel. Wenn das Intervall $[t_0, t_0 + a]$ lang ist und/oder die Funktion f kräftig schwankt, so muss man, um zu vernünftigen Ergebnissen zu kommen, die Schrittweite so klein wählen, dass der Rechenaufwand unzumutbar ansteigt und die Ergebnisse auch durch Rundungsfehler verfälscht werden. (Der Computer rechnet ja in Wirklichkeit nur mit endlichen Dezimalbrüchen!) Man kann das Verfahren effizienter gestalten, indem man beim k-ten Schritt zunächst einen groben Näherungswert z_{k+1} berechnet (z. B. den EULER'schen Wert $z_{k+1} := x_k + hf(t_k, x_k)$) und dann aber statt der Steigung $f(t_k, x_k)$ zur Berechnung von x_{k+1} einen geschickt gewählten Mittelwert aus verschiedenen $f(t, x)$ benutzt, wobei t zwischen t_k und t_{k+1}, x zwischen x_k und z_{k+1} liegt. So kann man erreichen, dass man mit wesentlich größeren Schrittweiten immer noch große Genauigkeit erzielt, und für solche Verfahren gibt es auch rigoros bewiesene Fehlerschranken, durch die der Praktiker die volle Kontrolle über die Genauigkeit seiner Berechnungen erhält. Das bekannteste derartige Verfahren ist nach RUNGE und KUTTA benannt. Es stammt zwar aus der Mitte des 19. Jahrhunderts, wird aber auch heute noch standardmäßig verwendet. Das RUNGE-KUTTA-Verfahren ist durch die folgende Rekursion definiert: Man beginnt mit $x_0 := y_0$ und setzt im k-ten Schritt

$$\left.\begin{array}{rl} m_1 & := hf(t_k, x_k)\,, \\ m_2 & := hf(t_k + h/2, x_k + m_1/2)\,, \\ m_3 & := hf(t_k + h/2, x_k + m_2/2)\,, \\ m_4 & := hf(t_k + h, x_k + m_3)\,, \\ y_{k+1} & := y_k + \frac{1}{6}(m_1 + 2m_2 + 2m_3 + m_4)\,. \end{array}\right\} \tag{20.80}$$

Wir können hier nicht darauf eingehen, wie diese komplizierte Prozedur motiviert ist und wie man Fehlerschranken und Aufwandsbilanzen ermittelt, die zeigen, dass dieses Verfahren wirklich gut ist. Solche und ähnliche Fragen werden in der Literatur zu dem umfangreichen Gebiet der numerischen Mathematik behandelt (vgl. etwa [34]).

Was aber das asymptotische Verhalten für $t \to \infty$ betrifft, so trifft auch hier der Einwand zu, den wir beim EULER-Verfahren gemacht haben. Zwar wird es länger dauern, bis die RUNGE-KUTTA-Lösung sich deutlich von der echten Lösung entfernt hat, aber ganz vermeiden lässt sich das im Allgemeinen nicht.

Beispiel: Die logistische Gleichung

Wie vorsichtig man bei Computersimulationen des Langzeitverhaltens eines Systems sein sollte, lässt sich sehr schön an dem folgenden bekannten Beispiel demonstrieren: Die *logistische Gleichung* lautet

$$\dot{y} = ay(1 - y)\,. \tag{20.81}$$

Sie stammt aus der theoretischen Biologie und ist das einfachste Modell für die zeitliche Entwicklung der Bevölkerungsdichte, wenn gleichartige Lebewesen in einer homogenen Umwelt mit beschränkten Ressourcen auskommen müssen. Die Zustandsvariable y ist hier die Bevölkerungsdichte, ausgedrückt als Bruchteil der maximalen Dichte, die in dieser Umwelt überleben kann. Demgemäß ist die Gleichung eigentlich nur für $0 \le y \le 1$ interessant. Sie hat offensichtlich zwei Ruhelagen: $y \equiv 0$ (keine Bevölkerung) und $y \equiv 1$ (maximale überlebensfähige Bevölkerung), und man kann mittels Trennung der Variablen leicht die allgemeine Lösung berechnen. Es ergibt sich:

$$y = u_b(t) := \frac{be^{at}}{1 + be^{at}}\,, \quad b \in \mathbb{R}\,. \tag{20.82}$$

(Die Ruhelage $y = 1$ wird von der Methode der Trennung der Variablen übersehen, weil dort die Voraussetzungen nicht erfüllt sind, unter denen diese Methode funktioniert.) Wir betrachten nur $b \ge 0$, denn für $b < 0$ erhalten wir die uninteressanten Lösungen mit $y < 0$ oder $y > 1$. Der Anfangswert ist $y_0 =$

$u_b(0) = b/(1 + b)$, also wird die Anfangswertaufgabe für beliebiges $y_0 \in [0, 1[$ eindeutig gelöst durch (20.82) mit $b := y_0/(1 - y_0)$. Das Langzeitverhalten ist damit gegeben durch

$$\lim_{t \to \infty} u_b(t) = 1$$

für $b > 0$, also für $0 < y_0 < 1$ sowie

$$\lim_{t \to -\infty} u_b(t) = 0$$

für alle $b \geq 0$, also für $0 \leq y_0 < 1$.

Nun simulieren wir diesen Prozess mittels des EULER-Verfahrens der Schrittweite h. Dann ist (20.81) zu ersetzen durch die Differenzengleichung

$$z_{k+1} - z_k = ahz_k(1 - z_k) \,,$$

also

$$z_{k+1} = z_k + ahz_k(1 - z_k) = ahz_k \left(\frac{1 + ah}{ah} - z_k \right) \,.$$

Das vereinfacht sich unter der Transformation $z_k := \frac{1+ah}{ah} x_k$ zu

$$x_{k+1} = \mu x_k(1 - x_k) \tag{20.83}$$

mit $\mu := 1 + ah$. Ist μ nahe bei 1 (also h klein gegen a), so ähnelt das asymptotische Verhalten der Folge (x_k) tatsächlich der einfachen Dynamik der logistischen Gleichung. Mit wachsendem μ wird die Dynamik aber immer komplizierter, und wenn μ nahe bei 4 ist, so zeigt die Differenzengleichung (20.83) *chaotische Dynamik* (s. u. 20.37) und damit ein völlig anderes Phasenbild.

20.29 (Verhalten von Vektorfeldern und Flüssen bei Koordinatentransformationen). Wir betrachten zwei offene Teilmengen Ω, $\tilde{\Omega}$ von $\mathbb{R}^n$ sowie einen C^1-Diffeomorphismus $Q : \tilde{\Omega} \to \Omega$ (vgl. Def. 10.16). Zunächst sei ein Vektorfeld $\tilde{F} \in \mathcal{E}(\tilde{\Omega})$ gegeben, und $\tilde{\varphi} : \tilde{G} \to \tilde{\Omega}$ sei sein Fluss. Wird das Phasenbild von $\tilde{\varphi}$ der Abbildung Q unterworfen, so entsteht in Ω offenbar das Phasenbild von

$$\varphi(t, x) := Q(\tilde{\varphi}(t, Q^{-1}(x))) \,.$$

Das entsprechende Vektorfeld kann nun durch (20.31) definiert werden, also

$$\begin{aligned} F(x) &:= \frac{\mathrm{d}}{\mathrm{d}t} \varphi(t, x) \Big|_{t=0} \\ &= \frac{\mathrm{d}}{\mathrm{d}t} Q(\tilde{\varphi}(t, u)) \Big|_{t=0} \\ &= DQ(u) \cdot \left(\frac{\mathrm{d}}{\mathrm{d}t} \tilde{\varphi}(t, u) \Big|_{t=0} \right) \\ &= DQ(u) \cdot \tilde{F}(u) \end{aligned}$$

für $x \in \Omega$, $u := Q^{-1}(x)$. Hierbei (und im Folgenden) bezeichnet $DQ(u)$ die JACOBI-Matrix von Q oder auch den linearen Operator, der durch Linksmultiplikation mit der JACOBI-Matrix erzeugt wird, also die totale Ableitung von

Q im Punkt u. Das Ergebnis unserer Rechnung lautet

$$F(Q(u)) = DQ(u) \cdot \tilde{F}(u), \quad u \in \tilde{\Omega}. \tag{20.84}$$

Für $\Phi(t) := Q(\tilde{\varphi}(t, u))$ ergibt sich nun mit der Kettenregel

$$\dot{\Phi}(t) = DQ(\tilde{\varphi}(t, u)) \cdot \frac{\partial}{\partial t}\tilde{\varphi}(t, u)$$
$$= DQ(\tilde{\varphi}(t, u)) \cdot \tilde{F}(\tilde{\varphi}(t, u)) = F(Q(\tilde{\varphi}(t, u))) = F(\Phi(t)),$$

d. h. $x = \Phi(t)$ ist die Lösung der Differenzialgleichung $\dot{x} = F(x)$ mit dem Anfangswert $\Phi(0) = Q(u)$. Also ist φ wirklich der Fluss zum Vektorfeld F in Ω.

Da auch Q^{-1} ein Diffeomorphismus ist, kann man die ganze Argumentation auch in umgekehrter Richtung vornehmen, und so zeigt es sich, dass die beiden Anfangswertaufgaben

$$\dot{u} = \tilde{F}(u), \quad u(0) = u^0$$

und

$$\dot{x} = F(x), \quad x(0) = x^0$$

äquivalent sind, wobei die Lösung $u = \tilde{\Phi}(t)$ der ersten und die Lösung $x = \Phi(t)$ der zweiten durch

$$\Phi = Q \circ \tilde{\Phi}, \quad \tilde{\Phi} = Q^{-1} \circ \Phi$$

miteinander verknüpft sind.

In der modernen mathematischen Literatur ist daher der folgende Sprachgebrauch üblich:

Definition. *Sei $Q : \tilde{\Omega} \to \Omega$ ein C^1-Diffeomorphismus. Sei $\tilde{F} \in \mathcal{E}(\tilde{\Omega})$ ein Vektorfeld und $\tilde{\varphi} : \tilde{G} \to \tilde{\Omega}$ sein Fluss. Das Bild von $\tilde{F}$ bzw. $\tilde{\varphi}$ unter Q ist dann definiert durch*

$$F(x) := DQ(u) \cdot \tilde{F}(u) \quad \text{mit} \quad u := Q^{-1}(x), \tag{20.85}$$

bzw.

$$\varphi(t, x) := Q(\tilde{\varphi}(t, Q^{-1}(x))). \tag{20.86}$$

Man schreibt $F = Q_*\tilde{F}$ und $\varphi = Q_*\tilde{\varphi}$. Der Definitionsbereich von $Q_*\tilde{\varphi}$ ist

$$G := \{(t, x) \mid (t, Q^{-1}(x)) \in \tilde{G}\}.$$

Mit der Zuordnung Q_* kann man sehr bequem rechnen. Dabei verwendet man die folgenden Rechenregeln, die sich (teils mit Hilfe der Kettenregel) leicht beweisen lassen:

Satz.

a. Q_* ist eine lineare Abbildung, d. h. für Vektorfelder $\boldsymbol{F}_1$, $\boldsymbol{F}_2$ auf $\tilde{\Omega}$ und Konstanten c_1, c_2 gilt

$$Q_*(c_1\boldsymbol{F}_1 + c_2\boldsymbol{F}_2) = c_1 Q_*\boldsymbol{F}_1 + c_2 Q_*\boldsymbol{F}_2 \ . \tag{20.87}$$

b. Ist $R : \hat{\Omega} \to \tilde{\Omega}$ ein weiterer Diffeomorphismus, so ist $(Q \circ R)_* = Q_* \circ R_*$, d. h. für jedes Vektorfeld $\hat{\boldsymbol{F}}$ in $\hat{\Omega}$ gilt

$$(Q \circ R)_* \hat{\boldsymbol{F}} = Q_*(R_* \hat{\boldsymbol{F}}) \ . \tag{20.88}$$

c. $(Q^{-1})_*$ ist die inverse Abbildung von Q_*, d. h.

$$(Q^{-1})_* = (Q_*)^{-1} \ . \tag{20.89}$$

Eine häufig verwendete Methode zum Auffinden expliziter Lösungen (oder zur Untersuchung des Verlaufs von nicht genau bekannten Lösungen) besteht darin, das gegebene Differenzialgleichungssystem durch Anwendung eines geeigneten Diffeomorphismus Q auf eine günstigere Form zu bringen. Man spricht dann von *Transformation*, und der Zweck der obigen Diskussion besteht u. a. darin, genau zu erklären, was damit gemeint ist, ein System von Differenzialgleichungen auf eine neue Form zu „transformieren". Außerdem hilft es, zu verstehen, warum die Darstellung eines Vektorfelds in krummlinigen Koordinaten genau so definiert werden muss wie es in Abschn. 10D. geschehen ist. Stellen wir uns also – so wie dort – auf den Standpunkt, durch Q würden neue Koordinaten $(u_1, \ldots, u_n)$ für die Punkte von Ω eingeführt, und betrachten wir ein gegebenes Vektorfeld $\boldsymbol{F} : \Omega \to \mathbb{R}^n$. Die Darstellung $\tilde{\boldsymbol{F}}$ von $\boldsymbol{F}$ in den neuen Koordinaten schreibt sich dann mittels der kanonischen Basisvektoren $\boldsymbol{e}_1, \ldots, \boldsymbol{e}_n$ in der Form

$$\tilde{\boldsymbol{F}}(u) = \tilde{f}_1(u)\boldsymbol{e}_1 + \cdots + \tilde{f}_n(u)\boldsymbol{e}_n \ ,$$

wobei die Komponenten $\tilde{f}_j(u)$ festgelegt sind durch

$$\boldsymbol{F}(Q(u)) = \sum_{j-1}^n \tilde{f}_j(u) \frac{\partial Q}{\partial u_j}(u) \ .$$

Wir setzen $\boldsymbol{K} := Q_*\tilde{\boldsymbol{F}}$ und berechnen $\boldsymbol{K}(x)$ an der beliebigen Stelle $x = Q(u)$:

$$\boldsymbol{K}(x) = DQ(u) \cdot \tilde{\boldsymbol{F}}(u) = \sum_{j=1}^n \tilde{f}_j(u) DQ(u) \cdot \boldsymbol{e}_j = \sum_{j=1}^n \tilde{f}_j(u) \frac{\partial Q}{\partial u_j}(u) = \boldsymbol{F}(x) \ ,$$

d. h. wir haben $\boldsymbol{K} \equiv \boldsymbol{F}$. Nach (20.89) folgt hieraus $\tilde{\boldsymbol{F}} = (Q^{-1})_*\boldsymbol{F}$. Die Darstellung von $\boldsymbol{F}$ in den durch $u = Q^{-1}(x)$ eingeführten krummlinigen Koordinaten ist also nichts anderes als das Bild von $\boldsymbol{F}$ unter Q^{-1}.

20.30 (Der Fluss als parameterabhängige Koordinatentransformation). Spätestens ab jetzt ist es praktisch, den Begriff des *Homöomorphismus* zu verwenden. Man kann ihn für beliebige metrische Räume definieren (sogar für *topologische Räume*, die wir hier aber nicht betrachten wollen), nämlich:

Definition. *Ein* Homöomorphismus *von einem metrischen Raum* $\mathcal{M}_1$ *auf einen metrischen Raum* $\mathcal{M}_2$ *ist eine bijektive stetige Abbildung* $Q : \mathcal{M}_1 \to \mathcal{M}_2$, *deren Umkehrabbildung* $Q^{-1} : \mathcal{M}_2 \to \mathcal{M}_1$ *ebenfalls stetig ist. Die beiden Räume heißen* homöomorph, *wenn ein Homöomorphismus von* $\mathcal{M}_1$ *auf* $\mathcal{M}_2$ *existiert.*

Nun betrachten wir wieder ein Vektorfeld $\boldsymbol{F} \in \mathcal{E}(\Omega)$ und seinen Fluss $\varphi : G \to \Omega$. Wenn $\delta > 0$ klein genug ist, so ist die Menge

$$U(\delta) := \{x \in \Omega \mid \omega_-(x) \le -\delta \,,\, \omega_+(x) \ge \delta\}$$

nicht leer. (In günstigen Situationen, wo $G = \mathbb{R} \times \Omega$ ist, kann man natürlich $\delta = \infty$ und $U(\delta) = \Omega$ wählen.) Nun sei $|t| < \delta$. Nach Thm. 20.15 ist dann φ_t eine bijektive stetige Abbildung $U(\delta) \to U_t(\delta) := \varphi_t(U(\delta))$, und die Umkehrabbildung ist φ_{-t}, also ebenfalls stetig. Mit anderen Worten:

φ_t *ist ein Homöomorphismus* $U(\delta) \longrightarrow U_t(\delta)$, *und* φ_{-t} *ist der inverse Homöomorphismus.*

Man kann sich leicht überlegen, dass $U_t(\delta)$ ebenfalls eine offene Teilmenge von Ω ist. Außerdem gelten auf $U(\delta)$ die in (20.33) aufgeführten Rechenregeln, solange s, t und $s+t$ in $\,]-\delta, \delta[\,$ liegen. Deshalb sagt man, der Fluss erzeuge eine *lokale Ein-Parameter-Gruppe* von Homöomorphismen. Offenbar sind (19.28), (19.29) Spezialfälle von (20.33), bei denen die Homöomorphismen lineare Abbildungen sind. Das Wort „lokal" weist darauf hin, dass die Rechenregeln für eine Ein-Parameter-Gruppe nur lokal in einer Umgebung von $t = 0$ gefordert werden.

Nun sei sogar $\boldsymbol{F} \in C^p$ für ein $p \ge 1$. Dann sagt uns Thm. 20.15d., dass $\varphi \in C^p(G, \Omega)$, und damit sind die $\varphi_t : U(\delta) \to U_t(\delta)$ für $|t| < \delta$ sogar C^p-*Diffeomorphismen*. Solche parameterabhängigen Diffeomorphismen eröffnen manchmal die Möglichkeit, andere Differenzialgleichungen auf eine günstigere Form zu transformieren. Ein Beispiel ist der folgende Satz, der besagt, dass man ein C^1-Vektorfeld in der Nähe eines nichtkritischen Punktes immer durch eine reguläre Koordinatentransformation „geradebiegen" kann (vgl. Abb. 20.8):

Satz. *Sei* $\boldsymbol{F} \in C^1(\Omega)$. *Jeder Punkt* $x^0 \in \Omega$, *für den* $\boldsymbol{F}(x^0) \ne 0$ *ist, hat eine Umgebung* $U \subseteq \Omega$, *auf der* $\boldsymbol{F}$ *durch einen geeigneten Diffeomorphismus in das konstante Vektorfeld* $\tilde{\boldsymbol{F}}(u) \equiv \boldsymbol{e}_1$ *transformiert werden kann.*

Beweis. Durch eine Translation verschieben wir x^0 in den Nullpunkt, und durch eine Drehstreckung – also einen linearen Diffeomorphismus – sorgen wir alsdann dafür, dass $\boldsymbol{F}(0) = \boldsymbol{e}_1$. Wir können also o. B. d. A. annehmen,

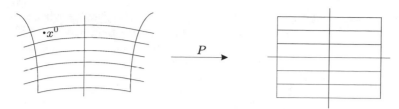

Abb. 20.8. Diffeomorphismus, der ein Vektorfeld geradebiegt

dass $x^0 = 0$ und $\boldsymbol{F}(0) = \boldsymbol{e}_1$ ist. Der Fluss zum konstanten Vektorfeld $\boldsymbol{e}_1$ ist offenbar

$$\eta(t, u_1, \ldots, u_n) := (u_1 + t, u_2, \ldots, u_n) \,.$$

Wir setzen

$$P(x_1, \ldots, x_n) := \varphi_{x_1}(0, x_2, \ldots, x_n) \,,$$

was offenbar auf einer offenen Teilmenge $U_0 \subseteq \Omega$ definiert ist. Nun ist

$$P(\eta_t(x)) = P(x_1 + t, x_2, \ldots, x_n) = \varphi_{x_1+t}(0, x_2, \ldots, x_n) = \varphi_t(P(x)) \,,$$

also

$$P \circ \eta_t = \varphi_t \circ P \,, \qquad\qquad (20.90)$$

sobald beide Seiten definiert sind.

Wir berechnen nun die JACOBI-Matrix $DP(0)$: Nach der Kettenregel ist

$$\frac{\partial P}{\partial x_1}(0) = \frac{\partial}{\partial t}\varphi(t, 0) = \boldsymbol{F}(\varphi(t, 0)) = \boldsymbol{F}(0) = \boldsymbol{e}_1 \,,$$

und wegen $\varphi_0(x) \equiv x$ ist für $j \geq 2$:

$$\frac{\partial P}{\partial x_j}(0) = \frac{\partial \varphi_0}{\partial x_j}(0) = \boldsymbol{e}_j \,,$$

also ist $DP(0) = E$. Nach dem Satz über inverse Funktionen (Thm. 10.2) gibt es daher offene Umgebungen $U \subseteq U_0$, $V \subseteq \Omega$ des Nullpunkts so, dass $P|_U$ ein Diffeomorphismus $U \to V$ ist. Bezeichnen wir diesen wieder mit P, so können wir (20.90) in der Form $\eta_t = P^{-1} \circ \varphi_t \circ P$ schreiben, d. h. $\eta_t = Q_*\varphi_t$ für $Q := P^{-1}$. Wie wir in der vorigen Ergänzung gesehen haben, entsprechen sich dann aber auch die zugehörigen Vektorfelder. Also ist $Q_*\boldsymbol{F}$ in der Tat das konstante Feld $\boldsymbol{e}_1$. $\qquad\square$

Bemerkung: Wenn man diesen (anschaulich sehr einleuchtenden!) Satz glaubt, so kann man die Gültigkeit der fundamentalen Tatsachen aus den Abschnitten A. und B. für die meisten interessanten Situationen sehr einfach nachweisen, denn man braucht sie ja nur für das triviale Vektorfeld $\tilde{\boldsymbol{F}}(x) \equiv \boldsymbol{e}_1$ nachzuprüfen. So wird in dem eigenwilligen Lehrbuch [7] vorgegangen.

20.31 (Flüsse und LIE-Ableitungen). Zunächst betrachten wir einen Diffeomorphismus $Q : \tilde{\Omega} \to \Omega$ wie in 20.29. Die Darstellung einer Funktion $f : \Omega \to \mathbb{R}$ bzw. eines Vektorfelds $\boldsymbol{K} : \Omega \to \mathbb{R}^n$ in den durch Q eingeführten krummlinigen Koordinaten ist dann gegeben durch

$$\tilde{f} \equiv Q^* f := f \circ Q$$

bzw.

$$\tilde{\boldsymbol{K}} \equiv Q^* \boldsymbol{K} := (Q^{-1})_* \boldsymbol{K}$$

(vgl. Abschn. 10D. und den Schluss von 20.29). Man nennt $Q^* f$ bzw. $Q^* \boldsymbol{K}$ auch das *Urbild* oder den *Pull-back* der Funktion bzw. des Vektorfelds unter dem Diffeomorphismus Q. Explizit ist der pull-back eines Vektorfelds gegeben durch

$$(Q^* \boldsymbol{K})(u) = DQ^{-1}(x) \cdot \boldsymbol{K}(x) = DQ(u)^{-1} \cdot \boldsymbol{K}(Q(u)) \quad \text{mit} \quad x = Q(u) \, , u \in \tilde{\Omega} \, , \tag{20.91}$$

was sofort aus (20.85) und (10.5) hervorgeht.

Für den Operator Q^* gelten Rechenregeln, die denen für Q_* völlig analog sind, außer dass man bei der Komposition die Reihenfolge vertauschen muss.

Nun sei $\boldsymbol{F} \in C^\infty(\Omega, \mathbb{R}^n)$ ein glattes Vektorfeld und φ sein Fluss. Wie wir in der vorhergehenden Ergänzung gesehen haben, liefert φ uns auf geeigneten offenen Teilmengen von Ω lokale Ein-Parameter-Gruppen $(\varphi_t)_{|t|<\delta}$ von Koordinatentransformationen. Diese stehen überall in Ω zur Verfügung, denn jeder Punkt von Ω hat eine Umgebung der Form $U = U(\delta)$ – man muss δ nur klein genug wählen. Hieraus ergeben sich lokale Ein-Parameter-Gruppen $(\varphi_t^*)_{|t|<\delta}$ von *linearen Transformationen* für Funktionen oder Vektorfelder auf offenen Teilmengen von Ω. Diese sollten einen „infinitesimalen Generator"

$$L_{\boldsymbol{F}} := \left. \frac{\mathrm{d}}{\mathrm{d}t} \varphi_t^* \right|_{t=0}$$

haben, der auf Funktionen bzw. Vektorfelder in Ω wirkt. Worum handelt es sich bei diesem – bis jetzt nur ganz formal definierten – Objekt?

Für Funktionen $f \in C^1(\Omega)$ ist die Antwort ganz einfach:

$$L_{\boldsymbol{F}} f(x) = \left. \frac{\mathrm{d}}{\mathrm{d}t} f(\varphi_t(x)) \right|_{t=0} = \mathrm{d}_x f(\boldsymbol{F}(x)) = \operatorname{grad} f(x) \cdot \boldsymbol{F}(\boldsymbol{x})$$

ist nichts anderes als die *orbitale Ableitung* von f in Bezug auf φ (vgl. Def. 20.21b.). Wir haben dieselbe Größe in Beispiel e. aus Ergänzung 19.17 schon unter dem Namen LIE-*Ableitung* kennen gelernt. Tatsächlich sind beide Ausdrücke gebräuchlich, doch wer „orbitale Ableitung" sagt, ist i. A. ein Spezialist für Differenzialgleichungen oder dynamische Systeme und denkt an den Fluss, und wer „LIE-Ableitung" sagt, befasst sich mit Differenzialgeometrie oder Tensorkalkül und denkt an das Vektorfeld $\boldsymbol{F}$.

Aber auch für ein glattes Vektorfeld $\boldsymbol{K} : \Omega \to \mathbb{R}^n$ ist uns $L_{\boldsymbol{F}}\boldsymbol{K}$ schon begegnet:

Satz. *Für $\boldsymbol{F}$, $\boldsymbol{K} \in C^\infty(\Omega, \mathbb{R}^n)$ gilt*

$$L_{\boldsymbol{F}}\boldsymbol{K} = [\boldsymbol{F}, \boldsymbol{K}] \,, \tag{20.92}$$

wo rechts die in Beispiel e. aus Ergänzung 19.17 eingeführte LIE*-Klammer von Vektorfeldern steht.*

Beweis. Wir wählen $x \in \Omega$ beliebig und setzen $\Psi(t) := \varphi_t^* \boldsymbol{K}(x)$. Dann ist $L_{\boldsymbol{F}}\boldsymbol{K}(x) = \dot{\Psi}(0)$, und wir versuchen, diese Größe zu berechnen. Mit $Q = \varphi_t$ und $u = x$ ergibt (20.91)

$$\Psi(t) = (D\varphi_t(x))^{-1} \cdot \boldsymbol{K}(\varphi_t(x)) \,,$$

also

$$D\varphi_t(x) \cdot \Psi(t) = \boldsymbol{K}(\varphi_t(x)) \,,$$

und das alles gilt in einem offenen t-Intervall, das den Nullpunkt enthält. Wir differenzieren die letzte Gleichung nach t und beachten dabei die Kettenregel, die Produktregel (19.15), die Differenzialgleichung $\frac{\mathrm{d}}{\mathrm{d}t}\varphi_t(x) = \boldsymbol{F}(\varphi_t(x))$ sowie die daraus durch Differenzieren nach x entstehende *Variationsgleichung*

$$\frac{\mathrm{d}}{\mathrm{d}t}D\varphi_t(x) = D\boldsymbol{F}(\varphi_t(x)) \cdot D\varphi_t(x)$$

(vgl. die auf Thm. 20.11 folgenden Betrachtungen, insbes. Gl. (20.25)). Es ergibt sich:

$$D\boldsymbol{F}(\varphi_t(x)) \cdot D\varphi_t(x) \cdot \Psi(t) + D\varphi_t(x) \cdot \dot{\Psi}(t) = D\boldsymbol{K}(\varphi_t(x)) \cdot \boldsymbol{F}(\varphi_t(x)) \,,$$

und für $t = 0$ reduziert sich dies auf

$$D\boldsymbol{F}(x) \cdot \boldsymbol{K}(x) + \dot{\Psi}(0) = D\boldsymbol{K}(x) \cdot \boldsymbol{F}(x) \,.$$

Damit folgt

$$L_{\boldsymbol{F}}\boldsymbol{K}(x) = \dot{\Psi}(0) = D\boldsymbol{K}(x) \cdot \boldsymbol{F}(x) - D\boldsymbol{F}(x) \cdot \boldsymbol{K}(x) \,,$$

und das ist schon die Behauptung, denn die rechte Seite ist eine geschlossene Schreibweise für die rechte Seite von (19.35), wenn wir

$$\boldsymbol{F}(x) = \sum_{j=1}^n a_j(x)e_j \quad \text{und} \quad \boldsymbol{K}(x) = \sum_{j=1}^n b_j(x)e_j$$

setzen. $\square$

Dieser Satz ist der Ausgangspunkt für die LIE-theoretischen Methoden zur Lösung von Differenzialgleichungen, die Ende des 19. Jahrhunderts von SO-PHUS LIE eingeführt wurden und aus denen sich die Theorie der LIE-Gruppen und LIE-Algebren entwickelt hat (vgl. [63]).

Ausblick: Nichtlineare Dynamik und deterministisches Chaos

Es handelt sich um die Fortführung und Vertiefung der geometrischen Sichtweise, die schon in den Abschnitten C. und D. angeklungen ist. Diese Sichtweise hat fast alle wichtigen Fortschritte der letzten hundert Jahre im Bereich der gewöhnlichen Differenzialgleichungen maßgeblich beeinflusst, und heute bilden die vielfältigen Methoden zum Studium von dynamischen Systemen und ihren Phasenbildern einen der fruchtbarsten und einflussreichsten Bereiche der mathematischen Analysis, besonders im Blick auf ihre unzähligen Anwendungen in Naturwissenschaft und Technik, Wirtschafts- und Sozialwissenschaften. Mathematisch gesehen, kommt dabei alles vor, vom anspruchsvollsten Theoriegebäude bis zum bloßen Computerexperiment, wobei man jedoch auch das letztere in Anbetracht der ungeheuren Vielfalt der zu untersuchenden Phänomene nicht gering schätzen sollte. In der Physik spielt nichtlineare Dynamik immer dort eine Rolle, wo zwar die Gesetze der klassischen Physik zu Grunde liegen, die klassischen Rechenmethoden aber versagen, weil die betrachteten Systeme aus mehreren, verwickelt miteinander wechselwirkenden Komponenten zusammengesetzt sind.

Die mathematische Literatur zu diesem Thema ist entsprechend vielgestaltig, von rigorosen mathematischen Monografien oder Lehrbüchern wie [36, 41, 46, 52, 57, 60, 65, 69] oder [71] über halb exakte, halb beschreibende Werke (z. B. [32]) bis zu beinahe allgemeinverständlichen Büchern wie etwa [64], in denen der interdisziplinäre Charakter der Sache betont wird und mitunter auch mit einem gewissen missionarischen Eifer populäre Schlagworte wie „Chaostheorie" in den Vordergrund gerückt werden. In dieser Literatur werden auch die engen Bezüge zur *fraktalen Geometrie* deutlich, die in letzter Zeit ebenfalls für die Physik bedeutsam geworden ist. In diesem Abschnitt wollen wir einen kleinen Einblick in diese ganze Thematik geben, der Sie zumindest in die Lage versetzen wird, selber zu beurteilen, ob Sie sich in dieser Richtung weiterbilden wollen.

20.32 Abstrakte dynamische Systeme. Wie sich gezeigt hat, lohnt es sich, die grundlegenden Eigenschaften der Flüsse, die in Thm. 20.15 zusammengestellt wurden, zum Ausgangspunkt einer allgemeinen Begriffsbildung zu machen, die für beliebige metrische Räume formuliert werden kann. In vielen Anwendungen (z. B. bei Diffusionsprozessen) ist es jedoch unmöglich, die Trajektorien beliebig weit in die Vergangenheit zurückzuverfolgen, und deshalb lässt man auch das Intervall $[0, \infty[$ als Zeitachse zu und nicht nur die gesamte reelle Gerade:

Definitionen. *Sei (M, d) ein metrischer Raum.*

a. *Ein* Fluss *oder* dynamisches System *in M ist eine stetige Abbildung φ : $G \longrightarrow M$, für die folgende Axiome gelten:*

(DS 0) G ist eine offene Teilmenge von $\mathbb{R} \times M$ und für jedes $x \in M$ ist die Menge $\{t \in \mathbb{R} \mid (t,x) \in G\}$ ein offenes Intervall $]\omega_-(x), \omega_+(x)[$, das die Null enthält.

(DS 1) Ist $(t,x) \in G$, $y := \varphi(t,x)$, und ist auch $(s,y) \in G$, so ist auch $(s+t,x) \in G$ und es gilt $\varphi(s+t,x) = \varphi(s,y)$.

(DS 2) $\varphi(0,x) = x$ für alle $x \in M$.

(DS 3) Ist $(t,x) \in G$, $y := \varphi(t,x)$, so ist auch $(-t,y) \in G$ und $\varphi(-t,y) = x$.

b. *Ein* Halbfluss *oder* semidynamisches System *in M ist eine stetige Abbildung $\varphi : G \longrightarrow M$, bei der $G \subseteq [0,\infty[\times M$ ist und bei der (DS 0), (DS 1) für $s, t \geq 0$ und schließlich (DS 2) gelten.*

c. *Die* Trajektorie *(= Bahn = Orbit) des Punktes $x \in M$ unter dem Fluss φ ist die Menge*

$$\Gamma(x) := \{\varphi(t,x) \mid t \in]\omega_-(x), \omega_+(x)[\} \ .$$

Die positive Halbtrajektorie *ist*

$$\Gamma^+(x) := \{\varphi(t,x) \mid t \in [0, \omega_+(x)[\} \ .$$

Die Gesamtheit aller Trajektorien nennt man das Phasenbild *oder* Phasenporträt.

d. *Ein* globaler Fluss *(bzw.* Halbfluss*) ist ein Fluss (bzw. Halbfluss) mit $G = \mathbb{R} \times M$ (bzw. $G = [0,\infty[\times M$).*

e. *Eine Teilmenge $A \subseteq M$ heißt* invariant *(bzw.* positiv invariant*) unter einem gegebenen Fluss (bzw. Halbfluss), wenn jede Trajektorie (bzw. positive Halbtrajektorie), die einen Punkt mit A gemeinsam hat, schon ganz in A enthalten sein muss.*

Man schreibt wieder $\varphi_t(x)$ statt $\varphi(t,x)$.

Bemerkungen:

(i) In dieser recht jungen Theorie hat sich noch kein völlig einheitlicher Sprachgebrauch eingebürgert. So sprechen viele Autoren auch dann von einem *dynamischen System*, wenn es sich eigentlich nur um einen Halbfluss handelt.

(ii) Die Abbildung φ_t ist stetig auf $M_t := \{x \in M \mid (t,x) \in G\}$. Im Falle eines Flusses kann man aus diesen Abbildungen auch Homöomorphismen zwischen geeigneten offenen Teilmengen von M gewinnen, wie es in 20.30 beschrieben wurde. Ist φ jedoch nur ein Halbfluss, so brauchen sie noch nicht einmal injektiv zu sein. Trajektorien mit verschiedenen Anfangspunkten können also dann ineinanderlaufen, während im Falle eines Flusses Satz 20.17 sinngemäß gilt.

(iii) Ist φ ein globaler Fluss, so haben wir für alle $t \in \mathbb{R}$ Homöomorphismen φ_t von M auf M, und diese erfüllen die handlichen Rechenregeln aus (20.33), die eine (globale) Ein-Parameter-Gruppe von Homöomorphismen definieren. Ist φ ein globaler Halbfluss, so haben wir immer noch stetige Abbildungen $\varphi_t : M \to M$ für alle $t \geq 0$, und für diese gilt

$$\varphi_0 = \mathrm{id}\,, \quad \varphi_s \circ \varphi_t = \varphi_{s+t} \quad \text{für} \quad s, t \geq 0\,. \tag{20.93}$$

(iv) Eine Teilmenge $A \subseteq M$ ist invariant (bzw. positiv invariant) unter $\varphi \iff \varphi_t(A) \subseteq A$ für alle t (bzw. für alle $t \geq 0$). Positiv invariante Teilmengen sind auch für Flüsse interessant, nicht nur für Halbflüsse, und man kann analog natürlich auch negativ invariante Teilmengen definieren.

Weiter unten werden wir noch eine Variante kennen lernen, die *diskreten dynamischen Systeme*. Die bisher betrachteten Systeme werden auch als *kontinuierlich* bezeichnet.

Beispiele für kontinuierliche dynamische Systeme

a. Ist $M = \Omega$ eine offene Teilmenge von $\mathbb{R}^n$, so haben wir natürlich die schon bekannten Flüsse zu Vektorfeldern auf Ω. Diese machen schon einen bedeutenden Teil der Flüsse in Ω aus. Ist nämlich $\varphi \in C^1(G, \mathbb{R}^n)$ für einen Fluss in Ω, so können wir ein Vektorfeld $\boldsymbol{F}(x)$ durch (20.31) definieren, und dann rechnet man ohne weiteres nach, dass die Funktionen $u(t) := \varphi(t, x)$ Lösungen der entsprechenden Anfangswertaufgabe (20.27) mit $t_0 = 0$ sind. Im Fall $\boldsymbol{F} \in \mathcal{E}(\Omega)$ ist also dann φ der Fluss zu $\boldsymbol{F}$. Insbesondere ist dies für $\varphi \in C^2$ der Fall, denn dann ist $\boldsymbol{F} \in C^1(\Omega) \subseteq \mathcal{E}(\Omega)$.
   Wenn man sich nur für das Phasenporträt interessiert und nicht für die Geschwindigkeit, mit der die Trajektorien durchlaufen werden, so kann man die Trajektorien umparametrisieren und dadurch erreichen, dass jede Lösungskurve auf ganz $]-\infty, \infty[$ definiert ist. Das entspricht dem Übergang zu dem Vektorfeld $\alpha(x)\boldsymbol{F}(x)$ mit einer geeigneten skalaren Funktion $\alpha(x) > 0$. Deshalb kann man für viele Fragen o. B. d. A. annehmen, dass man einen *globalen* Fluss vor sich hat.
b. Ist φ ein Fluss im metrischen Raum M und $A \subseteq M$ eine invariante Teilmenge, so wird auf A durch Einschränkung der Abbildungen φ_t offenbar wieder ein Fluss definiert (und analog für Halbflüsse und positiv invariante Teilmengen). Damit bekommt man auch schon in $\mathbb{R}^n$ Flüsse auf nicht-offenen Teilmengen, und generell ist dies eine sehr nützliche Vorgehensweise, wenn man dynamische Systeme auf kleinere reduzieren will, deren Dynamik vielleicht leichter zu durchschauen ist. Konkrete Beispiele dafür werden wir noch kennen lernen.
c. Auch nichtautonome Differenzialgleichungen führen zu dynamischen Systemen, denn man kann sie durch einen einfachen Trick in autonome Systeme verwandeln. Man führt dazu die Zeit als neue Zustandsvariable ein, genauer: Wenn in $D \subseteq \mathbb{R}_t \times \mathbb{R}_x^n$ eine Anfangswertaufgabe

$$\dot{x} = \boldsymbol{f}(t, x)\,, \quad x(t_0) = \boldsymbol{\eta}$$

gegeben ist, so fügt man diesem Gleichungssystem die Gleichung $\dot{x}_0 = 1$ sowie die Anfangsbedingung $x_0(0) = t_0$ hinzu und eliminiert t mittels $t = x_0 - t_0$. So erhält man die äquivalente Anfangswertaufgabe

$$\dot{X} = \boldsymbol{F}(X) \,, \quad X(0) = Y \,,$$

wobei

$$X := \begin{bmatrix} x_0 \\ x \end{bmatrix} \,, \quad Y = \begin{bmatrix} t_0 \\ \boldsymbol{\eta} \end{bmatrix} \,, \quad \boldsymbol{F}(X) := \begin{bmatrix} 1 \\ \boldsymbol{f}(x_0 - t_0, x) \end{bmatrix}$$

gesetzt wurde. Man verliert bei dieser Umformung zwar gewisse gute Eigenschaften wie etwa Linearität, aber wenn z. B. $\boldsymbol{f} \in C^1(D)$ ist, so hat $\dot{X} = \boldsymbol{F}(X)$ eindeutig lösbare Anfangswertaufgaben, und man bekommt einen Fluss $X = \Phi(t, Y)$ in D. Auf diese Weise kann man auch nicht-autonome Probleme mit den Mitteln der nichtlinearen Dynamik behandeln.

d. Viele der wichtigen partiellen Differenzialgleichungen der Physik beschreiben die zeitliche Entwicklung von räumlich ausgedehnten Systemen, und ihre Lösungen $u(t, x_1, \ldots, x_n)$ hängen daher von einer Zeitvariablen t und diversen räumlichen Koordinaten $x_1, \ldots, x_n$ ab, also $t \in I \subseteq \mathbb{R}$, $x = (x_1, \ldots, x_n) \in \Omega \subseteq \mathbb{R}^n$. Sie sind i. A. von erster oder zweiter Ordnung in der Zeit, haben also die Form

$$\frac{\partial u}{\partial t} = A(t, x, u, P_x u) \quad \text{oder} \quad \frac{\partial^2 u}{\partial t^2} = B(t, x, u, P_x u) \,.$$

Dabei bedeutet $P_x u$ einen Vektor aus irgendwelchen partiellen Ableitungen von u nach den x-Variablen. Solche Gleichungen nennt man *Evolutionsgleichungen*, und eine erfolgreiche (wenn auch technisch schwierige) Methode zu ihrer Behandlung besteht darin, einen metrischen Raum M zu wählen, dessen Punkte Funktionen auf Ω sind, und die Funktionen $u : I \times \Omega \to \mathbb{R}$ als Kurven $v(t) := u(t, \cdot)$, $t \in I$ in M aufzufassen. Die Evolutionsgleichungen sind dann sozusagen verallgemeinerte gewöhnliche Differenzialgleichungen in M, und unter passenden Voraussetzungen definieren sie auch Flüsse oder zumindest Halbflüsse in M.

Schon die *linearen* Evolutionsgleichungen sind alles andere als einfach zu behandeln. Ihre Halbflüsse sind die *Operatorhalbgruppen*, die schon in 19.14 erwähnt wurden. Typische Beispiele sind die

- Wärmeleitungsgleichung $\dfrac{\partial u}{\partial t} = \mu \Delta u \quad (\mu > 0)$,

- Wellengleichung $\dfrac{\partial^2 u}{\partial t^2} = c^2 \Delta u$,

- SCHRÖDINGER-Gleichung $\dfrac{\partial \psi}{\partial t} = \dfrac{\mathrm{i}}{\hbar} \Delta \psi$.

Dabei bezeichnet Δ den LAPLACE-Operator in den räumlichen Variablen. (Die Lösungen $\psi(t, x)$ der SCHRÖDINGER-Gleichung sind komplexwertige Funktionen!) Die *parabolischen Evolutionsgleichungen*, deren Prototyp die Wärmeleitungsgleichung ist, beschreiben Diffusionsprozesse und führen nicht zu Flüssen, sondern wirklich nur zu Halbflüssen.

e. Viele kompliziertere Systeme aus Physik und Technik, Chemie und Biologie haben *Gedächtnis*, d. h. die Änderungsrate $\dot{x}(t)$ ihres Zustands zur Zeit t hängt nicht nur von $x(t)$ ab, sondern vom gesamten Verlauf von x während einer Zeitspanne, die bis $t - \tau$ zurückreicht ($0 \leq \tau \leq \infty$ ein gegebener Systemparameter). Sie werden durch sog. Funktional-Differenzialgleichungen beschrieben, etwa

$$\dot{x} = f(t, x, x|_t) \, ,$$

wobei mit $x|_t$ die Einschränkung der Funktion $x(t)$ auf das Intervall $]t-\tau, t]$ gemeint ist. Eine sinnvolle Anfangsbedingung hierfür ist eine Funktion x_0, die auf dem Intervall $] - \tau, 0]$ definiert ist. Unter passenden Voraussetzungen sind solche Anfangswertprobleme eindeutig lösbar, und man kann dann einen Fluss (oder zumindest Halbfluss) auf einem BANACH-Raum M konstruieren, dessen Vektoren Funktionen auf dem Intervall $] - \tau, 0]$ sind. Einer Lösung x, die etwa auf dem Intervall $] - \tau, T]$ definiert ist, entspricht dabei die Trajektorie $v(t) = \varphi(t, x_0)$, die auf dem Intervall $[0, T]$ parametrisiert ist und deren Wert $v(t) \in M$ nichts anderes ist als die Funktion $s \mapsto x(t + s) \, , \ -\tau < s \leq 0$.

Diskrete dynamische Systeme

Bei einem diskreten dynamischen System stellt man sich auf den Standpunkt, die Zeitvariable sei eine Folge von diskreten Zeitpunkten, zu denen der Zustand des Systems geprüft wird, und bei der mathematischen Beschreibung wählt man daher die Menge $\mathbb{N}_0$ der natürlichen Zahlen einschl. Null oder die Menge $\mathbb{Z}$ der ganzen Zahlen als Zeitachse. Davon abgesehen, fordert man dieselben Axiome und benutzt dieselbe Terminologie (Trajektorien, invariante Mengen usw.) wie bei den kontinuierlichen dynamischen Systemen. Zumeist geht man davon aus, dass $f := \varphi_1 = \varphi(1, \cdot)$ auf ganz M definiert ist. Dann folgt aber aus (DS 1) sofort

$$\varphi_2 = \varphi_1 \circ \varphi_1 \, ,$$
$$\varphi_3 = \varphi_1 \circ \varphi_1 \circ \varphi_1$$

usw., d. h. die ganze Abbildung φ ist schon durch f festgelegt, und wir haben

$$\varphi(n, x) = \varphi_n(x) = f^n(x) \, , \quad n \in \mathbb{N}_0, \ x \in M \, ,$$

wobei die Potenz f^n hier wohlgemerkt als n-fache Komposition von f mit sich selbst aufzufassen ist. Wir haben es also mit dem globalen Fall zu tun (Definitionsbereich $G = \mathbb{N}_0 \times M$), was davon herrührt, dass φ_1 auf ganz M definiert ist. Die positive Halbtrajektorie $\Gamma^+(x_0)$ durch den Punkt $x_0 \in M$ ist damit nichts anderes als die *Iterationsfolge* (x_n) mit Startwert x_0:

$$x_{n+1} = f(x_n) \, ,$$

und das gesamte diskrete dynamische System besteht darin, dass man die Abbildung f immer wieder iteriert.

Jede stetige Abbildung $f : M \to M$ erzeugt also auf diese Weise ein diskretes dynamisches System. Genau genommen, handelt es sich um die Analogie zu einem *Halbfluss*, aber nur wenige Autoren sprechen von einem „diskreten semidynamischen System". Die exakte Analogie zu einem Fluss (also mit Zeitachse $\mathbb{Z}$ und Gültigkeit von (DS 3)) erhält man genau dann, wenn $f : M \to M$ ein *Homöomorphismus* ist. Dann gewinnt man φ_{-n} $(n \in \mathbb{N})$ durch Iterieren der *inversen Abbildung*, setzt also

$$\varphi(-n, \cdot) = \varphi_{-n} := \underbrace{f^{-1} \circ \cdots \circ f^{-1}}_{n\text{-mal}} .$$

Die so gewonnene Abbildung $\varphi : \mathbb{Z} \times M \longrightarrow M$ erfüllt offensichtlich (DS 1)– (DS 3).

Beispiele von diskreten dynamischen Systemen

Abgesehen davon, dass diskrete dynamische Systeme als mathematische Modelle gewisser, sprunghaft ablaufender Prozesse ganz natürlich auftreten, sind sie ein zentrales Werkzeug für die moderne Theorie von gewöhnlichen Differenzialgleichungen, Evolutionsgleichungen und Funktional-Differenzialgleichungen. Den Zusammenhang mit gewöhnlichen Differenzialgleichungen und ihren Flüssen wollen wir etwas näher beleuchten:

a. *Differenzengleichungen und numerische Iterationsverfahren:* Eine Differenzengleichung wie (20.79) kann im autonomen Fall in der Form

$$x_{k+1} = x_k + h f(x_k)$$

geschrieben werden. Da man von einem beliebigen Startwert x_0 ausgehen kann, wird hierdurch also ein diskretes dynamisches System beschrieben. Es entsteht durch Iteration der Abbildung $g(x) := x + h f(x)$. So ist es natürlich auch bei allgemeineren Differenzengleichungen bzw. Systemen von Differenzengleichungen. Überhaupt haben numerische Näherungsverfahren meist die Form $x_{k+1} = g(x_k)$, wobei man von einem frei wählbaren Startwert x_0 ausgeht und bei jedem Iterationsschritt die Güte der Näherung verbessert. Dabei haben wir es mit einem breiten Spektrum von Möglichkeiten für den Raum M zu tun, in dem die Größen x_k liegen. In der Praxis wird jedes x_k zwar ein Dezimalbruch oder eine Liste von Dezimalbrüchen sein, denn nur damit kann der Computer wirklich rechnen. Zur theoretischen Untersuchung der Eigenschaften eines numerischen Verfahrens wird man aber auch zu allgemeineren Räumen M greifen, in denen solch ein Verfahren betrachtet wird. In jedem Fall hat man es letzten Endes mit einem diskreten dynamischen System zu tun, dessen asymptotisches Verhalten so weit untersucht werden soll, dass man beurteilen kann, von welchen Startwerten aus man am schnellsten zu einer möglichst guten Approximation der Lösung des gegebenen Problems gelangt und wie schnell das eigentlich ist. Wenn das ursprüngliche Problem mehr als eine Lösung besitzt, so kann solch ein numerisches Verfahren auch sehr komplizierte Dynamik entwickeln, und es erhebt sich die Frage, von welchen Startwerten aus man zu welcher Lösung gelangt, wenn überhaupt. In diesem Zusammenhang sind z. B. die sog. „Geisterlösungen" berüchtigt, d. h. Fixpunkte des Iterationsverfahrens, die mit einer Lösung des ursprünglichen Problems gar nichts zu tun haben.

b. *Differenzialgleichungen mit periodischer rechter Seite:* Wir betrachten die Anfangswertaufgabe (20.4) unter der Voraussetzung, dass die rechte Seite eine *Periode* $T > 0$ besitzt, d. h. es gilt

$$F(t + T, X) = F(t, X) \quad \text{für alle} \quad t \in \mathbb{R}, \ X \in G \overset{\text{offen}}{\subseteq} \mathbb{R}^n . \qquad (20.94)$$

Wir setzen über F außerdem voraus, dass die Anfangswertaufgaben stets eine eindeutige, auf ganz $\mathbb{R}$ definierte maximale Lösung $\Phi(t; t_0, X_0)$ besitzen. Um das asymptotische Verhalten einer Lösung für $t \to \pm\infty$ zu untersuchen, genügt es dann, in Zeitintervallen der Länge T nachzuschauen, wohin der Systempunkt $X = \Phi(t; t_0, X_0)$ gewandert ist. Was zwischen t und $t+T$ geschieht, wird i. A. harmlos sein und kann durch entsprechende Abschätzungen kontrolliert werden.

Etwas präziser: Voraussetzung (20.94) hat zur Folge, dass die Differenzialgleichung $\dot{X} = F(t, X)$ gegen Zeittranslationen um Vielfache von T invariant ist, d. h. wenn $X = U(t)$ eine Lösung ist, so sind auch die Funktionen

$$V_k(t) := U(t + kT), \quad k \in \mathbb{Z}$$

Lösungen (Beweis als Übung!). Nun definieren wir $\mathcal{P} : G \to G$ durch

$$\mathcal{P}(X) := \Phi(t_0 + T; t_0, X) .$$

Man nennt $\mathcal{P}$ die *Zeit-T-Abbildung* oder manchmal auch die POINCARÉ-*Abbildung* zur gegebenen periodischen Differenzialgleichung. Wegen der Eindeutigkeit der Lösungen muss nun $\Phi(t + T; t_0, X) = \Phi(t; t_0, \mathcal{P}(X))$ sein, und durch Induktion folgt daraus

$$\Phi(t + kT; t_0, X) = \Phi(t; t_0, \mathcal{P}^k(X)) \qquad (20.95)$$

für alle $k \in \mathbb{N}_0$, wobei wieder $\mathcal{P}^k$ als die k-fache Iterierte der Abbildung $\mathcal{P}$ aufzufassen ist. Man rechnet aber auch sofort nach, dass die Abbildung

$$\mathcal{P}^{-1}(X) := \Phi(t - T; t_0, X)$$

invers zu $\mathcal{P}$ ist, und insbesondere ist $\mathcal{P} : G \to G$ bijektiv. Daher kann man $\mathcal{P}$ auch „rückwärts iterieren", und (20.95) gilt sogar für alle $k \in \mathbb{Z}$. Wenn wir noch annehmen, dass alles, was in einem Zeitintervall der Länge T geschieht, durch geeignete Abschätzungen kontrolliert werden kann, so wird also das Verhalten des diskreten dynamischen Systems, das in G durch $\mathcal{P}$ erzeugt wird, über das Verhalten der Lösungen der ursprünglichen Differenzialgleichung befriedigende Auskunft geben. Dies ist tatsächlich eine heute sehr erfolgreiche Methode zum Studium periodischer Differenzialgleichungen (vgl. etwa [5]).

c. *Transversale Schnitte und* POINCARÉ-*Abbildung:* Um das Phasenporträt eines autonomen Systems (20.26) in der Nähe eines periodischen Orbits zu studieren, wendet man einen ähnlichen Trick an wie eben bei den periodischen Differenzialgleichungen. Nehmen wir an, unser autonomes System ist gegeben durch das Vektorfeld $F \in C^1(\Omega)$, φ ist der entsprechende Fluss und

$$\Gamma: \quad X = \varphi(t, X_0), \quad t \in \mathbb{R}$$

ist eine periodische Trajektorie mit Periode $T > 0$. Dann ergänzt man den Vektor

$$b_1 := \frac{\partial \varphi}{\partial t}(0, X_0)$$

zu einer Basis $\{b_1, \ldots, b_n\}$ von $\mathbb{R}^n$ und setzt

$$H := X_0 + \mathrm{L}\,\mathrm{H}(b_2, \ldots, b_n) = \left\{ X_0 + \sum_{j=2}^{n} s_j b_j \,\middle|\, s_2, \ldots, s_n \in \mathbb{R} \right\}.$$

Man nennt H einen *Querschnitt* oder *transversalen Schnitt* des Flusses bei X_0. Für $Y \in H$ nahe bei X_0 wird die Trajektorie $\varphi(t, Y)$ zunächst in der Nähe von Γ bleiben, also nach Ablauf der Zeit T annähernd einen Umlauf vollendet haben und wieder in der Nähe von X_0 angelangt sein. Zu einem Zeitpunkt $\tau(Y) \approx T$ wird die Trajektorie also wieder auf H auftreffen. Mathematisch behandelt man das so, dass man die Bedingung

$$\varphi(\tau(Y), Y) \in H$$

als nichtlineares Gleichungssystem formuliert, das für $Y = X_0$ die triviale Lösung $\tau(X_0) = T$ besitzt. Im Lösungspunkt $(T, X_0) \in \mathbb{R} \times H$ kann der Satz über implizite Funktionen auf dieses Gleichungssystem angewendet werden, und so erhält man die *Treffzeit* $\tau(Y)$ als eindeutige C^1-Funktion, definiert auf einer Umgebung $U \cap H$ von X_0 in H mit der Eigenschaft $\tau(X_0) = T$.

Nun definiert man die POINCARÉ-*Abbildung* $\Pi : U \cap H \to H$ durch

$$\Pi(Y) := \varphi(\tau(Y), Y). \tag{20.96}$$

Die Trajektorie, die am Punkt $Y \in U \cap H$ startet, entfernt sich also zunächst von H, und nach Ablauf der Zeit $\tau(Y)$ trifft sie zum ersten Mal wieder auf H, und zwar am Punkt $\Pi(Y)$ (vgl. Abb. 20.9).

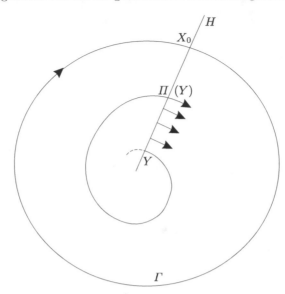

Abb. 20.9. Transversaler Schnitt und POINCARÉ-Abbildung

In vielen Fällen lässt sich die Umgebung U so wählen, dass $\Pi(U \cap H) \subseteq U \cap H$ ist, und dann kann die POINCARÉ-Abbildung iteriert werden, und die Untersuchung des von ihr erzeugten diskreten dynamischen Systems gibt Aufschluss über das Phasenporträt von φ in der Nähe von Γ.

20.33 Dynamik der linearen Systeme. Wir betrachten jetzt ein lineares Vektorfeld $F(X) := AX$, wo A eine feste reelle $n \times n$-Matrix ist. Unsere Zusammenstellung der Phasenbilder ebener linearer Flüsse in Abschn. E. gibt schon eine recht gute Vorstellung davon, wie sich lineare Flüsse

$$\varphi(t, X) = \mathrm{e}^{tA} X$$

auch in höheren Dimensionen $n \geq 2$ verhalten können. Leichte Komplikationen treten nur dadurch auf, dass der Unterschied zwischen der geometrischen und der algebraischen Vielfachheit eines Eigenwerts größer als 1 sein kann und dass auch komplexe Eigenwerte höherer Vielfachheit vorhanden sein können. Es bleibt jedoch das Prinzip bestehen, dass der Realteil der Eigenwerte darüber entscheidet, wie sich die Trajektorien für $t \to \pm\infty$ verhalten.

Man kann sich die Einzelheiten überlegen, indem man das Ergebnis von Thm. 8.6 mit elementaren Abschätzungen über die Exponentialfunktion kombiniert. Bequemer ist es jedoch, die JORDAN'sche Normalform der gegebenen Matrix A heranzuziehen. Man berechnet dann e^{tA} über die einzelnen JORDAN-Blöcke, wie es in den Aufgaben 19.1–19.4 angedeutet wurde, und macht für jeden JORDAN-Block getrennte Abschätzungen (Einzelheiten z. B. in [5] oder [41]).

Zur Darstellung der Ergebnisse verwendet man am besten ebenfalls die JORDAN'sche Normalform. Wir betrachten also den linearen Operator $\mathcal{A}$: $\mathbb{C}^n \to \mathbb{C}^n$, der durch Linksmultiplikation mit der Matrix A gegeben ist, und schreiben ihn als direkte Summe

$$\mathcal{A} = \mathcal{B}_1 \oplus \cdots \oplus \mathcal{B}_m \ ,$$

wie in Ergänzung 7.29 erläutert. Dabei ist $\mathcal{B}_\ell = \lambda_\ell \mathcal{I} + \mathcal{S}_\ell$ ein Endomorphismus eines linearen Teilraums $W_\ell \subseteq \mathbb{C}^n$, und dieser Teilraum enthält insbesondere die Eigenvektoren zum Eigenwert λ_ℓ. $\mathcal{S}_\ell$ ist ein Shift-Operator.

Da wir die Dynamik aber in $\mathbb{R}^n$ betrachten wollen, bilden wir zu jedem $\ell = 1, \ldots, m$ den A-invarianten linearen Teilraum V_ℓ von $\mathbb{R}^n$, der von den Real- und Imaginärteilen der Vektoren aus W_ℓ gebildet wird. Dann ist $\mathbb{R}^n$ die Summe der V_ℓ, allerdings nicht die direkte Summe, denn zwei JORDAN-Blöcke zu Eigenwerten, die zueinander komplex konjugiert sind, liefern ein und dasselbe V_ℓ.

Definition. *Der stabile Teilraum E_s bzw. der instabile Teilraum E_u*[1] *bzw. der zentrale Teilraum E_c ist die Summe der Räume V_ℓ, für die $\operatorname{Re} \lambda_\ell < 0$ bzw. > 0 bzw. $= 0$ ist.*

Die Räume E_s, E_u und E_c sind offenbar invariant unter dem linearen Fluss, und wir haben $\mathbb{R}^n = E_s \oplus E_u \oplus E_c$. Die Einschränkung des Flusses auf E_s bzw. E_u ist durch die folgende Aussage grob beschrieben:

Satz. *Für $0 \neq X \in E_s$ ist*

$$\lim_{t \to \infty} e^{tA} X = 0 \quad und \quad \lim_{t \to -\infty} \|e^{tA} X\| = \infty \ .$$

Für $0 \neq X \in E_u$ ist

$$\lim_{t \to -\infty} e^{tA} X = 0 \quad und \quad \lim_{t \to \infty} \|e^{tA} X\| = \infty \ .$$

Für die Einschränkung auf E_s ist der Nullpunkt also asymptotisch stabil. Er kann wie ein Knoten oder ein Strudelpunkt aussehen oder auch wie eine Mischung aus beiden, je nachdem, ob und wie viele komplexe Eigenwerte mit negativem Realteil auftreten. Auf E_u verhält der Fluss sich ähnlich, aber die Trajektorien entfernen sich vom Nullpunkt, und er ist instabil. Auf E_c kann der Fluss eine kompliziertere Gestalt annehmen, denn etwaige Shift-Operatoren sorgen für polynomielle Terme in der expliziten Formel für e^{tA}. Wenn aber $\mathcal{S}_\ell = 0$ ist für alle Eigenwerte λ_ℓ mit verschwindendem Realteil (d. h. wenn $\mathcal{A}|_{E_c}$ komplex diagonalisierbar ist), so ist der Nullpunkt stabil, aber nicht asymptotisch stabil, und er verhält sich ungefähr wie ein Zentrum. Die Trajektorie eines Eigenvektors zu einem Eigenwert der Form $i\omega$ ist periodisch, und als Überlagerungen solcher periodischer Lösungen kann man auch

---

[1] Das englische Wort für instabil ist „unstable". Daher der Index u.

beschränkte, aber nicht periodische Trajektorien bekommen (nämlich dann, wenn der Quotient ω_1/ω_2 zweier rein-imaginärer Eigenwerte eine irrationale Zahl ist).

Auch bei *diskreten* linearen dynamischen Systemen wird die Dynamik durch die Eigenwerte gesteuert. Wir betrachten eine *invertierbare* reelle Matrix P, so dass durch

$$\varphi(k, X) := P^k X, \quad k \in \mathbb{Z}, \ X \in \mathbb{R}^n$$

ein diskretes dynamisches System mit Zeitachse $\mathbb{Z}$ gegeben ist. Wie wir am Schluss von Ergänzung 19.13 gesehen haben, ist $P = \exp A$ für eine geeignete Matrix $A \in \mathbb{C}_{n \times n}$, und die Eigenwerte von P sind dann die $\mu_\ell := e^{\lambda_\ell}$, wo λ_ℓ die Eigenwerte von A durchläuft (Satz 19.7). Damit können wir das diskrete dynamische System in das kontinuierliche System

$$\psi(t, X) := e^{tA} X, \quad t \in \mathbb{R}, \ X \in \mathbb{C}$$

einbetten, dessen Dynamik in $\mathbb{C}^n$ sich genauso verhält wie im Fall einer reellen Matrix A (nur dass sich der Übergang zu Real- und Imaginärteil jetzt erübrigt). Insbesondere haben wir eine direkte Zerlegung von $\mathbb{C}^n$ in einen stabilen Teilraum $\tilde{E}_s$, einen instabilen Teilraum $\tilde{E}_u$ und einen zentralen Teilraum $\tilde{E}_c$. Da P reell ist, ist $\mathbb{R}^n$ ein invarianter Teilraum für das System φ, und er zerlegt sich in der Form

$$\mathbb{R}^n = E_s \oplus E_u \oplus E_c$$

mit

$$E_s := \tilde{E}_s \cap \mathbb{R}^n, \quad E_u := \tilde{E}_u \cap \mathbb{R}^n, \quad E_c := \tilde{E}_c \cap \mathbb{R}^n.$$

Ist $\mu = e^\lambda$, so gilt aber

$$\operatorname{Re} \lambda < 0 \iff |\mu| < 1, \quad \operatorname{Re} \lambda > 0 \iff |\mu| > 1,$$

$$\operatorname{Re} \lambda = 0 \iff |\mu| = 1.$$

Daher entspricht nun E_s den Eigenwerten μ_ℓ mit $|\mu_\ell| < 1$, E_u denen mit $|\mu_\ell| > 1$ und E_c denen mit $|\mu_\ell| = 1$. Die Vektoren $X \in E_s$ bzw. $Y \in E_u$ sind charakterisiert durch

$$\lim_{k \to \infty} P^k X = 0 \quad \text{bzw.} \quad \lim_{k \to -\infty} P^k Y = 0,$$

und ein Vektor $Z \neq 0$ gehört genau dann zu E_c, wenn seine Trajektorie weder für $k \to +\infty$ noch für $k \to -\infty$ gegen Null strebt.

In dem günstigen Fall, dass $E_c = \{0\}$ ist, heißt das System *hyperbolisch*. Im diskreten Fall bedeutet dies also, dass kein Eigenwert von P auf dem Einheitskreis liegt, und im kontinuierlichen Fall bedeutet es, dass A keine rein-imaginären Eigenwerte besitzt (auch nicht den Eigenwert Null). Der allereinfachste Fall ist $E_s = \mathbb{R}^n$, also wenn (im diskreten Fall) alle Eigenwerte von P im Inneren des Einheitskreises liegen bzw. wenn (im kontinuierlichen Fall) alle Eigenwerte von A in der linken Halbebene liegen. Dann ist der Nullpunkt asymptotisch stabil.

20.34 Geometrische Analyse von dynamischen Systemen und topologische Dynamik. Die logistische Gleichung (20.81) aus Ergänzung 20.28 explizit zu lösen, ist völlig überflüssig, wenn man sich nicht für die genaue Geschwindigkeit interessiert, mit der die Entwicklung der Bevölkerungsdichte vonstatten geht, sondern nur für die prinzipielle Dynamik, also die Richtung, wohin sie von einem gegebenen Ausgangspunkt aus tendieren wird. Die Trajektorien müssen ja Punkte (Ruhelagen) oder Intervalle sein, und da die Gleichung offensichtlich nur die beiden Ruhelagen $x = 0$ und $x = 1$ hat, sind die Intervalle $]-\infty, 0[$, $]0, 1[$ und $]1, \infty[$ Trajektorien. In welcher Richtung diese durchlaufen werden, entnimmt man dem Vorzeichen der rechten Seite, und so erhält man das Phasenbild aus Abb. 20.10.

Insbesondere erkennt man ohne weitere Rechnung, dass eine Lösung, die zwischen 0 und 1 beginnt, für $t \to \infty$ gegen 1 streben muss und für $t \to -\infty$ gegen 0. Und man weiß dies nun nicht nur für die logistische Gleichung, sondern für jede Differenzialgleichung der Form $\dot{x} = f(x)$, wenn f eine C^1-Funktion auf der reellen Geraden ist, für die gilt:

$$f(0) = f(1) = 0, \quad f(x) > 0 \quad \text{für} \quad 0 < x < 1,$$
$$f(x) < 0 \quad \text{für } x < 0 \quad \text{oder} \quad x > 1.$$

Dies ist ein einfaches Beispiel für die Vorgehensweise der *qualitativen geometrischen Theorie* der dynamischen Systeme und insbesondere der gewöhnlichen Differenzialgleichungen. Man versucht, bei einem gegebenen System oder einer gegebenen Klasse von Systemen das Phasenbild möglichst gut zu verstehen, indem man von möglichst einfachen invarianten Teilmengen ausgeht, dann das Verhalten des Systems in der Nähe solche einer invarianten Teilmenge studiert und schließlich diese einzelnen lokalen Phasenbilder unter Berücksichtigung topologischer Gegebenheiten zusammensetzt. Bei größeren invarianten Teilmengen ist natürlich auch das Verhalten des Systems innerhalb dieser Teilmenge interessant, doch lässt es sich nicht immer einfach beschreiben. Gerade die in der „Chaostheorie" beschriebenen Phänomene handeln i. A. davon, dass die Einschränkung eines dynamischen Systems auf eine bestimmte invariante Teilmenge ein kompliziertes und unübersichtliches – eben chaotisches – Verhalten zeigt.

Bei allen diesen Untersuchungen macht man sich zunutze, dass Phasenbilder, die durch einen Homöomorphismus ineinander überführt werden können, als äquivalent betrachtet werden. Daher definiert man in Verallgemeinerung von 20.29:

Definition. *Es sei φ ein dynamisches System im metrischen Raum M und ψ ein dynamisches System im metrischen Raum N. Sie sollen beide dieselbe*

0   1

Abb. 20.10. Dynamik der logistischen Gleichung

Zeitachse T haben (also $T = \mathbb{R}$, $T = [0, \infty[$, $T = \mathbb{Z}$ oder $T = \mathbb{N}_0$). Die beiden Systeme heißen topologisch konjugiert, *wenn es einen Homöomorphismus Q : $M \to N$ gibt mit*

$$Q \circ \varphi_t = \psi_t \circ Q \quad \forall t \in T .$$

Die rein qualitativen Merkmale eines dynamischen Systems sind eben diejenigen, die unter topologischer Konjugation invariant sind. Diese Merkmale bilden den Untersuchungsgegenstand der *topologischen Dynamik*.

Lokale Theorie

Die einfachsten invarianten Teilmengen sind sicherlich die einpunktigen, also bei Flüssen die Ruhelagen und bei Abbildungen die Fixpunkte. Es ist sehr weitgehend gelungen, das Verhalten eines *differenzierbaren* Systems in der Nähe solch eines Punktes mit Hilfe der *Linearisierung* zu beschreiben. Um dies näher zu erläutern, betrachten wir zunächst ein C^s-Vektorfeld F auf einem Gebiet $\Omega \subseteq \mathbb{R}^n$ und eine Ruhelage $X^0 \in \Omega$ ($1 \leq s \leq \infty$). Schon in Korollar 20.25 haben wir gesehen, dass dann die Linearisierung (= totale Ableitung)

$$A := DF(X^0)$$

für das Stabilitätsverhalten der Ruhelage entscheidend ist. Dies ist aber noch in einem viel weitergehenden Sinn der Fall: Wir haben bzgl. A die direkte Zerlegung $\mathbb{R}^n = E_s \oplus E_c \oplus E_u$, die in der vorigen Ergänzung besprochen wurde. Für den Fluss φ zu F definieren wir die *stabile Menge* $\widetilde{W}_s$ (bzw. die *instabile Menge* $\widetilde{W}_u$) durch

$$\widetilde{W}_s := \{X \in \Omega \mid \lim_{t \to \infty} \varphi_t(X) = X^0\} ,$$

$$\widetilde{W}_u := \{X \in \Omega \mid \lim_{t \to -\infty} \varphi_t(X) = X^0\} .$$

Beide sind offenbar invariante Teilmengen.

Mit diesen Bezeichnungen gilt:

Theorem. *Es gibt eine offene Umgebung $U \subseteq \Omega$ von X^0 so, dass die Mengen*

$$W_s := U \cap \widetilde{W}_s , \quad W_u := U \cap \widetilde{W}_u$$

C^s-*Teilmannigfaltigkeiten von Ω sind, die in X^0 tangential an E_s bzw. an E_u anliegen. Genauer gesagt, ist W_s der Graph einer C^s-Funktion $g : U \cap E_s \to E_u \oplus E_c$ mit $Dg(X^0) = 0$, und W_u ist der Graph einer C^s-Funktion $h : U \cap E_u \to E_s \oplus E_c$ mit $Dh(X^0) = 0$. Man nennt W_s die* stabile *und W_u die* instabile *Mannigfaltigkeit von φ bei X^0.*

Tatsächlich sind W_s, W_u Teilmannigfaltigkeiten in dem Sinn, wie er in Kap. 21 präzisiert wird. Das geht aus ihrer Beschreibung als Funktionsgraphen hervor. Auf W_s verhält sich der Fluss *kontrahierend*, auf W_u *expandierend*. Auch tangential zu E_c gibt es eine invariante Mannigfaltigkeit W_c, die sog. *Zentrumsmannigfaltigkeit*, auf der der Fluss sich annähernd so verhält wie es der linearisierte Fluss $e^{tA}X$ auf E_c tut. Diese ist allerdings wesentlich schwieriger zu konstruieren und birgt einige technische Tücken.

Man nennt die Ruhelage *hyperbolisch*, wenn A keine rein-imaginären Eigenwerte besitzt (auch nicht den Eigenwert Null). Dann ist also $E_c = \{0\}$, und die Zentrumsmannigfaltigkeit ist auf den Punkt X^0 reduziert. Man kann beweisen, dass in diesem Fall eine offene Umgebung V von X^0 existiert, so dass der auf V eingeschränkte Fluss $\varphi|V$ *topologisch konjugiert* zu seiner Linearisierung $e^{tA}X$ ist (*Satz von* HARTMAN-GROBMAN).

Völlig analoge Begriffe und Sätze existieren auch für diskrete dynamische Systeme, die durch Iterieren eines C^s-Diffeomorphismus Q entstehen. Häufig werden diese Versionen der Linearisierungssätze zuerst bewiesen und die entsprechenden Aussagen für Flüsse dann durch Interpolation gewonnen (z. B. in[46]).

Diese Sätze ermöglichen es auch, das Verhalten eines Flusses in der Nähe einer *geschlossenen Trajektorie* Γ zu untersuchen. Man wählt einen Punkt $X_0 \in \Gamma$, legt einen transversalen Schnitt H durch ihn und konstruiert dazu die POINCARÉ-Abbildung Π, wie am Schluss von Ergänzung 20.32 erläutert. Auf die Wahl von X_0 kommt es dabei nicht an, denn die entsprechenden diskreten dynamischen Systeme der POINCARÉ-Abbildungen zu zwei verschiedenen Wahlen von X_0 erweisen sich als topologisch konjugiert (sogar mit einem transformierenden *Diffeomorphismus Q*). Die Eigenwerte von $D\Pi(X_0)$ hängen damit ebenfalls nicht von X_0 ab, und man nennt sie die FLOQUET-*Multiplikatoren* von Γ. Man kann sie über die Variationsgleichung (20.25) bestimmen, denn diese ist für die T-periodische Lösung $u(t) := \varphi(t, X_0)$ ein lineares System mit zeitlicher Periode T, und $D\Pi(X_0)$ ist nichts anderes als die entsprechende Zeit-T-Abbildung (vgl. 20.32). Die stabile Mannigfaltigkeit $W_s(X_0)$ von Π enthält also Anfangswerte Y, für die die Lösung $\varphi(t, Y)$ für $t \to \infty$ von Γ angezogen wird, und die instabile Mannigfaltigkeit enthält Anfangswerte, für die sie von Γ abgestoßen wird. Die Dimensionen der Mannigfaltigkeiten W_s, W_u und W_c sind jeweils die Gesamtvielfachheiten der FLOQUET-Multiplikatoren, die innerhalb bzw. außerhalb bzw. auf dem Einheitskreis in der komplexen Ebene liegen.

Zur lokalen Untersuchung von Phasenbildern gehören außerdem die *homoklinen* und die *heteroklinen* Orbits. Dabei handelt es sich um das folgende Phänomen: Eine nicht-geschlossene Trajektorie $\Gamma(X_0)$ kann in ihrem Abschluss zwei Ruhelagen X_1, X_2 besitzen, wobei etwa

$$X_1 = \lim_{t \to -\infty} \varphi(t, X_0) \quad \text{und} \quad X_2 = \lim_{t \to +\infty} \varphi(t, X_0)$$

ist. Kurz kann man das ausdrücken durch

$$\Gamma(X_0) \subseteq W_u(X_1) \cap W_s(X_2) \,.$$

Anschaulich bedeutet dies, dass die Ruhelage X_1 instabil ist, und wenn der Systempunkt durch eine noch so kleine Störung auf die Trajektorie $\Gamma(X_0)$ gelangt, so wird er sich von X_1 entfernen und sich längs $\Gamma(X_0)$ auf X_2 zu bewegen (ohne diese Ruhelage allerdings je zu erreichen, denn sie bildet ja selbst eine invariante Teilmenge!) Man sagt dann, $\Gamma(X_0)$ sei ein *heterokliner Orbit*, der X_1 mit X_2 verbindet. Falls hier $X_1 = X_2$ ist, so bezeichnet man die Trajektorie als einen *homoklinen Orbit*.

Globale Theorie

Der Versuch, das gesamte Phasenbild eines auch nur einigermaßen nichttrivialen dynamischen Systems zu analysieren, ist natürlich wesentlich schwieriger als die lokale Aufgabe, und man ist heute weit davon entfernt, hier mit einer befriedigenden Sammlung von einschlägigen Resultaten aufwarten zu können. Vielmehr herrscht eine große Vielfalt von Fragestellungen, Methoden und Teilergebnissen, obwohl manches davon zum Schwierigsten und Anspruchsvollsten gehört, was die Mathematik zu bieten hat. Wir müssen uns damit begnügen, einige Grundbegriffe zu erklären und einige Fragestellungen anzudeuten:

a. Ein wichtiges Hilfsmittel zum Auffinden von invarianten Mengen sind die sog. *Grenzmengen*. Wir diskutieren sie für den Fall eines Flusses φ auf einem metrischen Raum M. (Für Halbflüsse und diskrete dynamische Systeme gibt es analoge Begriffsbildungen mit ähnlichen Eigenschaften.) Für $x \in M$ ist die *ω-Grenzmenge* $\omega(x)$ definiert als die Menge der Punkte $y \in M$, die man in der Form

$$y = \lim_{k \to \infty} \varphi(t_k, x)$$

schreiben kann, wobei $\lim_{k \to \infty} t_k = \infty$ sein muss. Wenn $\Gamma^+(x)$ in einer kompakten Menge enthalten ist (also z. B. wenn $M = \mathbb{R}^n$ und $\Gamma^+(\mathrm{x})$ beschränkt ist), so ist $\omega(x) \neq \emptyset$ und kompakt, und in jedem Fall ist $\omega(x)$ abgeschlossen, invariant und zusammenhängend. (Die letzte Eigenschaft entfällt bei diskreten dynamischen Systemen, denn sie rührt davon her, dass Trajektorien von Flüssen zusammenhängend sind.) Ersetzt man die Folgen $t_k \to \infty$ durch Folgen $s_k \to -\infty$, so ergibt die analoge Konstruktion die *α-Grenzmengen*. Es lohnt sich aber nicht, für α-Grenzmengen eine gesonderte Theorie zu entwickeln, denn zu jedem Fluss gehört der zeitlich gespiegelte Fluss

$$\varphi^*(t, x) := \varphi(-t, x) \,, \tag{20.97}$$

und die α-Grenzmenge von x in Bezug auf φ ist natürlich die ω-Grenzmenge in Bezug auf φ^*. So verhält es sich auch mit vielen anderen Begriffen aus der topologischen Dynamik.

b. Zu einer abgeschlossenen invarianten Teilmenge $A \subseteq M$ definiert man den *Einzugsbereich* $\mathcal{B}(A)$ als die Menge der Punkte x mit

$$\lim_{t \to \infty} d(\varphi(t, x) \,, \ A) = 0$$

(vgl. (20.46)). Dabei bedeutet $d(x, C)$, wie immer in metrischen Räumen, die *Distanz*

$$d(x, C) := \inf_{y \in C} d(x, y) \tag{20.98}$$

des Punktes x von der Menge C. Offenbar ist der Einzugsbereich eine invariante Obermenge von A. Wenn er eine Umgebung von A ist (d. h. wenn $\mathcal{B}(A) \supseteq U \supseteq A$ ist für eine geeignete *offene* Menge U), so nennt man A *attraktiv*. Eine attraktive Menge, die der Abschluss einer einzigen Trajektorie ist, ist ein *Attraktor*. Dazu gehören insbesondere die attraktiven Ruhelagen und geschlossenen Trajektorien. Eine besondere Rolle spielen die *seltsamen Attraktoren* – das sind diejenigen, bei denen die Einschränkung des Flusses auf A chaotische Dynamik aufweist. Häufig sind seltsame Attraktoren sehr ausgefranste Gebilde, sog. *Fraktale*, denen man eine reelle Zahl ≥ 0 als *fraktale Dimension* zuordnet. Die einschlägigen Konstruktionen für solche Dimensionszahlen (HAUSDORFF-Dimension, integralgeometrische Dimension, box dimension) liefern für Punkte die Dimension 0, für (stückweise glatte) Kurven die Dimension 1, für glatte Flächen die Dimension 2 usw., aber für Fraktale eben nicht-ganze (oft sogar irrationale) Zahlen. Eine interessante Aufgabe der topologischen Dynamik ist es, für ein gegebenes System die Attraktoren ausfindig zu machen und ihren Typ sowie ggf. ihre fraktale Dimension zu ermitteln. Im einfachsten Fall gibt es einen *globalen Attraktor*, also einen mit Einzugsbereich M.

Die Attraktoren für den Fluss φ^* aus (20.97) nennt man auch *Repeller* für φ.

c. Auch Stabilitätsfragen nehmen in der topologischen Dynamik einen breiten Raum ein. Eine abgeschlossene invariante Menge A heißt *stabil*, wenn es zu jeder offenen Umgebung $V \supseteq A$ eine offene Umgebung $U \supseteq A$ gibt so, dass

$$x \in U \implies \Gamma^+(x) \subseteq V .$$

Eine stabile und attraktive Menge heißt *asymptotisch stabil*. Ist $A = \{x_0\}$ für eine Ruhelage x_0, so stimmen diese Begriffe mit den in 20.20 definierten überein (Beweis als Übung!). Aber schon für eine geschlossene Trajektorie A macht sich ein gewisser Unterschied zur Stabilität im Sinne von LJAPUNOW bemerkbar. Selbst wenn A asymptotisch stabil ist, können nämlich die periodische Lösung $u(t)$, deren Orbit A ist, und eine beliebig nahe bei A, aber nicht in A startende Lösung $v(t)$ durch eine Art Phasenverschiebung auseinanderdriften, so dass die Punkte $u(t)$ und $v(t)$ zu gewissen Zeitpunkten an entgegengesetzten Enden der Schleife A liegen. Im Zusammenhang mit periodischen Lösungen wird daher von *orbitaler Stabilität* gesprochen, wenn die hier definierte Stabilität gemeint ist.

d. Neben den periodischen Lösungen interessiert man sich auch für Trajektorien, die in irgendeinem Sinn immer wieder in die Nähe ihres Ausgangspunktes zurückkehren (*Rekurrenz*). Betrachtet man z. B. Vektorfunktionen $u = (u_1, \ldots, u_n) : \mathbb{R} \to \mathbb{R}^n$, so kann man jede einzelne Komponente mit

Hilfe der FOURIER-*Analyse* als Überlagerung von Schwingungen darstellen und an Hand des dabei auftretenden Frequenzspektrums beurteilen, inwieweit u einer periodischen Funktion nahe kommt. So entstehen die Begriffe von *quasiperiodischen* und *fastperiodischen* Lösungen eines Systems von Differenzialgleichungen, die für die Beschreibung der gesamten Dynamik eine große Rolle spielen. Aber auch im Rahmen der allgemeinen topologischen Dynamik lassen sich Rekurrenzbegriffe sinnvoll definieren und untersuchen (z. B. *Kettenrekurrenz*). Der gröbste derartige Begriff ist der des *nicht wandernden* Punktes eines diskreten dynamischen Systems. Wenn das System durch Iterieren der Abbildung $f : M \to M$ entsteht, so heißt ein Punkt $x \in M$ *wandernd*, wenn es eine Zahl $n_0 \in \mathbb{N}$ und eine offene Umgebung U von x gibt, für die $f^n(U) \cap U = \emptyset$ ist für alle $n \geq n_0$. Nach n_0 Iterationsschritten kehrt also kein Punkt aus U je wieder in die Menge U zurück, sondern sie wandern alle in andere Gegenden. Die Menge Ω der nicht wandernden Punkte ist eine invariante Teilmenge, und wenn man sich für verwickelte Dynamik interessiert, so ist nur die Einschränkung des Systems auf Ω von Bedeutung.

e. Wenn das gegebene dynamische System nicht durch invariante Teilmengen in kleinere Systeme zerlegt werden kann, so bieten sich zur Untersuchung der Dynamik auch *statistische Methoden* an. Man versieht M mit einer Wahrscheinlichkeitsverteilung, die unter dem System invariant ist, und verzichtet auf die Betrachtung einzelner Trajektorien zugunsten der Betrachtung ganzer Punktmengen unter wahrscheinlichkeitstheoretischen Gesichtspunkten (*Ergodentheorie*). Als „Größe" oder „Maß" einer Menge fungiert dabei die Wahrscheinlichkeit dafür, dass ein zufällig gewählter Punkt in dieser Menge liegt. Die Ergodentheorie ist jedoch ein eigener Zweig der Mathematik, und wir können nicht näher darauf eingehen.

Elementare Versionen des Materials dieser Ergänzung (besonders der lokalen Theorie) findet man schon in [5, 8, 18] oder besonders schön in [41]. Wer tiefer gehen will, sei auf [32, 46, 52, 57, 60, 69] oder [71] verwiesen.

20.35 Phasenbilder in der Ebene (POINCARÉ-BENDIXSON-Theorie).
Geschlossene Trajektorien sind geschlossene JORDAN-Kurven, und dies hat zur Folge, dass der JORDAN'sche Kurvensatz (vgl. 16.16) den Phasenbildern, die für ebene Flüsse möglich sind, entscheidende Beschränkungen auferlegt. Die hierauf basierende Theorie ist zwar viel älter als die moderne topologische Dynamik, doch zeigt sie ganz deutlich, wie rein topologische Prinzipien ohne jede Rechnung (und sogar mit sehr wenig Abschätzungen) zu greifbaren Resultaten führen können.

Sei also φ der Fluss eines C^1-Vektorfelds F in $\mathbb{R}^2$, und sei Γ eine geschlossene Trajektorie. Da verschiedene Trajektorien sich nicht schneiden können, sind das Innengebiet $I(\Gamma)$ und das Außengebiet $A(\Gamma)$ invariant unter dem Fluss. Durch einen Punkt $X_0 \in \Gamma$ legen wir nun einen transversalen Schnitt H und definieren dazu die Treffzeitfunktion τ und die POINCARÉ-Abbildung Π

(vgl. den Schluss von 20.32 sowie Abb. 20.9). Nun baut man sich eine neue JORDAN-Kurve Γ^* wie folgt zusammen: Ist $Y \in H$ ein Punkt im Definitionsbereich von Π, so verfolgt man die Kurve $\Gamma^+(Y)$, bis sie die Gerade H in $\Pi(Y)$ trifft, und dann läuft man auf H von $\Pi(Y)$ nach Y zurück. Das Stück von $\Gamma^+(Y)$, das von $\Pi(Y)$ ausgeht, muss nun ganz in $A(\Gamma^*)$ oder ganz in $I(\Gamma^*)$ liegen, und auf jeden Fall kann der nächste Treffer $\Pi^2(Y)$ nicht zwischen Y und $\Pi(Y)$ liegen. Diese Überlegung lässt sich für die weiteren Iterierten von Π wiederholen, und es stellt sich heraus, dass die Iterationsfolge $(\Pi^k(Y))$ *monoton* ist (in Bezug auf eine Orientierung, die man durch Parametrisieren auf H eingeführt hat). Als beschränkte monotone Folge hat sie einen Limes, und dieser ist ein Fixpunkt von Π, d. h. seine Trajektorie ist geschlossen. Wenn Y in einer Umgebung von Γ liegt, in der es keine weitere geschlossene Trajektorie gibt, so muss es sich um Γ selbst handeln. In diesem Fall ist Γ ein sog. *Limeszykel*, d. h. er ist die Grenzmenge einer Art Spirale, die sich (von innen oder von außen) auf Γ zu bewegt (vgl. Abb. 20.11). Die exakte Definition lautet: Eine geschlossene Trajektorie Γ ist ein Limeszykel, wenn $\Gamma = \omega(Y_0)$ für ein $Y_0 \notin \Gamma$. Solch ein Limeszykel ist stets *einseitig asymptotisch stabil*, d. h. sein Einzugsbereich enthält den Schnitt einer offenen Umgebung von Γ mit $I(\Gamma)$ oder mit $A(\Gamma)$. Beides gleichzeitig kann ebenfalls auftreten, und in diesem Fall ist Γ tatsächlich orbital asymptotisch stabil.

Die wahre Stärke dieser Theorie liegt aber darin, dass man diese Überlegungen auch dann anstellen kann, wenn man noch gar keine geschlossene Trajektorie hat. Ist nämlich Y_0 ein Punkt mit *beschränkter* positiver Halbtrajektorie, so wissen wir aus der vorigen Ergänzung, dass $\omega(Y_0)$ kompakt und nicht leer ist. Wir greifen einen Punkt $X_0 \in \omega(Y_0)$ heraus und legen durch ihn einen transversalen Schnitt H. Mittels der Definition der ω-Grenzmenge und

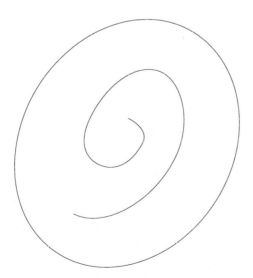

Abb. 20.11. Limeszykel

der Transversalität kann man sich nun überlegen, dass auch jetzt eine Treff-zeitabbildung und eine POINCARÉ-Abbildung in einer Umgebung $U \cap H$ von X_0 wohldefiniert sind, und dies ermöglicht die Konstruktion eines Limeszy-kels $\Gamma = \omega(Y_0)$ in der oben angedeuteten Weise. Führt man dies alles sauber durch, so ergibt sich der Hauptsatz der POINCARÉ-BENDIXSON-Theorie:

Theorem. *Sei F ein C^1-Vektorfeld in einem Gebiet $\Omega \subseteq \mathbb{R}^2$. Auf seinen Fluss beziehen sich alle hier genannten dynamischen Begriffe. Sei $Y_0 \in \Omega$ ein Punkt, dessen positive Halbtrajektorie $\Gamma^+(Y_0)$ beschränkt ist, und sei $\overline{\Gamma^+(Y_0)} \subseteq \Omega$. Wenn $\omega(Y_0)$ keine Ruhelage enthält, so ist $\omega(Y_0)$ eine geschlossene Trajekto-rie, ergibt also eine periodische Lösung der Differenzialgleichung $\dot{X} = F(X)$.*

Beispiel: Wir betrachten eine eindimensionale nichtlineare Schwingungsglei-chung

$$\ddot{x} = -f(x)$$

mit $f \in C^1(\mathbb{R})$, und wir setzen voraus, dass die „Rückstellkraft" für große $|x|$ nicht beliebig klein wird, d. h. genauer: Es gibt Zahlen $R > 0$, $b > 0$ so, dass

$$f(x) \geq \quad b \quad \text{für} \quad x \geq R\,,$$
$$f(x) \leq -b \quad \text{für} \quad x \leq -R\,.$$

Wir wandeln die Schwingungsgleichung in der üblichen Weise in ein System 1. Ordnung um, beschreiben also die Bewegung durch den Fluss des Vektorfelds $F(x,y) := (y, -f(x))$. Die Ruhelagen des Systems sind dann die Punkte $(0,x)$ mit $f(x) = 0$. Für die Funktion

$$E(x,y) := \frac{1}{2}y^2 + V(x)\,,$$

wo V eine Stammfunktion von f ist, rechnet man ohne weiteres nach, dass die orbitale Ableitung $\dot{E}$ verschwindet, dass also E auf Trajektorien konstant ist (Erhaltung der Energie!). Sei nun Γ ein Limeszykel und c der konstante Wert von E auf Γ. Für $(x_1, y_1) \in \mathcal{B}(\Gamma)$ ist dann wegen der Stetigkeit

$$\lim_{t \to \infty} E(\varphi_t(x_1, y_1)) = c\,,$$

also ist $E \equiv c$ auf ganz $\Gamma^+(x_1, y_1)$, insbesondere $E(x_1, y_1) = c$. Auf der nichtleeren offenen Menge $\mathcal{B}(\Gamma) \setminus \Gamma$ hat E daher den konstanten Wert c, was offenbar unmöglich ist, denn eine kleine Änderung in y-Richtung ändert den Wert von E. Daher kann das System keine Limeszykel besitzen. Aber für $|x| \geq R$ ist (mit $V_0 := \max(V(R), V(-R))$)

$$E(x,y) \geq V(x) \geq V_0 + b(|x| - R) \longrightarrow \infty$$

für $|x| \to \infty$. Für jeden Punkt (x_0, y_0) muss daher die positive Halbtrajekto-rie beschränkt bleiben, denn E ist auf ihr ja konstant. Nach dem Theorem ist $\omega(x_0, y_0)$ also eine geschlossene Trajektorie oder diese Grenzmenge enthält ei-ne Ruhelage. Wenn sie eine geschlossene Trajektorie ist, so liegt (x_0, y_0) selbst auf dieser Trajektorie (anderenfalls wäre sie ja ein Limeszykel!), also ist die Lösung mit den Anfangsbedingungen (x_0, y_0) periodisch. Wenn $\omega(x_0, y_0)$ eine Ruhelage enthält, so könnte sie ein homokliner Orbit sein oder eine Zusammensetzung von heteroklinen Orbits zu einem krummlinig berandeten Vieleck mit Ruhelagen als Ecken. Homokline Orbits scheiden aus, was man durch eine einfache Betrachtung des Punktes größter Auslenkung auf der x-Achse nachweisen kann. Bei einem Vieleck aus heteroklinen Orbits (einem sog. *Separatrixzykel*) muss E aus Stetigkeitsgründen an jeder Ecke denselben Wert haben. Aber in jeder Ruhelage X ist $y = 0$, also $E(X) = E(x, 0) = V(x)$. Setzen wir also noch voraus, dass V in den verschiedenen Nullstellen von f stets *verschiedene* Werte annimmt, so ist auch dieser Fall ausgeschlossen. Die Konsequenz ist, dass unsere nichtlineare Schwingungsgleichung nur Ruhelagen und periodische Bewegungen zulässt.

Im allgemeinen Fall können die gerade erwähnten Separatrixzykel durchaus auftreten, und insgesamt ist die Beschreibung der möglichen Phasenbilder nicht ganz so einfach wie es hier scheinen mag. Trotzdem sorgt die POINCARÉ-BENDIXSON-Theorie dafür, dass echt chaotisches Verhalten bei ebenen Flüssen nicht auftreten kann.

Die am Schluss der vorigen Ergänzung angegebene Literatur enthält auch ausführliche Darstellungen der POINCARÉ-BENDIXSON-Theorie. Zusätzlich sind hier aber auch [35] und [36] zu empfehlen.

20.36 Verzweigung und strukturelle Stabilität. Schon in den Abschnitten B. und D. haben wir die dortigen Untersuchungen dadurch motiviert, dass man in der Praxis weder die Systemdaten selbst noch die Anfangsbedingungen mit absoluter Genauigkeit fixieren oder messen kann. Eine analoge Bemerkung trifft natürlich auch auf die Analyse von Phasenporträts zu, und so ist man genötigt, ganze Scharen von Systemen zu betrachten, die von irgendwelchen Parametern abhängen oder sogar noch weiter zu gehen und *alle* hinreichend regulären Systeme in die Untersuchung einzubeziehen, die in irgendeinem vernünftigen Sinn von einem gegebenen System nur wenig abweichen. Bei einem (kontinuierlichen oder diskreten) dynamischen System φ^0 der Klasse C^1 sagt man, es sei *strukturell stabil*, wenn jedes C^1-System φ, das hinreichend kleine C^1-Distanz von φ^0 hat, zu φ^0 topologisch konjugiert ist. Mit „kleiner C^1-Distanz" ist dabei gemeint, dass nicht nur die Werte von $\varphi_t(x)$ selbst, sondern auch die Werte der Ableitung $D\varphi_t(x)$ von den entsprechenden Größen für φ^0 nur wenig abweichen. Betrachten wir nun eine parameterabhängige Schar $\varphi_t(x; \lambda_1, \dots, \lambda_m)$ von Systemen und ist $\Lambda^0 = (\lambda_1^0, \dots, \lambda_m^0)$ ein Parameterwert mit $\varphi_t(x; \Lambda^0) = \varphi_t^0(x)$, so wird eine hinreichend kleine, ansonsten aber beliebige Änderung der Parameter zu homöomorphen Phasenbildern führen, also nicht zu einer durchgreifenden Veränderung der Dynamik. Bei weiterer Änderung der Parameter kann es aber geschehen, dass die Dynamik sich schlagartig grundlegend ändert, und solch einen Parameterwert Λ^* nennt man einen *Verzweigungspunkt* für die betrachtete Schar von Systemen.[2]

Wenn schon die Diskussion des globalen Phasenbilds eines einzigen dynamischen Systems eine äußerst schwierige Angelegenheit ist, so wird die globale Untersuchung ganzer Scharen von Systemen ans Unmögliche grenzen. Es ist also kein Wunder, dass der Großteil der Verzweigungstheorie sich mit lokalen Fragen beschäftigt. Wir wollen uns hier mit einigen typischen Beispielen für Verzweigungsphänomene in der einfachsten lokalen Situation begnügen, nämlich der Umgebung einer Ruhelage.

Instruktive Beispiele erhält man schon im Bereich von skalaren autonomen Differenzialgleichungen 1. Ordnung, die von einem reellen Parameter λ abhängen. Betrachten wir etwa die Schar

$$\dot{x} = \lambda + x^2, \quad \lambda \in \mathbb{R} \,. \tag{20.99}$$

Für $\lambda < 0$ hat das System die beiden Ruhelagen $x^{\pm}(\lambda) := \pm\sqrt{-\lambda}$, und nach Korollar 20.25 entscheidet das Vorzeichen der Ableitung der rechten Seite nach x in den Ruhelagen über deren Stabilität. Demnach ist $x^-(\lambda)$ stabil und $x^+(\lambda)$ instabil. (Es ist nicht schwer, sich das gesamte Phasenbild klarzumachen – es sieht wie eine spiegelverkehrte Version von Abb. 20.10 aus, und man kann auch daraus das Stabilitätsverhalten der beiden Ruhelagen ablesen.) Nähert man sich mit λ nun der Null, so rücken die beiden Ruhelagen näher zusammen, und bei $\lambda = 0$ verschmelzen sie zu einer einzigen nicht-hyperbolischen Ruhelage, die dann für $\lambda > 0$ prompt verschwindet, und das System hat nun überhaupt keine Ruhelage mehr. Man sagt, im *Verzweigungspunkt* $\lambda = 0$ liegt eine *Sattel-Knoten-Verzweigung* vor. Dass die Ruhelage $x = 0$ im Verzweigungspunkt selbst nicht hyperbolisch ist, ist kein Zufall, denn allgemein gilt, dass ein dynamisches System in einer Umgebung einer hyperbolischen Ruhelage strukturell stabil ist.

Als zweites Beispiel betrachten wir die Schar

$$\dot{x} = \lambda x - x^3, \quad \lambda \in \mathbb{R} \,. \tag{20.100}$$

Auch hier ist es nicht schwer, die Ruhelagen zu bestimmen und mit Korollar 20.25 ihre Stabilität zu prüfen (Übung!). Für $\lambda < 0$ ergibt sich genau eine Ruhelage, nämlich $x = 0$, und sie ist asymptotisch stabil. Für $\lambda > 0$ hingegen haben wir immer noch die Ruhelage $x = 0$, aber nun ist sie instabil, und außerdem gibt es zwei asymptotisch stabile Ruhelagen, nämlich $x = \pm\sqrt{\lambda}$. Beim Überschreiten des Verzweigungspunktes verliert die „triviale Lösung" $x = 0$ also ihre Stabilität und gibt sie an die beiden neuen Ruhelagen weiter, die hier von der trivialen Lösung abzweigen. In der *x-lambda*-Ebene ergibt

---

[2] Die Verzweigungspunkte aus 17.17 sind etwas ganz anderes und werden z. B. in der englischen Literatur auch sprachlich von den hier diskutierten Verzweigungspunkten unterschieden. Die Verzweigungspunkte aus diesem Abschnitt heißen auf englisch „bifurcation points", die aus der Theorie der RIEMANN'schen Flächen hingegen „ramification points".

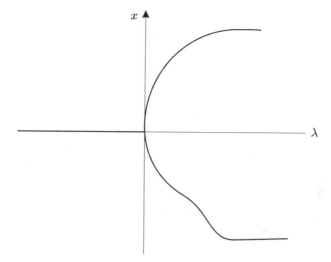

Abb. 20.12. Die „Mistgabel"-Verzweigung

sich das Bild aus Abb. 20.12, das man als *Verzweigungsdiagramm* bezeichnet und aus dem auch klar wird, warum dieser Typ von Verzweigung als „pitchfork bifurcation" (= Mistgabel-Verzweigung) bezeichnet wird.

Ein (hypothetisches) physikalisches System, das Gl. (20.100) gehorcht, würde also bei einer Parametereinstellung $\lambda < 0$ in der Ruhelage $x = 0$ verharren, aber wenn durch einen äußeren Einfluss der Parameter erhöht wird und schließlich $\lambda = 0$ überschreitet, so würde das System die instabile Ruhelage $x = 0$ verlassen und sich einer der stabilen Ruhelagen nähern. Dieser Vorgang wird zwar von unserem extrem einfachen mathematischen Modell nicht erfasst, aber in der Praxis gibt es immer kleine Störungen, die dafür sorgen, dass eine instabile Ruhelage verlassen wird und das System auf einen stabilen Zustand zustrebt. Überdies kann unser Modell nicht vorhersagen, auf welche der beiden stabilen Ruhelagen das System zusteuern wird, sondern diese Frage wird von Gegebenheiten entschieden, die in dem Modell nicht erfasst sind und die womöglich überhaupt nicht physikalisch erfasst werden können, so dass man geneigt ist, den Zufall ins Spiel zu bringen. Vielen Phänomenen des „Umkippens", die man in Natur und Technik beobachtet, liegen Verzweigungen von dynamischen Systemen zu Grunde, z. B. das Umschlagen einer laminaren Strömung in eine turbulente beim Überschreiten der kritischen REYNOLDS'schen Zahl. Daher liefert die Verzweigungstheorie wichtige Beiträge zu äußerst praktischen Fragen, vor allem wenn es darum geht, herauszufinden, wo die Verzweigungspunkte liegen, damit der Ingenieur einen unerwünschten Umkippvorgang zuverlässig vermeiden kann.

Außerdem geht es darum, die möglichen Typen von Verzweigungen zu klassifizieren und möglichst an den gegebenen Daten abzulesen, um welchen Typ es sich gerade handelt. Bei mehr als einer Zustandsvariablen können auch höherdimensionale invariante Mengen von einer Ruhelage abzweigen – z. B. verwandelt sich bei der sog. HOPF-Verzweigung eine stabile Ruhelage in eine instabile plus einen stabilen periodischen Orbit mit kleiner Amplitude, die dann bei weiterer Entfernung vom Verzweigungspunkt immer größer wird. Der Verzweigung von Ruhelagen bei Flüssen entspricht bei diskreten dynamischen Systemen die Verzweigung von Fixpunkten, und ein periodischer Orbit eines Flusses kann sich so verzweigen wie die Fixpunkte seiner POINCARÉ-Abbildung. Ab Dimension 3 kann er sich aber auch durch *Periodenverdopplung* verzweigen, d. h. jenseits des Verzweigungspunktes schließt die Schleife sich nach einem Umlauf nicht ganz, sondern vollzieht noch einen weiteren Umlauf, bevor sie wieder den Ausgangspunkt erreicht. Bei diskreten semidynamischen Systemen kann dieses Phänomen sogar schon in Dimension 1 auftreten, wie es bei der berühmten FEIGENBAUM-Abbildung (20.83) geschieht.

Für das ehrgeizige Vorhaben, eine Übersicht über alle mathematisch möglichen Typen von Verzweigungen zu bekommen, muss man sich natürlich darüber einig sein, wann zwei Verzweigungen ein und denselben Typ repräsentieren. Wir stellen uns auf den Standpunkt, dies sei der Fall, wenn ihre Verzweigungsdiagramme homöomorph sind. Dabei ist unter dem Verzweigungsdiagramm einer Schar $\varphi_t(X, \Lambda)$, $X = (x_1, \ldots, x_n)$, $\Lambda = (\lambda_1, \ldots, \lambda_m)$ jedoch das gesamte Bild im X-Λ-Raum zu verstehen, das entsteht, wenn man über jedem Parameterwert Λ das gesamte Phasenporträt von $\varphi_t(X, \Lambda)$ (oder zumindest den interessierenden lokalen Ausschnitt davon) aufträgt. Genau genommen, ist unsere Abb. 20.12 also kein vollständiges Verzweigungsdiagramm, denn in ihr sind ja nur die Ruhelagen angegeben und nicht die restlichen Trajektorien. Von einer vollständigen Klassifizierung aller Verzweigungen sind wir heute zwar noch weit entfernt, aber für gewisse Klassen von Systemen hat man in dieser Hinsicht schon erstaunlich viel erreicht. Das wichtigste mathematische Hilfsmittel hierfür ist die *Singularitätentheorie*.

20.37 Empfindliche Abhängigkeit und deterministisches Chaos. Vor Entdeckung der Quantenphysik war man überzeugt, dass die Bewegung der Gasmoleküle in einem Gefäß streng nach den Gesetzen der klassischen Mechanik abläuft, also durch ein System von gewöhnlichen Differenzialgleichungen 2. Ordnung gesteuert wird, für das der Satz von PICARD-LINDELÖF gilt, so dass die Bewegung durch ihre Anfangsbedingungen eindeutig festgelegt ist. Ebenso überzeugend ist aber das Argument, dass dieser Determinismus für die Praxis völlig nutzlos ist, denn eine Anfangsbedingung besteht hier aus einer Zahlenliste mit ca. 10^{24} Einträgen, und so etwas kann man weder messen noch festlegen noch damit rechnen. Daher empfindet man die Bewegung der Moleküle als chaotisch, verzichtet auf die Verfolgung einzelner Trajektorien und wendet sich stattdessen den Methoden der *statistischen Mechanik* zu.

Man glaubte früher aber auch, solche Verhältnisse könnten bei *wenigen* Freiheitsgraden nicht eintreten, und die POINCARÉ-BENDIXSON-Theorie gab hierfür mathematische Rückendeckung. Der Meinungsumschwung, der von manchen Autoren als die „dritte wissenschaftliche Revolution des zwanzigsten Jahrhunderts" (nach Relativitätstheorie und Quantenmechanik!) gepriesen wird, beruht hauptsächlich darauf, dass sich die folgenden beiden Erkenntnisse durchgesetzt haben:

(i) Das Determinismusprinzip kann auch in Zustandsräumen niedriger Dimension durch das Auftreten *empfindlicher Abhängigkeit* für die Praxis ausgehebelt werden. Dabei handelt es sich um das Phänomen, dass zwei verschiedene Systempunkte, egal wie nahe sie beieinander liegen, im Laufe ihrer Bewegung mittelfristig einen großen Abstand erhalten werden, obwohl sich die gesamte Dynamik in einem beschränkten Bereich abspielt.

(ii) Bei Systemen, deren Dynamik auf Grund empfindlicher Abhängigkeit einen völlig chaotischen Eindruck macht, gibt es versteckte Ordnungsprinzipien.

Chaotische Dynamik kommt bei Flüssen ab Dimension 3 vor. Bei diskreten dynamischen Systemen, die von einem Diffeomorphismus erzeugt werden, kommt sie schon ab Dimension 2 vor, und bei diskreten semidynamischen Systemen sogar schon ab Dimension 1. Vielleicht das einfachste Beispiel ist die Abbildung

$$f(z) := z^2 \qquad (20.101)$$

des Einheitskreises S^1 in sich. (Man könnte natürlich auch $f : \mathbb{C} \to \mathbb{C}$ betrachten, aber alle Punkte $z \notin S^1$ außer dem isolierten Fixpunkt $z = 0$ sind offenbar wandernd und damit uninteressant!) Die positive Halbtrajektorie

$$\Gamma^+(z) = \{f^n(z) \mid n \in \mathbb{N}_0\} = \{z^{2^n} \mid n \in \mathbb{N}_0\}$$

sieht nun für verschiedene z sehr unterschiedlich aus: Für $z = \exp(2\pi i / 2^m)$ landet $f^n(z)$ bei $n = m$ auf dem Fixpunkt 1 und bleibt dann dort. Für $z = \exp(2\pi k i / (2^p - 1))$, $k \in \mathbb{Z}$, $p \in \mathbb{N}$ ist $\Gamma^+(z)$ periodisch mit Periode p (was im Fall $k = 1$ auch die kleinste Periode ist!), also ebenfalls eine endliche Menge. Für alle anderen z ist $\Gamma^+(z)$ aber eine unendliche Menge, die in S^1 *dicht* liegt, d.h. jeder noch so kurze Kreisbogen enthält Punkte von $\Gamma^+(z)$. Das Wichtigste ist aber die folgende *Expansionseigenschaft*: Für jeden noch so kurzen Kreisbogen

$$K := \{e^{2\pi i t} \mid \alpha < t < \beta\}$$

gibt es $m \in \mathbb{N}_0$ so, dass $f^n(K) = S^1$ für $n \geq m$. Die Länge $2\pi(\beta - \alpha)$ unseres Kreisbogens wird ja bei jeder Anwendung von f verdoppelt, und wenn man das lange genug betreibt, ergibt sich eine Länge $\geq 2\pi$, und dann muss das Bild $f^n(K)$ den ganzen Kreis überdecken. Das bedeutet aber, dass man über das Schicksal zweier verschiedener Punkte $z_1, z_2 \in K$ nach $n \geq m$ Iterationsschritten absolut nichts mehr aussagen kann, denn ihre Bilder können ja irgendwo im Kreis liegen. Das ist das Phänomen der „empfindlichen Abhängigkeit von den Anfangsdaten".

Hingegen sieht alles sehr geordnet aus, wenn man *Urbilder* betrachtet. Zunächst teilen wir $S^1 \setminus \{1, -1\}$ in die beiden Halbkreise

$$K_{11} := \{e^{2\pi i t} \mid 0 < t < 1/2\} \quad \text{und} \quad K_{12} := \{e^{2\pi i t} \mid 1/2 < t < 1\}$$

ein. Dann besteht $f^{-1}(K_{11})$ offenbar aus den Viertelkreisen

$$K_{21} := \{e^{2\pi i t} \mid 0 < t < 1/4\} \quad \text{und} \quad K_{23} := \{e^{2\pi i t} \mid 1/2 < t < 3/4\},$$

und $f^{-1}(K_{12})$ besteht aus den Viertelkreisen

$$K_{22} := \{e^{2\pi i t} \mid 1/4 < t < 1/2\} \quad \text{und} \quad K_{24} := \{e^{2\pi i t} \mid 3/4 < t < 1\}.$$

Entsprechend bestehen $f^{-2}(K_{11})$ und $f^{-2}(K_{12})$ aus je vier Achtelkreisen, die abwechselnd aufeinander folgen, und allgemein erhält man $L_k^+ := f^{-k}(K_{11})$ und $L_k^- := f^{-k}(K_{12})$ durch eine Einteilung in Kreisbögen der Länge $2\pi/2^{k+1}$, von denen immer abwechselnd einer zu L_k^+ und der nächste zu L_k^- gehört.

Die Menge E der Punkte, die nach endlich vielen Schritten auf der Eins landen, ist invariant, und auf ihr ist die Dynamik trivial. Es braucht uns daher nicht zu stören, dass die Punkte aus E in keinem der $L_k^{\pm}$ liegen. Für ein $z \in S^1 \setminus E$ jedoch können wir eine Liste anlegen, durch die z exakt lokalisiert wird: An die k-te Stelle dieser Liste ($k \geq 0$) setzen wir ein Plus (bzw. ein Minus), wenn $z \in L_k^+$ (bzw. $z \in L_k^-$) ist. Die Anwendung von f bewirkt dann einfach eine Verschiebung der Liste um eine Stelle nach links.

Über eine mathematisch präzise Definition von chaotischer Dynamik sind sich die Fachleute leider nicht einig. Um nicht völlig in Andeutungen stecken zu bleiben, geben wir hier beispielhaft die Chaosdefinition von ROBINSON [71]:

Definitionen. *Sei (M, d) ein metrischer Raum und $f : M \to M$ eine stetige Abbildung. Von dem diskreten dynamischen System $\varphi(n, x) := f^n(x)$ sagen wir:*

  a. *Es ist von den Anfangsdaten empfindlich abhängig, wenn es $r > 0$ gibt so, dass zu jedem $x \in M$ und jedem $\varepsilon > 0$ ein Punkt $y \in \mathcal{U}_\varepsilon(x)$ sowie ein $k \in \mathbb{N}_0$ existiert mit $d(f^k(x), f^k(y)) \geq r$.*
  b. *Es ist topologisch transitiv, wenn es zu zwei offenen Teilmengen $U, V \subseteq M$ stets eine Zahl n gibt mit $f^n(U) \cap V \neq \emptyset$.*
  c. *Es ist chaotisch, wenn es topologisch transitiv ist und empfindlich von den Anfangsdaten abhängt.*

Es ist eine gute Übung, nachzuweisen, dass die Abbildung aus (20.101) in diesem Sinne ein chaotisches System erzeugt. – Neben allerlei Varianten dieser Definition werden auch noch ganz andere Zugänge zum Chaos diskutiert, z. B. zahlenmäßige Größen, mit denen man in gewisser Weise quantifizieren kann, ob ein System mehr oder weniger chaotisch ist. Hierher gehören die LJAPUNOW-*Exponenten* und die *topologische Entropie*. In [57, 60, 69] und [71] z. B. werden all diese Begriffe erläutert und sorgfältig miteinander verglichen.

Bei Systemen mit Parametern lassen sich häufig sog. *Wege zum Chaos* beobachten: Bei gewissen Parameterwerten ist die Dynamik noch regelmäßig, aber bei Änderung des Parameters treten immer mehr Verzweigungen auf, die das Phasenbild komplizierter machen, und schließlich herrscht das Chaos. Das Paradebeispiel hierfür ist die schon mehrfach erwähnte FEIGENBAUM-*Abbildung*

$$F_\mu(x) := \mu x(1 - x) \qquad (20.102)$$

(vgl. (20.83)). Sie wird in praktisch jedem modernen Buch über dynamische Systeme ausführlich besprochen (allerdings unter wechselnden Namen wie „logistic map", „quadratic map" usw.), und wir können uns daher auf einige wenige Bemerkungen beschränken: Für $0 < \mu \leq 4$ ist das Intervall $[0, 1]$ invariant unter F_μ (es ist sogar genau die Menge $\Omega(F_\mu)$ der nicht wandernden Punkte!), und außer den trivialen Punkten 0 und 1 haben wir für $\mu > 1$ noch den Fixpunkt $x_\mu := (\mu - 1)/\mu$. Bei $\mu = 3$ wird dieser Fixpunkt instabil, und von ihm zweigt ein stabiler periodischer Orbit aus zwei Punkten ab. Nun gibt es eine aufsteigende Folge (μ_k) von Verzweigungspunkten $(\mu_1 = 3)$, bei denen jeweils Periodenverdopplung eintritt, wobei aber die alten Orbits als instabile Trajektorien überleben, während ein neuer stabiler Orbit der Periode 2^k hinzutritt. Diese aufsteigende Folge hat einen Limes

$$\mu_\infty := \sup_k \mu_k \approx 3,5699456\dots ,$$

und man kann beweisen, dass F_μ auf $[0, 1]$ für $\mu_\infty \leq \mu \leq 4$ chaotisch ist. Für $\mu = 4$ kann man das sogar sehr einfach zumindest plausibel machen, denn die stetige Funktion

$$Q : S^1 \longrightarrow [0, 1] : z \mapsto (\operatorname{Im} z)^2$$

erfüllt

$$Q \circ f = F_4 \circ Q ,$$

wo f die chaotische Abbildung aus (20.101) ist. (Zum Beweis schreibt man $z = e^{it}$ und benutzt, dass $\sin^2 2t = (2 \sin t \cos t)^2 = 4 \sin^2 t(1 - \sin^2 t) = F_4(\sin^2 t)$.) Das ist zwar nur beinahe eine topologische Konjugation, denn Q ist kein Homöomorphismus. Aber seine Einschränkungen auf die Viertelkreise in den vier Quadranten der Ebene sind Homöomorphismen, und daher kann man sich leicht überlegen, dass sich die chaotische Dynamik von f auf F_4 überträgt.

Für $\mu > 4$ ist $[0, 1]$ nicht mehr invariant, und die Menge der nicht wandernden Punkte ist nun gegeben durch

$$\Lambda_\nu := \bigcap_{k=1}^\infty F_\mu^{-k}([0, 1]) .$$

Diese Menge ist ein typisches *Fraktal* (ein sog. CANTOR*'sches Diskontinuum*), aber sie ist invariant, kompakt und nicht leer, und die Dynamik von $F_\mu|_{\Lambda_\mu}$ ist ebenfalls chaotisch.

In Dimension 2, d. h. in der Ebene und auf gewissen geschlossenen Flächen gibt es chaotische Systeme, die von *Diffeomorphismen* erzeugt werden. Das Prinzip ist, grob gesprochen, dass diese Abbildungen in einer Richtung strecken, in einer anderen stauchen, und dass durch eine Art Umklappen oder Umbiegen der gestreckte Teil über den Platz gestülpt wird, der durch das Stauchen freigemacht wurde. Iteration dieses Prozesses führt dann wieder zu chaotischer Dynamik auf einer geeigneten fraktalen Teilmenge. Hierher gehören berühmte Beispiele wie das *Solenoid*, das SMALE'*sche Hufeisen* oder „ARNOLD's cat map" (vgl. [32, 52, 60] oder [71]).

Ab Dimension 3 kommt man auch zu Beispielen, die direkt von Differenzialgleichungen herrühren. Das einfachste derartige Beispiel ist vielleicht das ebene Pendel, dessen Aufhängungspunkt durch eine äußere Kraft einer sinusförmigen Schwingung unterworfen wird. Dieses nicht-autonome ebene System wird durch Hinzunahme der Zeit als dritte Zustandsvariable in ein dreidimensionales autonomes System umgewandelt, wie wir es in 20.32 besprochen haben, und die Dynamik des entsprechenden Flusses ist chaotisch (vgl. [57]).

Aufgaben zu §20

20.1. Man beweise: Die Anfangswertaufgabe

$$\dot{x} = \sqrt{|x|}\,, \quad x(0) = 0$$

hat die unendlich vielen Lösungen

$$x = \varphi_{a,b}(t) := \begin{cases} -(a-t)^2/4 & \text{für} \quad t \leq a\,, \\ 0 & \text{für} \quad a \leq t \leq b\,, \\ (t-b)^2/4 & \text{für} \quad b \leq t\,, \end{cases}$$

wobei $-\infty \leq a \leq 0 \leq b \leq +\infty$ beliebig sein darf.

20.2. Gegeben sei die Differenzialgleichung

$$xy' = 2y\,.$$

Man bestimme alle Anfangsbedingungen $y(x_0) = y_0$, für die

- die Anfangswertaufgabe keine Lösung hat;
- die Anfangswertaufgabe unendlich viele Lösungen hat;
- die Anfangswertaufgabe eine eindeutige Lösung hat.

20.3. Für die folgende Anfangswertaufgabe bestimme man die Approximationen $\phi_n(t)$, $0 \leq n \leq 3$, der PICARD'schen Iterationsfolge:

$$\begin{aligned} \dot{x}_1 &= x_2 x_3 \,, & x_1(0) &= 0\,, \\ \dot{x}_2 &= -x_1 x_3 \,, & x_2(0) &= 1\,, \\ \dot{x}_3 &= 2 \,, & x_3(0) &= 2\,. \end{aligned}$$

20.4. a. Man differenziere Gl. (20.24) nach τ und ermittle so die Variationsgleichung für $\partial\Phi/\partial\tau$. Wie lautet die entsprechende Anfangsbedingung?

b. Wir betrachten eine Anfangswertaufgabe (20.16) mit Parametern und setzen voraus, dass $F(t, X, \Lambda)$ nach all seinen Variablen p-mal stetig differenzierbar ist ($p \geq 1$). Wie im Text erwähnt, gilt dann Thm. 20.11 sinngemäß. Für die maximale Lösung $\Phi(t; t_0, X_0, \lambda_1, \ldots, \lambda_m)$ von (20.16) ermittle man die Variationsgleichungen für die Ableitungen $\partial\Phi/\partial\lambda_k$, $k = 1, \ldots, m$.

20.5. Es sei $F : \mathbb{R} \times G \to G$ (G offen in $\mathbb{R}^n$) eine stetige Vektorfunktion mit der Eigenschaft

$$F(t + T, X) = F(t, X) \quad \text{für alle} \quad t \in \mathbb{R}, \ X \in G \tag{20.103}$$

für geeignetes festes $T > 0$. Man zeige: Ist $X = \Phi(t)$ eine Lösung der Differenzialgleichung $\dot{X} = F(t, X)$, so sind auch die Funktionen $\Psi_k(t) := \Phi(t + kT)$ für $k \in \mathbb{Z}$ Lösungen dieser Differenzialgleichung.

20.6. Wir betrachten eine C^1-Funktion $f : \mathbb{R} \times G \longrightarrow \mathbb{R}$, wo $G \subseteq \mathbb{R}$ ein offenes Intervall ist. Die Funktion soll die Periodizitätseigenschaft (20.103) haben, und die maximale Lösung $x = \Phi(t; 0, \xi)$ der Anfangswertaufgabe

$$\dot{x} = f(t, x), \quad x(0) = \xi$$

soll für jedes $\xi \in G$ auf ganz $\mathbb{R}$ definiert sein. Wir setzen

$$\mathcal{P}(\xi) := \Phi(T; 0, \xi), \quad \xi \in G.$$

Man zeige nacheinander:

a. $\mathcal{P}$ ist stetig differenzierbar, und die Ableitung ist

$$\mathcal{P}'(\xi) = \exp\left(\int_0^T \frac{\partial f}{\partial x}(t, \Phi(t; 0, \xi)) \, dt\right).$$

(*Hinweis:* Man verwende die Variationsgleichung (20.25).)

b. Für alle $t \in \mathbb{R}$, $\xi \in G$ ist

$$\Phi(t + T; 0, \xi) = \Phi(t; 0, \mathcal{P}(\xi)), \quad \Phi(t - T; 0, \xi) = \Phi(t; 0, \mathcal{P}^{-1}(\xi))$$

und insbesondere $\mathcal{P} : G \to G$ bijektiv.

c. Nun sei $\xi_0 \in G$ eine Nullstelle, d.h. $f(t, \xi_0) = 0$ für alle t. Wir setzen

$$a(\xi_0) := \int_0^T \frac{\partial f}{\partial x}(t, \xi_0) \, dt.$$

Ist $a(\xi_0) < 0$ bzw. > 0, so gibt es $\delta > 0$ so, dass

$$\lim_{t \to \infty} \Phi(t; 0, \xi) = \xi_0 \quad \text{bzw.} \quad \lim_{t \to -\infty} \Phi(t; 0, \xi) = \xi_0,$$

sofern $\xi \in G$, $|\xi - \xi_0| < \delta$ ist. (*Hinweis:* Neben den Teilen a. und b. verwende man den Mittelwertsatz!)

20.7. Man skizziere die Phasenbilder der folgenden linearen Differenzialgleichungssysteme und bestimme das Stabilitätsverhalten der Ruhelage $x = 0$:

a.

$$\dot{x}_1 = -x_1 + x_2 \,,$$
$$\dot{x}_2 = -x_1 - x_2 \,.$$

b.

$$\dot{x}_1 = 4x_2 \,,$$
$$\dot{x}_2 = -9x_1 \,.$$

c.

$$\dot{x}_1 = x_1 - 3x_2 \,,$$
$$\dot{x}_2 = -3x_1 + x_2 \,.$$

d.

$$\dot{x}_1 = -2x_1 - x_2 \,,$$
$$\dot{x}_2 = 4x_1 - 7x_2 \,.$$

21

Teilmannigfaltigkeiten des Euklid'schen Raumes

Eine k-dimensionale *Teilmannigfaltigkeit* oder *Untermannigfaltigkeit* des n-dimensionalen Euklid'schen Raumes ist eine Teilmenge von $\mathbb{R}^n$, die, grob gesprochen, lokal immer durch eine glatte Koordinatentransformation „geradegebogen" werden kann, so dass das transformierte Stück von ihr so aussieht wie ein Gebiet in einem k-dimensionalen linearen Teilraum. Die ganze Teilmannigfaltigkeit M darf also gekrümmt, gebogen und gewunden sein, aber die Umgebung eines beliebigen Punktes $a \in M$ muss bei hinreichend starker Vergrößerung beinahe gerade ausschauen, so dass sie nach geringer Modifikation als offene Teilmenge in einen k-dimensionalen linearen Teilraum hineinpasst. Knicks, Ecken oder Kanten sind also für Teilmannigfaltigkeiten verboten, denn solche Stellen in einem geometrischen Gebilde sehen auch bei stärkster Vergrößerung immer gleich geknickt aus.

Wir müssen den Umgang mit Teilmannigfaltigkeiten lernen, weil sie in der Physik immer wieder vorkommen, z. B. als Konfigurationsräume von mechanischen Systemen mit Zwangsbedingungen oder als Zustandsräume in der Thermodynamik. Für $k = 1$ (Kurven) und $k = 2$ (Flächen) haben wir sie auch schon in Abschn. 9A. bzw. 12A., B. kennengelernt, doch haben wir damals Mengen besprochen, die sich differenzierbar parametrisieren lassen, wodurch Selbstüberschneidungen und Selbstdurchdringungen nicht explizit ausgeschlossen werden. Für Teilmannigfaltigkeiten sind diese natürlich wieder verboten, doch sind viele Begriffe und Ergebnisse dieses Kapitels trotzdem direkte Verallgemeinerungen von Dingen, die wir damals kennengelernt haben.

A. Teilmannigfaltigkeiten, Koordinaten, Parametrisierungen

Das wichtigste Werkzeug für die elementare Theorie der Teilmannigfaltigkeiten sind die Sätze über *implizite Funktionen* und *inverse Funktionen* (vgl. 10.2 und 10.4). Wir führen jetzt eine moderne Terminologie ein, die den Umgang mit diesen Sätzen erleichtert.

Es sei $\emptyset \neq G \subseteq \mathbb{R}^n$ eine offene Teilmenge und $F = (f_1, \ldots, f_p) : G \longrightarrow \mathbb{R}^p$ eine stetig differenzierbare Abbildung. Dann existiert an jedem Punkt $a \in G$ die totale Ableitung $\mathrm{d}F_a \equiv DF(a) \equiv F'(a)$, und sie ist eine *lineare Abbildung* $\mathbb{R}^n \longrightarrow \mathbb{R}^p$, die (bzgl. der Standardbasen) dargestellt wird durch die JACOBI-Matrix

$$JF(a) = \left(\frac{\partial f_i}{\partial x_j}(a) \right) .$$

Die Zeilen der JACOBI-Matrix sind die Gradienten

$$\nabla f_i(a) \qquad\qquad\qquad (i = 1, \ldots, p)$$

der Komponentenfunktionen, und ihre Spalten sind die vektorwertigen partiellen Ableitungen

$$D_j F(a) = F_{x_j}(a) = \left(\frac{\partial f_1}{\partial x_j}(a), \ldots, \frac{\partial f_p}{\partial x_j}(a) \right)^T \quad (j = 1, \ldots, n) .$$

Zum expliziten Rechnen braucht man natürlich diese Matrizen, aber man sollte nicht an ihnen kleben. Für grundsätzliche Überlegungen ist es oft günstiger, die Ableitung $\mathrm{d}F_a$ wirklich als lineare Abbildung zu betrachten, die die gegebene Abbildung F in der Nähe von a gut approximiert. So geschieht es auch in den folgenden Definitionen:

Definitionen 21.1. *Sei* $F : \mathbb{R}^n \overset{offen}{\supseteq} G \longrightarrow \mathbb{R}^p$ *eine* C^1*-Abbildung. F heißt* Submersion *bzw.* Immersion *bzw.* lokaler Diffeomorphismus*, wenn für jedes* $a \in G$ *die Ableitung* $\mathrm{d}F_a : \mathbb{R}^n \to \mathbb{R}^p$ *surjektiv bzw. injektiv bzw. bijektiv ist.*

Wenden wir auf die Ableitungen $\mathrm{d}F_a$ und ihre Matrizen $JF(a)$ etwas lineare Algebra an, so erkennen wir sofort Folgendes:

Satz 21.2. $F : G \to \mathbb{R}^p$ *ist*

a. *eine Submersion* $\iff$ $n \geq p$ *und für jedes* $a \in G$ *hat die* JACOBI-*Matrix maximalen Rang* $\mathrm{rg}\, JF(a) = p$,

b. *eine Immersion* $\iff$ $n \leq p$ *und für jedes* $a \in G$ *hat die* JACOBI-*Matrix maximalen Rang* $\mathrm{rg}\, JF(a) = n$,

c. *ein lokaler Diffeomorphismus* $\iff$ $n = p$ *und für jedes* $a \in G$ *ist die* JACOBI-*Matrix regulär, d. h.* $\det JF(a) \neq 0$.

Im Falle einer Submersion sind also die Zeilen der JACOBI-Matrix und damit die Gradienten $\nabla f_1(a), \ldots, \nabla f_p(a)$ stets linear unabhängig. Im Falle einer Immersion sind die Spalten der JACOBI-Matrix, d. h. die Vektoren $D_1 F(a), \ldots, D_n F(a)$ stets linear unabhängig.

Meist wird unsere Abbildung F nicht nur einmal stetig differenzierbar sein, sondern eine Klasse C^r haben ($1 \leq r \leq \infty$), und entsprechend redet man dann von C^r-Submersionen, C^r-Immersionen etc. Ein C^r-Diffeomorphismus (=Koordinatentransformation der Klasse C^r – vgl. Def. 10.16) ist nach Definition eine bijektive C^r-Abbildung $G \to \tilde{G}$, deren inverse Abbildung ebenfalls von der Klasse C^r ist. (Insbesondere muss also $\tilde{G}$ offen in $\mathbb{R}^n$ sein.) Teil a. des folgenden Satzes folgt nun einfach aus der Kettenregel, während Teil b. den *Satz über inverse Funktionen* für C^r-Abbildungen darstellt. Teil c. folgt sofort aus b.

Satz 21.3. *Sei $G \subseteq \mathbb{R}^n$ offen, $F \in C^r(G, \mathbb{R}^n)$ $(1 \leq r \leq \infty)$.*

   a. Ist F ein C^r-Diffeomorphismus von G auf $\tilde{G} := F(G)$, so ist F auch ein lokaler C^r-Diffeomorphismus.

   b. Ist F ein lokaler C^r-Diffeomorphismus, so ist $\tilde{G} := F(G)$ offen in $\mathbb{R}^n$, und jeder Punkt $a \in G$ hat eine offene Umgebung $U \subseteq G$ so, dass $F|_U$ ein C^r-Diffeomorphismus $U \to F(U)$ ist.

   c. Ein bijektiver lokaler C^r-Diffeomorphismus ist ein C^r-Diffeomorphismus.

Im Allgemeinen werden wir aber die Angabe der Differenzierbarkeitsklasse r unterdrücken und uns auf den Standpunkt stellen, r sei als so groß vorausgesetzt, dass alle auftretenden Ableitungen existieren und stetig sind. Wir sprechen dann einfach von *glatten* Funktionen, glatten Abbildungen etc.

Nach diesen Vorbereitungen geben wir drei äquivalente Beschreibungen davon, wie eine k-dimensionale Teilmannigfaltigkeit in der Nähe eines festen Punktes aussehen soll:

Theorem 21.4. *Sei $a \in M \subseteq \mathbb{R}^n$, und sei k eine ganze Zahl, $0 \leq k \leq n$. Folgende Aussagen sind äquivalent:*

   a. Auf einer offenen Umgebung U von a ist eine Submersion $F : U \to \mathbb{R}^{n-k}$ definiert, für die gilt: $M \cap U = F^{-1}(0)$.

   b. Auf einer offenen Umgebung V von a ist ein Diffeomorphismus $\varphi : V \longrightarrow \tilde{V} \overset{\text{offen}}{\subseteq} \mathbb{R}^n$ definiert, für den gilt: $\varphi(M \cap V) = (\mathbb{R}^k \times \{0\}) \cap \tilde{V}$.

   c. a hat eine Umgebung $W = W' \times W''$, wo W' offen in $\mathbb{R}^k$, W'' offen in $\mathbb{R}^{n-k}$, in der M – nach etwaiger Umnummerierung der Koordinaten – als Graph einer glatten Funktion $g : W' \to W''$ dargestellt werden kann, also $M \cap W = \{(x', g(x')) | x' \in W'\}$.

Beweis.

   <u>a.</u> $\implies$ <u>c.</u>: Nach Voraussetzung ist $F(a) = 0$ und $\mathrm{rg}\, JF(a) = n - k$, also hat die JACOBI-Matrix in a auch $n - k$ linear unabhängige Spalten. Durch Umnummerieren sorgen wir dafür, dass die letzten $n - k$ Spalten linear unabhängig sind. Die aus diesen Spalten bestehende quadratische Untermatrix ist dann regulär, und nach dem Satz über implizite Funktionen (Theorem 10.4) folgt hieraus, dass die Lösungsmenge der Gleichung

$$F(x) = 0$$

in einer offenen Umgebung $W = W' \times W'' \subseteq U$ von a genau aus dem Graphen einer glatten Funktion $g : W' \to W''$ besteht. Diese Lösungsmenge ist aber gerade $M \cap W$.

c. $\Longrightarrow$ b.: Das Umnummerieren ist eine lineare Bijektion von $\mathbb{R}^n$ auf sich und daher ein Diffeomorphismus. Wir können also davon ausgehen, dass wir die Situation aus c. schon durch Umnummerieren erreicht haben. Dann setzen wir:

$$\varphi \begin{pmatrix} x' \\ x'' \end{pmatrix} := \begin{pmatrix} x' \\ x'' - g(x') \end{pmatrix}$$

für $x = (x', x'') \in V := W$. Für $(y', y'') \in \tilde{V} := \varphi(V)$ hat das Gleichungssystem

$$y' = x'$$
$$y'' = x'' - g(x')$$

offenbar die eindeutige Lösung $x' = y'$, $x'' = y'' + g(y')$. D. h. φ hat auf $\tilde{V}$ die glatte Umkehrfunktion

$$\varphi^{-1} \begin{pmatrix} y' \\ y'' \end{pmatrix} := \begin{pmatrix} y' \\ y'' + g(y') \end{pmatrix} .$$

Folglich ist $\tilde{V}$ offen und φ ein Diffeomorphismus. Schließlich ist

$$\begin{pmatrix} x' \\ x'' \end{pmatrix} \in V \cap M \quad \Longleftrightarrow \quad x'' = g(x') \quad \Longleftrightarrow \quad \varphi \begin{pmatrix} x' \\ x'' \end{pmatrix} = \begin{pmatrix} x' \\ 0 \end{pmatrix} .$$

Damit gilt b.

b. $\Longrightarrow$ a.: Die lineare Projektionsabbildung $\mathcal{P} : \mathbb{R}^n \to \mathbb{R}^{n-k}$ sei gegeben durch

$$\mathcal{P}(x_1, \ldots, x_n) := (x_{k+1}, \ldots, x_n) .$$

Haben wir nun einen Diffeomorphismus $\varphi : V \to \tilde{V}$ wie in b., so setzen wir $U := V$ und $F := \mathcal{P} \circ \varphi$. Dann ist offenbar $M \cap U = F^{-1}(0)$, und $\mathrm{d}F_x = \mathcal{P} \circ \mathrm{d}\varphi_x$ und damit surjektiv für jedes $x \in U$.   □

Definitionen 21.5. *Eine nichtleere Teilmenge M von $\mathbb{R}^n$ heißt eine Teilmannigfaltigkeit, wenn die äquivalenten Aussagen aus 21.4 für jedes $a \in M$ zutreffen. Die Zahl k heißt die Dimension, die Zahl $n - k$ die Kodimension von M. Teilmannigfaltigkeiten der Kodimension 1 werden auch als Hyperflächen bezeichnet (bzw. als Flächen im Falle $n = 3$). Eine Submersion F wie in 21.4a. nennt man auch eine implizite (lokale) Darstellung, eine Funktion g wie in 21.4c. eine explizite (lokale) Darstellung von M. Ein Diffeomorphismus φ wie in 21.4b. heißt eine Karte von M, und die skalaren Funktionen $\varphi_1, \ldots, \varphi_k$ werden als lokale Koordinaten bei a bezeichnet.*

Punkte $x \in M$ werden also durch ihre lokalen Koordinaten $\varphi_1(x), \ldots, \varphi_k(x)$ eindeutig festgelegt. Ähnlich wie bei Kurven zieht man es aber oft vor, diese Punkte in der Form $x = v(t)$ zu schreiben, die Menge M oder einen geeigneten Teil davon also als Bildmenge einer *Parameterdarstellung* aufzufassen. Dazu definieren wir:

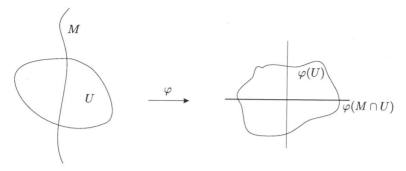

Abb. 21.1. Karte, die eine Teilmannigfaltigkeit lokal gerade biegt

Definition 21.6. *Eine* Parametrisierung *oder* Parameterdarstellung *der Menge* $S \subseteq \mathbb{R}^n$ *mit* k *Parametern ist eine Immersion* $v : \Omega \longrightarrow \mathbb{R}^n$ *mit* $S = v(\Omega)$, *wobei* $\Omega \overset{\text{offen}}{\subseteq} \mathbb{R}^k$. *Man sagt dann, die Menge* S *sei durch* v *parametrisiert und schreibt*

$$S : x = v(t) , \quad t \in \Omega .$$

Wie wir schon bei Kurven gesehen haben, muss eine parametrisierbare Menge keine Teilmannigfaltigkeit sein, da Selbstüberschneidungen und ähnliches noch zugelassen sind. Selbst das Bild einer *injektiven* Immersion muss keine Teilmannigfaltigkeit sein (vgl. Übungen). Der richtige Zusammenhang zwischen Teilmannigfaltigkeiten und Parametrisierungen ist der folgende:

Satz 21.7.

a. Sei $M \subseteq \mathbb{R}^n$ *eine* k-*dimensionale Teilmannigfaltigkeit, und sei* $\varphi : V \to \mathbb{R}^n$ *eine Karte von* M. *Dann gibt es eine Parametrisierung* $v : \Omega \to M$ *von* $M \cap V$, *für die gilt:*

$$\varphi \circ v = J , \tag{21.1}$$

wobei die triviale lineare Abbildung $J : \mathbb{R}^k \to \mathbb{R}^n$ *gegeben ist durch*

$$J(t_1, \ldots, t_k) = (t_1, \ldots, t_k, \underbrace{0, \ldots, 0}_{(n-k)-mal}) . \tag{21.2}$$

b. Sei $S : x = v(t) , \quad t \in \Omega$ *eine mit* k *Parametern parametrisierte Teilmenge von* $\mathbb{R}^n$. *Jeder Punkt* $c \in \Omega$ *hat dann eine offene Umgebung* $U \subseteq \Omega$, *für die gilt:* $v(U)$ *ist eine* k-*dimensionale Teilmannigfaltigkeit, und diese hat eine Karte* φ, *für die (auf* U) *wieder (21.1) gilt.*

Beweis.

a. Setze $v := \varphi^{-1} \circ J, \quad \Omega := J^{-1}(\varphi(V))$. Da φ^{-1} ein Diffeomorphismus und J eine injektive lineare Abbildung ist, ist v nach der Kettenregel eine Immersion.

b. Sei $c \in \Omega$ beliebig. Nach Voraussetzung ist die lineare Abbildung $Dv(c)$: $\mathbb{R}^k \to \mathbb{R}^n$ injektiv. Also sind die Vektoren

$$\boldsymbol{b}_j := \frac{\partial v}{\partial t_j}(c) = Dv(c)\boldsymbol{e}_j , \quad j = 1, \ldots, k$$

linear unabhängig und können daher (Theorem 6.3 a.) zu einer Basis $\{\boldsymbol{b}_1, \ldots, \boldsymbol{b}_n\}$ des $\mathbb{R}^n$ ergänzt werden. Wir definieren eine glatte Abbildung $\psi : \Omega \times \mathbb{R}^{n-k} \to \mathbb{R}^n$ durch:

$$\psi(t_1, \ldots, t_n) := v(t_1, \ldots, t_k) + \sum_{j=k+1}^{n} t_j \boldsymbol{b}_j .$$

Dann ist

$$\frac{\partial \psi}{\partial t_j}(c, 0) = \boldsymbol{b}_j \quad \text{für} \quad j = 1, \ldots, n ,$$

also sind die Spalten der JACOBI-Matrix $J\psi(c, 0)$ gerade die Basisvektoren $\boldsymbol{b}_j$. Diese Matrix ist somit regulär, und wir können den Satz über inverse Funktionen (Theorem 10.2) anwenden. Danach hat $(c, 0) = J(c)$ in $\mathbb{R}^n$ eine offene Umgebung $\tilde{V}$, auf der sich ψ invertieren lässt, d. h. $V := \psi(\tilde{V})$ ist offen, und auf V ist $\varphi := \psi^{-1}$ definiert und glatt. Aus der Definition von ψ folgt unmittelbar $\psi \circ J = v$, also erfüllt $\varphi = \psi^{-1}$ die Beziehung (21.1) auf $U := J^{-1}(\tilde{V})$. Damit ist auch klar, dass φ eine Karte von $v(U) \subseteq S$ ist.

□

Beispiel: Für $R > 0$ definieren wir die *Sphäre* vom Radius R durch

$$S(R) := \{x \in \mathbb{R}^n| \, \|x\| = R\} ,$$

wobei es sich um die Euklid'sche Norm handelt. Schon bei diesem einfachen Beispiel sind viele Phänomene deutlich sichtbar:

a. $S(R)$ ist eine Hyperfläche, die global als Nullstellenmenge der Funktion

$$f(x) := x_1^2 + \cdots + x_n^2 - R^2$$

implizit dargestellt werden kann. Wegen $\nabla f(x) = 2x$ ist f auf $\mathbb{R}^n \setminus \{0\}$ tatsächlich eine Submersion.

b. Eine globale *explizite* Darstellung der Sphäre als Graph einer Funktion ist natürlich nicht möglich. Aber für $m = 1, \ldots, n$ und die Funktionen

$$g_\pm(s_1, \ldots, s_{n-1}) := \pm \sqrt{R^2 - \sum_{j=1}^{n-1} s_j^2}$$

stellen die Gleichungen

$$x_m = g_\pm(x_1, \ldots, \widehat{x_m}, \ldots, x_n) \tag{21.3}$$

jeweils Halbsphären dar, und diese $2n$ Halbsphären überdecken ganz $S(R)$. Aus diesen expliziten Darstellungen kann man natürlich auch *Karten* konstruieren, so wie es im Beweis von 21.4 geschehen ist. Die sog. *stereographische Projektion* erlaubt es aber, die Sphäre schon mit zwei Teilmengen zu überdecken, auf denen Karten definiert sind. (Die stereographische Projektion wird für die Sphäre in $\mathbb{R}^n$ genauso definiert, wie es für $n = 3$ in Ergänzung 18.15 beschrieben wurde.)

c. Aus Karten ergeben sich Parametrisierungen durch Umkehrung wie in Satz 21.7 a. Aus den expliziten Darstellungen (21.3) ergeben sich z. B. die Parametrisierungen

$$v_{m,\pm}(t) := (t_1, \ldots, t_{m-1}, g_\pm(t), t_m, \ldots, t_{n-1})$$

auf $\Omega := \{t = (t_1, \ldots, t_{n-1}) \in \mathbb{R}^{n-1} | \; \|t\| < R\}$. Für $n = 3$ sind natürlich die *Polarkoordinaten*

$$v(\varphi, \theta) := \begin{pmatrix} R \cos \varphi \sin \theta \\ R \sin \varphi \sin \theta \\ R \cos \theta \end{pmatrix},$$

$$\varphi \in \mathbb{R}, \quad 0 < \theta < \pi$$

die beliebteste Parametrisierung. (In höheren Dimensionen gibt es auch Polarkoordinaten, aber sie sind recht kompliziert.)

Teilmannigfaltigkeiten, die (so wie die Sphäre) als Ganzes implizit durch ein Gleichungssystem dargestellt werden können, kommen in den Anwendungen recht häufig vor. Man braucht dabei die Submersions-Eigenschaft nur auf der fraglichen Teilmenge selbst nachzuprüfen, wie aus dem folgenden Lemma hervorgeht:

Lemma 21.8. *Sei $F \in C^1(G, \mathbb{R}^p)$, wo $G \overset{\text{offen}}{\subseteq} \mathbb{R}^n$, und sei $M \subseteq G$ so, dass dF_a für jedes $a \in M$ surjektiv (bzw. injektiv) ist. Dann gibt es eine offene Umgebung $U \subseteq G$ von M so, dass $F|_U$ eine Submersion (bzw. eine Immersion) $U \to \mathbb{R}^p$ ist.*

Zum Beweis beschreibt man den Rang der JACOBI-Matrix mittels Unterdeterminanten (vgl. Thm. 5.28a.) und stellt fest, dass der Rang lokal nicht fallen kann, weil die Determinante eine stetige Funktion der Matrixelemente ist (Übung!).

Nun sei $G \subseteq \mathbb{R}^n$ ein Gebiet und $f_1, \ldots, f_p \in C^1(G)$ gegebene Funktionen, $c_1, \ldots, c_p$ gegebene Zahlen. Man sagt, das (nichtlineare) Gleichungssystem

$$f_1(x_1, \ldots, x_n) = c_1$$
$$\vdots \tag{21.4}$$
$$f_p(x_1, \ldots, x_n) = c_p$$

sei *regulär*, wenn für jede Lösung $x = (x_1, \ldots, x_n) \in G$ die Gradienten $\nabla f_1(x), \ldots, \nabla f_p(x)$ linear unabhängig sind. (Die Gleichungen aus (21.4) werden dann auch als *funktional unabhängig* bezeichnet.) Wendet man nun Lemma 21.8 auf die Abbildung $F = (f_1 - c_1, \ldots, f_p - c_p) : G \longrightarrow \mathbb{R}^p$ an, so ergibt sich sofort die folgende nützliche Aussage:

Korollar 21.9. *Die Lösungsmenge eines regulären Gleichungssystems (21.4) ist eine Teilmannigfaltigkeit der Kodimension p.*

B. Tangentenvektoren und Normalenvektoren

Es gibt mehrere, recht unterschiedliche Methoden, Vektoren zu beschreiben, die tangential an eine Teilmannigfaltigkeit M anliegen. Wir greifen hier zu der anschaulich einleuchtenden Beschreibung als Geschwindigkeitsvektoren von Kurven, die innerhalb von M verlaufen:

Definitionen 21.10. *Sei M eine Teilmannigfaltigkeit von $\mathbb{R}^n$. Ein Vektor $h \in \mathbb{R}^n$ heißt* Tangentenvektor *an M im Punkt $a \in M$, wenn es eine glatte Kurve $\gamma :] - \varepsilon, \varepsilon[\longrightarrow M$ gibt, für die gilt:*

$$\gamma(0) = a, \quad \gamma'(0) = h . \tag{21.5}$$

Wir sagen dann, dass die Kurve γ den Tangentenvektor h repräsentiert. Die Menge aller Tangentenvektoren an M in a heißt der Tangentialraum *an M in a und wird mit $T_a M$ bezeichnet. Die Menge*

$$TM := \{(x, h) \in \mathbb{R}^n \times \mathbb{R}^n | x \in M, \quad h \in T_x M\}$$

heißt das Tangentialbündel *von M.*

Das Wichtigste über den Tangentialraum ist im folgenden Satz enthalten. Er zeigt auch, dass wir es mit Verallgemeinerungen der in 12A. eingeführten Begriffe zu tun haben.

Theorem 21.11. *Es sei M eine k-dimensionale Teilmannigfaltigkeit von $\mathbb{R}^n$ und $a \in M$ ein Punkt.*

  a. *Der Tangentialraum $T_a M$ ist ein k-dimensionaler linearer Teilraum von $\mathbb{R}^n$.*
  b. *Ist M in einer Umgebung U von a durch eine Submersion $F : U \to \mathbb{R}^{n-k}$ implizit dargestellt, so ist*

$$T_a M = \text{Kern} \; dF_a .$$

c. Ist $v : \Omega \longrightarrow M$ eine Parametrisierung von M in einer Umgebung von a und $a = v(c)$, so ist

$$T_a M = Bild \ \mathrm{d}v_c \ ,$$

und eine Basis von $T_a M$ ist gegeben durch die Vektoren

$$\boldsymbol{b}_j := Dv(c) \cdot \boldsymbol{e}_j = \frac{\partial v}{\partial t_j}(c) \ , \quad j = 1, \dots, k \ . \tag{21.6}$$

(Dabei bilden $\boldsymbol{e}_1, \dots, \boldsymbol{e}_k$ die Standardbasis von $\mathbb{R}^k$.)

Beweis. Zunächst betrachten wir eine lokale implizite Darstellung F und eine lokale Parametrisierung v wie in b., c. Dann gilt

$$Bild \ \mathrm{d}v_c \subseteq T_a M \subseteq Kern \ \mathrm{d}F_a \ . \tag{$*$}$$

Um dies zu zeigen, betrachte ein beliebiges $\boldsymbol{h} \in$ Bild $\mathrm{d}v_c$, etwa $\boldsymbol{h} = \mathrm{d}v_c(\boldsymbol{\eta})$ mit $\boldsymbol{\eta} \in \mathbb{R}^k$ und setze $\gamma(t) := v(c + t\boldsymbol{\eta})$ für $|t| < \varepsilon$, wobei $\varepsilon > 0$ so klein gewählt ist, dass $c + t\boldsymbol{\eta} \in \Omega$ für $|t| < \varepsilon$. Dann ist $\gamma(0) = a$ und $\gamma'(0) = Dv(\gamma(0)) \cdot \boldsymbol{\eta} = \boldsymbol{h}$. Es folgt $\boldsymbol{h} \in T_a M$, da γ in M verläuft. Damit ist die erste Relation in $(*)$ gezeigt. Ein beliebiges $\boldsymbol{h} \in T_a M$ können wir nach Definition durch eine Kurve $\gamma :]-\varepsilon, \varepsilon[\longrightarrow M$ in der Form (21.5) darstellen. Dann ist $F(\gamma(t)) \equiv 0$ auf $]-\varepsilon, \varepsilon[$, also $0 = \dfrac{\mathrm{d}}{\mathrm{d}t} F(\gamma(t))|_{t=0} = \mathrm{d}F_{\gamma(0)} \cdot \gamma'(0) = \mathrm{d}F_a \boldsymbol{h}$ und somit $\boldsymbol{h} \in$ Kern $\mathrm{d}F_a$. Also haben wir auch die zweite Relation in $(*)$ gezeigt.

Da $\mathrm{d}F_a : \mathbb{R}^n \to \mathbb{R}^{n-k}$ surjektiv und $\mathrm{d}v_c : \mathbb{R}^k \to \mathbb{R}^n$ injektiv ist, liefert die Dimensionsformel (vgl. 7.3)

$$\dim \mathrm{Kern}\, \mathrm{d}F_a = n - (n - k) = k = \dim \mathrm{Bild}\, \mathrm{d}v_c \ ,$$

zusammen mit $(*)$ und Satz 6.5c. also

$$Bild \ \mathrm{d}v_c = T_a M = Kern \ \mathrm{d}F_a \ ,$$

und insbesondere ist $T_a M$ ein k-dimensionaler linearer Teilraum von $\mathbb{R}^n$. Da $\mathrm{d}v_c$ injektiv ist, sind die k Vektoren $\boldsymbol{b}_1, \dots, \boldsymbol{b}_k$ linear unabhängig, bilden also eine Basis von $T_a M$. Somit sind b., c. vollständig gezeigt. Aber auch Teil a. ist gezeigt, denn für jedes $a \in M$ gibt es ja Submersionen F und Parametrisierungen v, auf die sich Teile b., c. anwenden lassen. $\square$

Auch die Vektoren, die *senkrecht* auf einer Teilmannigfaltigkeit M stehen, sind von Interesse:

Definitionen 21.12. *Sei M eine Teilmannigfaltigkeit von $\mathbb{R}^n$ und $a \in M$ ein Punkt. Man setzt $N_a M := \left(T_a M \right)^\perp$ und nennt jeden Vektor $\boldsymbol{h} \in N_a M$ einen Normalenvektor zu M in a. Die Menge*

$$NM := \{ (x, \boldsymbol{h}) \in \mathbb{R}^n \times \mathbb{R}^n \mid x \in M, \ \boldsymbol{h} \in N_x M \}$$

heißt das Normalenbündel von M.

Aus Satz 6.17a. wissen wir, dass $N_a M$ stets ein linearer Teilraum ist, und nach 6.17b. ist seine Dimension $n - k$, also die Kodimension von M. Ein reguläres Gleichungssystem, das M definiert, liefert auch Basen für die Räume $N_a M$:

Korollar 21.13. *Es sei M die Lösungsmenge des regulären Gleichungssystems (21.4). Dann ist für jedes $a \in M$*

$$\{\nabla f_1(a), \ldots, \nabla f_p(a)\}$$

eine Basis von $N_a M$.

Beweis. Nach Voraussetzung sind die Vektoren $\nabla f_j(a)$ linear unabhängig, und es handelt sich um $p = \operatorname{codim} M$ Vektoren. Die Behauptung folgt also aus Satz 6.5 a. □

Bemerkung: Für $p = 1$ und $n = 2, 3$ ist uns dies schon aus Satz 12.3 bekannt.

C. Extremwertprobleme mit Nebenbedingungen

Sei $\Omega \subseteq \mathbb{R}^n$ ein Gebiet. Für Funktionen $f : \Omega \longrightarrow \mathbb{R}$ ist man häufig vor die Aufgabe gestellt, Extremwerte und Extremstellen (vgl. Abschn. 9G.) nicht von f, sondern von der Einschränkung $f|_M$ auf eine geeignete Teilmenge $M \subseteq \Omega$ zu finden. Meist ist M dabei als die Lösungsmenge eines Gleichungssystems

$$g_1(x_1, \ldots, x_n) = c_1 , \ldots, \quad g_p(x_1, \ldots, x_n) = c_p \qquad (21.7)$$

gegeben, und dann bezeichnet man die Gleichungen aus (21.7) als *Nebenbedingungen* für die betreffende Extremwertaufgabe. Genauer:

Definition 21.14. *Auf dem Gebiet Ω seien reelle Funktionen $f, g_1, \ldots, g_p$ gegeben. Ferner seien reelle Zahlen $c_1, \ldots, c_p$ gegeben. Wir sagen, f nimmt im Punkt $\bar{x} = (\bar{x}_1, \ldots, \bar{x}_n) \in \Omega$ ein lokales Maximum (bzw. lokales Minimum) unter den Nebenbedingungen (21.7) an, wenn gilt:*

a. $\bar{x}$ ist selbst Lösung von (21.7), und
b. es gibt $\delta > 0$ so, dass

$$f(x) \leq f(\bar{x}) \quad bzw. \quad f(x) \geq f(\bar{x})$$

für alle Lösungen $x \in \Omega$ von (21.7) mit $\|x - \bar{x}\| < \delta$.

Ein lokales Minimum oder Maximum wird auch als lokales Extremum *bezeichnet.*

Die Betrachtung von Tangenten- und Normalenvektoren liefert nun das folgende nützliche Kriterium:

Satz 21.15. *Sei $\Omega \subseteq \mathbb{R}^n$ ein Gebiet und seien f, $g_1, \ldots, g_p \in C^1(\Omega)$ mit $p < n$ gegebene Funktionen, so dass*

$$\text{rang} \begin{pmatrix} g_{1,x_1} & \cdots & g_{1,x_n} \\ \cdots & & \cdots \\ g_{p,x_1} & \cdots & g_{p,x_n} \end{pmatrix} = p \quad in \quad \Omega \, . \tag{21.8}$$

Schließlich seien $c_1, \ldots, c_p$ gegebene reelle Zahlen. Hat dann die Funktion f in $\bar{x} \in \Omega$ ein lokales Extremum unter den Nebenbedingungen (21.7), so existieren sogenannte LAGRANGE'*sche Multiplikatoren $\lambda_1, \ldots, \lambda_p \in \mathbb{R}$, so dass*

$$\text{grad}\, f(\bar{x}) + \sum_{k=1}^{p} \lambda_k \,\text{grad}\, g_k(\bar{x}) = 0 \, . \tag{21.9}$$

Beweis. Wegen der Voraussetzung (21.8) ist (21.7) ein reguläres Gleichungssystem, und seine Lösungsmenge M ist daher nach Korollar 21.9 eine Teilmannigfaltigkeit von $\mathbb{R}^n$. Sei nun $\bar{x} \in M$ ein Punkt, wo f ein lokales Extremum unter den Nebenbedingungen (21.7) hat. Ist $\boldsymbol{h} \in T_{\bar{x}}M$, so gibt es eine glatte Kurve $\gamma :] - \varepsilon, \varepsilon[\longrightarrow M$, die $\boldsymbol{h}$ repräsentiert. Weil die Kurve γ in M verläuft, hat die Funktion $\varphi(t) := f(\gamma(t))$ in $t = 0$ ein lokales Extremum. Nach Satz 2.21 und der Kettenregel ist also

$$0 = \varphi'(0) = \text{grad}\, f(\gamma(0)) \cdot \gamma'(0) = \text{grad}\, f(\bar{x}) \cdot \boldsymbol{h} \, .$$

Dies zeigt, dass $\text{grad}\, f(\bar{x}) \in \left(T_{\bar{x}}M\right)^{\perp} = N_{\bar{x}}M$. Nach Korollar 21.13 ist $\text{grad}\, f(\bar{x})$ also eine Linearkombination der Vektoren

$$\text{grad}\, g_1(\bar{x}) \,, \ldots, \text{grad}\, g_p(\bar{x}) \,,$$

und damit gilt (21.9).

Bemerkung: Um Extrema unter Nebenbedingungen aufzufinden, stellt man die Gleichungen aus (21.7) und (21.9) zu einem einzigen Gleichungssystem für die Unbekannten

$$\bar{x}_1, \ldots, \bar{x}_n, \lambda_1, \ldots, \lambda_p$$

zusammen und versucht, dieses zu lösen. Offenbar handelt es sich um $n + p$ Gleichungen für $n + p$ Unbekannte.

Dieses Verfahren liefert allerdings nicht nur Extremstellen von f auf der Mannigfaltigkeit M, auf der die Nebenbedingungen erfüllt sind, sondern alle diejenigen $\bar{x} \in M$, für die

$$\text{d}f_{\bar{x}}(\boldsymbol{h}) = \text{grad}\, f(\bar{x}) \cdot \boldsymbol{h} = 0 \quad \forall \, \boldsymbol{h} \in T_{\bar{x}}M \, ,$$

wie der Beweis von Satz 21.15 zeigt. Diese Punkte $\bar{x}$ nennt man daher *kritische Punkte von $f|_M$ oder kritische Punkte von f unter den Nebenbedingungen (21.7).*

D. Dualität und Pfaff'sche Formen

Differenzialformen sind eines der wichtigsten Hilfsmittel der Differenzialgeometrie und der theoretischen Physik. Hier beschäftigen wir uns allerdings nur mit dem einfachsten Spezialfall, nämlich mit den 1-Formen oder „Pfaff'schen Formen".

In diesem Abschnitt benutzen wir die Schreibweise der *Tensorrechnung*, d. h. wir indizieren die betrachteten Größen nach einer bestimmten Systematik teilweise mit unteren, teilweise mit oberen Indizes, und zwar so, dass man bei den Ausdrücken, die typischerweise vorkommen, immer über diejenigen Indizes summiert, die auf ein und derselben Seite der Gleichung sowohl unten wie oben vorkommen. Solange man es nur mit Ausdrücken zu tun hat, bei denen dies funktioniert, kann man ganz auf die Summenzeichen verzichten, was in der Literatur häufig getan wird („Einstein'sche Summenkonvention"). So weit wollen wir aber nicht gehen, und darum dürfen wir es auch ruhig Ihnen überlassen, die Systematik, nach der die Indizes auf die oberen und unteren Plätze verteilt werden, selbst herauszufinden.

Dualität von Vektorräumen.

Wir benötigen zunächst etwas lineare Algebra. Es sei V ein $\mathbb{K}$-Vektorraum der endlichen Dimension n.

Definitionen 21.16.

a. Den Vektorraum $V^* := L(V, \mathbb{K})$ bezeichnet man als den Dualraum *von V und seine Elemente als* Linearformen *auf V oder als* Kovektoren *in Bezug auf V. Ist $x \in V$ und $\varphi \in V^*$, so schreibt man auch*

$$\langle \varphi, x \rangle := \varphi(x)$$

und nennt die so definierte Abbildung $\langle \cdot, \cdot \rangle : V^* \times V \longrightarrow \mathbb{K}$ die duale Paarung *zwischen V und V^*.*

b. Sei W ein weiterer $\mathbb{K}$-Vektorraum und $\mathcal{A} : V \to W$ eine lineare Abbildung. Man definiert die duale Abbildung $\mathcal{A}' : W^* \to V^*$ *durch*

$$\mathcal{A}'(\eta) := \eta \circ \mathcal{A} \quad (\eta \in W^*)$$

oder, ausführlicher geschrieben,

$$\langle \mathcal{A}'(\eta), x \rangle = \langle \eta, \mathcal{A}(x) \rangle \quad \textit{für} \quad \eta \in W^*, \ x \in V.$$

c. Sei $\mathfrak{B} = \{b_1, \ldots, b_n\}$ eine Basis von V. Dann definieren wir Linearformen $\beta^1, \ldots, \beta^n \in V^*$ durch

$$\left\langle \beta^i, \sum_{j=1}^n x^j b_j \right\rangle = x^i, \quad i = 1, \ldots, n.$$

Die Menge $\mathfrak{B}^* = \{\beta^1, \ldots, \beta^n\}$ heißt die duale Basis *zu $\mathfrak{B}$.*

Dass die duale Basis diesen Namen wirklich verdient, ersieht man aus dem folgenden Satz:

Satz 21.17. *Mit den Bezeichnungen aus Def. 21.16 gilt:*

a. $\mathfrak{B}^*$ *ist wirklich eine Basis von* V^*. *Insbesondere ist* $\dim V^* = n = \dim V$.
b. Es gilt

$$\langle \beta^i, b_k \rangle = \delta^i_k \quad \text{für} \quad i, k = 1, \dots, n \; . \tag{21.10}$$

Dabei bezeichnet δ^i_k *das* KRONECKER-*Symbol, das bisher* δ_{ik} *geschrieben wurde. Für* $x = \sum_i x^i b_i \in V$ *und* $\xi = \sum_i \xi_i \beta^i \in V^*$ *ist*

$$\langle \xi, x \rangle = \sum_i x^i \xi_i \; . \tag{21.11}$$

c. Die Entwicklungen eines Vektors $x \in V$ *bzw. eines Kovektors* $\xi \in V^*$ *nach den Basen* $\mathfrak{B}$ *bzw.* $\mathfrak{B}^*$ *lauten*

$$x = \sum_i \langle \beta^i, x \rangle b_i \; , \tag{21.12}$$

$$\xi = \sum_i \langle \xi, b_i \rangle \beta^i \; . \tag{21.13}$$

d. Ein Skalarprodukt $\langle \cdot \mid \cdot \rangle$ *auf* V *liefert eine reell-lineare Bijektion* $L : V \to V^*$ *durch die Vorschrift*

$$\langle Lx, v \rangle = \langle x \mid v \rangle \quad \forall\, x, v \in V \; .$$

D. h. Lx *ist diejenige Linearform, die jeden Vektor* $v \in V$ *von links mit* x *skalar multipliziert.*

Beweis. Gl. (21.10) folgt direkt aus der Definition der β^i, und aus ihr folgt auch sofort (21.11), da die duale Paarung sich in ihren beiden Argumenten linear verhält. Wir wenden uns Teil c. zu. Ist $x = \sum_i \alpha^i b_i$ die Entwicklung eines beliebigen $x \in V$ nach der Basis $\mathfrak{B}$, so folgt für $k = 1, \dots, n$

$$\langle \beta^k, x \rangle = \sum_i \alpha^i \langle \beta^k, b_i \rangle = \sum_i \alpha^i \delta^k_i = \alpha^k \; .$$

Einsetzen der gefundenen Werte für die Koordinaten α^k ergibt (21.12). – Für beliebiges $\xi \in V^*$ setzen wir

$$\eta := \xi - \sum_i \langle \xi, b_i \rangle \beta^i$$

und rechnen

$$\langle \eta, b_k \rangle = \langle \xi, b_k \rangle - \sum_i \langle \xi, b_i \rangle \langle \beta^i, b_k \rangle = \langle \xi, b_k \rangle - \sum_i \langle \xi, b_i \rangle \delta^i_k = 0$$

für $k = 1, \dots, n$. Da $b_1, \dots, b_n$ den gesamten Raum V aufspannen, folgt hieraus $\eta \equiv 0$, also (21.13). Die Koeffizienten in dieser Entwicklung sind eindeutig bestimmt, wie man völlig analog zu (21.12) nachrechnet. Insbesondere ist $\sum_i c_i \beta^i = 0$ $(c_1, \ldots, c_n \in \mathbb{K})$ nur möglich, wenn $c_k = \langle 0, b_k \rangle = 0$ für alle k, d. h. die β^k sind auch linear unabhängig, bilden also eine Basis von V^*.

Zu d.: Man rechnet ohne weiteres nach, dass $L : V \to V^*$ eine reell-lineare Abbildung ist. Ist $x \in \operatorname{Kern} L$ so folgt speziell für $v = x$

$$0 = \langle Lx, x \rangle = \langle x \mid x \rangle = \|x\|^2 \, ,$$

also $x = 0$. Das bedeutet, dass L injektiv ist (vgl. Satz 7.2d.). Aber nach der Dimensionsformel (7.6) ist dann $\dim \operatorname{Bild} L = \dim V - \dim \operatorname{Kern} L = n = \dim V^*$, also ist L auch surjektiv, und zwar nach Satz 6.5c., angewandt auf den linearen Teilraum $U := \operatorname{Bild} L$ von V^*. (Hier wurden alle vorkommenden Vektorräume als *reell* betrachtet. Ein komplexer Vektorraum ist ja auch ein reeller.)   □

Bemerkungen zur Notation:

a. Will man Matrizenschreibweise benutzen, so sollte man die Koordinaten eines Vektors $x \in V$ in Bezug auf $\mathfrak{B}$ (wie bisher) als einen Spaltenvektor $X \in \mathbb{K}_{n \times 1}$ auffassen, die Koordinaten eines Kovektors $\xi \in V^*$ in Bezug auf $\mathfrak{B}^*$ aber als einen Zeilenvektor $Y \in \mathbb{K}_{1 \times n}$. Dann ist $\langle \xi, x \rangle = YX$ gerade das Matrizenprodukt, wie Gl. (21.11) zeigt.

b. In der Quantenphysik schreibt man Vektoren eines HILBERT-Raums H oft in der Form $|x\rangle$ („ket - Vektoren") und Elemente des Dualraums H^* in der Form $\langle x|$ („bra - Vektoren"). Dabei ist $\langle x| = L(|x\rangle)$ gesetzt. Das Skalarprodukt wird dann gebildet, indem man einen „bra" und einen „ket" zu einer „bracket" zusammenfügt:

$$\langle x|y \rangle = \Big\langle \, \langle x|, |y\rangle \, \Big\rangle = \Big\langle \, L(|x\rangle), |y\rangle \, \Big\rangle \, .$$

(DIRAC-*Notation*).

Wir wollen nun noch die Matrizen vergleichen, die eine lineare Abbildung $\mathcal{A} \in \mathcal{L}(V, W)$ und die dazu duale Abbildung $\mathcal{A}' \in \mathcal{L}(W^*, V^*)$ beschreiben. Dazu gehen wir aus von einer Basis $\mathfrak{B} = \{b_1, \ldots, b_n\}$ von V, einer Basis $\mathfrak{C} = \{c_1, \ldots, c_m\}$ von W und den entsprechenden dualen Basen $\mathfrak{B}^* = \{\beta^1, \ldots, \beta^n\}$, $\mathfrak{C}^* = \{\gamma^1, \ldots, \gamma^m\}$ von V^* bzw. W^*. Die Matrix $A =_{\mathfrak{C}} A_{\mathfrak{B}}$ hat dann als j-te Spalte $(j = 1, \ldots, n)$ die Koordinatenspalte des Vektors $\mathcal{A}(b_j)$ in Bezug auf die Basis $\mathfrak{C}$ (vgl. (7.8), (7.13)). Nach (21.12) handelt es sich also um die Matrix $A = (\alpha^i_j)$ mit

$$\alpha^i_j = \langle \gamma^i, \mathcal{A}(b_j) \rangle \, , \quad i = 1, \ldots, m \, , \, j = 1, \ldots, n \, . \tag{21.14}$$

Die Matrix $A' :=_{\mathfrak{B}^*} A'_{\mathfrak{C}^*}$ entsteht ebenso durch Entwickeln der Kovektoren $\mathcal{A}'(\gamma^\ell)$ $(\ell = 1, \ldots, m)$ nach der Basis $\mathfrak{B}^*$. Die Matrixelemente a^ℓ_k von A' sind nach (21.13) also gegeben durch

$$a^\ell_k = \langle \mathcal{A}'(\gamma^\ell), b_k \rangle = \langle \gamma^\ell, \mathcal{A}(b_k) \rangle = \alpha^\ell_k$$

für $k = 1, \ldots, n$, $\ell = 1, \ldots, m$. Also ist A' nichts anderes als die transponierte Matrix zu A. Wir fassen zusammen:

Satz 21.18. *Seien V, W endlichdimensionale $\mathbb{K}$-Vektorräume, und sei $\mathfrak{B}$ (bzw. $\mathfrak{C}$) eine Basis von V (bzw. von W). Wird die lineare Abbildung $\mathcal{A} : V \to W$ bezüglich dieser Basen durch die Matrix A dargestellt, so wird die duale Abbildung $\mathcal{A}' : W^* \to V^*$ bezüglich der dualen Basen $\mathfrak{C}^*$, $\mathfrak{B}^*$ durch die transponierte Matrix A^T dargestellt. Ist $X \in \mathbb{K}_{1 \times n}$ (bzw. $Y \in \mathbb{K}_{1 \times m}$) der Zeilenvektor der Koordinaten eines $\xi \in V^*$ (bzw. eines $\eta \in W^*$) in Bezug auf $\mathfrak{B}^*$ (bzw. $\mathfrak{C}^*$), so ist*

$$\xi = \mathcal{A}'(\eta) \quad \Longleftrightarrow \quad X = YA . \tag{21.15}$$

Die zweite Behauptung folgt mit Hilfe von Satz 7.4a. Da die Koordinaten in diesem Satz als Spalten aufzufassen sind, ergibt er

$$\xi = \mathcal{A}'(\eta) \quad \Longleftrightarrow \quad X^T = A^T Y^T$$

und damit (21.15).

1-Formen in $\mathbb{R}^n$

Wir betrachten zunächst eine nichtleere offene Teilmenge $G \subseteq \mathbb{R}^n$ und eine reellwertige Funktion $f \in C^1(G)$. Für jeden Punkt $x \in G$ ist dann das *totale Differenzial* $\mathrm{d}f_x = \mathrm{d}f(x)$ eine wohldefinierte lineare Abbildung $\mathbb{R}^n \to \mathbb{R}$, also eine Linearform auf $V = \mathbb{R}^n$ (vgl. Def. 9.14 und die darauf folgenden Bemerkungen), und diese ist bezüglich der kanonischen Basis $\{e_1, \ldots, e_n\}$ von V durch die (hier einzeilige) Jacobi-Matrix gegeben. Führen wir in V^* die zur kanonischen Basis duale Basis $\{\varepsilon^1, \ldots, \varepsilon^n\}$ ein, so können wir dies ausdrücken durch

$$\mathrm{d}f(x) = \sum_{i=1}^{n} \frac{\partial f}{\partial x^i}(x)\varepsilon^i .$$

Speziell für die kartesischen Koordinatenfunktionen $x^k = \varphi^k(x^1, \ldots, x^n)$ auf G ist konstant $\partial\varphi^k/\partial x^i = \delta_i^k$, also

$$\mathrm{d}\varphi^k(x) = \varepsilon^k \quad \forall\, x \in G .$$

Aus diesem Grunde ist es allgemein üblich, die ε^k mit $\mathrm{d}x^k$ zu bezeichnen. Damit ergibt sich

$$\mathrm{d}f(x) = \sum_{i=1}^{n} \frac{\partial f}{\partial x^i}(x)\mathrm{d}x^i \, (x \in G) . \tag{21.16}$$

Das Differenzial $\mathrm{d}f$ ist also eine Abbildung $G \to (\mathbb{R}^n)^*$, und zwar diejenige, die jedem Punkt $x \in G$ den durch die rechte Seite von (21.16) gegebenen Kovektor zuordnet. Pfaff'sche Formen sind allgemein derartige Abbildungen (die nicht notwendig Differenziale sein müssen). Genauer:

Definitionen 21.19. *Sei $\emptyset \neq G \overset{\text{offen}}{\subseteq} \mathbb{R}^n$.*

a. *Eine* PFAFF'*sche Form (oder* Differenzialform erster Stufe, *kurz:* 1-Form*) auf G ist eine Abbildung $\omega : G \longrightarrow (\mathbb{R}^n)^*$. Sie heißt stetig bzw. von der Klasse C^r $(r \geq 0)$, wenn ihre Koeffizienten*

$$a_i(x) := \langle \omega(x), e_i \rangle \quad (i = 1, \ldots, n)$$

als Funktionen auf G die entsprechende Eigenschaft besitzen.

b. *Differenzialformen werden punktweise addiert und mit skalaren Funktionen multipliziert, d. h. für $\omega_1, \omega_2 : G \to (\mathbb{R}^n)^*$ und $f_1, f_2 : G \to \mathbb{R}$ ist die 1-Form $f_1\omega_1 + f_2\omega_2$ definiert durch*

$$(f_1\omega_1 + f_2\omega_2)(x) := f_1(x)\omega_1(x) + f_2(x)\omega_2(x) \quad \text{für} \quad x \in G .$$

c. *Sei $\Omega \overset{\text{offen}}{\subseteq} \mathbb{R}^p$ und $v : \Omega \to G$ eine C^1-Abbildung. Für jede 1-Form ω auf G definiert man dann eine 1-Form $v^*\omega$ auf Ω durch*

$$\langle v^*\omega(t), h \rangle := \langle \omega(v(t)), Dv(t)h \rangle \quad \text{für} \quad t \in \Omega , \ h \in \mathbb{R}^p ,$$

wobei $Dv(t) \in \mathcal{L}(\mathbb{R}^p, \mathbb{R}^n)$ die totale Ableitung von v am Punkt t bezeichnet. Man nennt $v^*\omega$ das Urbild *oder der* Pull-back *von ω unter v.*

d. *Für Funktionen $f : G \to \mathbb{R}$ definiert man das* Urbild *bzw. den* Pull-back *durch*

$$v^*f := f \circ v .$$

Hat ω die Koeffizienten $a_1, \ldots, a_n$, so ergibt (21.13) sofort

$$\omega(x) = \sum_{i=1}^{n} a_i(x)\mathrm{d}x^i \quad \forall\, x \in G$$

oder kurz

$$\omega = \sum_{i=1}^{n} a_i\mathrm{d}x^i .$$

Leider ist es allgemein üblich, dies in der inkonsequenten Form

$$\omega = \sum_{i=1}^{n} a_i(x)\mathrm{d}x^i \tag{21.17}$$

zu schreiben, bei der das x auf der rechten Seite nur dazu dient, die Bezeichnung für den laufenden Punkt in G zu vermerken. (Wird die Variable in G anders bezeichnet, z. B. mit $\xi = (\xi^1, \ldots, \xi^n)$, so bezeichnet man natürlich auch die Linearformen $\mathrm{d}x^i$ entsprechend anders, in unserem Beispiel also mit $\mathrm{d}\xi^i$.)

Den Sinn des Pull-backs versteht man besser, wenn man etwas damit rechnen gelernt hat:

Satz 21.20. *Seien G, Ω, v wie in Def. 21.19. Ferner sei $\Omega_0 \overset{\text{offen}}{\subseteq} \mathbb{R}^q$ und $u \in C^1(\Omega_0, \mathbb{R}^p)$ so, dass $u(\Omega_0) \subseteq \Omega$.*

a. Für 1-Formen ω_1, ω_2 und Funktionen f_1, f_2 auf G gilt

$$v^*(f_1\omega_1 + f_2\omega_2) = (v^*f_1)(v^*\omega_1) + (v^*f_2)(v^*\omega_2) \ .$$

Insbesondere ist

$$v^*(c_1\omega_1 + c_2\omega_2) = c_1 v^*\omega_1 + c_2 v^*\omega_2$$

für Konstanten $c_1, c_2 \in \mathbb{R}$.
b. Für jede 1-Form ω auf G ist

$$(v \circ u)^*\omega = u^*(v^*\omega) \ .$$

Ist v ein Diffeomorphismus, so haben wir insbesondere

$$(v^{-1})^* v^*\omega = \omega \ .$$

c. Für jede Funktion $f \in C^1(G)$ ist

$$v^*\mathrm{d}f = \mathrm{d}(v^*f) \ .$$

Beweis. Alles folgt durch leichte Rechnung aus den Definitionen, wobei für b. und c. auch die Kettenregel gebraucht wird. Wir geben den Beweis von c. ausführlich an: Wegen $v^*f = f \circ v$ haben wir für jedes $t \in \Omega$ nach der Kettenregel:

$$\mathrm{d}(v^*f)(t) = \mathrm{d}(f \circ v)(t) = \mathrm{d}f(v(t)) \circ Dv(t) \ ,$$

und nach Definition des Urbilds einer 1-Form ist das gerade die Behauptung.
□

Nun können wir leicht berechnen, wie sich die Koeffizienten von ω und $v^*\omega$ zueinander verhalten. Wir setzen

$$\omega = \sum_{i=1}^{n} a_i(x)\mathrm{d}x^i \quad \text{und} \quad v^*\omega = \sum_{k=1}^{p} b_k(t)\mathrm{d}t^k \tag{21.18}$$

und erhalten zunächst

$$v^*\omega = \sum_{i=1}^{n} a_i(v(t))v^*\mathrm{d}x^i \ .$$

Nun erinnern wir uns daran, dass die $\mathrm{d}x^i$ tatsächlich die Differenziale der Koordinatenfunktionen $x^i = \varphi^i(x^1, \ldots, x^n)$ sind. Wegen $v^*\varphi^i = \varphi^i \circ v = v^i$

ergibt sich also $v^* \mathrm{d}x^i = \mathrm{d}v^i = \sum_{k=1}^{p} \dfrac{\partial v^i}{\partial t^k} \mathrm{d}t^k$ und damit

$$v^* \omega = \sum_{i=1}^{n} \sum_{k=1}^{p} a_i(v(t)) \frac{\partial v^i}{\partial t^k}(t)\, \mathrm{d}t^k \ .$$

Wegen der linearen Unabhängigkeit der Kovektoren $\mathrm{d}t^1, \dots, \mathrm{d}t^p$ können wir jetzt Koeffizientenvergleich machen und erhalten:

$$b_k(t) = \sum_{i=1}^{n} a_i(v(t)) \frac{\partial v^i}{\partial t^k}(t) \tag{21.19}$$

für $k = 1, \dots, p$ und alle $t \in \Omega$. Die Berechnung von $v^* \omega$ erfolgt also so, dass man ganz formal überall $x = v(t)$ einsetzt und die entstehenden Differenziale $\mathrm{d}v^i$ nach den $\mathrm{d}t^k$ entwickelt.

Bemerkungen:

(i) Die Definition des Pull-backs kann man auch kurz in der Form

$$v^* \omega(t) = \omega(v(t)) \circ Dv(t) = \big(Dv(t)\big)'(\omega(v(t))) \quad (t \in \Omega)$$

schreiben. Sind wieder a_i , b_k die durch (21.18) festgelegten Koeffizienten von ω bzw. $v^* \omega$, so sind die Koordinaten der Linearform $\omega(v(t))$ (bzw. $v^* \omega(t)$) also die Zeilenvektoren

$$(a_1(v(t)), \dots, a_n(v(t))) \quad \text{bzw.} \quad (b_1(t), \dots, b_p(t)) \ .$$

Die lineare Abbildung $Dv(t)$ wird aber bezüglich der Standardbasen von $\mathbb{R}^n$ und $\mathbb{R}^p$ durch die JACOBI-Matrix $Jv(t)$ dargestellt. Aus (21.15) ergibt sich also

$$(b_1(t), \dots, b_p(t)) = (a_1(v(t)), \dots, a_n(v(t))) Jv(t)$$

für $t \in \Omega$. Das ist wieder (21.19), nur eben in Matrixschreibweise.

(ii) Wir betrachten nun den Spezialfall $p = n$ und einen *lokalen Diffeomorphismus* $Q : \Omega \to G$. Wie in Abschn. 10D. erläutert, können wir uns dann auf den Standpunkt stellen, in G seien durch Q *krummlinige Koordinaten* $t = (t^1, \dots, t^n)$ eingeführt. Die Darstellung einer Funktion f auf G in diesen Koordinaten ist nach (10.37) gerade $Q^* f$. Für eine 1-Form ω in G bezeichnen wir analog dazu die Form $Q^* \omega$ als die *Darstellung* von ω in den neuen Koordinaten. Die Transformation Q wird dabei oft gar nicht erwähnt, und man schreibt ω statt $Q^* \omega$, also

$$\omega = \sum_{i=1}^{n} a_i(x) \mathrm{d}x^i = \sum_{k=1}^{n} b_k(t) \mathrm{d}t^k \ ,$$

wobei die b_k mit den a_i durch (21.19) zusammenhängen (natürlich mit Q statt v und n statt p).

Beispiel 21.21. In $G = \mathbb{R}^2 \setminus \{0\}$ betrachten wir ebene Polarkoordinaten, also $\Omega :=]0, \infty[\times \mathbb{R}$ und

$$Q(r, \varphi) := (r \cos \varphi, r \sin \varphi)^T .$$

Wir wollen die Form

$$\omega := \frac{x \mathrm{d}y - y \mathrm{d}x}{x^2 + y^2}$$

in Polarkoordinaten darstellen. Es ist

$$Q^* \mathrm{d}x = \mathrm{d}(r \cos \varphi) = \cos \varphi \mathrm{d}r - r \sin \varphi \mathrm{d}\varphi ,$$
$$Q^* \mathrm{d}y = \mathrm{d}(r \sin \varphi) = \sin \varphi \mathrm{d}r + r \cos \varphi \mathrm{d}\varphi ,$$

also nach kurzer Rechnung

$$Q^* \omega = \frac{(r \cos \varphi) \mathrm{d}(r \sin \varphi) - (r \sin \varphi) \mathrm{d}(r \cos \varphi)}{r^2 \cos^2 \varphi + r^2 \sin^2 \varphi} = \mathrm{d}\varphi .$$

Man sagt, $\omega = \mathrm{d}\varphi$ sei das Differenzial des Polarwinkels. Das stimmt zwar nicht ganz genau, aber für jedes Teilgebiet $G_0 \subseteq G$, in dem der Polarwinkel wohldefiniert ist, hat Q eine lokale Umkehrfunktion $Q^{-1} : G_0 \to \Omega_0 \subseteq \Omega$, und damit ist nach Satz 21.20b.

$$\omega = (Q^{-1})^* Q^* \omega = (Q^{-1})^* \mathrm{d}\varphi = \mathrm{d}(\varphi \circ Q^{-1})$$

in G_0. Am Schluss dieser Rechnung ist mit φ wieder die Funktion gemeint, die $(r, \varphi) \mapsto \varphi$ abbildet. Also ist $(\varphi \circ Q^{-1})(x, y)$ tatsächlich der Polarwinkel des Punktes $(x, y) \in G_0$, und die Aussage $\omega = \mathrm{d}\varphi$ ist daher für die Einschränkungen auf G_0 tatsächlich richtig.

Kurvenintegrale von 1-Formen

Eine 1-Form ζ auf einem offenen Intervall $I =]a, b[\subset \mathbb{R}$ $(a < b)$ besitzt natürlich nur einen einzigen Koeffizienten, hat also die Form $\zeta = c(t)\mathrm{d}t$. Nehmen wir an, die Funktion c ist auf $\bar{I} = [a, b]$ stetig. Dann können wir ζ ganz zwanglos *integrieren*, indem wir setzen

$$\int_I \zeta := \int_a^b c(t)\,\mathrm{d}t .$$

Betrachten wir nun eine stetige 1-Form $\omega = a_1(x)\mathrm{d}x^1 + \ldots + a_n(x)\mathrm{d}x^n$ auf der offenen Teilmenge $G \subseteq \mathbb{R}^n$ sowie eine glatte Kurve $\Gamma \subseteq G$, parametrisiert durch

$$\Gamma : x = F(t) , \quad \alpha \leq t \leq \beta .$$

Wir schreiben $I =]\alpha, \beta[$ und bezeichnen die Komponenten der Vektorfunktion F mit $f^1, \ldots, f^n$. Das *Kurvenintegral von ω längs Γ* ist dann definiert durch

$$\int_\Gamma \omega := \int_I F^*\omega = \int_\alpha^\beta \sum_{i=1}^n a_i(F(t))\frac{\mathrm{d}f^i}{\mathrm{d}t}(t)\,\mathrm{d}t\,. \tag{21.20}$$

Im Fall einer stückweise glatten Kurve bildet man das Integral wieder durch Summieren der Integrale über die glatten Teilkurven. Vergleich mit (10.28) zeigt, dass

$$\int_\Gamma \omega = \oint_\Gamma \boldsymbol{K}\,,$$

wobei die Komponenten des Vektorfelds $\boldsymbol{K}$ gerade die Koeffizienten von ω sind. Diese Korrespondenz zwischen Formen und Feldern hat eine grundsätzliche Bedeutung, die sich auf allgemeinere Situationen übertragen lässt, wie sie im Zusammenhang mit Mannigfaltigkeiten auftreten:

Das Euklid'sche Skalarprodukt auf $\mathbb{R}^n$ stiftet, wie in Satz 21.17d. beschrieben, einen Isomorphismus $L : \mathbb{R}^n \longrightarrow (\mathbb{R}^n)^*$. Weil die kanonischen Basisvektoren $\boldsymbol{e}_i$ ein Orthonormalsystem bilden, sieht man sofort, dass $L(\boldsymbol{e}_i) = \mathrm{d}x^i$ für $i = 1, \ldots, n$. Daraus folgt:

$$L\left(\sum_{i=1}^n a^i \boldsymbol{e}_i\right) = \sum_{i=1}^n a_i \mathrm{d}x^i \quad \text{mit} \quad a^i = a_i \quad \forall\, i\,. \tag{21.21}$$

Der Zusammenhang zwischen den Kurvenintegralen für Formen und Felder ist also gegeben durch

$$\int_\Gamma \omega = \oint_\Gamma \boldsymbol{K} \quad \text{mit} \quad \boldsymbol{K}(x) = L^{-1}(\omega(x)) \quad \text{für} \quad x \in G\,. \tag{21.22}$$

Durch diese Korrespondenz ergibt sich auch eine neue Interpretation des Gradienten, nämlich

$$\nabla f(x) = L^{-1}(\mathrm{d}f(x))\,, \tag{21.23}$$

wenn $f \in C^1(G)$ ist. Der Beweis ist trivial.

Mittels dieser Korrespondenz lassen sich nun viele Begriffe und Sätze der Vektoranalysis in die Sprache der PFAFF'schen Formen übersetzen. Dazu definiert man:

Definitionen 21.22. *Es sei ω eine* PFAFF*'sche Form der Klasse C^1 in der offenen Teilmenge $G \subseteq \mathbb{R}^n$, und es sei $\boldsymbol{K}(x) := L^{-1}\omega(x)$ das entsprechende Vektorfeld. Die Form ω heißt*

- *exakt, wenn $\boldsymbol{K}$ konservativ ist, also wenn $\omega = \mathrm{d}f$ ist für ein $f \in C^2(G)$,*
- *geschlossen, wenn $\boldsymbol{K}$ die Integrabilitätsbedingungen (10.27) erfüllt, d. h. wenn*

$$\frac{\partial}{\partial x^k}\langle \omega(x), \boldsymbol{e}_i\rangle = \frac{\partial}{\partial x^i}\langle \omega(x), \boldsymbol{e}_k\rangle \quad \text{für} \quad i, k = 1, \ldots, n\,, \ x \in G\,.$$

Eine Funktion f mit $\omega = \mathrm{d}f$ heißt Stammfunktion von ω.

Die Sätze 10.7b. (mit dem anschließenden Text), 10.10, 10.11, 10.12, 10.15 und der Satz aus Ergänzung 10.25 können nun folgendermaßen zusammengefasst werden:

Theorem 21.23. *Sei $G \subseteq \mathbb{R}^n$ ein Gebiet, und alle betrachteten 1-Formen seien von der Klasse C^1.*

  a. *Jede exakte Form ist geschlossen.*
  b. *Zwei Stammfunktionen einer exakten Form unterscheiden sich nur durch eine additive Konstante.*
  c. *Die Form ω ist exakt $\iff$ ihre Kurvenintegrale sind wegunabhängig $\iff \int_\Gamma \omega = 0$ für alle geschlossenen, stückweise glatten Kurven $\Gamma \subseteq G$. Eine Stammfunktion f kann dann folgendermaßen berechnet werden: Man wählt einen Punkt $a \in G$ fest und setzt*

$$f(x) := \int_{\Gamma(a,x)} \omega \,, \tag{21.24}$$

  wobei $\Gamma(a, x)$ eine beliebige stückweise glatte orientierte Kurve ist, die innerhalb von G vom Punkt a zum Punkt x läuft.
  d. *Für $\omega = \mathrm{d}f$ ist $\int_\Gamma \omega = f(b) - f(a)$ für jede stückweise glatte Kurve $\Gamma \subseteq G$ mit Anfangspunkt a und Endpunkt b.*
  e. *In einem einfach zusammenhängenden Gebiet G ist jede geschlossene Form exakt. Insbesondere trifft dies auf sternförmige und konvexe Gebiete zu.*
  f. *In einem beliebigen Gebiet ist $\int_{\Gamma_1} \omega = \int_{\Gamma_2} \omega$, wenn ω geschlossen ist und die Wege Γ_1, Γ_2 in G homotop sind (als geschlossene Wege oder als Wege, die einen festen Punkt P mit einem festen Punkt Q verbinden).*

Beispiel: Die Form ω aus Beispiel 21.21 entspricht gerade dem Vektorfeld W aus Beispiel 10.13. Sie ist in $G = \mathbb{R}^2 \setminus \{0\}$ geschlossen, aber nicht exakt. In jedem Teilgebiet, in dem der Polarwinkel wohldefiniert ist, ist sie aber exakt, und der Polarwinkel ist eine Stammfunktion. Jede ihrer Stammfunktionen ist dann ein Polarwinkel, nur mit einer evtl. gedrehten Bezugsachse.

Ein Vorteil der Formen gegenüber den Feldern ist, dass man den Pull-back hat. Dabei ist folgende Beobachtung nützlich:

Satz 21.24. *Der Pull-back einer exakten Form ist stets exakt, und der Pull-back einer geschlossenen Form ist stets geschlossen.*

Beweis. Die erste Aussage folgt sofort aus Satz 21.20c. Die zweite Aussage kann man mittels der Kettenregel nachrechnen, was aber etwas mühsam ist. Bequemer ist folgendes Vorgehen: Sei $v : \Omega \to G$ die C^1-Abbildung, mit der wir den Pull-back bilden wollen, und sei ω geschlossen in G. Jeder Punkt $x = v(t) \in v(\Omega)$ hat dann eine offene konvexe Umgebung $U \subseteq G$ (z.B. eine offene Kugel). In U ist ω exakt nach Thm. 21.23e., und $v^{-1}(U)$ ist eine offene Umgebung von t in Ω. Daher ist $v^*\omega$ in $v^{-1}(U)$ exakt und damit auch geschlossen. Da diese Argumentation auf *jeden* Punkt $t \in \Omega$ anwendbar ist, muss $v^*\omega$ in ganz Ω geschlossen sein.   □

Bemerkung: Man kann auch Rotation und Divergenz in Operationen mit Differenzialformen übersetzen, aber dazu benötigt man Formen höherer Stufe. Mehr darüber z. B. in [3, 17, 26, 31, 49, 48] oder [77].

Einschränkung auf eine Teilmannigfaltigkeit

Eine 1-Form auf einer offenen Teilmenge $G \subseteq \mathbb{R}^n$ ist definitionsgemäß eine Abbildung $\omega : G \to (\mathbb{R}^n)^*$ und kann als solche auf jede beliebige Teilmenge von G eingeschränkt werden. In der Praxis erweist sich aber dieser Einschränkungsbegriff als bedeutungslos. Da die Werte $\omega(x)$ selbst wieder Abbildungen sind (nämlich lineare Abbildungen $\mathbb{R}^n \to \mathbb{R}$), kann man eine reellwertige Funktion auf $G \times \mathbb{R}^n$ definieren durch

$$\tilde{\omega}(x, \boldsymbol{h}) := \langle \omega(x), \boldsymbol{h} \rangle \quad \text{für} \quad x \in G \, , \; \boldsymbol{h} \in \mathbb{R}^n \, ,$$

und es zeigt sich, dass der zweckmäßige Begriff der Einschränkung auf eine Teilmannigfaltigkeit $M \subseteq G$ darin besteht, die Funktion $\tilde{\omega}$ auf das *Tangentialbündel* (vgl. Def. 21.10) von M einzuschränken. Daher definieren wir:

Definition 21.25. *Sei G eine offene Teilmenge von $\mathbb{R}^n$ und $M \subseteq G$ eine Teilmannigfaltigkeit. Für 1-Formen ω_1, ω_2 in G sagen wir*

$$\omega_1|_M = \omega_2|_M \quad \Longleftrightarrow \quad \langle \omega_1(x), \boldsymbol{h} \rangle = \langle \omega_2(x), \boldsymbol{h} \rangle \quad \forall \, x \in M \, , \; \boldsymbol{h} \in T_x(M) \, .$$

Insbesondere sagen wir, dass eine 1-Form ω auf M verschwindet (in Zeichen: $\omega|_M = 0$), wenn $\langle \omega(x), \boldsymbol{h} \rangle = 0$ für alle $x \in M \, , \; \boldsymbol{h} \in T_x M$.

Mit diesen Definitionen gilt:

Satz 21.26. *Es sei $M \subseteq G$ eine Teilmannigfaltigkeit.*

a. *Zwei 1-Formen ω_1, ω_2 in G stimmen genau dann auf M überein (d. h. $\omega_1|_M = \omega_2|_M$), wenn $v^*\omega_1 = v^*\omega_2$ für jede lokale Parametrisierung v von M.*

b. *M sei zusammenhängend, d. h. je zwei Punkte von M lassen sich durch eine glatte Kurve verbinden, die ganz innerhalb von M verläuft. Für $f \in C^1(G)$ gilt dann: $\mathrm{d}f|_M = 0 \quad \Longleftrightarrow \quad f$ konstant auf M.*

Beweis.

a. Ist $v : \Omega \to M$ eine lokale Parametrisierung, so haben wir für $x = v(t)$

$$(*) \qquad\qquad T_x M = \text{Bild} \quad Dv(t)$$

nach Theorem 21.11c. Ist nun $\omega_1|_M = \omega_2|_M$, so folgt $v^*\omega_1 = v^*\omega_2$ nach Definition des Pull-backs. Haben wir umgekehrt $v^*\omega_1 = v^*\omega_2$ für jede lokale Parametrisierung und sind $x \in M$, $\boldsymbol{h} \in T_xM$ beliebig vorgegeben, so können wir eine lokale Parametrisierung v bei x wählen und haben dann $x = v(t)$ sowie (∗). Also ist $\boldsymbol{h} = Dv(t)\boldsymbol{\eta}$ für ein $\boldsymbol{\eta} \in \mathbb{R}^k (k := \dim M)$, und man findet

$$\langle \omega_j(x), \boldsymbol{h} \rangle = \langle v^*\omega_j(t), \boldsymbol{\eta} \rangle, \quad j = 1, 2$$

und damit $\langle \omega_1(x), \boldsymbol{h} \rangle = \langle \omega_2(x), \boldsymbol{h} \rangle$, wie gewünscht.

b. Ist $f|_M$ konstant, so ist auch $v^*f = f \circ v$ konstant, also $v^*\mathrm{d}f = \mathrm{d}(v^*f) = 0$ für jede lokale Parametrisierung v von M. Aus Teil a. folgt also $\mathrm{d}f|_M = 0$. Sei umgekehrt $\mathrm{d}f|_M = 0$, und seien P, Q zwei beliebige Punkte von M. Wir verbinden sie durch eine glatte Kurve $\Gamma : x = \gamma(t)$, $a \leq t \leq b$ mit $\Gamma \subseteq M$. Nach Definition der Tangentenvektoren ist dann $\gamma'(t) \in T_{\gamma(t)}M$ für alle $t \in [a, b]$. Daher folgt

$$\frac{\mathrm{d}}{\mathrm{d}t}(f \circ \gamma)(t) = \langle \mathrm{d}f(\gamma(t)), \gamma'(t) \rangle = 0 \quad \forall t,$$

also $f \circ \gamma$ konstant. Insbesondere ist $f(P) = (f \circ \gamma)(a) = (f \circ \gamma)(b) = f(Q)$.

□

Ergänzungen zu §21

Geometrie und Analysis auf Mannigfaltigkeiten sowie die damit eng verknüpfte Theorie der LIE'schen Gruppen werden in der heutigen Physik immer bedeutsamer, und wir wollen daher nicht versäumen, einen kleinen Einblick in diese Begriffswelt zu geben. Ähnlich wie im vorigen Kapitel ist dies in erster Linie als Anregung für die selbständige weitere Beschäftigung mit der Thematik gedacht, sei es, dass Sie entsprechende Lehrveranstaltungen an Ihrer Hochschule besuchen oder weiterführende Literatur studieren. Neben einschlägigen Lehrbüchern der Differenzialgeometrie und einführenden Texten wie [10, 11, 17, 20, 48, 61] oder [77] kann man hier eine Reihe von neueren Werken empfehlen, die sich speziell an Physiker richten und die physikalischen Aspekte und Anwendungen hervorheben, etwa [1, 3, 6, 26, 31, 76]. Dabei werden häufig *Differenzialformen* in den Vordergrund gerückt, was jedoch keine Einschränkung des Themenbereichs bedeuten muss, da gerade Differenzialformen in der Lage sind, für die meisten differenzialgeometrischen Begriffe und Resultate besonders prägnante und übersichtliche Formulierungen zu liefern.

21.27 Abstrakte Mannigfaltigkeiten. Bisher hat dieses Kapitel vermutlich den Eindruck erweckt, Mannigfaltigkeiten seien einfach besonders glatte Teilmengen irgendeines Euklid'schen Raumes $\mathbb{R}^N$. Dieser Eindruck täuscht jedoch, denn in der Physik dient eine Mannigfaltigkeit M meist als Konfigurationsraum oder Zustandsraum für ein physikalisches System, d. h. die Punkte von M repräsentieren die möglichen Zustände des Systems, und um damit etwas anfangen zu können, muss man die Möglichkeit haben, diese Zustände bzw. Punkte durch Koordinaten $(x_1, \ldots, x_n)$ zu beschreiben und eindeutig festzulegen. Dies ist natürlich möglich, wenn $M \subseteq \mathbb{R}^N$ eine n-dimensionale Teilmannigfaltigkeit von $\mathbb{R}^N$ ist (vgl. Def. 21.5 und den Kommentar danach). Aber für viele Probleme ist der umgebende Euklid'sche Raum völlig uninteressant. Das sieht man schon am Beispiel eines starren Pendels, dessen Zustände durch den Auslenkungswinkel φ und sonst nichts beschrieben werden. Der Konfigurationsraum ist also ein Kreis, und dass man diesen als Teilmannigfaltigkeit von $\mathbb{R}^2$ auffassen kann, spielt für die Beschreibung des Pendels keine Rolle, denn Punkte außerhalb dieses Kreises haben keinerlei physikalische Bedeutung für das zur Debatte stehende System „starres Pendel". Überdies gibt es viele geometrische Gebilde, die nicht als Teilmengen irgendeines Euklid'schen Raumes definiert sind, die aber in natürlicher Weise als Zustandsräume physikalischer Systeme auftreten, wie wir unten an Beispielen sehen werden.

Ist nun überall auf M durch $x_j = \varphi_j(x)$, $j = 1, \ldots, n$ ein Koordinatensystem gegeben, so ist die entsprechende Karte, d. h. die Abbildung $M \ni x \mapsto (\varphi_1(x), \ldots, \varphi_n(x)) \in \mathbb{R}^n$ ein Diffeomorphismus auf eine offene Teilmenge von $\mathbb{R}^n$, d. h. die ganze Mannigfaltigkeit ist nichts anderes als ein etwas verbogenes Exemplar einer solchen offenen Teilmenge. Dafür alleine würde es sich nicht lohnen, eine neue Theorie ins Leben zu rufen. In Wirklichkeit sind die Koordinaten aber immer nur *lokal*, d. h. überall auf der Mannigfaltigkeit befindet man sich im Definitionsbereich einer Karte, aber um alle Punkte der Mannigfaltigkeit durch Koordinaten zu beschreiben, braucht man i. A. mehr als ein Koordinatensystem, wie wir es bei den Teilmannigfaltigkeiten von $\mathbb{R}^N$ schon gesehen haben (vgl. das Beispiel der Sphären, wo man zwei Koordinatensysteme braucht). Wenn sich nun die Definitionsbereiche zweier Karten überlappen, so muss es möglich sein, die entsprechenden Koordinaten vernünftig ineinander umzurechnen. Zumindest sollten die Umrechnungsfunktionen (= *Kartenwechsel*) Homöomorphismen sein, und wenn nur das verlangt wird, spricht man von *topologischen Mannigfaltigkeiten*. Will man jedoch auf der Mannigfaltigkeit Differenzialrechnung betreiben, so benötigt man *Diffeomorphismen* einer gewissen Klasse C^s $(1 \leq s \leq \infty)$ als Kartenwechsel (*differenzierbare Mannigfaltigkeiten*). Will man sogar komplexe Funktionentheorie betreiben, so müssen die Kartenwechsel *konforme Äquivalenzen* sein (*komplexe Mannigfaltigkeiten*). Diese Forderungen sorgen dafür, dass man die benötigten Begriffe durch Verwendung lokaler Koordinaten definieren kann und dabei durch den Übergang zu einem anderen Koordinatensystem nichts an dem definierten Begriff ändert.

Nun wollen wir den abstrakten Begriff der Mannigfaltigkeit exakt definieren. Er hat sich für die gesamte Mathematik und theoretische Physik als fundamental erwiesen:

Definition. *Sei M ein metrischer Raum. Ferner seien $n \in \mathbb{N}$ und $s \in \mathbb{N} \cup \{\infty\}$ gegeben.*

a. *Eine* Karte *von M ist ein Homöomorphismus $\varphi : U \longrightarrow V$, wo U eine offene Teilmenge von M und V eine offene Teilmenge von $\mathbb{R}^n$ ist. Die Komponenten $(\varphi_1, \ldots, \varphi_n)$ von φ heißen die entsprechenden* Koordinatenfunktionen, *und $\xi_j = \varphi_j(x)$ ist die j-te* Koordinate *des Punktes $x \in M$ in dem durch die Karte φ gegebenen Koordinatensystem.*

b. *Zwei Karten $\varphi : U \longrightarrow V$ und $\tilde{\varphi} : \tilde{U} \longrightarrow \tilde{V}$ heißen C^s-verträglich, wenn der Homöomorphismus $Q := \tilde{\varphi} \circ \varphi^{-1} : V \cap \tilde{V} \longrightarrow V \cap \tilde{V}$ sogar ein C^s-Diffeomorphismus ist. (Der inverse Homöomorphismus $Q^{-1} = \varphi \circ \tilde{\varphi}^{-1}$ ist dann nach dem Satz über inverse Funktionen ebenfalls ein C^s-Diffeomorphismus, und daher muss hier keine Reihenfolge der Karten festgelegt werden.) Die Diffeomorphismen Q, Q^{-1} nennt man* Kartenwechsel. *Ist $U \cap \tilde{U} = \emptyset$, so gelten die beiden Karten ebenfalls als verträglich.*

c. *Ein* Atlas *für M ist eine Familie $(\varphi_\alpha : U_\alpha \longrightarrow V_\alpha)_{\alpha \in A}$ von Karten (wobei α eine beliebige Indexmenge A durchläuft), die M überdeckt, d. h. jeder Punkt von M liegt im Definitionsbereich U_α einer dieser Karten.*

d. *M ist eine* differenzierbare Mannigfaltigkeit der Klasse C^s *(kurz: C^s-Mannigfaltigkeit), wenn auf M ein Atlas aus untereinander C^s-verträglichen Karten gegeben ist. Jede mit den Karten aus diesem Atlas verträgliche Karte wird dann als* zulässig *für die Mannigfaltigkeit M bezeichnet, ebenso die durch eine zulässige Karte gegebenen* Koordinaten.

e. *Die Umkehrfunktion einer zulässigen Karte heißt eine* zulässige lokale Parametrisierung.

f. *Die Zahl n, die für jede zulässige Karte die Anzahl der Koordinaten bezeichnet, heißt die* Dimension *der Mannigfaltigkeit M.*

Nehmen wir $\mathbb{C}^n$ statt $\mathbb{R}^n$ und verlangen von den Kartenwechseln, dass sie konforme Äquivalenzen sind, so heißt M eine komplexe Mannigfaltigkeit *der Dimension n.*

Bemerkung: Wir gehen hier von einem metrischen Raum M aus, weil wir den Begriff des allgemeinen topologischen Raumes nicht eingeführt haben. In Wirklichkeit braucht man keine Metrik, sondern man muss nur wissen, welche Mengen *offen* sind.

Beispiele:

a. Wie zu erwarten, sind die bisher betrachteten Teilmannigfaltigkeiten auch Mannigfaltigkeiten im hier definierten Sinn. Als lokale Koordinaten sind die in Def. 21.5 eingeführten Funktionen geeignet. Genauer: Ist $M \subseteq \mathbb{R}^n$ eine k-dimensionale Teilmannigfaltigkeit und $\Phi = (\varphi_1, \ldots, \varphi_n) : V \longrightarrow \tilde{V}$ eine Karte, die Bedingung 21.4b. erfüllt, so bekommen wir eine Karte $\varphi : U \longrightarrow \mathbb{R}^k$ von M als abstrakter Mannigfaltigkeit durch

$$U := M \cap V , \quad \varphi := (\varphi_1, \ldots, \varphi_k) .$$

Die so gewonnenen Karten sind untereinander verträglich und bilden einen Atlas, der die abstrakte k-dimensionale Mannigfaltigkeit M definiert.

b. Sei M eine m-dimensionale und N eine n-dimensionale Mannigfaltigkeit. Auf dem kartesischen Produkt $M \times N$ wird dann in natürlicher Weise die Struktur einer $m + n$-dimensionalen Mannigfaltigkeit eingeführt, und zwar wie folgt: Zu jedem Paar zulässiger Karten $\varphi : U \longrightarrow \mathbb{R}^m$ von M und $\psi : V \longrightarrow \mathbb{R}^n$ von N bilden wir $\beta = \varphi \times \psi : U \times V \longrightarrow \mathbb{R}^m \times \mathbb{R}^n = \mathbb{R}^{m+n}$ durch

$$\beta(x, y) := (\varphi(x), \psi(y)) , \quad x \in U , \ y \in V .$$

Die so entstehenden Karten sind untereinander verträglich und bilden zusammen einen Atlas für die *Produktmannigfaltigkeit* $M \times N$. Diese Konstruktion kann man auch auf mehr als zwei Faktoren ausdehnen.

c. Als Spezialfall einer Produktmannigfaltigkeit haben wir z. B. den n-*dimensionalen Torus*

$$\mathbf{T}^n := \underbrace{\mathbf{S}^1 \times \cdots \times \mathbf{S}^1}_{n-\text{mal}} ,$$

also das Produkt von n Kreisen $\mathbf{S}^1 := \{(x, y) \in \mathbb{R}^2 \mid x^2 + y^2 = 1\}$.

d. Wenn wir den $\mathbb{R}^n$ durch eine Mannigfaltigkeit P ersetzen, etwa mit $\dim P = p$, so können wir für $0 \le k \le p$ auch k-dimensionale Teilmannigfaltigkeiten von P erklären und für diese praktisch alles durchführen, was wir hier für Teilmannigfaltigkeiten von $\mathbb{R}^n$ besprochen haben. Eine Teilmenge $M \subseteq P$ heißt k-dimensionale *Teilmannigfaltigkeit* von P, wenn sich M durch offene Teilmengen V von P überdecken lässt, für die Folgendes gilt: Auf V ist eine zulässige Karte $\Phi : V \to \mathbb{R}^p$ von P definiert, für die $\Phi(M \cap V) = (\mathbb{R}^k \times \{0\}) \cap \Phi(V)$ ist. Insbesondere haben wir die beiden trivialen Extremfälle: Eine offene Teilmenge von P ist eine Teilmannigfaltigkeit der Dimension p, und eine endliche Teilmenge von P ist eine Teilmannigfaltigkeit der Dimension 0.

e. Jetzt kommen wir zu einer völlig neuen Art, wie Mannigfaltigkeiten zustande kommen, nämlich durch *Identifikation* verschiedener Punkte eines schon bekannten geometrischen Gebildes. So kann man etwa aus der Geraden einen Kreis produzieren: Man identifiziert zwei Punkte auf der Geraden genau dann, wenn ihr Abstand ein ganzzahliges Vielfaches einer festen reellen Zahl $\omega > 0$ ist. Dadurch entsteht ein Kreis mit dem Umfang ω, denn wenn man (nach vollzogener Identifikation) die Gerade von t bis $t + \omega$ entlangwandert, so ist man am Ende ja wieder beim Ausgangspunkt angelangt, hat also einen Kreis durchlaufen. Ebenso entsteht aus der Sphäre

$$\mathbf{S}^n := \{(x_0, x_1, \ldots, x_n) \in \mathbb{R}^{n+1} \mid x_0^2 + x_1^2 + \cdots + x_n^2 = 1\}$$

der n-*dimensionale reelle projektive Raum* $\mathbb{R}\mathbf{P}^n$, indem man gegenüberliegende Punkte $x, -x \in \mathbf{S}^n$ miteinander identifiziert. Für jedes Paar $(x, -x)$ von gegenüberliegenden Punkten der Sphäre hat man also einen

Punkt $p = \Pi(x) = \Pi(-x)$ in $\mathbb{R}\mathbf{P}^n$, und die so definierte Abbildung $\Pi : \mathbf{S}^n \longrightarrow \mathbb{R}\mathbf{P}^n$ (*kanonische Projektion*) sagt uns auch, welche Teilmengen des projektiven Raums als *offen* zu betrachten sind. Das sind nämlich genau die Bilder $\Pi(U)$ der offenen Teilmengen U der Sphäre unter der kanonischen Projektion Π. Die Funktionen auf $\mathbb{R}\mathbf{P}^n$ entsprechen nun genau den Funktionen auf $\mathbf{S}^n$, die auf gegenüberliegenden Punkten gleiche Werte annehmen (wobei es überhaupt keine Rolle spielt, in welcher Menge die Werte der betrachteten Funktionen liegen). Die Korrespondenz ist einfach gegeben durch

$$\hat{F} = F \circ \Pi \ . \tag{21.25}$$

Denn wenn $p = \Pi(x) = \Pi(-x)$ und $\hat{F}(x) = \hat{F}(-x)$ ist, so kann man diesen gemeinsamen Wert als Wert von F am Punkt p nehmen. So kommt man auch zu geeigneten Karten für den projektiven Raum. Wir betrachten zunächst einen Atlas für die Sphäre, der aus den folgenden Karten $\hat{\varphi}_j : \hat{U}_j \longrightarrow \mathbb{R}^n$, $j = 0, 1, \ldots, n$ besteht:

$$\hat{U}_j := \{ x \in \mathbf{S}^n \mid x_j \neq 0 \} \ , \tag{21.26}$$

$$\hat{\varphi}_j(x) := \left(\frac{x_0}{x_j}, \ldots, \frac{x_{j-1}}{x_j}, \frac{x_{j+1}}{x_j}, \ldots, \frac{x_n}{x_j} \right) \ . \tag{21.27}$$

Offensichtlich ist stets $\hat{\varphi}_j(x) = \hat{\varphi}_j(-x)$. Auf den offenen Teilmengen $U_j := \Pi(\hat{U}_j)$ von $\mathbb{R}\mathbf{P}^n$ sind daher durch die Vorschrift $\varphi_j \circ \Pi = \hat{\varphi}_j$ eindeutig Homöomorphismen $\varphi_j : U_j \longrightarrow \mathbb{R}^n$ gegeben, und diese sind als Karten brauchbar. Die Kartenwechsel sehen genauso aus wie die für die $\hat{\varphi}_j$, sind also *rationale* Funktionen. Also ist so auf $\mathbb{R}\mathbf{P}^n$ die Struktur einer C^∞-Mannigfaltigkeit gegeben, und wenn man vom reellen projektiven Raum spricht, meint man i. A. eben diese Mannigfaltigkeit. Übrigens ist $\mathbb{R}\mathbf{P}^1$ wieder der Kreis $\mathbf{S}^1$ (wieso?), aber für $n \geq 2$ bekommt man jedesmal neue Mannigfaltigkeiten.

f. Eine analoge Konstruktion kann man auch für die komplexen Zahlen machen. Man geht aus von der Spähre

$$\mathbf{S}^{2n+1} := \{ z = (z_0, z_1, \ldots, z_n) \in \mathbb{C}^{n+1} \mid z_0 \bar{z}_0 + z_1 \bar{z}_1 + \cdots + z_n \bar{z}_n = 1 \}$$

und identifiziert alle Punkte miteinander, die sich nur um eine komplexe Zahl vom Betrag 1 unterscheiden. So entsteht der *n-dimensionale komplexe projektive Raum* $\mathbb{C}\mathbf{P}^n$ und seine kanonische Projektion $\Pi : \mathbf{S}^{2n+1} \longrightarrow \mathbb{C}\mathbf{P}^n$. Zwei Punkte $z, w \in \mathbf{S}^{2n+1}$ entsprechen also genau dann ein und demselben Punkt $p = \Pi(z) = \Pi(w)$ von $\mathbb{C}\mathbf{P}^n$, wenn $z = \zeta w$ ist für eine komplexe Zahl ζ mit $|\zeta| = 1$. (Eigentlich war der reelle projektive Raum genauso konstruiert, aber das fällt im ersten Moment nicht auf, weil es nur zwei reelle Zahlen vom Betrag 1 gibt, nämlich $+1$ und -1.) Nun kann man offene Mengen, Karten usw. auf $\mathbb{C}\mathbf{P}^n$ ebenso konstruieren wie vorher für den reellen Fall. Man schreibt z_j statt x_j in (21.26), (21.27) und führt die Divisionen im Körper der komplexen Zahlen durch. Die Kartenwechsel erweisen sich nun als rationale Funktionen von *komplexen* Variablen und damit als *holomorphe* Funktionen. Also ist $\mathbb{C}\mathbf{P}^n$ sogar eine komplexe Mannigfaltigkeit der komplexen Dimension n (und damit auch eine C^∞-Mannigfaltigkeit der reellen Dimension $2n$).

g. Für die komplexe projektive Gerade $\mathbb{C}\mathbf{P}^1$ liefert unsere Konstruktion die beiden Karten

$$\varphi_0(\Pi(z_0, z_1)) := z_1/z_0 \text{ auf } U_0 := \{\Pi(z_0, z_1) \mid z_0 \neq 0 \,, \ |z_0|^2 + |z_1|^2 = 1\} \,,$$
$$\varphi_1(\Pi(z_0, z_1)) := z_0/z_1 \text{ auf } U_1 := \{\Pi(z_0, z_1) \mid z_1 \neq 0 \,, \ |z_0|^2 + |z_1|^2 = 1\} \,.$$

Ist $p = \Pi(0, z_1)$, so muss $|z_1| = 1$ sein, und nach unserer Identifikationsvorschrift ist dann $p = \Pi(0, 1)$. Dies ist also der einzige Punkt von $\mathbb{C}\mathbf{P}^1$, der nicht zu U_0 gehört. Ebenso ist $\Pi(1, 0)$ der einzige Punkt, der nicht zu U_1 gehört. Außerdem sieht man, dass $\varphi_0(U_0) = \varphi_1(U_1) = \mathbb{C}$ und $\varphi_0(U_0 \cap U_1) = \varphi_1(U_0 \cap U_1) = \mathbb{C} \setminus \{0\}$ ist und dass der Kartenwechsel zwischen φ_0 und φ_1 die Funktion $w = 1/z$ ist. Wenn wir nun zur *erweiterten Ebene* (vgl. Ergänzung 18.14) übergehen, so können wir den Punkt ∞ als Wert der Karten in dem fehlenden Punkt wählen, und dann ist generell die Kehrwertabbildung κ der Kartenwechsel. So kann die erweiterte Ebene $\overline{\mathbb{C}}$ mit der komplexen projektiven Geraden identifiziert werden. Wie wir in Ergänzung 18.15 gesehen haben, kann aber mittels der stereographischen Projektion auch die Kugel $\mathbf{S}^2$ mit $\overline{\mathbb{C}}$ identifiziert werden. So wird die Kugel zur komplexen Mannigfaltigkeit, und es ist diese Mannigfaltigkeit, die als RIEMANN'sche Zahlenkugel bezeichnet wird. Am Schluss von 18.15 haben wir allerdings schon einen entsprechenden Atlas kennengelernt, nämlich den aus den beiden Karten Φ_N, $\overline{\Phi}_s$, den stereographischen Projektionen vom Nord- und Südpol aus.

h. Auch RIEMANN'sche Flächen (vgl. Ergänzung 17.17) sind eindimensionale komplexe Mannigfaltigkeiten, jedenfalls nachdem man die Verzweigungspunkte entfernt hat. Bei einer unverzweigten Überlagerung $P : Z \longrightarrow U \subseteq \mathbb{C}$ hat ja jeder Punkt $p \in Z$ eine offene Umgebung, in der sich P invertieren lässt. In U ist die entsprechende Einschränkung von P also als Karte geeignet.

In der Physik treten Mannigfaltigkeiten z. B. als Konfigurationsräume von mechanischen Systemen auf. Unser einleitendes Beispiel, wo wir den Kreis als Konfigurationsraum für das Pendel benutzt haben, ist äußerst ausbaufähig (vgl. etwa [6]). In der Thermodynamik betrachtet man die Teilmannigfaltigkeit, die durch die Zustandsgleichung des Systems im Raum der thermodynamischen Variablen beschrieben wird. In allgemeiner Relativitätstheorie und Kosmologie dient eine vierdimensionale Mannigfaltigkeit als Modell für das Raum-Zeit-Kontinuum. In der Quantenmechanik wird zwar zunächst ein komplexer HILBERT-Raum als Zustandsraum für das System angesehen, aber die statistische Interpretation erzwingt, dass

(i) die Zustandsvektoren alle die Norm 1 haben und

(ii) zwei Vektoren, die sich nur um eine *Phase* e^{it} , $t \in \mathbb{R}$ unterscheiden, ein und denselben Zustand repräsentieren.

In Wirklichkeit werden die quantenmechanischen Zustände also durch die Punkte eines komplexen projektiven Raums repräsentiert. Meist ist dieser zwar unendlichdimensional, aber wenn das System nur endlich viele Messwerte zulässt, so ist $\mathbb{CP}^n$ der eigentliche Zustandsraum. Dabei ist n die Anzahl der möglichen Messergebnisse. Hat man es z. B. mit einem System von m Elektronen zu tun, bei dem man sich nur für die Spineinstellungen bzgl. einer festen Richtung interessiert, so ist $n = 2^m$, denn jedes Elektron hat ja nur die beiden Einstellungen $+1/2$, $-1/2$ für seinen Spin. Aus den Eichtheorien und String-Theorien, mit denen heute versucht wird, die Elementarteilchen und ihre Wechselwirkungen in den Griff zu bekommen, sind Mannigfaltigkeiten gar nicht wegzudenken, aber es würde viel zu weit gehen, wollten wir hier versuchen, ihre Rolle näher zu erläutern.

21.28 Differenzierbare Abbildungen zwischen abstrakten Mannigfaltigkeiten. Prinzipiell kann man die Differenzialrechnung, wie man sie aus dem $\mathbb{R}^n$ kennt (bzw. die Funktionentheorie, wie man sie aus dem $\mathbb{C}^n$ kennt) auf differenzierbare Mannigfaltigkeiten (bzw. auf komplexe Mannigfaltigkeiten) übertragen, indem man auf Karten zurückgreift. In diesem Sinne behandeln wir jetzt die Frage, wie glatt eine Abbildung von einer Mannigfaltigkeit in eine andere ist.

Definitionen. *Es seien M, N zwei C^s-Mannigfaltigkeiten $(1 \le s \le \infty)$, und es sei $F : M \longrightarrow N$ eine Abbildung.*

a. *Wir sagen, F sei von der Klasse C^r , $1 \le r \le s$, wenn für jede zulässige Karte $\varphi : U \to \mathbb{R}^m$ von M und jede zulässige Karte $\psi : V \to \mathbb{R}^n$ von N die Abbildung*

$$\psi \circ F \circ \varphi^{-1} : \varphi(U) \longrightarrow \mathbb{R}^n$$

in der offenen Teilmenge $\varphi(U)$ von $\mathbb{R}^m$ r-mal stetig differenzierbar ist. Diese Abbildung heißt die lokale Darstellung *von F in den betrachteten Karten.*

b. *Wenn F bijektiv ist und sowohl F als auch F^{-1} von der Klasse C^r sind, so heißt F ein C^r-*Diffeomorphismus *von M auf N. Die beiden Mannigfaltigkeiten heißen* diffeomorph, *wenn es einen Diffeomorphismus der Klasse C^s von M auf N gibt*

c. *Ist N eine Teilmannigfaltigkeit eines Euklid'schen Raumes $\mathbb{R}^p$, so wird ein C^s-Diffeomorphismus $F : M \longrightarrow N$ auch als* Einbettung *von M in den $\mathbb{R}^p$ bezeichnet. Man sagt dann, M sei durch F in den $\mathbb{R}^p$ eingebettet und schreibt $M \overset{F}{\hookrightarrow} \mathbb{R}^p$.*

Bemerkungen:

(i)   Um r-malige stetige Differenzierbarkeit von $F : M \to N$ nachzuprüfen, genügt es, zwei Atlanten zu betrachten, die die beiden Mannigfaltigkeiten definieren, und dann die Differenzierbarkeit der Abbildungen $\psi \circ F \circ \varphi^{-1}$ nur für die Karten dieser Atlanten zu verifizieren. Für andere zulässige Karten folgt sie dann automatisch aus der Kettenregel, da die entsprechenden Kartenwechsel ja stets C^s-Diffeomorphismen sind. (Details als Übung!)

(ii) Für eine $\mathbb{R}^n$-wertige Funktion F auf M erwartet man, dass F von der Klasse C^r ist, wenn $F \circ \varphi^{-1}$ für jede zulässige Karte von M eine C^r-Funktion ist. Das ist aber genau, was die obige Definition liefert, denn nach (i) können wir uns ja bei $N = \mathbb{R}^n$ auf den einfachsten definierenden Atlas zurückziehen, der uns einfällt. Für $\mathbb{R}^n$ – allgemeiner für jede offene Teilmenge $V \subseteq \mathbb{R}^n$ – hat man aber einen ganz einfachen Atlas, bestehend aus der einzigen Karte

$$\psi_0(x) \equiv x , \quad x \in V .$$

Analog liegen die Dinge für Abbildungen $F : U \to N$, wo $U \overset{\text{offen}}{\subseteq} \mathbb{R}^m$. Auch hier genügt es, für U die triviale Karte $\varphi_0(x) \equiv x$ zu nehmen, also nur die $\psi \circ F$ auf Differenzierbarkeit zu testen, wo ψ die Karten eines Atlasses für N durchläuft. Speziell trifft dies auf *Kurven* in N zu, denn die Parameterdarstellungen solcher Kurven sind ja Funktionen $\gamma : I \to N$, wo I ein offenes Intervall ist.

(iii) Wir wollen uns noch klarmachen, inwiefern die lokale Darstellung $f = \psi \circ F \circ \varphi^{-1}$ in den Karten φ, ψ diesen Namen verdient. Dazu betrachten wir die lokalen Koordinaten

$$\xi_j = \varphi_j(x) , \quad \eta_k = \psi_k(y) , \quad j = 1, \ldots, m , \ k = 1, \ldots, n ,$$

die durch φ in $U \subseteq M$ (bzw.durch ψ in $V \subseteq N$) eingeführt werden. Wie man sofort nachrechnet, ist die Beziehung $y = F(x)$ äquivalent zu dem Gleichungssystem

$$\eta_k = f_k(\xi_1, \ldots, \xi_m) , \quad k = 1, \ldots, n ,$$

wobei die f_k die Komponenten des Vektors $\boldsymbol{f}$ sind. In diesem Sinne wird also die Abbildung F durch die Vektorfunktion $\boldsymbol{f}$ lokal dargestellt.

Beispiele:

(i) Der Torus $\mathbf{T}^n$ ist seiner Definition nach eine Teilmannigfaltigkeit von $\mathbb{C}^n = \mathbb{R}^{2n}$, etwa

$$\mathbf{T}^n = \{(e^{i\theta_1}, \ldots, e^{i\theta_n}) \in \mathbb{C}^n \mid \theta_1, \ldots, \theta_n \in \mathbb{R}\} .$$

Aber zumindest der 2-Torus ist viel vertrauter als *Reifen* in $\mathbb{R}^3$. Solch ein Reifen ist als Fläche durch die globale Parameterdarstellung

$$T : \quad X = \boldsymbol{v}(\theta_1, \theta_2) = \begin{pmatrix} (R + r\cos\theta_2)\cos\theta_1 \\ (R + \cos\theta_2)\sin\theta_1 \\ r\sin\theta_2 \end{pmatrix} , \quad \theta_1, \theta_2 \in \mathbb{R} \quad (21.28)$$

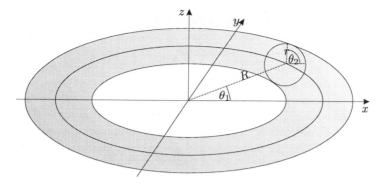

Abb. 21.2. 2-Torus als Reifen

gegeben, wobei $0 < r < R$ fest gewählt sind (vgl. Abb. 21.2)
Da $v(\theta_1, \theta_2)$ in beiden Variablen 2π-periodisch ist, ist durch

$$F(e^{i\theta_1}, e^{i\theta_2}) := v(\theta_1, \theta_2)$$

eindeutig eine bijektive Abbildung $F : \mathbf{T}^2 \to T$ definiert, und diese ist ein Diffeomorphismus. Sie ist also eine Einbettung des 2-Torus in den $\mathbb{R}^3$.

(ii) Man kann $\mathbb{R}\mathbf{P}^n$ durch eine explizite Formel in $\mathbb{R}^{2n+1}$ einbetten. Dazu definiert man $G : \mathbb{R}^{n+1} \to \mathbb{R}^{2n+1}$ durch

$$G(x_0, x_1, \ldots, x_n) := H(x_0, x_1, \ldots, x_n, 0, \ldots, 0),$$

wobei $H = (h_0, h_1, \ldots, h_{2n})$ gegeben ist durch

$$h_k(x_0, x_1, \ldots, x_{2n}) := \sum_{j=0}^{k} x_j x_{k-j}, \quad k = 0, 1, \ldots, 2n.$$

Wir setzen $M := G(\mathbf{S}^n)$. Man kann sich überlegen, dass dies eine Teilmannigfaltigkeit von $\mathbb{R}^{2n+1}$ ist und dass für $x, y \in \mathbf{S}^n$ gilt:

$$G(x) = G(y) \quad \Longleftrightarrow \quad y = \pm x.$$

Durch $F(\Pi(x)) := G(x)$ ist daher eine bijektive Abbildung $F : \mathbb{R}\mathbf{P}^n \longrightarrow M$ definiert, und diese ist tatsächlich ein Diffeomorphismus, also die gesuchte Einbettung.

Zum Schluss erwähnen wir noch den WHITNEY'schen *Einbettungssatz*:

Theorem. *Jede n-dimensionale C^∞-Mannigfaltigkeit lässt sich in $\mathbb{R}^{2n+1}$ einbetten.*

Der Beweis geht weit über den Rahmen dieses Buches hinaus (vgl. z. B. [11]). Eine solche Einbettung ergibt sich nicht in irgendeiner nahe liegenden Weise aus den Definitionen, sondern sie muss mühsam konstruiert werden. Sie lässt sich auch nicht durch griffige Zusatzbedingungen eindeutig festlegen. Wir dürfen uns aber dank dieses Satzes immer dann, wenn uns die Luft der mathematischen Abstraktion zu dünn wird, auf den Standpunkt stellen, alle betrachteten Mannigfaltigkeiten seien Teilmannigfaltigkeiten von Euklid'schen Räumen.

Bemerkung: Bei komplexen Mannigfaltigkeiten betrachtet man natürlich *holomorphe* Einbettungen in $\mathbb{C}^n$. Dies ist jedoch häufig nicht möglich. Eine *kompakte* komplexe Mannigfaltigkeit z. B., die sich in $\mathbb{C}^n$ holomorph einbetten lässt, muss die Dimension 0 haben, ist also nur eine endliche Menge von Punkten. Insbesondere lassen sich schon die komplexen projektiven Räume nicht holomorph einbetten.

21.29 Tangentenvektoren und tangentiale Abbildung. Wir betrachten eine Abbildung $F : M \longrightarrow N$ wie in der vorigen Ergänzung und nehmen an, sie sei von der Klasse C^1. Dann sollte sie eine Ableitung haben. Aber was ist das?

Um diese Frage zu klären, denken wir uns M in $\mathbb{R}^p$ und N in $\mathbb{R}^q$ als Teilmannigfaltigkeiten eingebettet, wie es am Schluss der vorigen Ergänzung erläutert wurde. Jeder Punkt $a \in M$ hat dann nach Def. 21.5 eine offene Umgebung $U \subseteq \mathbb{R}^p$, auf der eine Karte $\Phi = (\varphi_1, \ldots, \varphi_p)$ definiert ist mit

$$M \cap U = \{x \in U \mid \varphi_{n+1}(x) = \ldots = \varphi_p(x) = 0\} \ .$$

Durch die Definition

$$\hat{F}(x) := (F \circ \Phi^{-1})(\varphi_1(x), \ldots, \varphi_n(x), 0, \ldots, 0)$$

wird F also zu einer Abbildung $\hat{F} : U \to N \subseteq \mathbb{R}^q$ fortgesetzt, und diese Fortsetzung ist wieder C^1. Nun betrachten wir einen Tangentenvektor $\boldsymbol{h} \in T_aM$, repräsentiert durch die Kurve $\gamma :] - \varepsilon, \varepsilon [\to M$. Die Kurve $F \circ \gamma = \hat{F} \circ \gamma$ verläuft dann in N, und für sie gilt $(F \circ \gamma)(a) = F(a)$ sowie (Kettenregel!)

$$\frac{\mathrm{d}}{\mathrm{d}t}(F \circ \gamma)(t)\bigg|_{t=0} = D\hat{F}(a)\boldsymbol{h} \ . \tag{21.29}$$

Also ist $h^* := D\hat{F}(a)\boldsymbol{h}$ ein Tangentenvektor an N im Punkt $F(a)$, repräsentiert durch die Kurve $F \circ \gamma$. Auf die Wahl von γ kommt es dabei offenbar gar nicht an – sobald eine Kurve γ den Vektor $\boldsymbol{h}$ repräsentiert, wird $F \circ \gamma$ den festen Vektor $\boldsymbol{h}^*$ repräsentieren. Der lineare Operator $\mathrm{d}_a\hat{F} = D\hat{F}(a) : \mathbb{R}^p \longrightarrow \mathbb{R}^q$ hat also die entscheidende Eigenschaft

$$\mathrm{d}_a\hat{F}\,(T_aM) \subseteq T_{F(a)}N \ , \tag{21.30}$$

und daher können wir ihn zu einem linearen Operator $T_aF : T_aM \longrightarrow T_{F(a)}N$ einschränken. Wir dürfen wirklich T_aF schreiben (und nicht $T_a\hat{F}$), denn auf der linken Seite von (21.29) kommt $\hat{F}$ ja gar nicht vor, also hängt das Ergebnis auch nicht von der gewählten Fortsetzung ab, sondern nur von F selbst.

Wir halten also fest:

Es gibt einen eindeutigen linearen Operator $T_a F : T_a M \longrightarrow T_{F(a)} N$ mit folgender Eigenschaft: Wird $\boldsymbol{h} \in T_a M$ von der Kurve γ repräsentiert, so wird $T_a F \cdot \boldsymbol{h} \in T_{F(a)} N$ durch die Kurve $F \circ \gamma$ repräsentiert. Diese lineare Abbildung nennt man die tangentiale Abbildung *von F im Punkt a oder auch die* Ableitung *von F in a.*

Bemerkung: In der mathematischen Literatur findet man mehrere, zueinander äquivalente, Möglichkeiten, einer jeden C^1-Mannigfaltigkeit M ein für allemal ein Tangentialbündel TM zuzuordnen, das aus einzelnen linearen Tangentialräumen $T_a M$, $a \in M$ besteht und das als Definitionsbereich für die tangentiale Abbildung TF einer C^1-Abbildung F dienen kann. Diese Konstruktionen arbeiten jedoch mit einem höheren Niveau an Abstraktion, dem wir hier aus dem Wege gehen wollen.

Aus den Definitionen folgt unmittelbar die allgemeine Form der *Kettenregel*:

Theorem. *Seien M, N, P drei C^1-Mannigfaltigkeiten, und seien $F : M \to N$ und $G : N \to P$ C^1-Abbildungen. Für jeden Punkt $a \in M$ und $b := F(a)$ gilt dann*

$$T_a(G \circ F) = T_b G \circ T_a F .$$

Zur Durchführung praktischer Berechnungen benötigt man von allen betrachteten Objekten *lokale Darstellungen.* Um dies für die tangentiale Abbildung zu erreichen, betrachten wir wieder die Ausgangssituation einer C^1-Abbildung $F : M \to N$ und eines Punktes $a \in M$. Sei φ (bzw. ψ) eine Karte von M (bzw. von N), die in einer offenen Umgebung von a (bzw. von $b := F(a)$) definiert ist, und sei $\boldsymbol{f} := \psi \circ F \circ \varphi^{-1}$ die lokale Darstellung von F in den durch diese Karten gegebenen lokalen Koordinaten $(s_1, \ldots, s_m)$ auf M bzw. $(t_1, \ldots, t_n)$ auf N. Schließlich führen wir noch die lokalen Parametrisierungen $v := \varphi^{-1}$ und $w := \psi^{-1}$ ein sowie die Punkte $c_0 := \varphi(a)$ und $c_1 := \psi(b)$. Nach Thm. 21.11c. bilden die Vektoren

$$\boldsymbol{a}_j := \frac{\partial v}{\partial s_j}(c_0) , \quad j = 1, \ldots, m$$

bzw. die Vektoren

$$\boldsymbol{b}_k := \frac{\partial w}{\partial t_k}(c_1) , \quad k = 1, \ldots, n$$

dann eine Basis von $T_a M$ bzw. von $T_b N$. Der Basisvektor $\boldsymbol{a}_j$ wird durch die Kurve $\gamma(\tau) := v(c_0 + \tau \boldsymbol{e}_j)$ repräsentiert, der Vektor $T_a F \cdot \boldsymbol{a}_j$ also durch die Kurve $\tilde{\gamma}(\tau) := (F \circ \gamma)(\tau) = (F \circ v)(c_0 + \tau \boldsymbol{e}_j) = (w \circ \boldsymbol{f})(c_0 + \tau \boldsymbol{e}_j)$. (Man beachte, dass $F \circ v = w \circ \boldsymbol{f}$ ist nach Definition von $\boldsymbol{f}$.) Nach der Kettenregel ergibt sich also

$$T_a F \cdot \boldsymbol{a}_j = \tilde{\gamma}'(0) = Dw(c_1) \cdot D\boldsymbol{f}(c_0) \cdot \boldsymbol{e}_j = Dw(c_1) \cdot \frac{\partial \boldsymbol{f}}{\partial s_j}(c_0) .$$

Die Vektorfunktion $\boldsymbol{f}$ schreiben wir in Komponenten in der Form $\boldsymbol{f} = f_1\boldsymbol{e}_1 + \cdots + f_n\boldsymbol{e}_n$. Das ergibt

$$t_a F \cdot \boldsymbol{a}_j = \sum_{k=1}^{n} \frac{\partial f_k}{\partial s_j}(c_0) Dw(c_1) \cdot \boldsymbol{e}_k = \sum_{k=1}^{n} \frac{\partial f_k}{\partial s_j}(c_0)\boldsymbol{b}_k \ ,$$

d. h. die lokale Darstellung von $T_a F$ ist gegeben durch die JACOBI-Matrix der lokalen Darstellung $\boldsymbol{f}$ von F.

21.30 Koordinatenfreie Berechnung von Ableitungen. Vermutlich sind Sie daran gewöhnt, bei der Berechnung von Ableitungen die Einträge der JACOBI-Matrix und damit partielle Ableitungen zu bestimmen. Dieses Verfahren hat aber seine Grenzen – einmal, weil es Situationen gibt, in denen keine geeigneten Koordinaten zur Verfügung stehen, zum anderen, weil die Berechnung partieller Ableitungen zu völlig unüberschaubaren Ausdrücken führen kann. Zumindest dann, wenn das betrachtete Problem eine gewisse grundsätzliche Bedeutung hat, führt es oft eher zum Ziel, die Ableitung als linearen Operator ernst zu nehmen und die Wirkung dieses Operators auf einen Vektor $\boldsymbol{h}$ zu bestimmen, indem man diesen Vektor durch eine Kurve repräsentiert und dann (21.29) beachtet.

Wir geben hierfür einige Beispiele aus der Theorie der Matrixgruppen. Dabei fassen wir quadratische Matrizen $A \in \mathbb{K}_{n \times n}$ als Punkte in $\mathbb{R}^{n^2}$ oder $\mathbb{C}^{n^2} = \mathbb{R}^{2n^2}$ auf, deren kartesische Koordinaten eben die Matrixelemente sind.

a. Es sei $F(X) := \exp X$ die Exponentialfunktion von Matrizen. Wegen der Potenzreihendarstellung ist klar, dass sie eine C^∞-Funktion ist, aber ihre Ableitungen explizit zu berechnen, ist schwierig. Leicht findet man aber die erste Ableitung $DF(0)$ im Nullpunkt. Dazu betrachten wir einen „Vektor" H (der natürlich ebenfalls eine Matrix ist!) und berechnen den Bildvektor $DF(0) \cdot H$, indem wir H durch eine Kurve repräsentieren. Weil wir im Punkt $A = 0$ differenzieren wollen, geht solch eine Kurve durch den Nullpunkt und hat dort den Geschwindigkeitsvektor H. Es gibt eine sehr einfache Möglichkeit, diese Forderungen zu erfüllen, nämlich

$$\gamma(t) := tH \ .$$

Also ist

$$DF(0) \cdot H = \frac{d}{dt} \exp tH \Big|_{t=0} = H \ .$$

Der lineare Operator $DF(0)$ ist somit der *identische Operator* i d : $\mathbb{K}_{n \times n} \longrightarrow \mathbb{K}_{n \times n}$. Kurz:

$$D(\exp X)\Big|_{X=0} = \mathrm{id} \ . \tag{21.31}$$

b. Nun sei $F : \mathbf{GL}(n, \mathbb{K}) \longrightarrow \mathbf{GL}(n, \mathbb{K})$ die Inversenbildung von regulären Matrizen, d. h. $F(X) := X^{-1}$. Nach (5.38) ist klar, dass die Matrixelemente von X^{-1} rationale Funktionen der Matrixelemente von X sind, also muss F wieder eine C^∞-Funktion sein, und prinzipiell sollte es möglich sein, die partiellen Ableitungen aus (5.38) zu bestimmen. Das möchten wir aber niemandem empfehlen, denn vermutlich würde man sich dabei hoffnungslos im Gestrüpp verheddern. Stattdessen berechnen wir $DF(X) \cdot H$, indem wir H als Tangentenvektor an X durch eine Kurve $\Gamma :\,]-\varepsilon, \varepsilon[\to \mathbb{K}_{n \times n}$ repräsentieren. Es ist also

$$\Gamma(0) = X , \quad \Gamma'(0) = H .$$

Dabei denken wir uns $\varepsilon > 0$ so klein gewählt, dass alle $\Gamma(t)$ *reguläre* Matrizen sind. Dann besteht auf $I =\,]-\varepsilon, \varepsilon[$ die Gleichung

$$\Gamma(t)F(\Gamma(t)) = E \quad \forall t \in I .$$

Diese Gleichung differenzieren wir bei $t = 0$. Mit der Produktregel (19.15) und der Kettenregel ergibt sich

$$HF(X) + X(DF(X) \cdot H) = 0$$

und somit

$$DF(X) \cdot H = -X^{-1}HX^{-1} \quad \text{für} \quad F(X) := X^{-1} . \tag{21.32}$$

c. Wir wählen eine feste Matrix $A \in \mathbb{K}_{n \times n}$ und betrachten alle zu ihr ähnlichen Matrizen $X^{-1}AX$, $X \in \mathbf{GL}(n, \mathbb{K})$. Die Ähnlichkeitstransformation können wir als X-abhängige Funktion auffassen, setzen also

$$F(X) := X^{-1}AX \quad \text{für} \quad X \in \mathbf{GL}(n, \mathbb{K}) .$$

Wir wollen die Ableitung dieser Funktion bei $X = E$ bestimmen. Sie wird meist mit $\mathrm{a}\,\mathrm{d}_A$ bezeichnet. Um $\mathrm{a}\,\mathrm{d}_A(B)$ zu berechnen, wählen wir als repräsentierende Kurve $\Gamma(t) := \exp tB$. Dann ist $(F \circ \Gamma)(t) = (\exp(-tB))A \exp tB$, also

$$(F \circ \Gamma)'(0) = AB - BA = [A, B] .$$

Damit haben wir gefunden:

$$\mathrm{a}\,\mathrm{d}_A(B) = [A, B] \tag{21.33}$$

für beliebige $n \times n$-Matrizen A, B.

21.31 Vektorfelder und Flüsse auf Mannigfaltigkeiten. Sei Ω eine offene Teilmenge von $\mathbb{R}^n$, $\boldsymbol{K}$ ein C^1-Vektorfeld in Ω und $\varphi : G \to \Omega$ sein Fluss. Wir haben schon in 20.32 den Begriff der *invarianten Teilmenge* kennengelernt und in der darauf folgenden Diskussion von dynamischen Systemen etwas über seine Bedeutung erfahren. Ob eine *Teilmannigfaltigkeit* invariant ist, kann man „infinitesimal", d. h. am Vektorfeld selbst, ablesen:

Satz. *Eine Teilmannigfaltigkeit $M \subseteq \Omega$ ist genau dann invariant unter dem Fluss φ, wenn der Vektor $K(x)$ für jedes $x \in M$ zu $T_x M$ gehört. Wir sagen dann, das Vektorfeld sei* tangential *an M.*

Beweis. Sei $x \in M$. Nach Definition des Flusses wird der Vektor $K(x)$ durch die Kurve $\gamma(t) := \varphi(t, x)$ repräsentiert. Wenn M unter φ invariant ist, verläuft diese Kurve in M. Also ist dann $K(x) \in T_x M$ nach Definition des Tangentialraums.

Nun sei umgekehrt vorausgesetzt, dass K tangential an M ist. Wir zeigen, dass M dann positiv invariant ist. Negative Invarianz ergibt sich analog, und damit hat man dann die behauptete Invarianz. Angenommen, wir hätten einen Punkt $a \in M$, dessen positive Halbtrajektorie $\Gamma^+(a)$ nicht in M enthalten ist. Dann gibt es $t_1 \geq 0$ so, dass $x^0 = \varphi(t_1, a) \in M$, aber $\varphi(t, a) \notin M$ für $t > t_1$ nahe bei t_1. In einer Umgebung V von x^0 gibt es dann einen Diffeomorphismus $\Phi : V \to \tilde{V} \overset{\text{offen}}{\subseteq} \mathbb{R}^n$, für den $\Phi(M \cap V) = \tilde{V} \cap (\mathbb{R}^k \times \{0\})$ ist, wo $k := \dim M$. Wir setzen $\Phi_* K = \tilde{K} = (g_1, \ldots, g_n)$ und $u(t) := \Phi(\varphi(t, a))$ (vgl. Ergänzung 20.29). Dann ist $u(t)$ die eindeutige Lösung der Anfangswertaufgabe

$$z' = \tilde{K}(z), \quad z(t_1) = \Phi(x^0) =: z^0. \qquad (*)$$

Die Voraussetzung $K(x) \in T_x M$ führt aber dazu, dass $\tilde{K}(\Phi(x)) \in \mathbb{R}^k \times \{0\}$ ist für alle $x \in M \cap V$, wie man mit Hilfe von repräsentierenden Kurven ohne weiteres nachprüft. Es ist also $g_{k+1}(\Phi(x)) = \ldots = g_n(\Phi(x)) = 0$ für $x \in M \cap V$. Außerdem ist $z^0 = (z_1^0, \ldots, z_k^0, 0, \ldots, 0)$, da $x^0 \in M$ ist. Man kann die Anfangswertaufgabe

$$z_j' = g_j(z), \quad z_j(t_1) = z_j^0, \quad j = 1, \ldots, k$$

also in $\mathbb{R}^k$ eindeutig lösen und erhält daraus auf einem Intervall der Form $]t_1 - \delta, t_1 + \delta[$, $\delta > 0$ die Lösung von $(*)$, indem man noch $n - k$ Nullen hinzufügt. Dann ist aber $\varphi(t, a) = \Phi^{-1}(u(t)) \in M$ für $|t - t_1| < \delta$, was der Wahl von t_1 widerspricht. Also ist $\Gamma^+(a) \subseteq M$, wie behauptet. $\qquad \square$

Korollar. *Wenn die Vektorfelder $K, F \in C^\infty(\Omega, \mathbb{R}^n)$ tangential an die Teilmannigfaltigkeit $M \subseteq \Omega$ sind, so ist auch ihre* Lie-*Klammer $[F, K]$ tangential an M.*

Beweis. Zunächst betrachten wir einen Diffeomorphismus Q mit $Q(M) = M$. Wenn $K(x) \in T_x M$ durch die in M verlaufende Kurve γ repräsentiert wird, so haben wir für $\tilde{\gamma} := Q \circ \gamma$ offenbar

$$\tilde{\gamma}(0) = Q(x), \quad \tilde{\gamma}'(0) = DQ(x) \cdot K(x),$$

und da diese Kurve wieder in M verläuft, repräsentiert sie den Tangentenvektor $DQ(x) \cdot K(x) \in T_{Q(x)} M$. Nach Definition von Q_* (vgl. 20.29) ist aber

$DQ(x) \cdot \boldsymbol{K}(x) = (Q_* \boldsymbol{K})(Q(x))$. Wir sehen also, dass das Vektorfeld $Q_* \boldsymbol{K}$ wieder tangential an M ist.

Nun sei φ der Fluss zu $\boldsymbol{F}$. Wir nehmen der Einfachheit halber an, der Fluss wäre global. Nach dem obigen Satz ist M invariant unter φ, also haben die Diffeomorphismen $Q = \varphi_t^{-1} = \varphi_{-t}$ die Eigenschaft $Q(M) = M$. Somit ist jedes $\varphi_t^* \boldsymbol{K}$ ebenfalls tangential. Aber nach (20.92) aus Ergänzung 20.31 ist damit $[\boldsymbol{F}, \boldsymbol{K}](x)$ die Ableitung einer Kurve in $T_x M$. Nach einem Lemma aus Ergänzung 19.16 ist $T_x M$ als linearer Teilraum *abgeschlossen* in $\mathbb{R}^n$, also gehört die Ableitung (die ja ein Grenzwert von Vektoren aus $T_x M$ ist) ebenfalls zu $T_x M$.

Wenn der Fluss nicht global ist, muss man hier M durch eine geeignete offene Teilmenge ersetzen. Da ganz M sich mit derartigen Teilmengen überdecken lässt, folgt auch für diesen Fall die Behauptung. $\square$

Die tangentialen Vektorfelder lassen schon ahnen, was man allgemein unter einem Vektorfeld auf einer Mannigfaltigkeit versteht:

Definition. *Ein* Vektorfeld *ist eine Abbildung* $X : M \longrightarrow TM$, *die jedem Punkt* $x \in M$ *einen Tangentenvektor aus* $T_x M$ *zuordnet.*

Für explizite Rechnungen benötigt man wieder lokale Darstellungen. Ist auf einer offenen Teilmenge $U \subseteq M$ eine Karte $\alpha : U \longrightarrow \Omega \overset{\text{offen}}{\subseteq} \mathbb{R}^m$ gegeben, so haben wir in den Tangentialräumen $T_x M = T_x U$ an den Punkten $x \in U$ ausgezeichnete Basen, bestehend aus den in Thm. 21.11c. erwähnten Vektoren

$$\boldsymbol{b}_j(x) := Dv(\alpha(x)) \cdot \boldsymbol{e}_j = \frac{\partial v}{\partial t_j}(\alpha(x)) \,, \quad j = 1, \ldots, m \qquad (21.34)$$

mit $v := \alpha^{-1}$. Die $\boldsymbol{b}_j$ sind also selbst Vektorfelder auf U, und das System $(\boldsymbol{b}_1, \ldots, \boldsymbol{b}_m)$ hat die Eigenschaft, dass für jedes $x \in U$ die Vektoren $(\boldsymbol{b}_1(x), \ldots, \boldsymbol{b}_m(x))$ eine Basis von $T_x U$ bilden. Solch ein System nennt man ein *Basisfeld* oder einen *Rahmen*[1] über U. Jedes Vektorfeld X auf U (und erst recht auf M) kann man also nach diesem Basisfeld entwickeln und erhält eine lokale Darstellung der Form

$$X(x) - \sum_{j=1}^m X^j(\alpha(x)) \boldsymbol{b}_j(x) \qquad (21.35)$$

mit skalaren Funktionen $X^1, \ldots, X^m : \Omega \to \mathbb{R}$, die durch das Vektorfeld eindeutig festgelegt sind und seine Komponenten in dem durch α eingeführten lokalen Koordinatensystem darstellen. Wenn es klar ist, um welche Koordinaten es sich bei $(t_1, \ldots, t_m)$ handelt, so schreibt man dies auch kurz in der

---

[1] Das ist eine wörtliche Übersetzung des englischen Worts „frame". Dieses wiederum rührt davon her, dass man in der Physik – vor allem in der Relativitätstheorie – ein *Bezugssystem* als „frame of reference" bezeichnet.

Form

$$X = \sum_{j=1}^{m} X^j \frac{\partial}{\partial t_j} \,. \tag{21.36}$$

Ist M eine C^s-Mannigfaltigkeit, so definiert man für $0 \leq r \leq s$: Ein Vektorfeld X ist von der Klasse C^r, wenn seine Komponentenfunktionen X^j in jeder lokalen Darstellung von dieser Klasse sind.

Man kann mit Vektorfeldern jedoch sehr viel und einfach rechnen, ohne auf die lokalen Darstellungen zurückgreifen zu müssen, und dasselbe trifft auch auf PFAFF'sche Formen (s. u. Ergänzung 21.34) und andere Objekte zu, die man auf Mannigfaltigkeiten betrachtet. In einführenden Lehrbüchern zum Thema Mannigfaltigkeiten oder Vektor- und Tensoranalysis (vgl. etwa [1, 3, 10, 17, 26, 48, 77]) wird dies ausführlich diskutiert und vorgemacht, und auch hier haben Sie in den letzten Abschnitten schon einige typische Beispiele gesehen. Dabei ist es meist nicht nötig, sich irgendwelche raffinierten Kunstgriffe einfallen zu lassen, sondern es genügt, immer das Nächstliegende zu tun. Allerdings bedarf das koordinatenfreie Rechnen einiger Übung, damit man die benötigten Rechenregeln sicher beherrscht und ein Gefühl dafür entwickelt, was im konkreten Fall das Nächstliegende ist. Da es aber nicht der Zweck dieses Buches sein kann, eine in sich geschlossene Einführung in die Tensoranalysis auf Mannigfaltigkeiten oder gar in die Differenzialgeometrie zu geben, müssen wir uns auf einige wenige Beispiele beschränken.

Sei $Q : M \longrightarrow N$ ein Diffeomorphismus. In Verallgemeinerung von (20.85) definiert man das *Bild* eines Vektorfelds X auf M durch

$$(Q_*X)(y) := T_xQ \cdot X(x) \quad \text{mit} \quad y \in N \,, \ x := Q^{-1}(y) \,. \tag{21.37}$$

Dadurch ist ein Vektorfeld Q_*X auf N gegeben, und es gelten Rechenregeln wie die in Ergänzung 20.29 besprochenen. Speziell für eine Karte $\alpha : U \to \Omega$, in der X die lokale Darstellung (21.35) hat, ergibt sich

$$(\alpha_*X)(t) = \sum_{j=1}^{m} X^j(t)\boldsymbol{e}_j = (X^1(t), \ldots, X^m(t))^T \,,$$

wo $t = (t^1, \ldots, t^m)$ die Variable in Ω bezeichnet.

Ein C^1-Vektorfeld X auf M erzeugt auch einen *Fluss* φ in M in derselben Weise wie Vektorfelder in offenen Teilmengen von $\mathbb{R}^n$ das tun. Für $x \in M$ ist es ja sinnvoll, die Anfangswertaufgabe

$$\dot{y} = X(y) \,, \quad y(0) = x$$

zu stellen, denn die linke und die rechte Seite der Gleichung $\dot{y}(t) = X(y(t))$ befinden sich in $T_{y(t)}M$, lassen sich also vergleichen. Ist $X \in C^1$, so hat jede derartige Anfangswertaufgabe eine eindeutige maximale Lösung $y = u(t) = \varphi(t, x) = \varphi_t(x)$, und die so gewonnene Abbildung φ ist ein Fluss im Sinne der allgemeinen Definition aus 20.32. Ist M *kompakt*, so ist sie sogar ein globaler Fluss. Der Beweis für die eindeutige Lösbarkeit der Anfangswertaufgabe wird entweder durch Rückgriff auf Karten geführt oder durch Einbetten von M in $\mathbb{R}^N$ und Fortsetzen von X zu einem Vektorfeld $\tilde{X}$ auf einer offenen Umgebung von M. Solch ein fortgesetztes Feld ist natürlich tangential an M, und sein Fluss $\tilde{\varphi}$ lässt M nach obigem Satz also invariant, so dass durch Einschränken ein Fluss φ in M entsteht.

Ähnlich verhält es sich mit der LIE-Klammer von C^∞-Vektorfeldern X, Y auf M. Man kann sie dadurch definieren, dass man M in $\mathbb{R}^N$ einbettet, die Vektorfelder auf eine offene Umgebung von M fortsetzt und die LIE-Klammer dieser Fortsetzungen wieder auf M einschränkt. Nach unserem Korollar ist sie ja tangential an M, so dass bei dieser Einschränkung wirklich wieder ein Vektorfeld auf M entsteht. Alternativ kann man aber $[X, Y]$ auch mittels Karten definieren und muss dann nachrechnen, dass das Ergebnis unabhängig von der betrachteten Karte ist. Jedenfalls stellt es sich heraus, dass der Vektorraum aller C^∞-Vektorfelder auf M sogar eine LIE-*Algebra* ist.

21.32 Lineare LIE-Gruppen und abstrakte LIE-Gruppen. In Ergänzung 19.16 haben wir schon von linearen LIE-Gruppen gesprochen, eine exakte Definition dieses Begriffs aber vermieden. Jetzt können wir das nachholen, und wir ergreifen die Gelegenheit, auch den schon mehrfach erwähnten Begriff der *Untergruppe* einmal sauber zu definieren:

Definitionen.

a. *Eine* Untergruppe *einer Gruppe* **G** *ist eine Teilmenge* $\mathbf{H} \subseteq \mathbf{G}$*, die mit der in* **G** *definierten Verknüpfung schon für sich alleine eine Gruppe bildet, für die also gilt:*

$(G1)$ $$A, B \in \mathbf{H} \quad \Longrightarrow \quad AB \in \mathbf{H}$$

und

$(G2)$ $$A \in \mathbf{H} \quad \Longrightarrow \quad A^{-1} \in \mathbf{H}\,.$$

b. *Eine reelle (bzw. komplexe) lineare* LIE-*Gruppe ist eine Untergruppe von* $\mathbf{GL}(n, \mathbb{R})$ *(bzw. von* $\mathbf{GL}(n, \mathbb{C})$*), die gleichzeitig eine* C^∞*-Teilmannigfaltigkeit von* $\mathbb{R}_{n \times n} = \mathbb{R}^{n^2}$ *(bzw. von* $\mathbb{C}_{n \times n} = \mathbb{R}^{2n^2}$*) ist.*

c. *Eine abstrakte* LIE-*Gruppe (oder einfach* LIE-*Gruppe) ist eine* C^∞*-Mannigfaltigkeit G, die gleichzeitig eine Gruppe ist, und zwar so, dass die Gruppenmultiplikation*

$$\mu : G \times G \longrightarrow G : (x, y) \mapsto xy$$

und die Inversenbildung

$$j : G \longrightarrow G : x \mapsto x^{-1}$$

Abbildungen der Klasse C^∞ *sind.*

Die vollen Matrixgruppen $\mathbf{GL}(n, \mathbb{K})$ sind als offene Teilmengen von $\mathbb{K}_{n \times n}$ selbstverständlich lineare LIE-Gruppen. Ein berühmter Satz von E. CARTAN besagt aber:

> *Jede abgeschlossene Untergruppe einer LIE-Gruppe ist auch eine Teilmannigfaltigkeit und damit eine LIE-Untergruppe.*

Daraus erkennt man, dass die in 19.16 diskutierten *abgeschlossenen Matrixgruppen* – und insbesondere die klassischen Gruppen! – sämtlich lineare LIE-Gruppen sind. Ein elementarer Beweis hierfür findet sich in [43, 44]. Aber zumindest für die klassischen Gruppen kann man auch direkt nachprüfen, dass es sich um Teilmannigfaltigkeiten handelt, was wir zumindest an einigen Beispielen vorführen wollen:

a. $\mathbf{SL}(n, \mathbb{R})$ ist nach Kor. 21.9 eine Teilmannigfaltigkeit von $\mathbb{R}_{n \times n}$ der Kodimension 1, denn sie ist gegeben durch die Gleichung $f(X) = 1$, wo $f(X) := \det X$ gesetzt wurde. Dass diese Gleichung *regulär* ist, beweist man am bequemsten mit dem Satz von EULER (vgl. Aufg. 10.4): Die Determinante ist als Funktion der Matrixelemente homogen vom Grad n, also ist für alle $X \in \mathbf{SL}(n, \mathbb{R})$

$$\langle \nabla f(X) | X \rangle = n f(X) = n \neq 0$$

und damit auch $\nabla f(X) \neq 0$. (Hier ist $\langle X | Y \rangle = \mathrm{Spur}\, X^T Y$ das Euklid'sche Skalarprodukt in $\mathbb{R}_{n \times n}$.)

b. Die Gruppe $\mathbf{O}_G(n)$ ist die Lösungsmenge des Gleichungssystems $X^T G X = G$. Setzen wir also

$$\Psi_G(X) := X^T G X - G \,, \tag{21.38}$$

so haben wir $\mathbf{O}_G(n) = \Psi_G^{-1}(0)$. Mit der Methode aus 21.30 kann man die Ableitung von Ψ_G leicht berechnen und erhält

$$D\Psi_G(X) \cdot H = X^T G H + H^T G X \tag{21.39}$$

für alle $X, H \in \mathbb{R}_{n \times n}$. Schon einfachste Beispiele zeigen, dass die Abbildung

$$D\Psi_G(X) : \mathbb{R}_{n \times n} \longrightarrow \mathbb{R}_{n \times n}$$

im allgemeinen nicht surjektiv ist, d. h. Ψ_G ist keine Submersion. Das liegt aber nur daran, dass der Zielraum $\mathbb{R}_{n \times n}$ unnatürlich groß ist. Wenn man ihn geschickt verkleinert, kommt man zu einer Submersion und damit zu dem Ergebnis, dass $\mathbf{O}_G(n)$ eine lineare LIE-Gruppe ist. In Aufg. 21.23 werden wir andeuten, wie das genau geht.

c. Ein besonders einfacher Spezialfall liegt vor, wenn G *regulär* und *symmetrisch* ist, also z. B. bei den üblichen orthogonalen Gruppen, wo $G = E$ ist, und auch bei der LORENTZ-Gruppe. Dann sind die Werte $\Psi_G(X)$ alle symmetrisch, also liegt es nahe, den Raum der symmetrischen Matrizen als Zielraum zu nehmen. Diesen kann man sich als $\mathbb{R}^d$ vorstellen

$(d := n(n+1)/2)$, denn jede symmetrische Matrix ist ja eindeutig festgelegt durch die d Elemente, die in der Diagonalen und oberhalb der Diagonalen stehen. Um dies zu präzisieren, definieren wir eine lineare Abbildung

$$\mathcal{P} : \mathbb{R}_{n \times n} \longrightarrow \mathbb{R}^d$$

durch die Festsetzung

$$\mathcal{P}(X) := (\xi_{11}, \xi_{12}, \dots, \xi_{1n}, \xi_{22}, \xi_{23}, \dots, \xi_{2n}, \dots\dots, \xi_{n-1,n-1}, \xi_{n-1,n}, \xi_{nn})$$

für $X = (\xi_{jk})$ und setzen $\Phi_G := \mathcal{P} \circ \Psi_G$. Dann ist

$$\Phi_G(X) = 0 \quad \Longleftrightarrow \quad \Psi_G(X) = 0 \quad \Longleftrightarrow \quad X \in \mathbf{O}_G(n) \,,$$

also auch $\mathbf{O}_G(n) = \Phi_G^{-1}(0)$. Weil $\mathcal{P}$ linear ist, ergibt die Kettenregel $D\Phi_G(X) = \mathcal{P} \circ D\Psi_G(X)$, und nun können wir uns leicht überzeugen, dass $D\Phi_G(X) : \mathbb{R}_{n \times n} \to \mathbb{R}^d$ stets surjektiv ist, jedenfalls für invertierbare X. Zu gegebenem $y \in \mathbb{R}^d$ betrachten wir nämlich die symmetrische Matrix Y mit $y = \mathcal{P}(Y)$, und dann haben wir eine Lösung H der Gleichung $D\Psi_G(X) \cdot H = Y$ aufzufinden. Wegen (21.39) lautet diese Gleichung

$$X^T G H + H^T G X = Y \,,$$

und mit dem Ansatz $X^T G H = Y/2$ ergibt sich eine solche Lösung, denn $H^T G X = (X^T G H)^T = Y^T/2 = Y/2$. Für $X \in \mathbf{GL}(n, \mathbb{R})$ führt dieser Ansatz auf $H = G^{-1}(X^{-1})^T Y/2$, d.h. unsere Gleichung ist dann in der Tat lösbar. Fazit: Auf der offenen Menge $\mathbf{GL}(n, \mathbb{R}) \supseteq \mathbf{O}_G(n)$ ist Φ_G tatsächlich eine Submersion, und daher ist $\mathbf{O}_G(n)$ eine lineare LIE-Gruppe der Dimension $n^2 - d = n(n-1)/2$. Insbesondere ist $\dim \mathbf{O}(3) = 3$, und die Dimension der LORENTZ-Gruppe ist $k = 6$.

d. Wenn G regulär und *antisymmetrisch* ist, d.h. $G^T = -G$ wie bei den symplektischen Gruppen $\mathbf{Sp}(2n)$, so kann man $\mathbf{O}_G(n)$ genauso als Nullstellenmenge einer Submersion Φ_G darstellen. Man ersetzt den Raum der symmetrischen Matrizen durch den Raum $\mathbb{R}^d$ der antisymmetrischen Matrizen mit der Dimension $d = n(n-1)/2$, geht aber ansonsten ebenso vor wie im vorigen Beispiel. Die Dimension ist jetzt $n(n+1)/2$.

e. Ist die reelle Matrix G invertierbar, so ist $\det X = \pm 1$ für alle $X \in \mathbf{O}_G(n)$ (Satz 19.8c.). Da $\det X$ *stetig* von den Einträgen der Matrix X abhängt, hat jedes $X_0 \in \mathbf{SO}_G(n)$ in $\mathbf{O}_G(n)$ eine Umgebung U_0, auf der die Determinante konstant den Wert 1 hat, die also ganz in $\mathbf{SO}_G(n)$ enthalten ist. Da $\mathbf{O}_G(n)$ eine Teilmannigfaltigkeit ist, können wir $U_0 = U \cap \mathbf{O}_G(n)$ so wählen, dass Eigenschaft 21.4a. in der offenen Menge $U \subseteq \mathbb{R}^{n^2}$ erfüllt ist. Dies zeigt, dass auch $\mathbf{SO}_G(n)$ eine Teilmannigfaltigkeit ist, und zwar von derselben Dimension wie $\mathbf{O}_G(n)$.

Die komplexen Fälle ($\mathbf{SL}(n, \mathbb{C})$, $\mathbf{U}_G(n)$, $\mathbf{SU}_G(n)$) sind zwar etwas komplizierter, lassen sich aber prinzipiell auf dieselbe Weise elementar behandeln.

Weitere wichtige Beispiele von LIE-Gruppen entstehen durch Produktbildung. Wenn G_1, G_2 zwei LIE-Gruppen sind, so definiert man auf der Produktmannigfaltigkeit $G := G_1 \times G_2$ eine Verknüpfung, indem man die Elemente komponentenweise multipliziert:

$$(x_1, x_2) \cdot (y_1, y_2) := (x_1 y_1, x_2 y_2) \quad \text{für} \quad x_1, y_1 \in G_1 , \ x_2, y_2 \in G_2 .$$

So wird G ebenfalls eine LIE-Gruppe, die man als das *direkte Produkt* von G_1 und G_2 bezeichnet. Wenn G_1 aus n-reihigen und G_2 aus m-reihigen Matrizen besteht, so kann man sich das direkte Produkt ebenfalls als Matrixgruppe vorstellen, bestehend aus den $n + m$-reihigen Block-Diagonalmatrizen mit der G_1-Komponente links oben und der G_2-Komponente rechts unten. Natürlich kann man auf analoge Weise auch das direkte Produkt von mehr als zwei Faktoren bilden, und so entsteht z. B. die *Torusgruppe* $\mathbf{T}^n$ (vgl. Beispiel c. aus 21.27), denn der Kreis $\mathbf{S}^1 = \mathbf{U}(1) = \mathbf{SO}(2)$ kann ja als Matrixgruppe betrachtet werden. Man kann sich die Elemente von $\mathbf{T}^n$ demzufolge auch als n-reihige Diagonalmatrizen vorstellen.

Die erste Aufgabe bei der Behandlung von LIE-Gruppen ist die Konstruktion der entsprechenden LIE-Algebra. Für den Fall der Matrixgruppen wollen wir das etwas näher beleuchten:

Theorem. *Sei* $\mathbf{G} \subseteq \mathbf{GL}(n, \mathbb{K})$ *eine lineare* LIE-*Gruppe und* $\mathfrak{g} := T_E(\mathbf{G})$ *ihr Tangentialraum am Punkt* $X = E$.

a. $H \in \mathfrak{g} \iff \exp tH \in \mathbf{G} \quad \forall t \in \mathbb{R}$.

b. $A, B \in \mathfrak{g} \implies [A, B] := AB - BA \in \mathfrak{g}$. *Anders ausgedrückt:* $\mathfrak{g}$ *ist eine* LIE-*Teilalgebra von* $\mathfrak{gl}(n, \mathbb{K}) = \mathbb{K}_{n \times n}$. *Man nennt sie die* LIE-*Algebra* $\mathfrak{g} = L(\mathbf{G})$ *zur Gruppe* $\mathbf{G}$.

c. *Die Exponentialfunktion bildet eine offene Umgebung der Null in* $\mathfrak{g}$ *auf eine offene Umgebung der Eins in* $\mathbf{G}$ *ab.*

Beweis.

a. Abgesehen von geringfügigen Modifikationen verläuft der Beweis genauso wie der von Teil a. des Satzes aus 19.16. Zwar ist $\mathbf{G}$ nicht unbedingt abgeschlossen, aber Bedingung 21.4b. lässt erkennen, dass es $\delta > 0$ gibt, so dass $B_\delta(E) \cap \mathbf{G}$ abgeschlossen ist. Aus $H \in T_E(\mathbf{G})$ folgt dann immer noch $\exp tH \in \mathbf{G}$ für $|t|$ genügend klein. Aber wegen $\exp tH = (\exp (t/m)H)^m$ folgt es dann auch für beliebige t.

b. – wie Teil c. des Satzes aus 19.16.

c. Es sei $k := \dim \mathbf{G} = \dim T_E \mathbf{G}$, und es sei Φ eine Karte, die am Punkt E die Eigenschaft 21.4b. hat. Wegen (21.31) und dem Satz über inverse Funktionen ist die Exponentialfunktion ein Diffeomorphismus einer offenen Umgebung der Null in $\mathbb{K}_{n \times n}$ auf eine offene Umgebung der Eins in $\mathbf{GL}(n, \mathbb{K})$. Die Abbildung

$$Q := \Phi \circ \exp$$

ist daher ein Diffeomorphismus einer offenen Umgebung Ω der Null in $\mathbb{K}_{n\times n}$ auf eine offene Umgebung $\tilde{V}$ der Null in $\mathbb{K}^{n^2}$, für die

$$Q(\Omega \cap \mathfrak{g}) = \tilde{V} \cap (\mathbb{R}^k \times \{0\})$$

gilt, wenn diese Umgebungen nur klein genug gewählt sind. Dann hat aber $\exp|_\Omega = \Phi^{-1} \circ Q$ die behauptete Eigenschaft.

$\square$

Teil c. dieses Theorems eröffnet die Möglichkeit, spezielle Parametrisierungen für eine LIE-Gruppe $\mathbf{G}$ anzugeben. Wählen wir nämlich eine Basis $\{B_1, \ldots, B_k\}$ für die LIE-Algebra $\mathfrak{g} = L(\mathbf{G})$, so haben wir lokal bei $X_0 \in \mathbf{G}$ die beiden Parametrisierungen

$$V(t_1, \ldots, t_k) := X_0 \, \exp\left(\sum_{j=1}^{k} t_j B_j\right) \qquad (21.40)$$

und

$$W(t_1, \ldots, t_k) := X_0 \, (\exp t_1 B_1) \cdots (\exp t_k B_k) \,. \qquad (21.41)$$

Für diese beiden Abbildungen gilt offenbar

$$\frac{\partial V}{\partial t_j}(0, \ldots, 0) = \frac{\partial W}{\partial t_j}(0, \ldots, 0) = B_j \,, \quad j = 1, \ldots, k \,,$$

und daher sind sie in einer Umgebung von $t = 0$ Immersionen. Dass dadurch eine volle Umgebung von X_0 parametrisiert wird, folgt im Falle von V eben aus besagtem Teil c., und für W zeigt man es analog.

Bemerkung: Auch bei einer abstrakten LIE-Gruppe G wird die LIE-Algebra als der Tangentialraum $\mathfrak{g} = T_e G$ an die Mannigfaltigkeit G im Einselement e definiert. Die LIE-Klammer beschafft man sich dabei folgendermaßen: Für jedes $s \in G$ definiert man die *Linksmultiplikation* mit s durch

$$Q_s(x) := sx \,.$$

Das ist ein Diffeomorphismus von G auf sich. Ein Vektorfeld X auf G heißt *links-invariant*, wenn $(Q_s)_* X = X$ für alle $s \in G$, d. h. wenn

$$T_t Q_s \cdot X(t) = X(st) \quad \forall s, t \,.$$

Auf der Mannigfaltigkeit G haben wir nun die LIE-Klammer von C^∞-Vektorfeldern, wie sie am Schluss der vorigen Ergänzung besprochen wurde, und man kann leicht nachrechnen, dass die LIE-Klammer von zwei links-invarianten Vektorfeldern wieder links-invariant ist. Für diese Felder gilt jedoch aufgrund der Invarianzdefinition

$$X(s) = T_e Q_s \cdot X(e) \quad \forall s \,.$$

Also ist das Feld X durch seinen Wert am Einselement e schon eindeutig festgelegt, und man kann $h = X(e)$ auch beliebig in T_eG vorschreiben. Haben wir also zwei Elemente $h_1, h_2 \in \mathfrak{g}$, so setzen wir sie zu links-invarianten Vektorfeldern X_1, X_2 fort, bilden deren LIE-Klammer und werten diese dann bei e aus. Das Ergebnis ist $[h_1, h_2] \in \mathfrak{g}$. Im Fall einer Matrixgruppe liefert diese Konstruktion wieder den Kommutator (Übung!), und dies nachzurechnen, ist prinzipiell nicht schwer, erfordert aber doch etwas Routine im Umgang mit den verschiedenen abstrakten Begriffen.

Die *Exponentialfunktion* $\exp : \mathfrak{g} \longrightarrow G$ wird mit den *Flüssen* der links-invarianten Vektorfelder konstruiert: Zu $h \in \mathfrak{g}$ bilden wir zunächst das links-invariante Vektorfeld X mit $X(e) = h$ und definieren dann

$$\exp h := u(1) \, ,$$

wobei u die maximale Lösung der Anfangswertaufgabe

$$u'(t) = X(u(t)) \, , \quad u(0) = e$$

ist. Dann ist $\exp th = u(t)$, und mittels der Eindeutigkeit der Lösung der Anfangswertaufgabe kann man leicht bestätigen, dass Rechenregeln analog zu denen aus Thm. 19.4b., c. gelten.

Das Ganze ist der Beginn einer reichhaltigen, ausgesprochen schönen und fast die gesamte Mathematik berührenden Theorie, die heute auch für die Physik von fundamentaler Bedeutung ist, die aber weit über den Rahmen dieser Einführung hinausgeht. In der mathematischen Literatur zum Thema LIE-Gruppen steht allerdings häufig – z. B. auch in dem elementaren Buch [20] – die sog. *Strukturtheorie* im Vordergrund, während für die Physik die *Darstellungstheorie* die bedeutendere Rolle spielt. Empfehlenswerte Literatur zur Vertiefung ist z. B. [61].

21.33 Die Zusammenhangskomponente der Eins und der Wertebereich der Exponentialfunktion. Früher hat man sich LIE-Gruppen meist als „kontinuierliche Gruppen" vorgestellt, d. h. als Gruppen von Transformationen, die kontinuierlich (also stetig oder sogar glatt) von Parametern abhängen. Diese Vorstellung trifft die Sache am ehesten dann, wenn es eine *globale* Parametrisierung für die ganze Gruppe G gibt. Beim Kreis $\mathbf{U}(1) = \mathbf{SO}(2)$ ist

$$V(t) = e^{it}$$

solch eine globale Parametrisierung. Für die Drehgruppe $\mathbf{SO}(3)$ ist eine globale Parametrisierung durch die EULER*'schen Winkel* gegeben (vgl. Satz 7.24). Sie ist offenbar ein Spezialfall von (21.41), und zwar mit $X_0 = E$ und der Basis $\{\widehat{R}_3, \widehat{R}_2, \widehat{R}_1\}$ von $\mathbf{SO}(3)$ (Bezeichnungen wie in Auf. 19.9).

Eine globale Parametrisierung ist aber keineswegs immer zu haben. Zunächst einmal bestehen viele Gruppen aus mehreren getrennten Teilen, wie wir es für $\mathbf{O}(n)$ schon in Satz 7.21a. gesehen haben oder wie es für *endliche* Untergruppen von $\mathbf{GL}(n, \mathbb{K})$ (sog. *Kristallgruppen*) sowieso klar ist. Wir führen nun eine Terminologie zur präzisen Beschreibung solcher Sachverhalte ein (vgl. auch Def. 9.8a.):

Definitionen. *S*ei M eine differenzierbare Mannigfaltigkeit.

a. Die *Zusammenhangskomponente* des Punktes $a \in M$ ist die Menge aller Punkte $x \in M$, die sich durch eine in M verlaufende stetige Kurve mit a verbinden lassen.

b. M heißt *zusammenhängend*, wenn M nur eine Zusammenhangskomponente besitzt, wenn sich also je zwei Punkte aus M stets durch eine stetige Kurve innerhalb von M verbinden lassen.

c. Bei einer LIE-Gruppe G wird die Zusammenhangskomponente des Einselements $e \in G$ mit G_0 bezeichnet.

Man kann leicht zeigen, dass G_0 stets eine *Untergruppe* von G ist (Übung!) Die Gruppen $\mathbf{GL}(n, \mathbb{C})$, $\mathbf{SL}(n, \mathbb{K})$, $\mathbf{U}(n)$, $\mathbf{SU}(n)$ und $\mathbf{SO}(n)$ sind zusammenhängend, aber die $\mathbf{O}(n)$ bestehen aus den in Satz 7.21 erwähnten Stücken $\mathbf{SO}(n)$ und $\mathbf{O}^-(n)$, bei denen es sich tatsächlich um Zusammenhangskomponenten handelt. Die $\mathbf{GL}(n, \mathbb{R})$ besteht aus den beiden Zusammenhangskomponenten $\mathbf{GL}^+(n, \mathbb{R})$ und $\mathbf{GL}^-(n, \mathbb{R})$, definiert durch

$$\mathbf{GL}^\pm(n, \mathbb{R}) := \{T \in \mathbf{GL}(n, \mathbb{R}) \mid \pm \det T > 0\} \,.$$

Die Elemente von $\mathbf{GL}^+(n, \mathbb{R})$ (bzw. von $\mathbf{GL}^-(n, \mathbb{R})$) sind also die *orientierungserhaltenden* (bzw. die *orientierungsumkehrenden*) linearen Transformationen (vgl. Ergänzung 12.15). Die LORENTZ-Gruppe besteht sogar aus vier Zusammenhangskomponenten.

Dass $\mathbf{O}(n)$ nicht zusammenhängend sein kann, erkennt man daran, dass die Determinante auf dieser Mannigfaltigkeit die beiden Werte $+1$ und -1 annimmt. Könnte man nun einen Punkt A mit $\det A = +1$ mit einem Punkt B mit $\det B = -1$ durch eine stetige Kurve verbinden, so müsste die Determinante entlang dieser Kurve nach dem *Zwischenwertsatz* auch Werte *zwischen* $+1$ und -1 annehmen, was innerhalb von $\mathbf{O}(n)$ nicht möglich ist. Bei der LORENTZ-Gruppe hat man außer dem Vorzeichen der Determinante noch die beiden Möglichkeiten, dass die zeitliche Richtung erhalten bleiben oder umgekehrt werden kann, und das führt insgesamt zu den erwähnten vier Komponenten.

Die Beweise, dass gewisse Matrixgruppen $\mathbf{G}$ zusammenhängend sind, arbeiten gewöhnlich mit explizit konstruierten Kurven, die ein gegebenes $A \in \mathbf{G}$ mit der Einheitsmatrix verbinden. Dabei spielt die Eigenwerttheorie des betreffenden Matrizentyps eine entscheidende Rolle. Am Beispiel $\mathbf{G} = \mathbf{U}(n)$ kann man das leicht demonstrieren: Nach Thm. 7.16b. ist jede unitäre Matrix A unitär-ähnlich zu einer Diagonalmatrix, d. h. es gibt eine unitäre Matrix V mit

$$V^{-1}AV \equiv V^*AV = D = \begin{pmatrix} \lambda_1 & \cdots & 0 \\ \vdots & \ddots & \vdots \\ 0 & \cdots & \lambda_n \end{pmatrix} \,,$$

wobei die λ_j die Eigenwerte von A sind. Diese liegen nach Satz 7.19c. aber alle auf dem Einheitskreis, können also in der Form $\lambda_j = \mathrm{e}^{\mathrm{i}\varphi_j}$ geschrieben werden

$(\varphi_1, \ldots, \varphi_n \in \mathbb{R})$. Für $0 \leq t \leq 1$ setzen wir nun

$$D(t) := \begin{pmatrix} e^{i(1-t)\varphi_1} & \cdots & 0 \\ \vdots & \ddots & \vdots \\ 0 & \cdots & e^{i(1-t)\varphi_n} \end{pmatrix}$$

und weiter

$$\Gamma(t) := V D(t) V^* .$$

Dann verläuft die Kurve Γ innerhalb von $\mathbf{U}(n)$, und es ist $\Gamma(0) = A$, $\Gamma(1) = E$, wie gewünscht. Bei anderen Matrixgruppen mögen kompliziertere Konstruktionen vonnöten sein, aber prinzipiell verlaufen die Beweise ähnlich (Details etwa in [20] oder [61]).

Die Wertebereiche $V(\mathbb{R}^k)$, $W(\mathbb{R}^k)$ der Abbildungen aus (21.40), (21.41) liegen offenbar in der Zusammenhangskomponente von X_0, denn man kann ja jedes $t \in \mathbb{R}^k$ (z. B. durch eine Strecke) mit dem Nullpunkt verbinden, und damit kann man auch $A = V(t)$ (bzw. $B = W(t)$) innerhalb von $\mathbf{G}$ mit $V(0) = W(0) = X_0$ verbinden. Für $X_0 = E$ müssen diese Wertebereiche also in $\mathbf{G}_0$ liegen. Besonders wichtig ist der Wertebereich $V(\mathbb{R}^k) = \exp(\mathfrak{g})$ für den Fall $X_0 = E$, denn nach dem Satz aus Ergänzung 19.14 besteht er genau aus denjenigen $T \in \mathbf{G}$, die in einer *Ein-Parameter-Untergruppe* von $\mathbf{G}$ liegen. In der physikalischen Fachliteratur (und manchmal sogar in der mathematischen) wird öfters behauptet oder stillschweigend angenommen, dass stets $\exp(\mathfrak{g}) = \mathbf{G}_0$ gilt. Es gibt jedoch (sogar ganz einfache) Beispiele, in denen diese Aussage falsch ist. Um dies einzusehen, beweisen wir zunächst das folgende

Lemma. *Ist $T = \exp A$ mit einer reellen $n \times n$-Matrix A, so ist die algebraische Vielfachheit eines jeden negativen reellen Eigenwertes von T eine gerade Zahl.*

Beweis. Da A reell ist, können die nicht-reellen Eigenwerte von A nur in Paaren von konjugiert komplexen auftreten. Wir haben also reelle Eigenwerte $\gamma_1, \ldots, \gamma_r$ sowie Paare $\alpha_j \pm i\omega_j$, $j = 1, \ldots, s$ von nicht-reellen Eigenwerten ($\omega_j \neq 0$). Dabei wird jeder Eigenwert so oft in der Liste aufgeführt, wie seine algebraische Vielfachheit besagt – es ist also $r + 2s = n$. Nach dem spektralen Abbildungssatz (Satz 19.7) sind die Eigenwerte von T dann, ebenfalls in algebraischer Vielfachheit gezählt:

$$\mu_j := \exp \gamma_j , \quad j = 1, \ldots, r$$

sowie

$$\lambda_j^\pm := \exp \alpha_j \exp (\pm i\omega_j) , \quad j = 1, \ldots, s .$$

Also ist $\mu_j > 0$ für $1 \leq j \leq r$, und negative reelle Eigenwerte können nur unter den $\lambda_j^\pm$ vorkommen, und zwar genau dann, wenn $\omega_j = k\pi$ für ein ungerades $k \in \mathbb{Z}$. In diesem Fall ist aber $e^{i\omega_j} = -1 = e^{-i\omega_j}$, also $\lambda_j^+ = -e^{\alpha_j} = \lambda_j^-$. Die gesamte algebraische Vielfachheit dieses negativen reellen Eigenwertes ist daher gerade. $\qquad \square$

Nun betrachten wir $\mathbf{G} = \mathbf{SL}(2, \mathbb{R})$ und darin die Matrix

$$T := \begin{pmatrix} -b & 0 \\ 0 & -1/b \end{pmatrix}$$

für ein festes $b > 0$, $b \neq 1$. Die beiden Eigenwerte von T sind negativ und voneinander verschieden, haben also jeweils die ungerade Vielfachheit 1. Daher hat T keinen reellen Logarithmus, gehört also erst recht nicht zu $\exp(\mathfrak{sl}(2, \mathbb{R}))$, denn diese Lie-Algebra besteht ja nur aus reellen Matrizen. Wie schon erwähnt, ist $\mathbf{G} := \mathbf{SL}(2, \mathbb{R})$ jedoch zusammenhängend. Da wir dies hier allerdings nicht bewiesen haben, wollen wir T direkt durch eine stückweise glatte Kurve innerhalb von $\mathbf{G}$ mit E verbinden und dadurch zeigen, dass $T \in \mathbf{G}_0$ ist. Dazu setzen wir

$$b(t) := b + t(1 - b), \quad 0 \leq t \leq 1$$

und beachten, dass $b(t) \neq 0$ ist, da $b(t)$ auf der reellen Geraden stets zwischen b und 1 liegt. Die Kurve

$$\Gamma_1(t) := \begin{pmatrix} -b(t) & 0 \\ 0 & -1/b(t) \end{pmatrix}$$

verbindet also $T = \Gamma_1(0)$ innerhalb von $\mathbf{G}$ mit $\Gamma_1(1) = -E$. Die Kurve

$$\Gamma_2(t) := \begin{pmatrix} \cos \pi(1 - t) & -\sin \pi(1 - t) \\ \sin \pi(1 - t) & \cos \pi(1 - t) \end{pmatrix}, \quad 0 \leq t \leq 1$$

verbindet aber $-E$ innerhalb von $\mathbf{G}$ mit E.

Auch für die zusammenhängende Gruppe $\mathbf{GL}^+(2, \mathbb{R})$ der orientierungserhaltenden linearen Transformationen der Ebene ist hiermit gezeigt, dass die Exponentialfunktion

$$\exp : \mathbb{R}_{2 \times 2} \longrightarrow \mathbf{GL}^+(2, \mathbb{R})$$

nicht surjektiv ist. Entsprechende Aussagen erhält man auch für höhere Dimensionen $m \geq 2$, indem man Block-Diagonalmatrizen betrachtet, bei denen links oben die hier diskutierten 2×2-Matrizen stehen und rechts unten die $(m - 2)$-reihige Einheitsmatrix.

Bei den folgenden zusammenhängenden Lie-Gruppen ist die Exponentialfunktion jedoch surjektiv:

- $\mathbf{GL}(n, \mathbb{C})$ (vgl. das Korollar am Schluss von Ergänzung 19.13)
- jede *kommutative* zusammenhängende Lie-Gruppe (das ist nicht schwer zu beweisen, führt hier aber doch zu weit)
- jede *kompakte* zusammenhängende Lie-Gruppe (das ist ein tieferliegender Satz, für den wir auf die Fachliteratur über Lie-Gruppen verweisen müssen)

Kommutative zusammenhängende Lie-Gruppen sind allerdings nur die Tori und die Euklid'schen Räume $\mathbb{R}^n$ (mit der Addition als Gruppenverknüpfung) sowie deren direkte Produkte. Von kompakten zusammenhängenden

LIE-Gruppen gibt es indes ein reichhaltiges Sortiment. Dazu gehören u. a. die klassischen Gruppen $\mathbf{SO}_G(n)$ und $\mathbf{U}_G(n)$ zu *positiv definiten* symmetrischen (bzw. HERMITE'schen) Matrizen G, außerdem direkte Produkte von solchen Gruppen. In allen diesen Fällen ist also durch (21.40) eine globale Parametrisierung gegeben, und man kann mit Fug und Recht von einer „kontinuierlichen Gruppe" sprechen.

21.34 PFAFF'sche Formen auf Mannigfaltigkeiten. Eine PFAFF'sche Form auf einer differenzierbaren Mannigfaltigkeit M ist eine Abbildung ω : $TM \longrightarrow \mathbb{R}$ (also eine reellwertige Funktion auf dem Tangentialbündel von M), deren Einschränkung auf jeden einzelnen Tangentialraum $T_x M$ eine *Linearform* ist. Diese Definition ist zu erwarten, wenn man sich M in einen $\mathbb{R}^N$ eingebettet denkt und Def. 21.25 als Vorbild heranzieht. Jedoch tut man gut daran, sich ω als eine Schar von Linearformen $\omega(x)$ vorzustellen, die von dem Parameter $x \in M$ abhängen. Die Linearform $\omega(x)$ wirkt dabei nur auf Tangentialvektoren am Punkt x, d. h. auf Elemente von $T_x M$. Sie ist also ein Element des Dualraums $(T_x M)^*$ (vgl. Def. 21.16), und dieser Vektorraum wird als der *Kotangentialraum* an M im Punkt x bezeichnet. Für den Wert der PFAFF'schen Form ω beim Tangentenvektor $\boldsymbol{h} \in T_x M$ schreibt man i. A. auch nicht $\omega(\boldsymbol{h})$ (dabei würde der Grundpunkt x ja gar nicht explizit in Erscheinung treten!), sondern

$$\langle \omega(x), \boldsymbol{h} \rangle \, ,$$

und die spitzen Klammern sind dabei, was niemanden überraschen wird, als die duale Paarung zwischen $(T_x M)^*$ und $T_x M$ zu interpretieren.

Ist speziell $M = U \overset{\text{offen}}{\subseteq} \mathbb{R}^n$, so ist $T_x M = \mathbb{R}^n$ für alle x, also bedeutet die neue Definition in diesem Fall dasselbe wie die alte Definition 21.19a. einer 1-Differenzialform auf U.

Das nahe liegendste Beispiel für eine PFAFF'sche Form auf einer Mannigfaltigkeit M ist wieder das *Differenzial* einer glatten Funktion f auf M: Für $x \in M$ bilden wir eine Linearform $\mathrm{d}_x f = \mathrm{d}f(x)$ auf $T_x M$, indem wir setzen:

$$\langle \mathrm{d}f(x), \boldsymbol{h} \rangle := (f \circ \gamma)'(0) \, .$$

Dabei ist γ irgendeine Kurve, die den Tangentenvektor $\boldsymbol{h}$ repräsentiert. (Dass das Ergebnis nicht von der gewählten Kurve abhängt, rechnet man genauso nach wie in Ergänzung 21.29 bei der Konstruktion der tangentialen Abbildung. Es handelt sich hier sogar um einen Spezialfall der dort erörterten Konstruktion, denn $f : M \to \mathbb{R}$ hat im Punkt x die Tangentialabbildung $T_x f : T_x M \to T_{f(x)} \mathbb{R}$, und wenn man $T_{f(x)} \mathbb{R}$ mit $\mathbb{R}$ identifiziert, so erhält man aus $T_x f$ gerade die Linearform $\mathrm{d}_x f$.) Die so definierte Linearform $\mathrm{d}f(x)$ heißt das *Differenzial* von f im Punkt x, und auch die Abbildung $\mathrm{d}f$, die jedem Punkt $x \in M$ die Linearform $\mathrm{d}f(x) \in (T_x M)^*$ zuordnet, wird als das *Differenzial* von f bezeichnet. Sie ist natürlich eine 1-Form.

Es ist nicht schwer, die Definition des *Pull-back* auf die jetzige Situation zu übertragen: Sind M, N differenzierbare Mannigfaltigkeiten und $F : M \to N$

eine C^1-Abbildung, so kann man jeder 1-Form ω auf N ihr *Urbild* ($=$ *Pull-back*) $F^*\omega$ zuordnen, indem man setzt:

$$\langle F^*\omega(x), \boldsymbol{h} \rangle := \langle \omega(F(x)), T_x F \cdot \boldsymbol{h} \rangle \quad \text{für} \quad x \in M \,, \; \boldsymbol{h} \in T_x M$$

oder, kürzer geschrieben:

$$F^*\omega(x) := \omega(F(x)) \circ T_x F = (T_x F)' \omega(F(x)) \quad \text{für} \quad x \in M$$

(vgl. Def. 21.16b.). Für eine skalare Funktion g auf N setzt man $F^*g := g \circ F$. Nun ist es nicht schwer, die Rechenregeln aus Satz 21.20 zu bestätigen (Übung!), und insbesondere haben wir

$$F^*(\mathrm{d}g) = \mathrm{d}(F^*g)$$

für $g \in C^1(N)$.

Ein Beispiel für den Pull-back ist die in Def. 21.25 eingeführte Einschränkung einer 1-Form ω auf eine Teilmannigfaltigkeit $M \subseteq G$. Die Abbildung, um die es sich dabei handelt, ist die *Einbettung* $J : M \to G$, also die Funktion $J(x) \equiv x$, bei der der Bildpunkt $J(x)$ zwar mit x übereinstimmt, aber als Punkt von G aufgefasst wird und nicht mehr als Punkt von M. Ein Vergleich der Definitionen zeigt dann sofort, dass

$$\omega|_M = 0 \quad \Longleftrightarrow \quad J^*\omega = 0$$

und entsprechend

$$\omega_1|_M = \omega_2|_M \quad \Longleftrightarrow \quad J^*\omega_1 = J^*\omega_2 \,.$$

Ist $v : \Omega \to M$ eine lokale Parametrisierung von M und ω eine 1-Form auf M, so betrachten wir $v^*\omega$, was ja eine 1-Form auf der offenen Teilmenge $\Omega \subseteq \mathbb{R}^n$ ist, als die *lokale Darstellung* von ω in den durch v eingeführten Koordinaten $\xi^1, \ldots, \xi^n$. Entsprechend sagen wir, ω sei von der Klasse C^r, wenn für jede lokale Parametrisierung v von M die Form $v^*\omega$ von der Klasse C^r ist. Wieder braucht man das nur für die Karten eines einzigen, die Mannigfaltigkeit definierenden Atlasses nachzuprüfen. Die *Koeffizienten* von ω in den Koordinaten $\xi^1, \ldots, \xi^n$ sind die in Ω definierten Funktionen $b_1, \ldots, b_n$, die durch die Entwicklung

$$v^*\omega = \sum_{j=1}^n b_j(\xi^1, \ldots, \xi^n) \mathrm{d}\xi^j \tag{21.42}$$

festgelegt sind.

Andererseits haben wir bei Vektorfeldern zur Entwicklung das Basisfeld $\{\boldsymbol{b}_1, \ldots, \boldsymbol{b}_n\}$ aus (21.34) benutzt, das von einer lokalen Parametrisierung definiert wird, und dadurch Koeffizientenfunktionen gewonnen, die auf der Mannigfaltigkeit selbst definiert sind (vgl. (21.35) und (21.36)). Analog kann man auch bei Differenzialformen vorgehen. Es sei also $v = \alpha^{-1}$ für eine auf der offenen Teilmenge $U \subseteq M$ definierte Karte α, die dort die lokalen Koordinaten

$\xi^k = \alpha^k(x)$ einführt. Für festes $x^0 \in U$, $c := \alpha(x^0)$ werden dann die Vektoren $\boldsymbol{b}_k(x^0)$ repräsentiert durch die Kurven

$$\gamma_k(t) := v(c + t\boldsymbol{e}_k) \ .$$

Wegen $\alpha \circ v = \mathrm{id}$ ist $\alpha^j(\gamma_k(t))$ die j-te Komponente von $c + t\boldsymbol{e}_k$, also c^j für $j \neq k$ und $c^k + t$ für $j = k$. Das ergibt

$$\langle \mathrm{d}\alpha^j(x^0), \boldsymbol{b}_k(x^0)\rangle = (\alpha^j \circ \gamma_k)'(0) = \delta_k^j \ .$$

Also bilden die Differenziale $\mathrm{d}\alpha^1, \ldots, \mathrm{d}\alpha^n$ an der beliebigen Stelle $x^0 \in U$ die *duale Basis* zu $\{\boldsymbol{b}_1, \ldots, \boldsymbol{b}_n\}$, und insbesondere erhalten wir auf diese Weise ein Basisfeld für die Kotangentialräume an den Punkten von U. Entwickeln wir die 1-Form ω nun nach dieser Basis, etwa als

$$\omega = \sum_{j=1}^{n} a_j(x)\mathrm{d}\alpha^j \ , \tag{21.43}$$

so ergibt sich wegen $v^* \mathrm{d}\alpha^j = \mathrm{d}(\alpha^j \circ v) = \mathrm{d}\xi^j$

$$v^*\omega = \sum_{j=1}^{n} a_j(v(\xi^1, \ldots, \xi^n))\mathrm{d}\xi^j \ ,$$

also $b_j = a_j \circ v$ durch Koeffizientenvergleich mit (21.42).

Das Material über Kurvenintegrale und Potenzialfelder – insbesondere Thm. 21.23 und Satz 21.24 – kann nun fast wörtlich auf Mannigfaltigkeiten übertragen werden. Zwei Punkte sind allerdings zu beachten:

- Eine 1-Form ω wird als *geschlossen* bezeichnet, wenn $v^*\omega$ für jede lokale Parametrisierung im Sinne von Def. 21.22b. geschlossen ist. Wegen Satz 21.24 ist diese Bedingung unter Kartenwechseln invariant und braucht daher wieder nur für die Karten aus einem einzigen die Mannigfaltigkeit definierenden Atlas nachgewiesen zu werden.
- Die Korrespondenz zwischen Formen und Feldern steht und fällt damit, dass auf jedem Tangentialraum ein Skalarprodukt gegeben ist, denn man verwendet ja den Isomorphismus L, der nach Satz 21.17d. von einem Skalarprodukt gestiftet wird. Dabei müssen diese Skalarprodukte auch in gewissem Sinne *glatt* vom Grundpunkt abhängen. Die Vorgabe von solch einem System von Skalarprodukten auf den $T_x M$ wird als RIEMANN'sche *Struktur* auf M bezeichnet, und M zusammen mit einer RIEMANN'schen Struktur ist eine RIEMANN'sche *Mannigfaltigkeit*. Die Theorie dieser Mannigfaltigkeiten ist die RIEMANN'sche *Geometrie*.

21.35 PFAFF'sche Formen im Komplexen und WIRTINGER-Kalkül.
Eine *komplexe 1-Form* auf einer komplexen Mannigfaltigkeit M ist eine $\mathbb{C}$-wertige Funktion auf dem Tangentialbündel TM, die auf jedem einzelnen

Tangentialraum $T_z M$ eine *reell-lineare* Abbildung darstellt. Wir wollen diese Formen aber nur im einfachsten Spezialfall etwas näher betrachten, nämlich für $M = D \overset{\text{offen}}{\subseteq} \mathbb{C}$. Für jedes $z \in D$ wird dann der Tangentialraum $T_z D$ mit $\mathbb{C} = \mathbb{R}^2$ identifiziert. Eine komplexe 1-Form ω in D ordnet also jedem Punkt $z \in D$ eine reell-lineare Abbildung $\omega(z) : \mathbb{C} \to \mathbb{C}$ zu. Der Raum $\mathcal{L}_{\mathbb{R}}(\mathbb{C}, \mathbb{C})$ dieser reell-linearen Abbildungen ist – wie jeder Vektorraum aus komplexwertigen Funktionen – ein *komplexer* Vektorraum, d. h. man kann in ihm Linearkombinationen mit komplexen Koeffizienten bilden. Um seine Elemente bequem anschreiben zu können, betrachten wir in $\mathbb{C} = \mathbb{R}^2$ die Standardbasis $\{e_x, e_y\}$ und dazu die duale Basis $\{\mathrm{d}x, \mathrm{d}y\}$ von $(\mathbb{R}^2)^* = \mathcal{L}_{\mathbb{R}}(\mathbb{R}^2, \mathbb{R})$. Für ein Element $\Lambda \in \mathcal{L}_{\mathbb{R}}(\mathbb{C}, \mathbb{C})$ und einen Vektor $\boldsymbol{h} = x\boldsymbol{e}_x + y\boldsymbol{e}_y$ haben wir dann

$$\Lambda(\boldsymbol{h}) = x\Lambda(\boldsymbol{e}_x) + y\Lambda(\boldsymbol{e}_y) = c_x x + c_y y$$

mit den komplexen Koeffizienten

$$c_x := \Lambda(\boldsymbol{e}_x) , \quad c_y := \Lambda(\boldsymbol{e}_y) .$$

Nun ist aber $x = \langle \mathrm{d}x, \boldsymbol{h} \rangle$ und $y = \langle \mathrm{d}y, \boldsymbol{h} \rangle$, also haben wir die Entwicklung

$$\Lambda = c_x \mathrm{d}x + c_y \mathrm{d}y .$$

Dies bedeutet, dass $\{\mathrm{d}x, \mathrm{d}y\}$ auch für $\mathcal{L}_{\mathbb{R}}(\mathbb{C}, \mathbb{C})$ eine Basis darstellt, allerdings eben im Sinne der *komplexen* Vektorräume, bei denen Linearkombinationen mit komplexen Koeffizienten erlaubt sind.

Meist ist aber eine andere Basis praktischer. Diese besteht aus

$$\mathrm{d}z := \mathrm{d}x + \mathrm{i}\mathrm{d}y \quad \text{und} \quad \mathrm{d}\bar{z} := \mathrm{d}x - \mathrm{i}\mathrm{d}y . \tag{21.44}$$

Die ursprüngliche Basis lässt sich hieraus zurückgewinnen durch

$$\mathrm{d}x = \frac{\mathrm{d}z + \mathrm{d}\bar{z}}{2} , \quad \mathrm{d}y = \frac{\mathrm{d}z - \mathrm{d}\bar{z}}{2\mathrm{i}} , \tag{21.45}$$

wie eine triviale Rechnung zeigt. Damit ist auch gesichert, dass $\{\mathrm{d}z, \mathrm{d}\bar{z}\}$ tatsächlich eine Basis des komplexen Vektorraums $\mathcal{L}_{\mathbb{R}}(\mathbb{C}, \mathbb{C})$ ist. Für $\boldsymbol{h} = (x, y)^T = x + \mathrm{i}y$ haben wir

$$\langle \mathrm{d}z, \boldsymbol{h} \rangle = x + \mathrm{i}y , \quad \langle \mathrm{d}\bar{z}, \boldsymbol{h} \rangle = x - \mathrm{i}y ,$$

d. h. bis auf die Schreibweise ist $\mathrm{d}z$ einfach die identische Abbildung in $\mathbb{C}$ und $\mathrm{d}\bar{z}$ ist der Operator des komplexen Konjugierens. In der Entwicklung

$$\Lambda = b\mathrm{d}z + c\mathrm{d}\bar{z} , \quad b, c \in \mathbb{C}$$

einer beliebigen reell-linearen Abbildung nach unserer neuen Basis ist daher der Anteil $b\mathrm{d}z$ eine *komplex-lineare* Abbildung, und der Anteil $c\mathrm{d}\bar{z}$ ist *antilinear*.

Eine komplexe 1-Form ω auf D wird nun meist nach dieser Basis entwickelt. Man schreibt also

$$\omega(z) = b(z)\mathrm{d}z + c(z)\mathrm{d}\bar{z} \qquad (21.46)$$

mit komplexen Koeffizientenfunktionen $b, c : D \to \mathbb{C}$. Ein wichtiger Spezialfall sind die *Differenziale* komplexwertiger Funktionen, die man natürlich über Real- und Imaginärteil definiert: Ist $f = u + iv$ mit reellen C^1-Funktionen u, v in D, so ist das *Differenzial* definiert durch

$$\mathrm{d}f := \mathrm{d}u + \mathrm{i}\mathrm{d}v .$$

Es ist also eine komplexe 1-Form, und wir wollen ihre Entwicklung (21.46) bestimmen. Mit (21.45) bekommen wir:

$$
\begin{aligned}
\mathrm{d}f &= (u_x\mathrm{d}x + u_y\mathrm{d}y) + \mathrm{i}(v_x\mathrm{d}x + v_y\mathrm{d}y) \\
&= (u_x + \mathrm{i}v_x)\frac{\mathrm{d}z + \mathrm{d}\bar{z}}{2} + (u_y + \mathrm{i}v_y)\frac{\mathrm{d}z - \mathrm{d}\bar{z}}{2\mathrm{i}} \\
&= \frac{1}{2}\big(u_x + \mathrm{i}v_x - \mathrm{i}u_y + v_y\big)\mathrm{d}z + \frac{1}{2}\big(u_x + \mathrm{i}v_x + \mathrm{i}u_y - v_y\big)\mathrm{d}\bar{z} \\
&= \frac{1}{2}\left(\frac{\partial f}{\partial x} - \mathrm{i}\frac{\partial f}{\partial y}\right)\mathrm{d}z + \frac{1}{2}\left(\frac{\partial f}{\partial x} + \mathrm{i}\frac{\partial f}{\partial y}\right)\mathrm{d}\bar{z} .
\end{aligned}
$$

Mit den Abkürzungen

$$\frac{\partial f}{\partial z} := \frac{1}{2}\left(\frac{\partial f}{\partial x} - \mathrm{i}\frac{\partial f}{\partial y}\right) , \quad \frac{\partial f}{\partial \bar{z}} := \frac{1}{2}\left(\frac{\partial f}{\partial x} + \mathrm{i}\frac{\partial f}{\partial y}\right) \qquad (21.47)$$

schreibt sich die gesuchte Entwicklung kurz und suggestiv in der Form

$$\mathrm{d}f = \frac{\partial f}{\partial z}\mathrm{d}z + \frac{\partial f}{\partial \bar{z}}\mathrm{d}\bar{z} . \qquad (21.48)$$

Die durch (21.47) eingeführten Differenzialoperatoren $\partial/\partial z$ und $\partial/\partial \bar{z}$ nennt man WIRTINGER-*Operatoren*. Weitere Schreibweisen sind:

$$\partial f \equiv f_z \equiv \frac{\partial f}{\partial z} , \quad \bar{\partial} f \equiv f_{\bar{z}} \equiv \frac{\partial f}{\partial \bar{z}} .$$

Dass dies mehr ist als eine Spielerei mit Schreibweisen, liegt an der folgenden Beobachtung:

Satz. *Eine C^1-Funktion $f : D \to \mathbb{C}$ ist holomorph genau dann, wenn $\bar{\partial} f \equiv 0$. In diesem Fall ist ∂f die komplexe Ableitung f'.*

Dies ergibt sich sofort, indem man die Definitionen der WIRTINGER-Operatoren mit den CAUCHY-RIEMANN'schen Differenzialgleichungen (16.5) und mit (16.4) vergleicht (Aufgabe 16.3 !). Es zeigt sich also, dass $\partial f/\partial \bar{z} = 0$ eine Kurzschreibweise für die CAUCHY-RIEMANN'schen Differenzialgleichungen ist. Weiter ist f genau dann holomorph, wenn

$$\mathrm{d}f = f_z \mathrm{d}z = f'(z)\mathrm{d}z \ ,$$

und man kann ebenso leicht nachrechnen, dass die Holomorphie von f dazu äquivalent ist, dass die komplexe 1-Form $f(z)\mathrm{d}z$ geschlossen ist. Kurvenintegrale über komplexe 1-Formen werden ebenso definiert wie bei reellen, und es ist dann klar, dass das komplexe Kurvenintegral $\oint_\Gamma f(z)\,\mathrm{d}z$ aus Kap. 16 nichts anderes ist als das Kurvenintegral $\int_\Gamma \omega$ der komplexen 1-Form $\omega = f(z)\,\mathrm{d}z$. Somit ergeben sich der CAUCHY'sche Integralsatz und der Satz 16.22 über die komplexe Stammfunktion direkt aus Thm. 21.23.

Aufgaben zu §21

21.1. Man gebe die größte Menge $T \subseteq \mathbb{R}^3$ an, für die die folgende Abbildung $F = (f_1, \ldots, f_6) : T \longrightarrow \mathbb{R}^6$ eine Immersion ist:

$$F(u, v, w) := (u^2, v^2, w^2, vw, uw, uv)^T \ .$$

21.2. Es sei $1 \leq m \leq n$, und T, U seien offene Teilmengen von $\mathbb{R}^m$, V, W offene Teilmengen von $\mathbb{R}^n$. Schließlich sei $F : U \to V$ eine Immersion. Man zeige:

a. Ist $Q : V \to W$ ein Diffeomorphismus, so ist $Q \circ F$ eine Immersion.
b. Ist $q : T \to U$ ein Diffeomorphismus, so ist $F \circ q$ eine Immersion.

21.3. Man zeige:

a. Die n-dimensionalen Teilmannigfaltigkeiten von $\mathbb{R}^n$ sind die offenen Teilmengen.
b. Die nulldimensionalen Teilmannigfaltigkeiten von $\mathbb{R}^n$ sind diejenigen Teilmengen, die nur aus isolierten Punkten bestehen. (Isolierte Punkte wurden in 13.2 d. definiert.)

21.4. Sei M eine eindimensionale Teilmannigfaltigkeit der Ebene $\mathbb{R}^2$ und $a \in M$ ein beliebiger Punkt. Man zeige: Für alle hinreichend kleinen $\delta > 0$ besteht $M \cap \partial U_\delta(a)$ aus genau zwei Punkten.

21.5. Wir betrachten die *logarithmische Spirale*

$$S : \begin{pmatrix} x \\ y \end{pmatrix} = \mathrm{e}^{-\beta t} \begin{pmatrix} \cos t \\ \sin t \end{pmatrix}, \quad 0 < t < \infty$$

mit gegebenem $\beta > 0$. Man zeige:

a. S ist eine eindimensionale Teilmannigfaltigkeit der Ebene.

b. Der Abschluss $\overline{S} = S \cup \{(0,0)\}$ ist keine Teilmannigfaltigkeit der Ebene. (*Hinweis:* Man verwende Aufg. 21.4.)

21.6. Man zeige, dass der Torus in $\mathbb{R}^3$ eine Teilmannigfaltigkeit ist. (Der Torus sieht aus wie die Oberfläche eines glatten Reifens und ist präzis definiert durch die Parameterdarstellung (21.28) – vgl. auch Abb. 21.2)

21.7. Die Funktionen $f, g : \mathbb{R}^3 \longrightarrow \mathbb{R}$ seien definiert durch

$$f(x,y,z) := x^2 + xy - y - z , \quad g(x,y,z) := 2x^2 + 3xy - 2y - 3z .$$

Man zeige, dass $C := \{(x,y,z) \mid f(x,y,z) = g(x,y,z) = 0\}$ eine eindimensionale Teilmannigfaltigkeit des $\mathbb{R}^3$ ist und dass $\varphi(t) := (t, t^2, t^3)^T$ eine globale Parameterdarstellung von C ist.

21.8. Man zeige, dass das nichtlineare Gleichungssystem

$$x_1 x_3 - x_2^2 = 0$$
$$x_2 x_4 - x_3^2 = 0$$
$$x_1 x_4 - x_2 x_3 = 0$$

in $\Omega := \mathbb{R}^4 \setminus \{0\}$ eine *zweidimensionale* Teilmannigfaltigkeit definiert.

21.9. Definiere $v : \mathbb{R} \to \mathbb{R}^2$ durch

$$v(t) := \frac{1}{1 + t^4} \begin{pmatrix} t^2 \\ t \end{pmatrix} .$$

Man mache sich den Verlauf der Kurve v klar (Skizze!) und zeige dann:

a. v ist eine injektive Immersion.
b. Die Bildmenge $K := v(\mathbb{R})$ ist kompakt und keine Teilmannigfaltigkeit von $\mathbb{R}^2$.
c. $v^{-1} : K \to \mathbb{R}$ ist nicht stetig.

21.10. Man beweise: Ist M eine k-dimensionale Teilmannigfaltigkeit von $\mathbb{R}^m$ und N eine ℓ-dimensionale Teilmannigfaltigkeit von $\mathbb{R}^n$, so ist $M \times N$ eine $(k + \ell)$-dimensionale Teilmannigfaltigkeit von $\mathbb{R}^{m+n}$.

21.11. Sei $a \in M_0 \subseteq M \subseteq M_1 \subseteq \mathbb{R}^m$. Angenommen, es gibt eine offene Umgebung U von a in $\mathbb{R}^m$, für die bekannt ist, dass $U \cap M_0$ und $U \cap M_1$ Teilmannigfaltigkeiten sind, und zwar von ein und derselben Dimension k. Man beweise: Dann gibt es eine offene Umgebung $U_0 \subseteq U$ von a mit $U_0 \cap M_0 = U_0 \cap M = U_0 \cap M_1$. Insbesondere ist $U_0 \cap M$ ebenfalls eine k-dimensionale Teilmannigfaltigkeit von $\mathbb{R}^m$.

21.12. Für die Funktion $u(x,y) = 3xy^2 - x^3 + 4x^2 + 4y^2$ bestimme man alle lokalen Extrema auf dem Kreis S^1, und zwar mit den folgenden drei verschiedenen Methoden:

a. durch Auflösen der Nebenbedingung $x^2 + y^2 - 1 = 0$ nach y,

b. mit Hilfe eines LAGRANGE-Multiplikators,

c. mit Hilfe der Funktion $t \mapsto (\cos t, \sin t)^T$ von $\mathbb{R}$ nach S^1.

21.13. Man bestimme die kritischen Punkte der Funktion

a.

$$f(x, y) = x + y$$

unter der Nebenbedingung $g(x, y) = x^2 + y^2 = 1$,

b.

$$f(x, y, z) = x + z$$

unter der Nebenbedingung $g(x, y, z) = x^2 + y^2 + z^2 = 1$.

21.14. Sei $f : \mathbb{R}^3 \longrightarrow \mathbb{R}$ gegeben durch $f(x, y, z) := x^2 + y^2$. Man bestimme die Extrema von f unter den Nebenbedingungen

$$2x^2 + y^2 - 4 = 0 \quad \text{und}$$
$$x + y + z = 0 \,.$$

21.15. Es sei $A := (a_{jk})$ eine symmetrische reelle $n \times n$-Matrix und $q_A(x) := \sum_{j,k=1}^{n} a_{jk} x_j x_k$ die entsprechende quadratische Form (vgl. Satz 9.25). Man bestimme die kritischen Punkte von q_A unter der Nebenbedingung

$$x_1^2 + \cdots + x_n^2 = 1 \,.$$

Insbesondere zeige man, dass es mindestens n derartige kritische Punkte gibt. Was sind die entsprechenden kritischen Werte (d. h. die Funktionswerte von q_A in den kritischen Punkten) ?

21.16. Es sei V ein n-dimensionaler $\mathbb{K}$-Vektorraum und V^* sein Dualraum. Für $A \subseteq V$ definiert man das *Orthogonalkomplement* $A^{\perp} \subseteq V^*$ durch

$$A^{\perp} := \{\xi \in V^* \mid \langle \xi, x \rangle = 0 \,\forall\, x \in A\} \,.$$

Entsprechend definiert man für $B \subseteq V^*$ das Orthogonalkomplement in V durch

$$B^{\perp} := \{x \in V \mid \langle \xi, x \rangle = 0 \,\forall\, \xi \in B\} \,.$$

Man zeige:

a. $A^{\perp}$ und $B^{\perp}$ sind lineare Teilräume von V^* bzw. von V.

b. $A^{\perp} = (\mathrm{L}\,\mathrm{H}(A))^{\perp}$ für jedes $A \subseteq V$. Entsprechend für Teilmengen $B \subseteq V^*$.

c. Ist U ein linearer Teilraum von V, so ist $\dim U^{\perp} = n - \dim U$. Entsprechend für lineare Teilräume von V^*.

d. Für lineare Teilräume U von V (bzw. von V^*) ist stets $(U^{\perp})^{\perp} = U$.

e. Für beliebige $A \subseteq V$ ist $(A^{\perp})^{\perp} = \mathrm{L}\,\mathrm{H}(A)$ und analog für $B \subseteq V^*$.

Hinweis: Die Beweise sind eigentlich nicht schwer, aber vielleicht etwas ungewohnt. Wer Schwierigkeiten damit hat, schlage in einem beliebigen Lehrbuch der Linearen Algebra nach.

21.17. Wir betrachten zwei endlichdimensionale $\mathbb{K}$-Vektorräume V, W, eine lineare Abbildung $\mathcal{A} : V \to W$ und ihre duale Abbildung $\mathcal{A}' : W^* \to V^*$. Wir verwenden das Zeichen $\perp$ wie in der vorigen Aufgabe. Man zeige:

$$\operatorname{Kern} \mathcal{A}' = (\operatorname{Bild} \mathcal{A})^\perp \; , \quad \operatorname{Bild} \mathcal{A}' = (\operatorname{Kern} \mathcal{A})^\perp \; ,$$
$$\operatorname{Kern} \mathcal{A} = (\operatorname{Bild} \mathcal{A}')^\perp \; , \quad \operatorname{Bild} \mathcal{A} = (\operatorname{Kern} \mathcal{A}')^\perp \; .$$

Hinweis: – wie bei der vorigen Aufgabe!

21.18. Es sei H ein endlichdimensionaler Prähilbertraum und $\langle \cdot \mid \cdot \rangle$ sein Skalarprodukt. Weiter sei U ein linearer Teilraum von H, ebenfalls aufgefasst als Prähilbertraum mit demselben Skalarprodukt. Schließlich seien $L : H \to H^*$ und $L_U : U \to U^*$ die in Satz 21.17d. beschriebenen Isomorphismen, einmal für H, einmal für U. Für $x \in H$ setzen wir $\xi := Lx$, $\xi_0 := \xi|_U \in U^*$ und schließlich $u := L_U^{-1}(\xi_0)$. Man beweise: u ist die U-Komponente von x in Bezug auf die direkte Zerlegung $H = U \oplus U^\perp$ (vgl. Satz 6.17 b.)

21.19. Wir erweitern jetzt Aufg. 7.15 (vgl. auch Beispiel 19.9b.). Dazu betrachten wir einen n-dimensionalen Prähilbertraum H und darin eine beliebige Basis $\mathfrak{B} = \{b_1, \dots, b_n\}$, ferner die dazu duale Basis $\mathfrak{B}^* = \{\beta^1, \dots, \beta^n\}$ von H^*. Die Zahlen

$$g_{ik} := \langle b_i \mid b_k \rangle \; , \quad i, k = 1, \dots, n \tag{21.49}$$

bezeichnet man als die *Komponenten des metrischen Tensors* in Bezug auf die gegebene Basis. Wir schreiben G für die Matrix (g_{ik}). Man zeige:

a. G ist symmetrisch und positiv definit.
b. Für $x, y \in H$ gilt
$$\langle x \mid y \rangle = X^T G Y \; .$$

Dabei bezeichnen X bzw. Y die Koordinatenspalten von x bzw. y bzgl. der Basis $\mathfrak{B}$.
c. Sei $L : H \to H^*$ der Isomorphismus aus Satz 21.17 d. Ist $x \in H$, und sind $(x^1, \dots, x^n)$ seine Koordinaten bzgl. $\mathfrak{B}$, so sind die Koordinaten von $\xi := Lx$ bzgl. $\mathfrak{B}^*$ gegeben durch

$$\xi_j = \sum_{k=1}^n g_{jk} x^k \; , \quad j = 1, \dots, n \; .$$

d. Auf H^* ist durch
$$\langle \xi \mid \eta \rangle := \langle L^{-1}\eta \mid L^{-1}\xi \rangle$$

ein Skalarprodukt definiert.

e. Für das Skalarprodukt auf H^* definieren wir die Komponenten des metrischen Tensors durch

$$g^{ik} := \langle \beta^i \mid \beta^k \rangle \,, \quad i, k = 1, \ldots, n \,. \tag{21.50}$$

Dann ist (g^{ik}) die Matrix G^{-1}.

21.20. Sei $\Omega \subseteq \mathbb{R}^n$ ein Gebiet. Ein PFAFF'*sches System* in Ω ist ein Gleichungssystem der Form

$$\omega_j = 0 \,, \quad j = 1, \ldots, p \,. \tag{21.51}$$

Dabei sind $\omega_1, \ldots, \omega_p$ gegebene stetige PFAFF'sche Formen in Ω mit der Eigenschaft, dass für jeden Punkt $x \in \Omega$ die Kovektoren $\omega_1(x), \ldots, \omega_p(x)$ linear unabhängig sind (es muss also $p \leq n$ sein – wieso?). Das Gleichungssystem, das ja, wörtlich genommen, keinen rechten Sinn ergibt, ist folgendermaßen zu interpretieren: Gesucht ist eine (möglichst hochdimensionale) Teilmannigfaltigkeit $M \subseteq \Omega$ mit der Eigenschaft

$$\omega_j|_M = 0 \quad \text{für} \quad j = 1, \ldots, p \,.$$

Solch eine Teilmannigfaltigkeit nennt man eine *Integralmannigfaltigkeit* von (21.51).

Man zeige:

a. $\dim M \leq n - p$ für jede Integralmannigfaltigkeit M von (21.51).
b. Angenommen, es gibt in Ω p nullstellenfreie stetige Funktionen $\mu_1, \ldots, \mu_p$, für die die 1-Formen $\mu_j \omega_j$ *exakt* sind. Dann geht durch jeden Punkt $x^0 \in \Omega$ eine $(n - p)$-dimensionale Integralmannigfaltigkeit von (21.51).

21.21. Sei $\Omega \subseteq \mathbb{R}^2$ ein Gebiet, $f, g : \Omega \longrightarrow \mathbb{R}$ stetig, und $\omega := f(x, y)\mathrm{d}x + g(x, y)\mathrm{d}y$. Das PFAFF'sche System $\omega = 0$ (vgl. Aufg. 21.20) wird auch als „Differenzialgleichung"

$$f(x, y)\mathrm{d}x + g(x, y)\mathrm{d}y = 0 \tag{21.52}$$

aufgefasst. Man bezeichnet sie als *exakte Differenzialgleichung*, wenn die 1-Form ω in Ω exakt ist. Man zeige:

a. Eine Funktion $y = u(x)$, $a < x < b$ ist genau dann eine Lösung der Differenzialgleichung

$$f(x, y) + g(x, y)y' = 0 \,, \tag{21.53}$$

wenn ihr Graph eine Integralmannigfaltigkeit von (21.52) ist.
b. Wenn ω exakt ist und $g(x, y) \neq 0$ in Ω, so geht durch jeden Punkt $(x_0, y_0) \in \Omega$ genau eine Lösung $y = u(x)$ von (21.53). Diese ist implizit gegeben durch eine Gleichung der Form $F(x, u(x)) \equiv c$. Wie kann man F durch Kurvenintegrale berechnen?

c. Ein EULER'*scher Multiplikator* für (21.52) ist eine stetige Funktion μ : $\Omega \to]0, \infty[$, für die die Form $\mu\omega$ exakt ist. Nun sei Ω einfach zusammenhängend und $f, g \in C^1$. Behauptung: Die Funktion

$$\mu(x, y) := \mathrm{e}^{v(x,y)}$$

ist genau dann ein EULER'scher Multiplikator, wenn v die folgende partielle Differenzialgleichung löst:

$$v_y f - v_x g = g_x - f_y \ .$$

Bemerkung: Damit lassen sich oft EULER'sche Multiplikatoren finden, die nur von einer der beiden Variablen x, y abhängen.

21.22. Wir benutzen die Terminologie aus Aufg. 21.21.

a. Man zeige, dass die Differenzialgleichung

$$(y^2 \mathrm{e}^{xy} + 3x^2 y)\mathrm{d}x + (x^3 + (1 + xy)\mathrm{e}^{xy})\mathrm{d}y = 0$$

exakt ist. Man gebe Lösungen als implizit definierte Funktionen an.

b. Man zeige, dass die Differenzialgleichung

$$(2x^2 + 2xy^2 + 1)y\mathrm{d}x + (3y^2 + x)\mathrm{d}y = 0$$

nicht exakt ist, dass aber für sie ein nur von x abhängiger EULER'scher Multiplikator existiert. Man bestimme Lösungen als implizite Funktionen.

21.23. (Für diese Aufgabe sollte man Ergänzung 21.32 studiert haben.) Es sei G eine beliebige reelle $n \times n$-Matrix. Wir wollen zeigen, dass die entsprechende Gruppe $\mathbf{O}_G(n)$ der G-orthogonalen Transformationen eine lineare LIE-Gruppe ist, und betrachten dazu die in (21.38) definierte Abbildung Ψ_G. Man zeige nacheinander:

a. $D\Psi_G(X) \cdot (XH) = D\Psi_G(E) \cdot H$ für alle $X \in \mathbf{O}_G(n)$, $H \in \mathbb{R}_{n \times n}$.
b. $\mathcal{V} :=$ Bild $D\Psi_G(X)$ hängt nicht von $X \in \mathbf{O}_G(n)$ ab.
c. Wir wählen eine Basis $\{B_1, \ldots, B_d\}$ von $\mathcal{V}$ und ergänzen diese durch $B_{d+1}, \ldots, B_{n^2}$ zu einer Basis von ganz $\mathbb{R}_{n \times n}$. Dann definieren wir $\mathcal{P}$: $\mathbb{R}_{n \times n} \to \mathbb{R}^d$ durch $\mathcal{P}(Y) := (\eta_1, \ldots, \eta_d)$, wo

$$Y = \sum_{k=1}^{n^2} \eta_k B_k$$

die Entwicklung von Y nach dieser Basis ist. Setze $\Phi_G := \mathcal{P} \circ \Psi_G$ und $M_1 := \Phi_G^{-1}(0)$. Dann ist $\mathbf{O}_G(n) \subseteq M_1$, und M_1 ist eine Teilmannigfaltigkeit der Dimension $k := n^2 - d$.

d. Setze $M_0 := \{\exp H \mid D\Psi_G(E) \cdot H = 0\}$. Für eine geeignete offene Umgebung U von E ist $U \cap M_0$ eine k-dimensionale Teilmannigfaltigkeit von $\mathbb{R}_{n \times n}$. (*Hinweis:* Man verwende (21.31) und den Satz über inverse Funktionen.)

e. Es gibt eine offene Umgebung U_0 von E so, dass $U_0 \cap M_0 = U_0 \cap \mathbf{O}_G(n) = U_0 \cap M_1$. Insbesondere ist $U_0 \cap \mathbf{O}_G(n)$ eine k-dimensionale Teilmannigfaltigkeit von $\mathbb{R}_{n \times n}$. (*Hinweis:* Aufg. 21.11.)

f. $\mathbf{O}_G(n)$ ist eine k-dimensionale Teilmannigfaltigkeit von $\mathbb{R}_{n \times n}$ und damit eine lineare LIE-Gruppe. (*Hinweis:* Die Abbildung, die beliebige Matrizen von links mit einer festen invertierbaren Matrix multipliziert, ist ein Diffeomorphismus.)

22

Höherdimensionale Flächenintegrale

Wir wollen uns nun der Frage zuwenden, wie man über k-dimensionale Teilmannigfaltigkeiten sinnvoll integrieren kann. Das wird uns auch die Möglichkeit verschaffen, den GAUSS'schen Integralsatz auf beliebige Dimension zu verallgemeinern, wie wir es schon in Kap. 15 in Aussicht gestellt hatten.

A. Die GRAM'sche Determinante

Zunächst benötigen wir gewisse Vorbereitungen aus der Linearen Algebra.

Definition 22.1. *Seien* $a_1, \ldots, a_k \in \mathbb{R}^n$ *gegebene Vektoren* $(k \leq n)$. *Die* GRAM*'sche Determinante* $g(a_1, \ldots, a_k)$ *ist definitionsgemäß die Determinante der* $k \times k$*-Matrix* (g_{ij}), *wo*

$$g_{ij} := a_i \cdot a_j \quad (i, j = 1, \ldots, k) \, . \tag{22.1}$$

Dabei bezeichnet der Malpunkt das Euklid'sche Skalarprodukt.

Bildet man die Matrix A mit den gegebenen Vektoren $a_1, \ldots, a_k$ als Spalten, so ist $A^T A$ gerade die Matrix (g_{ij}), also:

$$g(a_1, \ldots, a_k) = |A^T A| \, . \tag{22.2}$$

Beispiele:

a. Für $k = n$ ist die Matrix A quadratisch, und aus (22.2) folgt mit (5.21) und Thm. 5.21 also

$$g(a_1, \ldots, a_n) = (\det A)^2 \, . \tag{22.3}$$

b. Im Falle $n = 3$, $k = 2$ kann man die GRAM'sche Determinante durch das Vektorprodukt ausdrücken. Interpretiert man nämlich die rechte Seite von (6.36) als Determinante, so findet man:

$$g(\boldsymbol{a}, \boldsymbol{b}) = \|\boldsymbol{a} \times \boldsymbol{b}\|^2 \tag{22.4}$$

für $\boldsymbol{a}, \boldsymbol{b} \in \mathbb{R}^3$.

Lemma 22.2. *Seien* $\boldsymbol{a}_1, \ldots, \boldsymbol{a}_k \in \mathbb{R}^n$ *beliebig, und sei* $\{\boldsymbol{e}_{k+1}, \ldots, \boldsymbol{e}_n\}$ *ein Orthonormalsystem im orthogonalen Komplement von* $\mathrm{LH}(\boldsymbol{a}_1, \ldots, \boldsymbol{a}_k)$. *Dann ist*

$$(\det(\boldsymbol{a}_1, \ldots, \boldsymbol{a}_k, \boldsymbol{e}_{k+1}, \ldots, \boldsymbol{e}_n))^2 = g(\boldsymbol{a}_1, \ldots, \boldsymbol{a}_k) \, .$$

Beweis. Es sei A die $n \times k$-Matrix mit den Spalten $\boldsymbol{a}_1, \ldots, \boldsymbol{a}_k$ und B die $n \times n$-Matrix mit den Spalten $\boldsymbol{a}_1, \ldots, \boldsymbol{a}_k$, $\boldsymbol{e}_{k+1}, \ldots, \boldsymbol{e}_n$. Nach Voraussetzung ist $\boldsymbol{a}_i \cdot \boldsymbol{e}_j = 0$ für $1 \le i \le k < j \le n$. Daher sieht $B^T B$ folgendermaßen aus:

$$B^T B = \begin{pmatrix} A^T A & 0 \\ 0 & E_{n-k} \end{pmatrix}$$

mit der $n - k$-reihigen Einheitsmatrix E_{n-k} rechts unten. Durch fortgesetztes Entwickeln nach der letzten Zeile erkennt man nun sofort

$$\det B^T B = \det A^T A \, ,$$

und wegen (22.2), (22.3) folgt hieraus $(\det B)^2 = g(\boldsymbol{a}_1, \ldots, \boldsymbol{a}_k)$, also die Behauptung.   □

Satz 22.3. *Stets ist* $g(\boldsymbol{a}_1, \ldots, \boldsymbol{a}_k) \ge 0$, *und zwar* > 0 *genau dann, wenn die Vektoren* $\boldsymbol{a}_1, \ldots, \boldsymbol{a}_k$ *linear unabhängig sind.*

Beweis. (i) Sind $\boldsymbol{a}_1, \ldots, \boldsymbol{a}_k$ linear unabhängig, so hat $U := \mathrm{LH}(\boldsymbol{a}_1, \ldots, \boldsymbol{a}_k)$ die Dimension k, und nach Satz 6.17b. ist $\mathbb{R}^n = U \oplus U^\perp$. Also ist $\dim U^\perp = n - k$, und nach Satz 6.14b. können wir eine ONB $\{\boldsymbol{e}_{k+1}, \ldots, \boldsymbol{e}_n\}$ von $U^\perp$ wählen. Dann bilden die Spalten der Matrix

$$B := (\boldsymbol{a}_1, \ldots, \boldsymbol{a}_k, \boldsymbol{e}_{k+1}, \ldots, \boldsymbol{e}_n)$$

eine Basis von $\mathbb{R}^n$, also ist $\det B \ne 0$. Lemma 22.2 ergibt nun $g(\boldsymbol{a}_1, \ldots, \boldsymbol{a}_k) = (\det B)^2 > 0$.

((ii) Seien $\boldsymbol{a}_1, \ldots, \boldsymbol{a}_k$ linear abhängig, und sei wieder $A := (\boldsymbol{a}_1, \ldots, \boldsymbol{a}_k)$. Da diese Matrix nun linear abhängige Spalten hat, gibt es $X = (\xi_1, \ldots, \xi_k)^T \ne (0, \ldots, 0)^T$ mit $AX = 0$. Es folgt $A^T A X = 0$, also hat das homogene lineare Gleichungssystem mit der Koeffizientenmatrix $A^T A$ eine nichttriviale Lösung. Die Matrix $A^T A$ muss daher singulär sein, d. h. $g(\boldsymbol{a}_1, \ldots, \boldsymbol{a}_k) = \det A^T A = 0$.   □

Wir benötigen noch etwas Information über das Verhalten der GRAM'schen Determinante unter Transformationen:

Lemma 22.4.

a. *Seien* $a_1, \ldots, a_k \in \mathbb{R}^n$, *und sei* $C \in \mathbb{R}_{n \times n}$ *eine Matrix, für die* $C^T C = \lambda E_n$ *gilt mit einem Skalar* λ. *Dann ist*

$$g(Ca_1, \ldots, Ca_k) = \lambda^k g(a_1, \ldots, a_k) \, .$$

Insbesondere ist $g(Ca_1, \ldots, Ca_k) = g(a_1, \ldots, a_k)$, *wenn* C *eine orthogonale Matrix ist.*

b. *Für beliebige Matrizen* $S \in \mathbb{R}_{n \times k}$, $V \in \mathbb{R}_{k \times k}$ *gilt:*

$$g(SVe_1, \ldots, SVe_k) = (\det V)^2 g(Se_1, \ldots, Se_k) \, ,$$

wobei $\{e_1, \ldots, e_k\}$ *hier die Standardbasis von* $\mathbb{R}^k$ *bezeichnet.*

Beweis.

a. Wieder sei A die Matrix mit den Spalten $a_1, \ldots, a_k$. Dann ist CA die Matrix mit den Spalten $Ca_1, \ldots, Ca_k$, also ergibt (22.2)

$$\begin{aligned}
g(Ca_1, \ldots, Ca_k) &= \det\left((CA)^T (CA)\right) \\
&= \det\left(A^T C^T C A\right) = \det\left(\lambda A^T A\right) \\
&= \lambda^k \det\left(A^T A\right) = \lambda^k g(a_1, \ldots, a_k) \, ,
\end{aligned}$$

wie behauptet. (Hier ist zu beachten, dass $A^T A$ eine $k \times k$-Matrix ist!)

b. Die Matrix S hat die Spalten Se_j, und entsprechend hat SV die Spalten SVe_j $(j = 1, \ldots, k)$. Daher ergibt (22.2) zusammen mit (5.21) und dem Determinanten-Multiplikationssatz

$$\begin{aligned}
g(SVe_1, \ldots, SVe_k) &= \det\left((SV)^T (SV)\right) \\
&= \det\left(V^T S^T S V\right) \\
&= (\det V^T)(\det S^T S)(\det V) \\
&= (\det V)^2 g(Se_1, \ldots, Se_k) \, ,
\end{aligned}$$

also die Behauptung.   □

B. Integration über Teilmannigfaltigkeiten

Zu einem Punkt $x_0 \in \mathbb{R}^n$ und k linear unabhängigen Vektoren $a_1, \ldots, a_k \in \mathbb{R}^n$ definiert man das (bei x_0 von diesen Vektoren aufgespannte) *Parallelepiped* durch

$$P(x_0; a_1, \ldots, a_k) := \left\{ x_0 + \sum_{j=1}^{k} \lambda_j a_j \, \middle| \, \lambda_1, \ldots, \lambda_k \in [0, 1] \right\} \, .$$

(Für $k = n$ ist das nichts Neues, sondern wurde schon in Kor. 11.21 betrachtet.) Um zu einer vernünftigen Definition des k-dimensionalen „Flächeninhalts" zu gelangen, orientieren wir uns am Spezialfall $k = 2$, $n = 3$. Spannen die linear unabhängigen Vektoren $\boldsymbol{a}, \boldsymbol{b} \in \mathbb{R}^3$ im Punkt x_0 das Parallelogramm ($=$ ebenes Parallelepiped) $P(x_0; \boldsymbol{a}, \boldsymbol{b})$ auf, so ist dessen Flächeninhalt gegeben durch

$$A_2(P(x_0; \boldsymbol{a}, \boldsymbol{b})) = \|\boldsymbol{a} \times \boldsymbol{b}\|$$

(vgl. Bem. 6.21). Er ist gleich dem dreidimensionalen Rauminhalt eines „Brettes der Dicke 1", das $P(x_0; \boldsymbol{a}, \boldsymbol{b})$ als Grundfläche hat, und dieses „Brett" ist geometrisch das Parallelepiped $P(x_0; \boldsymbol{a}, \boldsymbol{b}, \boldsymbol{c})$, wobei $\boldsymbol{c}$ ein Einheitsvektor ist, der auf $\boldsymbol{a}$ und $\boldsymbol{b}$ senkrecht steht. Es ist also

$$A_2(P(x_0; \boldsymbol{a}, \boldsymbol{b})) = v_3(P(x_0; \boldsymbol{a}, \boldsymbol{b}, \boldsymbol{c})) \,.$$

Im Fall eines allgemeinen Parallelepipeds $P(x_0; \boldsymbol{a}_1, \ldots, \boldsymbol{a}_k) \subseteq \mathbb{R}^n$ wäre das „Brett der Dicke 1" die Menge $P(x_0; \boldsymbol{a}_1, \ldots, \boldsymbol{a}_k, \boldsymbol{e}_{k+1}, \ldots, \boldsymbol{e}_n)$, wobei $\boldsymbol{e}_{k+1}, \ldots, \boldsymbol{e}_n$ ein orthonormales System von $n - k$ Vektoren bilden, die allesamt auf $\boldsymbol{a}_1, \ldots, \boldsymbol{a}_k$ senkrecht stehen, also eine Orthonormalbasis von LH $(\boldsymbol{a}_1, \ldots, \boldsymbol{a}_k)^\perp$. Wir betrachten daher

$$A_k(P(x_0; \boldsymbol{a}_1, \ldots, \boldsymbol{a}_k)) := v_n(P(x_0; \boldsymbol{a}_1, \ldots, \boldsymbol{a}_k, \boldsymbol{e}_{k+1}, \ldots, \boldsymbol{e}_n)) \qquad (22.5)$$

als vernünftige Definition des k-dimensionalen Flächeninhalts für Parallelepipede. Die rechte Seite lässt sich mittels Kor. 11.21 berechnen, und mittels Lemma 22.2 wird man die künstlich hinzugefügten Vektoren $\boldsymbol{e}_{k+1}, \ldots, \boldsymbol{e}_n$ wieder los. Es ergibt sich:

$$A_k(P(x_0; \boldsymbol{a}_1, \ldots, \boldsymbol{a}_k)) = (g(\boldsymbol{a}_1, \ldots, \boldsymbol{a}_k))^{1/2} \,. \qquad (22.6)$$

Die heuristischen Überlegungen, die am Anfang von Abschn. 12B. durchgeführt wurden, um zu einer Definition des Flächenintegrals zu kommen, lassen sich nun unverändert auf den allgemeinen Fall übertragen, wobei natürlich Formel (22.6) die Rolle übernimmt, die vorher von Anmerkung 6.21 gespielt wurde. Daher definieren wir:

Definitionen 22.5. *Es sei $S \subseteq \mathbb{R}^n$ eine Menge, die in der Form*

$$S : x = v(t), \quad t \in \Omega \overset{\text{offen}}{\subseteq} \mathbb{R}^k$$

injektiv parametrisiert werden kann, und es sei $\rho : S \longrightarrow \mathbb{R}$ eine Funktion. Wir schreiben zur Abkürzung

$$g(t) := g\left(\frac{\partial v}{\partial t_1}(t), \ldots, \frac{\partial v}{\partial t_k}(t)\right) \,.$$

Dann definiert man das Integral von ρ über S durch

$$\int_S \rho \, \mathrm{d}\sigma := \int_\Omega \rho(v(t)) \sqrt{g(t)} \, \mathrm{d}^k t \,,$$

sofern das Integral auf der rechten Seite existiert. (Es darf sich auch um ein absolut konvergentes uneigentliches Integral handeln.)

Speziell für $\rho \equiv 1$ ist

$$A_k(S) := \int_S \mathrm{d}\sigma = \int_\Omega \sqrt{g(t)} \, \mathrm{d}^k t$$

der k-dimensionale Flächeninhalt *von S. Der Ausdruck*

$$\mathrm{d}\sigma = \sqrt{g(t)} \, \mathrm{d}^k t$$

wird das k-dimensionale Flächenelement *von S genannt.*

Satz 22.6. *Integral und Flächeninhalt hängen nur von S ab, nicht von der gewählten Parametrisierung.*

Beweis. Es seien $v_i : \Omega_i \to S$ $(i = 1, 2)$ zwei injektive Parametrisierungen von S. Durch $\tau := v_1^{-1} \circ v_2$ ist offenbar eine Bijektion $\tau : \Omega_2 \to \Omega_1$ gegeben, für die gilt:

$$v_2 = v_1 \circ \tau \,.$$

Behauptung. τ ist ein Diffeomorphismus von Ω_2 auf Ω_1.

Um dies zu beweisen, betrachten wir ein beliebiges $c \in \Omega_2$. Wir wenden Satz 21.7b. auf v_2 bei c und auf v_1 bei $\tau(c) \in \Omega_1$ an und erhalten so Karten φ_1, φ_2, für die jeweils (21.1) gilt. Dann ist

$$J \circ \tau = \varphi_1 \circ v_1 \circ \tau = \varphi_1 \circ v_2 = \psi \circ J \,,$$

wobei $\psi := \varphi_1 \circ \varphi_2^{-1}$ ein Diffeomorphismus einer Umgebung von $(c, \mathbf{0})$ auf eine Umgebung von $(\tau(c), \mathbf{0})$ ist. (Hier ist mit $\mathbf{0}$ der Nullvektor in $\mathbb{R}^{n-k}$ gemeint.) Das heißt also

$$(\tau(t), \mathbf{0}) = \psi(t, \mathbf{0})$$

für alle t aus einer Umgebung von c. Die Differenzierbarkeit von ψ und ψ^{-1} impliziert daher die von τ und τ^{-1}, und unsere Behauptung ist bewiesen.

Nun betrachte eine stetige Funktion $\rho : S \to \mathbb{R}$ und eine kompakte messbare Teilmenge $B \subseteq \Omega_1$ sowie $A := \tau^{-1}(B) \subseteq \Omega_2$. Nach der Kettenregel ist $Dv_2(s) = Dv_1(\tau(s))D\tau(s) \quad \forall s \in \Omega_2$. Verwenden wir Lemma 22.4b. mit $S = Dv_1(\tau(s))$, $V = D\tau(s)$, so erhalten wir mit den Abkürzungen

$$g_i := g\left(\frac{\partial v_i}{\partial t_1}, \ldots, \frac{\partial v_i}{\partial t_k}\right) \quad (i = 1, 2)$$

die Beziehung

$$g_2(s) = (\det D\tau(s))^2 g_1(\tau(s)) \quad (s \in \Omega_2) \ .$$

Mittels Theorem 11.22 folgt nun:

$$\int_A \rho(v_2(s))\sqrt{g_2(s)} \, \mathrm{d}^k s = \int_A \rho(v_1(\tau(s)))|\det D\tau(s)|\sqrt{g_1(\tau(s))} \, \mathrm{d}^k s$$

$$= \int_B \rho(t)\sqrt{g_1(t)} \, \mathrm{d}^k t \ .$$

Beide Parametrisierungen liefern also dasselbe Integral von ρ über das Stück $v_2(A) = v_1(B) \subseteq S$. Der allgemeine Fall kann nun mit Grenzübergängen erledigt werden, auf die wir nicht näher eingehen. $\qquad\square$

Für eine beliebige k-dimensionale Teilmannigfaltigkeit M kann man Integrale $\int_M \rho \, \mathrm{d}\sigma$ und insbesondere den k-dimensionalen Flächeninhalt $A_k(M)$ definieren, indem man M in geeigneter Weise in parametrisierbare Stücke zerlegt. Will man dies in voller Allgemeinheit tun, so muss man eine Reihe von technischen Details abarbeiten, die mit Physik nichts zu tun haben und die wir deshalb umgehen wollen. Wir beschränken uns daher auf eine vereinfachte Situation, die für die meisten praktischen Bedürfnisse voll ausreicht:

Definitionen 22.7. *Sei M eine k-dimensionale Teilmannigfaltigkeit von $\mathbb{R}^n$.*

a. $N \subseteq M$ *heißt k-dimensionale Nullmenge, wenn für jedes injektiv parametrisierbare Stück $S \subseteq M$ $\quad A_k(N \cap S) = \int_S \chi_N \, \mathrm{d}\sigma = 0$ gilt (im Sinne von Def. 22.5).*

b. *Eine* Pflasterung *von M ist ein endliches System $(S_1, \ldots, S_m)$ von injektiv parametrisierbaren Stücken $S_j \subseteq M$, für die gilt:*

$$M = \bigcup_{j=1}^m \overline{S_j} \ ,$$

wobei für $i \neq j$ stets $\overline{S_i} \cap \overline{S_j}$ eine k-dimensionale Nullmenge ist.

c. *Besitzt M eine Pflasterung $(S_1, \ldots, S_m)$, so definieren wir für reelle Funktionen ρ auf M das Integral durch*

$$\int_M \rho \, \mathrm{d}\sigma := \sum_{j=1}^m \int_{S_j} \rho \, \mathrm{d}\sigma \ , \tag{22.7}$$

sofern die Integrale auf der rechten Seite existieren. Insbesondere setzen wir

$$A_k(M) := \sum_{j=1}^m A_k(S_j) \ . \tag{22.8}$$

Bemerkungen:

(i) Wenn die rechte Seite von (22.7) bzw. (22.8) für *eine* Pflasterung sinnvoll ist, so ist sie es auch für jede andere und ergibt denselben Wert. Nur deshalb handelt es sich um eine korrekte Definition. Den Beweis wollen wir nicht in jedem Detail vorführen, aber die grundsätzliche Vorgehensweise ist leicht zu verstehen: Sind $(S_1, \ldots, S_m)$ und $(T_1, \ldots, T_p)$ zwei Pflasterungen, so gehen wir zur „gemeinsamen Verfeinerung" über, d. h. zu der Pflasterung $\{S_i \cap T_j | i = 1, \ldots, m, \ j = 1, \ldots, p\}$. Auf $S_i \cap T_j$ haben wir zwei Parametrisierungen, aber nach Satz 22.6 ergeben sie ein und dasselbe Integral. Mit Thm. 11.10c. folgt daher

$$\sum_{i=1}^{m} \int_{S_i} \rho \, d\sigma = \sum_{i,j} \int_{S_i \cap T_j} \rho \, d\sigma = \sum_{j=1}^{p} \int_{T_j} \rho \, d\sigma \,,$$

wie gewünscht.

(ii) Ist $N \subseteq M$ eine Teilmannigfaltigkeit der Dimension $d < k$, so ist N eine k-dimensionale Nullmenge. Das leuchtet anschaulich ein, und wir verzichten auf den etwas technischen Beweis. Endliche Vereinigungen von Nullmengen sind offenbar wieder Nullmengen, insbesondere also Vereinigungen von endlich vielen Teilmannigfaltigkeiten mit Dimensionen $< k$. Dies liefert ausreichend viele Beispiele für Nullmengen, wie sie bei konkret gegebenen Pflasterungen wirklich vorkommen.

(iii) Das einfachste Beispiel einer Pflasterung besteht darin, dass man die Sphäre

$$\mathbf{S}^{n-1} := \{x = (x_1, \ldots, x_n) \in \mathbb{R}^n | \, x_1^2 + \ldots + x_n^2 = 1\}$$

aus unterer und oberer Halbsphäre zusammensetzt (vgl. Abb. 22.1): $\mathbf{S}^{n-1} = \overline{S^+} \cup \overline{S^-}$ mit $S^{\pm} := v^{\pm}(B)$, $B := \{t = (t_1, \ldots, t_{n-1}) \in \mathbb{R}^{n-1} | t_1^2 + \ldots + t_{n-1}^2 < 1\}$ und

$$v^{\pm}(t) := \left(t_1, \ldots, t_{n-1}, \pm\sqrt{1 - t_1^2 - \ldots - t_{n-1}^2}\right)^T.$$

Hier ist $\overline{S^+} \cap \overline{S^-}$ der Äquator, also eine $(n-2)$-dimensionale Teilmannigfaltigkeit und damit eine $(n-1)$-dimensionale Nullmenge.

Mittels Lemma 22.4a. kann man leicht Folgendes zeigen (Übung!)

Satz 22.8. *Sei $M \subseteq \mathbb{R}^n$ eine k-dimensionale Teilmannigfaltigkeit, die eine Pflasterung besitzt, und sei $\mathcal{A}$ eine affine Transformation des $\mathbb{R}^n$, also $\mathcal{A}(x) = Cx + \mathbf{b}$ mit einer invertierbaren Matrix $C \in \mathbb{R}_{n \times n}$ und einem festen Vektor $\mathbf{b} \in \mathbb{R}^n$. Dann ist auch $\mathcal{A}(M)$ eine k-dimensionale Teilmannigfaltigkeit mit Pflasterung, und es gilt:*

a. $A_k(\mathcal{A}(M)) = A_k(M)$, wenn C eine orthogonale Matrix ist, und
b. $A_k(\mathcal{A}(M)) = |\rho|^k A_k(M)$, wenn $C = \rho E \quad (\rho \neq 0)$ eine Streckung ist.

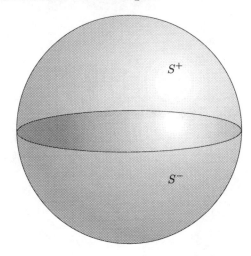

Abb. 22.1. Pflasterung der Sphäre durch Hemisphären

Die Transformationen der in a. betrachteten Art nennt man auch *Euklid'sche Bewegungen.*

Beispiel 22.9. Für eine Hyperfläche in expliziter Darstellung

$$S : x_n = f(x'), \quad x' = (x_1, \ldots, x_{n-1}) \in \Omega \overset{\text{offen}}{\subseteq} \mathbb{R}^{n-1}$$

wählt man natürlich die auf Ω definierte Parametrisierung $v(t) := (t, f(t))$. Für die entsprechende GRAM'sche Determinante $g(t)$ (vgl. Def. 22.5) gilt

$$g(t) = 1 + \|\nabla f(t)\|^2 , \tag{22.9}$$

wie wir in Ergänzung 22.12 beweisen werden. Es ist also

$$\int_S \rho \, d\sigma = \int_\Omega \rho(t, f(t)) \sqrt{1 + \|\nabla f(t)\|^2} \, d^{n-1}t \tag{22.10}$$

für integrierbare Funktionen ρ auf S. (Im Spezialfall $n = 3$ kennen wir das schon aus (12.25).)

C. Der GAUSS'sche Integralsatz in beliebiger Dimension

Zunächst verallgemeinern wir das *Flussintegral* aus Def. 12.6. Sei also $G \subseteq \mathbb{R}^n$ eine offene Teilmenge, $M \subseteq G$ eine *Hyperfläche* mit stetigem Normaleneinheitsvektorfeld $\boldsymbol{\nu}$ und schließlich $\boldsymbol{k} : G \longrightarrow \mathbb{R}^n$ ein gegebenes stetiges Vektorfeld. Wir definieren dann das *vektorielle Flächenintegral* von $\boldsymbol{k}$ über M

durch

$$\int_M \boldsymbol{k}\, \mathrm{d}\Sigma := \int_M \boldsymbol{k} \cdot \boldsymbol{\nu}\, \mathrm{d}\sigma \,, \tag{22.11}$$

wann immer das Integral auf der rechten Seite sinnvoll ist. (Zumindest ist das für kompakte Hyperflächen der Fall, die eine Pflasterung besitzen.)

Wir haben nicht den Ehrgeiz, den GAUSS'schen Integralsatz in möglichst allgemeiner Form zu präsentieren (vgl. jedoch Ergänzung 22.14). Vielmehr soll es uns genügen, wie in Kap. 12 Normalgebiete und GREEN'sche Bereiche zu betrachten. Ein GREEN'scher Bereich A ist wieder eine Vereinigung von endlich vielen Normalgebieten, die sich nur an den Rändern überlappen dürfen, d. h. $A = B_1 \cup \ldots \cup B_m$ mit Normalgebieten $B_1, \ldots, B_m$, wobei $\overset{\circ}{B}_j \cap \overset{\circ}{B}_k = \emptyset$ für $j \neq k$. Ein *Normalgebiet* B ist eine kompakte Teilmenge von $\mathbb{R}^n$, die im Sinne von Def. 11.16 x_i-normal ist für $i = 1, \ldots, n$, wobei allerdings die Begrenzungsfunktionen $\alpha_i, \beta_i : B_i \longrightarrow \mathbb{R}$ stückweise glatt sein sollen. Für jeden GREEN'schen Bereich A haben wir dann die folgende, anschaulich sehr einleuchtende Tatsache (auf deren genauen Beweis wir verzichten):

Es gibt endlich viele Hyperflächen $S_1, \ldots, S_N \subseteq \mathbb{R}^n$ mit $\partial A \subseteq S_1 \cup \ldots \cup S_N$ und $\partial A \cap S_j = H_j \cup H_j^0$ für $j = 1, \ldots, N$, wobei für alle j folgendes gilt:

a. H_j^0 ist eine $(n-1)$-dimensionale Nullmenge in S_j (vgl. Def. 22.7a.)
b. H_j ist ebenfalls eine Hyperfläche.
c. Auf H_j ist ein stetiges Normaleneinheitsvektorfeld $\boldsymbol{\nu}$ definiert, das folgende Eigenschaft hat und durch diese Eigenschaft eindeutig festgelegt ist: Zu jedem $a \in H_j$ gibt es $\delta > 0$ so, dass $a + t\boldsymbol{\nu}(a) \notin A$, aber $a - t\boldsymbol{\nu}(a) \in A$ für $0 < t < \delta$.

Wir sagen dann, ∂A sei *stückweise glatt* und nennen die auf $(\partial A)_{\mathrm{reg}} := H_1 \cup \ldots \cup H_N$ definierte Vektorfunktion $\boldsymbol{\nu}$ das *äußere Normaleneinheitsfeld* an A. Anschaulich gesehen, sind die H_j die glatten Stücke, aus denen ∂A besteht, und H_j^0 enthält jeweils die Kanten, Ecken usw., die das Flächenstück H_j begrenzen. Das Flussintegral über den Rand von A wird dann wieder durch Aufsummieren definiert:

$$\int_{\partial A} \boldsymbol{k}\, \mathrm{d}\Sigma := \sum_{j=1}^{N} \int_{H_j} \boldsymbol{k} \cdot \boldsymbol{\nu}\, \mathrm{d}\sigma \,. \tag{22.12}$$

Nun können wir den Hauptsatz dieses Abschnitts formulieren:

Theorem 22.10 (GAUSS'scher Integralsatz). *Sei $G \subseteq \mathbb{R}^n$ offen, $A \subseteq G$ ein GREEN'scher Bereich und $\boldsymbol{k} : G \longrightarrow \mathbb{R}^n$ ein C^1-Vektorfeld. Dann gilt:*

$$\int_A \operatorname{div} \boldsymbol{k}(x)\, \mathrm{d}^n x = \int_{\partial A} \boldsymbol{k}\, \mathrm{d}\Sigma \,.$$

Beweis. Der Beweis verläuft im Wesentlichen wie der von Thm. 12.9, und wir begnügen uns damit, ihn zu skizzieren.

Es genügt wieder, ein Normalgebiet $B \subseteq G$ zu betrachten. Dass B z. B. x_n-normal ist, bedeutet:

$$B = \{x = (x', x_n) \mid \alpha_n(x') \leq x_n \leq \beta_n(x') \quad \forall \, x' = (x_1, \ldots, x_{n-1}) \in B_n\} \, .$$

Wie immer schreiben wir $\boldsymbol{k} = (k_1, \ldots, k_n)^T$ und $\boldsymbol{\nu} = (\nu_1, \ldots, \nu_n)^T$. Nach dem Hauptsatz der Differenzial- und Integralrechnung ist

$$\int_{\alpha_n(x')}^{\beta_n(x')} \frac{\partial k_n}{\partial x_n}(x', \xi) \, \mathrm{d}\xi = k_n(x', \beta_n(x')) - k_n(x', \alpha_n(x'))$$

für alle $x' \in B_n$, also nach Satz 11.17

$$\int_B \frac{\partial k_n}{\partial x_n}(x) \, \mathrm{d}^n x = \int_{B_n} k_n(x', \beta_n(x')) \, \mathrm{d}^{n-1} x' \, - \int_{B_n} k_n(x', \alpha_n(x')) \, \mathrm{d}^{n-1} x' \, .$$
$$(22.13)$$

Um die rechte Seite hiervon als Oberflächenintegral zu interpretieren, schreiben wir

$$\partial B = S^+ \cup M \cup S^- \, .$$

Dabei sind S^+, S^- die Graphen von β_n bzw. α_n, und

$$M := \{x = (x', x_n) \mid \alpha_n(x') \leq x_n \leq \beta_n(x') \quad \forall \, x' = (x_1, \ldots, x_{n-1}) \in \partial B_n\} \, .$$

Dann ist $\nu_n \equiv 0$ auf M, also liefert M keinen Beitrag zu $\int_{\partial B} k_n \nu_n \, \mathrm{d}\sigma$. Auf S^+ ist der äußere Normaleneinheitsvektor gegeben durch

$$\boldsymbol{\nu}(x', \beta_n(x')) = (1 + \|\nabla\beta_n(x')\|^2)^{-1/2} \left(\nabla\beta_n(x'), 1\right)^T$$

und auf S^- durch

$$\boldsymbol{\nu}(x', \alpha_n(x')) = (1 + \|\nabla\alpha_n(x')\|^2)^{-1/2} \left(\nabla\alpha_n(x'), -1\right)^T \, .$$

Da es sich um Graphen handelt, ist $\mathrm{d}\sigma$ auf S^+, S^- durch (22.10) gegeben, und zwar mit $f = \alpha_n$ für S^- und $f = \beta_n$ für S^+. Es folgt

$$\int_{S^+} k_n \nu_n \, \mathrm{d}\sigma = \int_{B_n} k_n(x', \beta_n(x')) \, \mathrm{d}^{n-1} x' \, ,$$

$$\int_{S^-} k_n \nu_n \, \mathrm{d}\sigma = - \int_{B_n} k_n(x', \alpha_n(x')) \, \mathrm{d}^{n-1} x' \, .$$

Die rechte Seite von (22.13) ist also nichts anderes als $\int_{\partial B} k_n \nu_n \, \mathrm{d}\sigma$, und wir erhalten

$$\int_B \frac{\partial k_n}{\partial x_n}(x) \, \mathrm{d}^n x = \int_{\partial A} k_n \nu_n \, \mathrm{d}\sigma \, . \qquad (22.14)$$

Analoge Formeln bekommt man auch für $j = 1, 2, \ldots, n-1$ statt $j = n$. Summiert man sie auf, so folgt offensichtlich die Behauptung des Satzes. $\square$

Die in Kap. 12 und den dortigen Aufgaben für $n = 2, 3$ besprochenen Anwendungen lassen sich also nun auf beliebige Dimension verallgemeinern. Der Satz ist aber von wesentlich größerer Tragweite. In Kap. 23 werden wir eine weitere wichtige Anwendung kennen lernen, und jedes Lehrbuch über partielle Differenzialgleichungen vermittelt einen Eindruck von seiner entscheidenden Bedeutung für dieses Gebiet (vgl. auch den dritten Band dieses Werkes!).

Wir bringen hier nur noch eine weitere Anwendung, nämlich eine sehr elegante Herleitung der Transformation auf Polarkoordinaten, die wir schon in Abschn. 15C. benutzt hatten.

Satz 22.11. *Seien $x_0 \in \mathbb{R}^n$, $R > 0$ fest. Für $r \geq 0$ bezeichnen wir mit $B_r(x_0)$ die abgeschlossene Kugel um x_0 mit Radius r. Mit $S^{n-1} := \partial B_1(0)$ bezeichnen wir die $(n-1)$-dimensionale Einheitssphäre. Für jede stetige Funktion f auf $B_R(x_0)$ gilt dann*

$$\int_{B_R(x_0)} f(x)\, \mathrm{d}^n x = \int_0^R r^{n-1} \left(\int_{S^{n-1}} f(x_0 + r\omega)\, \mathrm{d}\sigma(\omega) \right)$$

$$= \int_{S^{n-1}} \int_0^R f(x_0 + r\omega) r^{n-1}\, \mathrm{d}r \mathrm{d}\sigma(\omega) \; .$$

(Das $(n-1)$-dimensionale Flächenelement auf der Hyperfläche S^{n-1} ist hier mit $\mathrm{d}\sigma(\omega)$ bezeichnet, um anzudeuten, dass die Variable ω in S^{n-1} läuft.)

Beweis. Zunächst nehmen wir an, dass $x_0 = 0$ ist und f einmal stetig differenzierbar auf einer offenen Menge $U \supseteq B_R(0)$. Für $0 \leq r \leq R$ setzen wir

$$\boldsymbol{k}_r(x) := f(rx)x \; .$$

Man errechnet mühelos:

$$\operatorname{div} \boldsymbol{k}_r(x) = rx \cdot \operatorname{grad} f(rx) + nf(rx) \; . \tag{$*$}$$

Mit der Abkürzung $B_r := B_r(0)$ setzen wir

$$J(r) := \int_{B_r} f(x)\, \mathrm{d}^n x \overset{11.22}{=} r^n \int_{B_1} f(r\xi)\, \mathrm{d}^n \xi \; .$$

Das Integral $\int_{B_1} f(r\xi)\, \mathrm{d}^n \xi$ darf unter dem Integralzeichen differenziert werden (man schreibe es als iteriertes Integral und verwende wiederholt Satz 15.6b.). Also ist $J \in C^1[0, R]$ und

$$J'(r) = nr^{n-1} \int_{B_1} f(r\xi)\, \mathrm{d}^n \xi + r^n \int_{B_1} \frac{\partial}{\partial r} f(r\xi)\, \mathrm{d}^n \xi$$

$$= nr^{n-1} \int_{B_1} f(r\xi)\, \mathrm{d}^n \xi + r^n \int_{B_1} \xi \cdot \operatorname{grad} f(r\xi)\, \mathrm{d}^n \xi$$

$$\overset{(*)}{=} r^{n-1} \int_{B_1} \operatorname{div} \boldsymbol{k}_r(\xi)\, \mathrm{d}^n \xi$$

$$\overset{22.10}{=} r^{n-1} \int_{S^{n-1}} \boldsymbol{k}_r(\omega) \cdot \boldsymbol{\nu}(\omega)\, \mathrm{d}\sigma(\omega) \; .$$

Aber der äußere Normaleneinheitsvektor auf S^{n-1} ist offenbar $\boldsymbol{\nu}(\omega) = \omega$, also $\boldsymbol{k}_r(\omega) \cdot \boldsymbol{\nu}(\omega) = f(r\omega)\omega \cdot \omega = f(r\omega)\|\omega\|^2 = f(r\omega)$. Daher ist

$$J'(r) = r^{n-1} \int_{S^{n-1}} f(r\omega) \, \mathrm{d}\sigma(\omega) \ .$$

Ferner ist $J(0) = 0$, also $J(R) = \int_0^R J'(r) \, \mathrm{d}r$, und das ergibt

$$\int_{B_R} f(x) \, \mathrm{d}^n x = \int_0^R r^{n-1} \left(\int_{S^{n-1}} f(r\omega) \, \mathrm{d}\sigma(\omega) \right) \ , \qquad (22.15)$$

also die erste behauptete Formel für $x_0 = 0$. Für ein beliebiges x_0 ergibt sie sich durch Anwenden von (22.15) auf die Funktion $\tilde{f}(x) := f(x+x_0)$. Die zweite behauptete Formel ergibt sich aus der ersten mittels des Satzes von FUBINI. Für beliebige stetige Funktionen folgt die Behauptung schließlich, indem man die gegebene Funktion f gleichmäßig auf $B_R(x_0)$ durch C^1-Funktionen approximiert (ähnlich wie beim WEIERSTRASS'schen Approximationssatz, den wir im dritten Band behandeln werden.) □

Ergänzungen zu §22

Die konsequente Fortführung des in diesem Kapitel angesprochenen Themas wäre die Theorie der Integration von Differenzialformen und der allgemeine STOKES'sche Satz. Dies wird in praktisch jedem einführenden Buch über Mannigfaltigkeiten abgehandelt, insbesondere in denjenigen, die in den Ergänzungen zum vorigen Kapitel empfohlen wurden. Weiterer Ausbau des Themas führt einerseits zur Theorie der *rektifizierbaren Mengen* und zur *geometrischen Maßtheorie*, andererseits zur Theorie der *Ströme* und zur Homologie- und Kohomologietheorie von DE RHAM. All das würde hier viel zu weit führen, und wir begnügen uns in den Ergänzungen zu diesem Kapitel mit drei kleinen Punkten: Wir tragen den Beweis von (22.9) nach, wir geben als Anwendung des GAUSS'schen Integralsatzes die mathematische Grundlegung für die in der Physik verbreiteten *Kontinuitätsgleichungen* und wir erörtern, in welchem Umfang man den GAUSS'schen Satz auf Gebiete ausdehnen kann, die keine GREEN'schen Bereiche sind, insbesondere solche, deren Ränder nicht glatt sind.

22.12 Das Flächenelement auf dem Graphen einer Funktion. Wir betrachten wieder die explizit als Graph einer Funktion f gegebene Hyperfläche aus Beispiel 22.9. Unser Ziel ist, Gl. (22.9) zu beweisen.

Für die in 22.9 betrachtete Parameterdarstellung v gilt offenbar

$$\frac{\partial v}{\partial t_k} = \left(\delta_{1,k}, \delta_{2,k}, \ldots, \delta_{n-1,k}, \frac{\partial f}{\partial t_k} \right)^T , \quad k = 1, \ldots, n-1 \ .$$

Damit wird

$$g_{jk} := \frac{\partial v}{\partial t_j} \cdot \frac{\partial v}{\partial t_k} = \delta_{jk} + \frac{\partial f}{\partial t_j}\frac{\partial f}{\partial t_k}$$

für $j, k = 1, \ldots, n - 1$. Wir haben die Determinante von $G(t) := (g_{jk}(t))$ zu berechnen. Dazu fixieren wir einen Parameterwert t_0 und setzen zur Abkürzung

$$A := (a_1, \ldots, a_{n-1})^T \quad \text{mit} \quad a_j := \frac{\partial f}{\partial t_j}(t_0) \,,$$

also $A = \nabla f(t_0)$. Dabei fassen wir A wahlweise als Vektor in $\mathbb{R}^{n-1}$ oder als einspaltige Matrix auf. Bezeichnen wir noch mit E_{n-1} die $(n-1)$-reihige Einheitsmatrix, so können wir schreiben:

$$G(t_0) = E_{n-1} + AA^T \,.$$

Wir müssen daher nur die Beziehung

$$\det\left(E_{n-1} + AA^T\right) - 1 + \|A\|^2 \tag{22.16}$$

nachweisen. Im Fall $A = 0$ ist sie klar. Im Fall $A \neq 0$ betrachten wir die lineare Abbildung $\mathcal{G}$, die in $\mathbb{R}^{n-1}$ durch Linksmultiplikation mit der Matrix $G(t_0)$ gegeben ist, d. h.

$$\mathcal{G}(\boldsymbol{\eta}) = \boldsymbol{\eta} + AA^T\boldsymbol{\eta} = \boldsymbol{\eta} + (A \cdot \boldsymbol{\eta})A$$

für $\boldsymbol{\eta} \in \mathbb{R}^{n-1}$. Wegen $A \neq 0$ hat das orthogonale Komplement $\{A\}^{\perp}$ die Dimension $n - 2$, und wir wählen eine Basis $\{\boldsymbol{b}_1, \ldots, \boldsymbol{b}_{n-2}\}$ von $\{A\}^{\perp}$. Dann ist $\mathfrak{B} := \{\boldsymbol{b}_1, \ldots, \boldsymbol{b}_{n-2}, A\}$ eine Basis von ganz $\mathbb{R}^{n-1}$. Für $i = 1, \ldots, n-2$ ist $A \cdot \boldsymbol{b}_i = 0$, also $\mathcal{G}(\boldsymbol{b}_i) = \boldsymbol{b}_i$, und außerdem ist

$$\mathcal{G}(A) = A + (A \cdot A)A = (1 + \|A\|^2)A \,.$$

Die Basis $\mathfrak{B}$ besteht also aus Eigenvektoren von $\mathcal{G}$ zu den Eigenwerten $\lambda_i = 1$ für $i = 1, \ldots, n-2$ und $\lambda_{n-1} = 1 + \|A\|^2$. Die Matrix $G(t_0)$ ist daher ähnlich zu der Diagonalmatrix aus diesen Eigenwerten, und somit ergibt sich

$$\det G(t_0) = \det \mathcal{G} = \coprod_{j=1}^{n-1} \lambda_j = 1 + \|A\|^2 \,,$$

d. h. (22.16) ist bewiesen, und wir sind fertig.

22.13 Das Verhalten des Volumens unter einem Fluss. Die in Ergänzung 12.13 gegebene Interpretation der Divergenz als Quellstärke lässt sich nun wörtlich auf beliebige Dimensionen übertragen, und insbesondere gilt Gl. (12.45) für beliebiges n. Als Verallgemeinerung von (12.46) erhält man speziell

$$\operatorname{div} \boldsymbol{K}(a) = \lim_{\varepsilon \to 0} \frac{n}{\omega_n \varepsilon^n} \int\limits_{\partial B_\varepsilon(a)} \boldsymbol{K}(x) \cdot \frac{x - a}{\|x - a\|} \, d\sigma \,, \tag{22.17}$$

wo ω_n die durch (15.41) gegebene Oberfläche der Einheitssphäre in $\mathbb{R}^n$ ist. Die in 12.13 als anschauliches Bild eingeführte „Strömung" kann nun aber mathematisch präzisiert werden, nämlich als der *Fluss* zu dem gegebenen Vektorfeld, und dann stellt es sich heraus, dass die Interpretation der Divergenz als Quellstärke nicht nur „infinitesimal" korrekt ist, also im Limes über immer kleinere Umgebungen eines Punktes, sondern auch „makroskopisch". Grundlage hierfür ist der folgende Satz, der u. a. für die statistische Mechanik und die Strömungsmechanik wichtig ist:

Satz. *Es sei $\Omega \subseteq \mathbb{R}^n$ ein Gebiet, $\boldsymbol{K} \in C^1(\Omega, \mathbb{R}^n)$ ein Vektorfeld und $\varphi : G \to \Omega$ der zugehörige Fluss. Für eine kompakte messbare Teilmenge $A \subseteq \Omega$ betrachten wir die Funktion*

$$f(t) := v_n(\varphi_t(A)) \,,$$

die zumindest auf einem Intervall der Form $]-\varepsilon, \varepsilon[$ definiert ist. Sie ist dort stetig differenzierbar mit der Ableitung

$$f'(t) = \int\limits_{\varphi_t(A)} \operatorname{div} \boldsymbol{K}(x) \, \mathrm{d}^n x \tag{22.18}$$

und insbesondere

$$\frac{\mathrm{d}}{\mathrm{d}t} v_n(\varphi_t(A)) \bigg|_{t=0} = \int_A \operatorname{div} \boldsymbol{K}(x) \, \mathrm{d}^n x \,. \tag{22.19}$$

Beweis. Auf Grund von Thm. 20.15d. wissen wir, dass die φ_t für $|t| < \varepsilon$ (bei genügend kleinem $\varepsilon > 0$) C^1-Diffeomorphismen einer offenen Umgebung von A auf eine offene Umgebung von $\varphi_t(A)$ sind und dass diese Diffeomorphismen sowie ihre Ableitungen auch noch stetig von t abhängen (vgl. auch Ergänzung 20.30). Die Funktionaldeterminante $\det D\varphi_t(x)$ hängt also ebenfalls stetig von t ab, und da sie bei $t = 0$ den Wert 1 hat, folgt

$$\det D\varphi_t(x) > 0 \quad \text{für } |t| < \varepsilon \,.$$

Die Transformationsformel (Thm. 11.22) liefert daher

$$f(t) = \int\limits_{\varphi_t(A)} \mathrm{d}^n y = \int_A \det D\varphi_t(x) \, \mathrm{d}^n x \,,$$

woraus man schon erkennt, dass $f \in C^1$ ist (Satz 15.6b.). Mit (15.8) folgt auch

$$f'(t) = \int_A \frac{\mathrm{d}}{\mathrm{d}t} \det D\varphi_t(x)\, \mathrm{d}^n x\ .$$

Um den Integranden zu berechnen, beachte man die Ausführungen im Anschluss an Thm. 20.11 und insbesondere die Variationsgleichung (20.25). In unserem Fall lautet sie bei einem festen $x^0 \in A$:

$$\dot{\xi} = B(t)\xi \quad \text{mit} \quad B(t) := D\boldsymbol{K}(\varphi_t(x^0))\ . \tag{22.20}$$

Also ist $Y(t) := D\varphi_t(x^0)$ das Fundamentalsystem zu (22.20) mit $Y(0) = E$, und die Funktionaldeterminante, die uns interessiert, ist demzufolge seine WRONSKI-Determinante. Sie erfüllt also Gl. (8.19). Das ergibt

$$\frac{\mathrm{d}}{\mathrm{d}t} D\varphi_t(x^0) = (\operatorname{Spur} B(t))\, D\varphi_t(x^0) = \operatorname{div} \boldsymbol{K}(\varphi_t(x^0))\, D\varphi_t(x^0)\ ,$$

und da x^0 ein beliebiger Punkt von A war, folgt nun

$$f'(t) = \int_A \operatorname{div} \boldsymbol{K}(\varphi_t(x))\, D\varphi_t(x)\, \mathrm{d}^n x\ .$$

Erneute Anwendung der Transformationsformel führt nun zu (22.18).   □

Korollar. *Ist das Vektorfeld $\boldsymbol{K} \in C^1(\Omega, \mathbb{R}^n)$ quellenfrei, so erhält sein Fluss φ das Volumen, d. h.*

$$v_n(\varphi_t(A)) \equiv v_n(A)$$

für jedes kompakte messbare $A \subseteq \Omega$. (In Wirklichkeit gilt dies sogar für jede Teilmenge A, für die man ein Volumen sinnvoll definieren kann.)

Dieses Korollar ist in der statistischen Mechanik von entscheidender Bedeutung, wie wir in Ergänzung 24.24 noch näher erläutern werden. – Mit dem GAUSS'schen Integralsatz erhalten wir aber aus (22.19) die Beziehung

$$\frac{\mathrm{d}}{\mathrm{d}t} v_n(\varphi_t(A))\Big|_{t=0} = \int_{\partial A} \boldsymbol{K} \cdot \mathrm{d}\Sigma \tag{22.21}$$

für jeden kompakten GREEN'schen Bereich $A \subseteq \Omega$ (oder allgemeiner, für jeden kompakten Bereich, auf den der GAUSS'sche Integralsatz sich anwenden lässt.) Dies bedeutet: Die Größe, die in der Physik als der „Fluss" (= Durchflussstärke) des Strömungsfelds $\boldsymbol{K}$ durch den Rand von A betrachtet wird, ist in der Tat die momentane Änderungsrate des Volumens, das von der betreffenden Substanz eingenommen wird. Das ist, was wir mit „makroskopischer Interpretation der Divergenz als Quellstärke" meinen. (Man muss sich dabei natürlich eine *inkompressible* Flüssigkeit vorstellen, denn wir betrachten ja die Substanzmenge als proportional zu dem Volumen, das sie einnimmt.)

22.14 Zum Gültigkeitsbereich des GAUSS'schen Integralsatzes. Zwar sind die meisten in der Praxis vorkommenden Integrationsbereiche GREEN'sche Bereiche, doch ist es – von den allereinfachsten Beispielen einmal abgesehen – oft nicht leicht, von einem konkret gegebenen geometrischen Gebilde festzustellen, ob es ein GREEN'scher Bereich ist oder nicht. Darum ist es gut zu wissen, dass der GAUSS'sche Integralsatz in Wirklichkeit einen viel größeren Gültigkeitsbereich hat als hier bewiesen wurde. Die gesamte Bezugnahme auf Normalgebiete dient nur zur Vereinfachung des Beweises und ist daher eigentlich unnötig. Grenzen der Gültigkeit des Satzes werden nur durch die Regularität des Randes ∂A gesetzt, und das eigentliche Problem besteht darin, bei einem sehr „ausgefransten" Rand (z. B. bei *fraktalen* Rändern) präzise zu definieren, was mit dem Flussintegral $\int\limits_{\partial A} \boldsymbol{K} \cdot \mathrm{d}\Sigma$ eigentlich gemeint ist. Diese Fragen bis zur letzten Konsequenz durchzudiskutieren, ist Aufgabe der *geometrischen Maßtheorie* oder *Integralgeometrie*, und sie sollen uns hier nicht weiter beschäftigen. Wir wollen jedoch eine Formulierung des Satzes vorstellen, die einerseits elementar und anschaulich genug ist, um leicht verstanden werden zu können, und die andererseits so gut wie alle normalerweise vorkommenden Situationen abdeckt.

Definitionen.

(i)   *Für eine abgeschlossene Teilmenge $A \subseteq \mathbb{R}^n$ sagen wir, ein Punkt $a \in \partial A$ sei ein* einseitiger regulärer Randpunkt*, wenn er eine offene Umgebung U in $\mathbb{R}^n$ besitzt, für die Folgendes gilt: $U = W \times I$, wobei $W \overset{\text{offen}}{\subseteq} \mathbb{R}^{n-1}$ und wobei $I \subseteq \mathbb{R}^1$ ein offenes Intervall ist, und für eine geeignete C^1-Funktion $g : W \to I$ gilt – nach etwaiger Umnummerierung der Koordinaten – die folgende Darstellung von $U \cap A$:*

$$U \cap A = \{(x', x_n) \in W \times I \mid x_n \leq g(x')\}$$

   und

$$U \cap \partial A = \{(x', x_n) \in W \times I \mid x_n = g(x')\} \, .$$

   Der Vektor

$$\boldsymbol{\nu}(a) := (1 + \|\nabla g(a')\|^2)^{-1/2} \begin{pmatrix} \nabla g(a') \\ 1 \end{pmatrix}$$

heißt in diesem Fall der äußere Normaleneinheitsvektor *an A im Punkt $a = (a', a_n)$ (wobei die umnummerierten Koordinaten verwendet werden!) Die Menge aller einseitigen regulären Randpunkte von A bezeichnen wir mit $(\partial A)_{\text{reg}}$.*
Offenbar ist in jedem einseitigen regulären Randpunkt von A die Bedingung 21.4 c. für $M = \partial A$, $k = n - 1$ erfüllt. Daher ist $(\partial A)_{\text{reg}}$ eine (möglicherweise unzusammenhängende!) Hyperfläche. Durch den äußeren Normaleneinheitsvektor ist auf dieser Hyperfläche eine stetige Vektorfunktion $\boldsymbol{\nu}$ definiert.

(ii) *Sei $1 \leq k \leq n$. Eine Teilmenge $N \subseteq \mathbb{R}^n$ wird als k-dimensionale* MIN-
KOWSKI*'sche Nullmenge bezeichnet, wenn sie durch endlich viele Mengen
$h_1(K_1), \dots, h_m(K_m)$ überdeckt werden kann, wenn also gilt:*

$$N \subseteq h_1(K_1) \cup \cdots \cup h_m(K_m) .$$

*Hierbei sind die $h_j : U_j \to \mathbb{R}^n$ C^1-Vektorfunktionen, definiert auf offenen
Teilmengen U_j gewisser Euklid'scher Räume $\mathbb{R}^{p_j}$ mit Dimensionen $p_j <
k$, und die K_j sind kompakte Teilmengen von U_j.*

(iii) *Ein* Kompaktum mit stückweise glattem Rand *in $\mathbb{R}^n$ ist eine kompakte
Teilmenge $A \subseteq \mathbb{R}^n$, für die gilt: $\partial A \setminus (\partial A)_{\mathrm{reg}}$ ist eine $n-1$-dimensionale
MINKOWSKI'sche Nullmenge. Für jedes stetige Vektorfeld $\boldsymbol{K} : \partial A \to \mathbb{R}^n$
wird dann das* Flussintegral *definiert durch:*

$$\int\limits_{\partial A} \boldsymbol{K} \cdot \mathrm{d}\Sigma := \int\limits_{(\partial A)_{\mathrm{reg}}} \boldsymbol{K} \cdot \boldsymbol{\nu} \, \mathrm{d}\sigma .$$

Die Formel

$$\int_A \operatorname{div} \boldsymbol{k}(x) \, \mathrm{d}^n x = \int_{\partial A} \boldsymbol{k} \, \mathrm{d}\Sigma$$

gilt nun z. B. unter den folgenden Voraussetzungen:

(i) $A \subseteq \mathbb{R}^n$ ist ein Kompaktum mit stückweise glattem Rand,

(ii) $\boldsymbol{K} : A \to \mathbb{R}^n$ ist stetig, und

(iii) im Inneren $\overset{\circ}{A} = A \setminus \partial A$ ist $\boldsymbol{K}$ stetig differenzierbar, und alle partiellen Ableitungen $\partial K_i / \partial x_j$ lassen sich zu stetigen Funktionen auf ganz A
fortsetzen.

Diese Version des GAUSS'schen Integralsatzes ist ein Spezialfall des Satzes,
wie er in [56] mit elementaren Methoden bewiesen wird.

Aufgaben zu §22

22.1. Man formuliere und beweise eine Verallgemeinerung von (12.49) auf
beliebige Dimension n.

22.2. Man formuliere und beweise eine Verallgemeinerung der GREEN'schen
Formeln (Satz 12.11) auf beliebige Dimension.

22.3.   a. Für den n-dimensionalen Würfel

$$W := \left\{ (x_1, \dots, x_n) \in \mathbb{R}^n \,\middle|\, \max_{1 \leq k \leq n} |x_k| \leq 1 \right\}$$

bestimme man die Hyperflächen H_j und die Nullmengen H_j^0, aus denen
∂W besteht (vgl. (22.12) und die Erläuterung davor), ferner den Normaleneinheitsvektor auf H_j. Schließlich formuliere man die explizite Gestalt
des GAUSS'schen Integralsatzes für den Würfel.

b. Dasselbe für die n-dimensionale Version des Oktaeders, nämlich

$$K := \left\{ (x_1, \ldots, x_n) \in \mathbb{R}^n \;\middle|\; \sum_{k=1}^{n} |x_k| \leq 1 \right\} .$$

(*Hinweis:* Jede Seitenfläche H_j entspricht hier einer Verteilung von Plus und Minus auf die Koordinaten $x_1, \ldots, x_n$. Am besten macht man sich die Verhältnisse erst für $n = 2, 3$ klar und verallgemeinert dann.)

22.4. Sei V eine reellwertige C^2-Funktion auf $\mathbb{R}^n$, die (im Sinne von Def. 20.21a.) *positiv definit* ist. Ferner sei $\lim_{x \to \infty} V(x) = \infty$ und $\operatorname{grad} V(x) \neq 0$ für alle $x \neq 0$. Für eine gegebene Zahl $c > 0$ setze $B := V^{-1}([0, c])$. Man zeige:

a. B ist kompakt.

b. $\partial B = V^{-1}(c)$, und ∂B ist eine Hyperfläche. Wir setzen nun als bekannt voraus, dass der GAUSS'sche Integralsatz für B gültig ist (vgl. Ergänzung 22.14).

c. $\displaystyle\int_B \Delta V(x) \mathrm{d}^n x = \int_{\partial B} \|\operatorname{grad} V(x)\| \, \mathrm{d}\sigma$, wobei die Norm die Euklid'sche ist.

d. Für den Flächeninhalt des Randes gilt:

$$A_{n-1}(\partial B) = \int_B \operatorname{div} \left(\frac{\operatorname{grad} V(x)}{\|\operatorname{grad} V(x)\|} \right) \mathrm{d}^n x \, ,$$

wobei auch die Existenz des uneigentlichen Integrals auf der rechten Seite nachgewiesen werden muss.

e. (Für diesen Teil braucht man Ergänzung 22.13!) Ist $\boldsymbol{K}$ irgendein C^1-Vektorfeld auf einer offenen Umgebung von B, das auf ∂B mit $\dfrac{\operatorname{grad} V(x)}{\|\operatorname{grad} V(x)\|}$ übereinstimmt, und ist φ der zugehörige Fluss, so gilt

$$A_{n-1}(\partial B) = \frac{\mathrm{d}}{\mathrm{d}t} v_n(\varphi_t(B)) \bigg|_{t=0} .$$

22.5. Sei $A \subseteq \mathbb{R}^n$ ein GREEN'scher Bereich, a ein Punkt aus dem Inneren von A. Für $x \in (\partial A)_{\mathrm{reg}}$ sei $\alpha(x)$ der Winkel zwischen dem Ortsvektor $\boldsymbol{r} := x - a$ und dem äußeren Normaleneinheitsvektor $\boldsymbol{\nu}(x)$. Man zeige:

$$\int_{\partial A} \frac{\cos \alpha(x)}{\|x - a\|^{n-1}} \, \mathrm{d}\sigma = \omega_n \, ,$$

wobei ω_n die Oberfläche der n-dimensionalen Einheitskugel ist. (*Hinweis:* Man wende den GAUSS'schen Integralsatz auf das Vektorfeld $\boldsymbol{F}(x) := (x - a)/\|x - a\|^n$ und die Menge $A \setminus U_\varepsilon(a)$ für genügend kleines $\varepsilon > 0$ an.)

22.6. Sei $F = (f_1, \ldots, f_n)$ ein C^1-Vektorfeld auf $\mathbb{R}^n$, für das gilt:

$$\lim_{x \to \infty} \|x\|^{n-1} f_k(x) = 0 \quad \text{und} \quad \sup_{x \in \mathbb{R}^n} \|x\|^{n+\delta} \left| \frac{\partial f_k}{\partial x_k}(x) \right| < \infty$$

für ein $\delta > 0$ und $k = 1, \ldots, n$. Man zeige:

$$\int_{\mathbb{R}^n} \operatorname{div} F(x) \, \mathrm{d}^n x = 0 \, ,$$

wobei das uneigentliche Integral absolut konvergent ist.

23

Variationsrechnung

In der Natur laufen viele Vorgänge so ab, dass eine bestimmte Größe einen extremalen Wert annimmt, z. B. bei minimaler Energie oder bei maximaler Entropie. Das Gleiche gilt für die Form, auf die sich ein System im Gleichgewicht einstellt. Praktisch alle fundamentalen Naturgesetze kann man aus derartigen *Variationsprinzipien* ableiten, und für die Theorie bedeutet das, dass man mathematische Methoden entwickeln muss um festzustellen, welcher Bewegungsablauf bzw. welche Gleichgewichtsform eine gegebene Größe extremal macht. Extremwertaufgaben haben wir zwar schon in den Abschnitten 9G. und 21C. besprochen, aber dabei handelte es sich immer um Funktionen von n reellen Variablen. Die Größen, die jetzt zu optimieren sind, hängen aber vom *gesamten* Verlauf der Bewegung bzw. von der *gesamten* Gestalt der Gleichgewichtslage ab, sind also Funktionen, deren Argumente selbst wieder Funktionen sind. Die *Variationsrechnung* zeigt, wie man trotzdem mittels Differenzialrechnung und Differenzialgleichungen zu brauchbaren Kriterien für Extrema gelangen kann. In diesem und dem nächsten Abschnitt geben wir einen ersten Einblick in dieses für die Physik absolut fundamentale Teilgebiet der Analysis.

A. Beispiele von Variationsproblemen

Zunächst wollen wir die obigen, etwas vagen Ausführungen durch einige konkrete Beispiele illustrieren. Es wird sich zeigen, dass die „Funktionenfunktionen", die in der Variationsrechnung betrachtet werden, durchweg eine recht spezielle Gestalt haben, und nur deshalb gelingt es, ihre Extremwerte aufzufinden.

Beispiel 23.1 (Problem der kürzesten Linie). In einer Ebene sind zwei gegebene Punkte P_1, P_2 durch eine glatte Kurve Γ so zu verbinden, dass die Kurvenlänge minimal wird.

Mathematische Formulierung:

Seien $P_1 = (x_1, y_1)$, $P_2 = (x_2, y_2)$ mit $x_1 < x_2$ gegebene Punkte. Unter allen expliziten Kurven

$$\Gamma : y = \psi(x), \quad x_1 \leq x \leq x_2 \quad \text{mit} \quad \psi(x_k) = y_k$$

ist das Integral

$$I(\psi) \equiv L(\Gamma) = \int_{x_1}^{x_2} \sqrt{1 + \psi'(x)^2}\, dx \longrightarrow \min$$

zu machen.

Beispiel 23.2 *(Problem der Brachistochrone).* In einer vertikalen Ebene sind zwei gegebene Punkte A, B derart durch eine glatte Kurve Γ zu verbinden, dass ein Massenpunkt m den Weg von A nach B unter dem Einfluss der Schwerkraft in minimaler Zeit zurücklegt.

Mathematische Formulierung:

Zu Punkten $A = (0,0)$, $B = (x_0, y_0)$ mit $y_0 > 0$ ist eine Kurve

$$\Gamma : y = \varphi(x), \quad 0 \leq x \leq x_0, \quad \varphi(x_0) = y_0$$

gesucht, so dass die Zeit $T = T(\varphi)$, die der Massenpunkt braucht, um entlang der Kurve Γ von B nach A zu gleiten, minimal wird. Nun ist:

$$T = \int_0^T dt = \int_0^{x_0} \frac{ds}{v},$$

wenn

$$ds = \sqrt{1 + \varphi'(x)^2}\, dx$$

das Bogenelement von Γ ist und v die Geschwindigkeit entlang Γ. Für diese gilt nach dem Energiesatz

$$\frac{1}{2} mv^2 = mgy,$$

also $v = \sqrt{2g\varphi(x)}$, so dass wir folgendes Problem bekommen.

$$T(\varphi) = \frac{1}{\sqrt{2g}} \int_0^{x_0} \sqrt{\frac{1 + \varphi'(x)^2}{\varphi(x)}}\, dx \longrightarrow \min$$

unter allen expliziten glatten Kurven, die A mit B verbinden.

Beispiel 23.3 *(Problem der minimalen Rotationsfläche).* In der (x, y)-Ebene ist eine Kurve Γ gesucht, die zwei gegebene Punkte verbindet, so dass der Flächeninhalt, der bei Rotation von Γ um die x-Achse entstehenden Fläche minimal wird.

Mathematische Formulierung:
Zu gegebenen $x_1 < x_2,\ y_1, y_2 > 0$ in $\mathbb{R}$ ist eine Kurve

$$\Gamma : y = \varphi(x), \quad x_1 \le x \le x_2 \quad \text{mit} \quad \varphi(x_k) = y_k$$

gesucht, so dass

$$I(\varphi) = 2\pi \int\limits_{x_1}^{x_2} \varphi(x) \sqrt{1 + \varphi'(x)^2}\, \mathrm{d}x \longrightarrow \min\ .$$

Beispiel 23.4 (Isoperimetrisches Problem). In der (x, y)-Ebene ist eine Kurve Γ gesucht, die zwei Punkte auf der x-Achse verbindet und konstante vorgegebene Länge L hat, so dass der Inhalt der von Γ und der x-Achse berandeten Fläche maximal wird.

Mathematische Formulierung:
Unter allen Kurven

$$\Gamma : y = \varphi(x), \quad -a \le x \le a, \quad \varphi(\pm a) = 0$$

mit

$$L(\Gamma) = \int\limits_{-a}^{a} \sqrt{1 + \varphi'(x)^2}\, \mathrm{d}x = L$$

ist

$$I(\varphi) = \int\limits_{-a}^{a} \varphi(x)\, \mathrm{d}x \longrightarrow \max$$

zu machen.

Beispiel 23.5 (Problem von PLATEAU*).* Sei $\Gamma \subseteq \mathbb{R}^3$ eine geschlossene Kurve. Man bestimme eine Fläche $S \subseteq \mathbb{R}^3$, die Γ als Rand hat und minimalen Flächeninhalt hat.

Mathematische Formulierung:
Sei $\Omega \subseteq \mathbb{R}^2$ ein Gebiet mit glatter, geschlossener Randkurve $\gamma = \partial\Omega$. Auf γ sei eine glatte Funktion $z = \varphi(s)$ gegeben, so dass

$$\Gamma : z = \varphi(x, y), \quad (x, y) \in \gamma$$

eine glatte geschlossene Kurve im $\mathbb{R}^3$ ist. Unter allen glatten Flächen

$$S : z = f(x, y), \quad (x, y) \in \overline{\Omega} \quad \text{mit} \quad f(x, y) = \varphi(x, y), \quad (x, y) \in \gamma$$

ist

$$I(f) = \iint_{\Omega} \sqrt{1 + f_x(x, y)^2 + f_y(x, y)^2}\, \mathrm{d}x\, \mathrm{d}y \longrightarrow \min$$

zu machen.

B. Formulierung von Variationsproblemen und erste notwendige Bedingungen

Im Folgenden formulieren wir einige Problemstellungen, wie sie für die Variationsrechnung typisch sind. Dabei orientieren wir uns an den Beispielen 23.1 bis 23.5.

Zu Grunde liegt immer eine Klasse Z von zulässigen Funktionen in einem beschränkten Bereich $\overline{\Omega} \subseteq \mathbb{R}^n$, die gewisse Randbedingungen und z. T. noch zusätzliche Integralbedingungen erfüllen. Unter diesen Funktionen ist dann ein gewisses Integral minimal oder maximal zu machen.

Definitionen 23.6.

a. Sei $I = [a, b] \subseteq \mathbb{R}$ ein Intervall, A, $B \in \mathbb{R}^n$ gegebene Punkte. Dann nennt man eine Menge Z_1 von Vektorfunktionen

$$\psi = (\psi_1, \ldots, \psi_n) \in C^1([a, b], \mathbb{R}^n)$$

mit $\psi(a) = A$, $\psi(b) = B$ eine Klasse Z_1 von zulässigen Funktionen und eine Menge V_1 von Vektorfunktionen $H = (\eta_1, \ldots, \eta_n) \in C^1([a, b], \mathbb{R}^n)$ mit $H(a) = 0$, $H(b) = 0$ eine Klasse V_1 von zulässigen Variationen für ein eindimensionales Variationsproblem.

b. Sei $\Omega \subseteq \mathbb{R}^n$ ein beschränktes Gebiet mit glattem Rand $\partial \Omega$ und sei $G : \partial \Omega \longrightarrow \mathbb{R}^N$ eine gegebene stetige Vektorfunktion. Dann nennt man eine Menge Z_n von Vektorfunktionen

$$\varphi = (\varphi^1, \ldots, \varphi^N) \in C^1(\overline{\Omega}, \mathbb{R}^N)$$

mit $\varphi(x) = G(x)$ für $x \in \partial \Omega$ eine Klasse Z_n von zulässigen Funktionen und eine Menge V_n von Vektorfunktionen $H = (\eta^1, \ldots, \eta^N) \in C^1(\overline{\Omega}, \mathbb{R}^n)$ mit $H(x) = 0$ für $x \in \partial \Omega$ eine Klasse V_n von zulässigen Variationen für ein n-dimensionales Variationsproblem.

Damit können wir die in den Beispielen vorgestellten Variationsprobleme wie folgt formulieren:

Definitionen 23.7.

a. Sei $I = [a, b] \subseteq \mathbb{R}$ ein Intervall, Z_1 eine Klasse von zulässigen Funktionen. Sei ferner

$$f = f(x, y_1, \ldots, y_n, y_1', \ldots, y_n') = f(x, Y, Y')$$

eine gegebene C^2-Funktion der Variablen $x \in [a, b]$, $Y = (y_1, \ldots, y_n) \in \mathbb{R}^n$, $Y' = (y_1', \ldots, y_n') \in \mathbb{R}^n$. Dann ist ein einfaches eindimensionales Variationsproblem gegeben durch

$$I(\varphi) = \int_a^b f(x, \varphi(x), \varphi'(x))\,\mathrm{d}x \longrightarrow \min \qquad (23.1)$$

unter allen $\varphi \in Z_1$.

b. Sind zusätzlich m C^2-Funktionen $g_j(x, Y, Y')$ und m Konstanten $L_1, \ldots, L_m$ gegeben, so besteht ein isoperimetrisches eindimensionales Variationsproblem darin, das Minimum (23.1) unter allen den $\varphi \in Z_1$ zu bestimmen, welche die m isoperimetrischen Nebenbedingungen

$$K_j(\varphi) = \int_a^b g_j(x, \varphi(x), \varphi'(x)) \, \mathrm{d}\, x = L_j \,, \quad j = 1, \ldots, m \,, \qquad (23.2)$$

erfüllen.

c. Sei $\Omega \subseteq \mathbb{R}^n$ ein beschränktes Gebiet mit glattem Rand $\partial\Omega$ und sei Z_n eine Klasse von zulässigen Funktionen. Sei ferner

$$f = f(x_1, \ldots, x_n, \, z^1, \ldots, z^N, \, z^1_{x_1}, \ldots, z^N_{x_n})$$
$$= f(x, z, \nabla z)$$

eine gegebene C^2-Funktion der Variablen $X = (x_1, \ldots, x_n) \in \overline{\Omega}$, $Z = (z^1, \ldots, z^N) \in \mathbb{R}^N$, $\nabla Z = (z^1_{x_1}, \ldots, z^N_{x_n}) \in \mathbb{R}^{nN}$. Dann ist ein mehrdimensionales Variationsproblem gegeben durch

$$I(\varphi) = \int_\Omega f(x, \varphi(x), \nabla\varphi(x)) \, \mathrm{d}^n x \longrightarrow \min \qquad (23.3)$$

unter allen $\varphi \in Z_n$.

Bemerkung: Man sollte sich durch die Bezeichnungen y'_k bzw. $z^k_{x_j}$ nicht verwirren lassen. Diese Variablen sind keineswegs Ableitungen von irgend etwas, sondern ganz normale reelle Variable. Die Wahl der Bezeichnung soll einfach daran erinnern, dass man bei der Bildung der Größe $I(\varphi)$ entsprechende Ableitungen der Funktion $\varphi(x)$ für sie einsetzt.

Allen diesen Problemen liegt abstrakt Folgendes zugrunde:

- ein BANACH-Raum $B = C^1([a, b], \mathbb{R}^n)$, $C^1(\overline{\Omega}, \mathbb{R}^N)$,
- eine Teilmenge $Z \in B$, $Z = Z_1, Z_n$,
- ein linearer Teilraum $V \subseteq B$, $V = V_1, V_n$, so dass

$$\varphi \in Z \,, \quad H \in V \implies \varphi + H \in Z \,,$$

- ein Funktional $I : Z \longrightarrow \mathbb{R}$.

Das Wort Funktional bezeichnet einfach eine Funktion, deren Argumente selbst Funktionen sind. Man kann es ruhig etwas salopp gebrauchen, denn mit $I : Z \to \mathbb{R}$ ist ja eigentlich alles gesagt.

Wir haben also die folgende abstrakte Formulierung:

Definitionen 23.8. Sei B ein BANACH-Raum über $\mathbb{R}$, $Z \subseteq B$ eine Teilmenge, $V \subseteq B$ ein linearer Teilraum, so dass

$$\varphi + H \in Z \quad \text{für alle} \quad \varphi \in Z, H \in V \,. \qquad (23.4)$$

Sei ferner $I : Z \longrightarrow \mathbb{R}$ ein Funktional.

a. Ein abstraktes Variationsproblem *für I und Z*

$$I(\varphi) \longrightarrow \min \quad \textit{unter allen} \quad \varphi \in Z \tag{23.5}$$

*ist die Bestimmung eines lokalen Minimums von I in Z. Dabei ist $\varphi \in Z$
ein* lokales Minimum *von I in Z, wenn es ein $\varepsilon_0 > 0$ gibt, so dass*

$$I(\varphi) \leq I(\varphi + \varepsilon H) \quad \forall\, H \in V, \quad \|H\| \leq 1, \quad |\varepsilon| < \varepsilon_0. \tag{23.6}$$

b. Sind zusätzlich m Funktionale $K_j : Z \longrightarrow \mathbb{R}$ gegeben, so ist ein abstraktes
isoperimetrisches Problem *die Bestimmung eines lokalen Minimums*

$$I(\varphi) \longrightarrow \min \quad \textit{unter allen} \quad \varphi \in Z,$$

welche die m Nebenbedingungen

$$K_j(\varphi) = L_j, \quad j = 1, \ldots, m \tag{23.7}$$

erfüllen.

Wir sind im Folgenden ausschließlich an *notwendigen Bedingungen* für
das Vorliegen eines lokalen Minimums interessiert. Hinreichende Bedingungen
leiten wir nicht her. Nehmen wir also an, $\varphi \in Z$ sei ein lokales Minimum von
I in Z. Dann bilden wir für festes $H \in V$, $H \neq 0$ die Funktion

$$g(\varepsilon) = I(\varphi + \varepsilon H), \quad |\varepsilon| < \varepsilon_0/\|H\|. \tag{23.8}$$

Nach (23.6) gilt

$$g(0) = I(\varphi) \leq I(\varphi + \varepsilon H) = g(\varepsilon),$$

d. h. g hat ein lokales Minimum für $\varepsilon = 0$. Nehmen wir an, dass $g'(0)$ existiert.
Dann gilt $g'(0) = 0$ nach Satz 2.21. Wir erhalten:

Satz 23.9. *Sei $\varphi \in Z$ ein lokales Minimum des Funktionals $I : Z \longrightarrow \mathbb{R}$ in
Z. Existiert dann für jedes $H \in V$ die sogenannte* erste Variation von I

$$\delta^1 I(\varphi, H) := \frac{\mathrm{d}}{\mathrm{d}\varepsilon} I(\varphi + \varepsilon H)\Big|_{\varepsilon=0}, \tag{23.9}$$

so gilt

$$\delta^1 I(\varphi, H) = 0 \quad \textit{für alle} \quad H \in V. \tag{23.10}$$

Nehmen wir nun an, $\varphi \in Z$ sei ein lokales Minimum von I unter den
m Nebenbedingungen (23.7). Für feste Variationen $H^1, \ldots, H^{m+1} \in V$ und
Parameter $\varepsilon_1, \ldots, \varepsilon_{m+1}, |\varepsilon_j| < \varepsilon_0$ betrachten wir die Funktionen

$$\begin{aligned}
\widehat{f}(\varepsilon_1, \ldots, \varepsilon_{m+1}) &:= I(\varphi + \varepsilon_1 H^1 + \cdots + \varepsilon_{m+1} H^{m+1}), \\
\widehat{g}_j(\varepsilon_1, \ldots, \varepsilon_{m+1}) &:= K_j(\varphi + \varepsilon_1 H^1 + \cdots + \varepsilon_{m+1} H^{m+1}).
\end{aligned} \tag{23.11}$$

Nach Voraussetzung hat dann $\widehat{f}$ ein lokales Minimum bei $\varepsilon_1 = \cdots = \varepsilon_{m+1} = 0$ unter den Nebenbedingungen

$$\widehat{g}_j(\varepsilon_1, \ldots, \varepsilon_{m+1}) = L_j \ . \tag{23.12}$$

Nehmen wir an, dass $\widehat{f}$ und $\widehat{g}_j$ stetig differenzierbar sind und dass für sie die Bedingung (21.8) in einer Umgebung Ω des Nullpunkts von $\mathbb{R}^{m+1}$ erfüllt ist, so folgt aus Satz 21.15, dass m LAGRANGE-Multiplikatoren $\lambda_1, \ldots, \lambda_m$ existieren, so dass

$$\frac{\partial}{\partial \varepsilon_k} \widehat{f}(0) + \sum_{j=1}^{m} \lambda_j \frac{\partial}{\partial \varepsilon_k} \widehat{g}_j(0) = 0 \ , \quad k = 1, \ldots, m+1 \ ,$$

also nach Einsetzen der Definitionen von $\widehat{f}$, $\widehat{g}_j$:

$$\delta^1 I \left(\varphi, H^k \right) + \sum_{j=1}^{m} \lambda_j \delta^1 K_j \left(\varphi, H^k \right) = 0 \ , \quad k = 1, \ldots, m+1 \ . \tag{23.13}$$

Um die Gültigkeit von (21.8) zu sichern, müssen wir fordern, dass die Nebenbedingungen – zumindest in der Nähe des betrachteten Extremums φ – voneinander *unabhängig* sind. Wir präzisieren dies durch

Definition 23.10. *Wir sagen, die Nebenbedingungen $K_1, \ldots, K_m$ seien bei $\varphi \in Z$ unabhängig, wenn es $H^1, \ldots, H^m \in V$ gibt, für die*

$$\det \left[\left(\delta^1 K_j(\varphi, H^k) \right)_{jk} \right] \neq 0 \ . \tag{23.14}$$

Unter dieser Voraussetzung wählen wir feste $H^1, \ldots, H^m \in V$, für die (23.14) gilt. Dann hat die Matrix aus (21.8) den Rang m, denn die m-reihige Unterdeterminante aus den ersten m Spalten verschwindet nicht. (Zunächst wissen wir dies für $\varepsilon = 0$, aber wegen der ebenfalls vorausgesetzten Stetigkeit stimmt es dann auch in einer Umgebung Ω.) Für beliebiges $H^{m+1} \in V$ haben wir dann also LAGRANGE-Multiplikatoren, für die (23.13) gilt, und für ein anderes $\widetilde{H}^{m+1} \in V$ haben wir LAGRANGE-Multiplikatoren $\widetilde{\lambda}_1, \ldots, \widetilde{\lambda}_m$, für die (23.13) mit $\widetilde{\lambda}_j$ statt λ_j und $\widetilde{H}^{m+1}$ statt H^{m+1} gilt, also

$$\delta^1 I \left(\varphi, H^k \right) + \sum_{j=1}^{m} \widetilde{\lambda}_j \delta^1 K_j \left(\varphi, H^k \right) = 0 \ , \quad k = 1, \ldots, m$$

$$\delta^1 I \left(\varphi, \widetilde{H}^{m+1} \right) + \sum_{j=1}^{m} \widetilde{\lambda}_j \delta^1 K_j \left(\varphi, H^{m+1} \right) = 0 \ .$$

Für $1 \leq k \leq m$ folgt daraus durch Subtraktion

$$\sum_{j=1}^{m} \left(\lambda_j - \widetilde{\lambda}_j \right) \delta^1 K_j \left(\varphi, H^k \right) = 0 \ .$$

Wegen (23.14) ist dies nur für $\lambda_j = \widetilde{\lambda}_j$, $j = 1, \ldots, m$ möglich. Die Werte der LAGRANGE-Multiplikatoren hängen also nicht von der Wahl von H^{m+1} ab,

d. h. es gilt

$$\delta^1 I(\varphi, H) + \sum_{j=1}^{m} \lambda_j \delta^1 K_j(\varphi, H) = 0 \quad \forall\, H \in V \,.$$

So ergibt sich:

Satz 23.11. *Ist $\varphi \in Z$ eine Lösung des isoperimetrischen Problems in Definition 23.8 b., so existieren $\lambda_1, \ldots, \lambda_m \in \mathbb{R}$, so dass für das Funktional*

$$J(\psi) := I(\psi) + \sum_{j=1}^{m} \lambda_j K_j(\psi) \,, \quad \psi \in Z \tag{23.15}$$

gilt:

$$\delta^1 J(\varphi, H) = 0 \quad \text{für alle } H \in V \,, \tag{23.16}$$

falls die Nebenbedingungen bei φ unabhängig sind und die durch (23.11) definierten Funktionen $\widehat{f}$, $\widehat{g}_j$ in einer Umgebung des Nullpunkts von $\mathbb{R}^{m+1}$ stetig differenzierbar sind.

C. Die erste Variation

Um die Sätze 23.9 und 23.11 auszuwerten, müssen wir die erste Variation für die verschiedenen Variationsprobleme in Definition 23.7 konkret berechnen.

Wir beginnen mit dem einfachen eindimensionalen Problem (23.1) in der Klasse Z_1 der C^1-Funktionen $\varphi : [a, b] \longrightarrow \mathbb{R}^n$ mit

$$\varphi(a) = A \,, \quad \varphi(b) = B \,. \tag{23.17}$$

Für eine Variation $H \in V_1$ ist dann

$$\delta^1 I(\varphi, H) = \frac{\mathrm{d}}{\mathrm{d}\varepsilon} \, I(\varphi + \varepsilon H)\Big|_{\varepsilon=0}$$

$$= \frac{\mathrm{d}}{\mathrm{d}\varepsilon} \int_a^b f(x, \varphi(x) + \varepsilon H(x), \varphi'(x) + \varepsilon H'(x))\,\mathrm{d}x \Big|_{\varepsilon=0} \,.$$

Da f nach Voraussetzung eine C^2-Funktion ist, können Differenziation und Integration nach Satz 15.6b. vertauscht werden. Differenzieren wir den Integranden nach der Kettenregel aus, so ergibt sich nach Satz 23.9

$$\delta^1 I(\varphi, H) = \int_a^b \sum_{i=1}^{n} \Big\{ f_{y_i}(x, \varphi(x), \varphi'(x)) \cdot \eta_i(x)$$

$$+ f_{y_i'}(x, \varphi(x), \varphi'(x)) \cdot \eta_i'(x) \Big\}\,\mathrm{d}x = 0 \tag{23.18}$$

für alle Funktionen $\eta_1, \ldots, \eta_n \in C^1([a, b])$ mit $\eta_i(a) = \eta_i(b) = 0$. Insbesondere gilt (23.18) dann auch für die speziellen Variationen

$$H_i = (0, \ldots, 0, \eta_i, 0, \ldots, 0) \in V .$$

Dann folgt aus (23.18) für $i = 1, \ldots, n$:

$$\delta^1 I(\varphi, H_i) = \int_a^b \left\{ f_{y_i}(x, \varphi(x), \varphi'(x)) \eta_i(x) \right.$$

$$\left. + f_{y_i'}(x, \varphi(x), \varphi'(x)) \eta_i'(x) \right\} \, \mathrm{d}x = 0 . \tag{23.19}$$

Den zweiten Summanden können wir mit partieller Integration folgendermassen umrechnen:

$$\int_a^b f_{y_i'} \cdot \eta_i' \, \mathrm{d}x = \left[f_{y_i'} \cdot \eta_i \right]_a^b - \int_a^b \frac{\mathrm{d}}{\mathrm{d}x} f_{y_i'} \cdot \eta_i \, \mathrm{d}x .$$

Wegen $\eta_i(a) = \eta_i(b) = 0$ verschwindet der erste Term auf der rechten Seite, so dass wir nach Einsetzen in (23.19) bekommen:

Satz 23.12. *Ist $\varphi \in Z_1 \cap C^2([a, b], \mathbb{R}^n)$ ein lokales Minimum des Funktionals*

$$I(\varphi) = \int_a^b f(x, \varphi(x), \varphi'(x)) \, \mathrm{d}x$$

unter den Voraussetzungen von 23.7a., so gilt

$$\int_a^b \left\{ f_{y_i}(x, \varphi(x), \varphi'(x)) - \frac{\mathrm{d}}{\mathrm{d}x} f_{y_i'}(x, \varphi(x), \varphi'(x)) \right\} \eta_i(x) \, \mathrm{d}x = 0 \tag{23.20}$$

für $i = 1, \ldots, n$ und alle $\eta_i \in C^1([a, b])$ mit $\eta_i(a) = \eta_i(b) = 0$.

Das isoperimetrische Problem (23.1) unter den unabhängigen Nebenbedingungen

$$K_j(\varphi) = \int_a^b g_j(x, \varphi(x), \varphi'(x)) \, \mathrm{d}x = L_j \tag{23.21}$$

liefert für eine Lösung $\varphi \in Z_1 \cap C^2([a, b], \mathbb{R}^n)$ nach Satz 23.11 die Gleichung (23.16) für das Funktional

$$J(\psi) := \int_a^b h(x, \psi(x), \psi'(x)) \, \mathrm{d}x ,$$

wobei

$$h(x, Y, Y') = f(x, Y, Y') + \sum_{j=1}^{m} \lambda_j g_j(x, Y, Y') \qquad (23.22)$$

mit LAGRANGE'schen Multiplikatoren $\lambda_1, \ldots, \lambda_m \in \mathbb{R}$ gesetzt wurde. Das Funktional J hat also dieselbe Form wie I, und sein Integrand h erfüllt dieselben Voraussetzungen wie der Integrand f von I. Wir können daher (23.16) genauso auswerten wie vorher (23.10). Dass Nebenbedingungen der Form (23.21) mit C^2-Integranden g_j die in Satz 23.11 geforderten Differenzierbarkeitsvoraussetzungen erfüllen, ist mit Satz 15.6b. leicht nachzuprüfen. Wir erhalten daher:

Satz 23.13. *Unter den Voraussetzungen von 23.7b. gilt:*
Ist $\varphi \in Z_1 \cap C^2([a, b], \mathbb{R}^n)$ ein lokales Minimum des Funktionals $I(\varphi)$ unter den m unabhängigen Nebenbedingungen $K_j(\varphi) = L_j$, $j = 1, \ldots, m$, so gibt es LAGRANGE'sche Multiplikatoren $\lambda_1, \ldots, \lambda_m$ so, dass für die durch (23.22) definierte Funktion h die folgenden Gleichungen gelten:

$$\int_a^b \left\{ h_{y_i}(x, \varphi(x), \varphi'(x)) - \frac{\mathrm{d}}{\mathrm{d}x} h_{y_i'}(x, \varphi(x), \varphi'(x)) \right\} \eta(x) \mathrm{d}x = 0 \qquad (23.23)$$

für $i = 1, \ldots, m$ und für alle $\eta \in C^1([a, b])$ mit $\eta(a) = \eta(b) = 0$.

Bemerkung: Unsere Berechnung der ersten Variation hat nichts damit zu tun, dass es sich bei φ um ein lokales Minimum handelt. Vielmehr ergeben dieselben Rechnungen für ein Funktional

$$K(\varphi) := \int_a^b g(x, \varphi(x), \varphi'(x)) \, \mathrm{d}x$$

mit C^2-Integrand g die Formel

$$\delta^1 K(\varphi, H) = \int_a^b \sum_{i=1}^{n} \left\{ g_{y_i}(x, \varphi(x), \varphi'(x)) - \frac{\mathrm{d}}{\mathrm{d}x} g_{y_i'}(x, \varphi(x), \varphi'(x)) \right\} \eta_i(x) \, \mathrm{d}x$$

$$(23.24)$$

für $\varphi \in Z_1 \cap C^2([a, b], \mathbb{R}^n)$ und eine beliebige zulässige Variation $H = (\eta_1, \ldots, \eta_n) \in V$. Insbesondere kann man so die Einträge der Matrix aus (23.14) bestimmen, wenn es darum geht, nachzuprüfen, ob ein gegebener Satz von Nebenbedingungen bei φ unabhängig ist.

Wir sehen durch Vergleich von (23.20) und (23.23), dass das isoperimetrische Problem dieselben notwendigen Bedingungen für ein Minimum liefert, wenn man den Integranden f von $I(\varphi)$ durch den Integranden h in (23.23) ersetzt.

Wir wollen noch eine notwendige Bedingung für das mehrdimensionale Variationsproblem in Definition 23.7 c. herleiten. Dabei beschränken wir uns auf skalare Funktionen, d. h. wir betrachten das Problem

$$I(\varphi) = \int\limits_{\Omega} f(x, \varphi(x), \varphi_{x_1}(x), \ldots, \varphi_{x_n}(x))\, \mathrm{d}^n\, x \longrightarrow \min \qquad (23.25)$$

in der Klasse Z_n aller $\varphi \in C^1(\overline{\Omega})$ mit $\varphi = g$ auf $\partial\Omega$. Ist dann $\eta \in V_n$, d. h. $\eta \in C^1(\overline{\Omega})$ mit $\eta = 0$ auf $\partial\Omega$ eine Variation, so folgt aus Satz 23.9 die Bedingung

$$\delta^1 I(\varphi, \eta) = \frac{\mathrm{d}}{\mathrm{d}\varepsilon} \int\limits_{\Omega} f(x, \varphi(x) + \varepsilon\eta(x), \nabla\varphi(x) + \varepsilon\nabla\eta(x))\, \mathrm{d}\, x \bigg|_{\varepsilon=0} = 0\,.$$

Vertauschen wir wieder mit Satz 15.6b. Differenziation und Integration und differenzieren den Integranden nach der Kettenregel, so bekommen wir folgende Gleichung:

$$\int\limits_{\Omega} \Bigg\{ f_z(x, \varphi(x), \nabla\varphi(x)) \cdot \eta(x)$$

$$+ \sum_{i=1}^{n} f_{z_i'}(x, \varphi(x), \nabla\varphi(x))\eta_{x_i}(x) \Bigg\}\, \mathrm{d}^n\, x = 0\,, \qquad (23.26)$$

wenn wir

$$f = f(x_1, \ldots, x_n, z, z_1', \ldots, z_n') \qquad (23.27)$$

schreiben.[1] Auch hier wollen wir den zweiten Term in (23.26) noch durch eine partielle Integration umformen, was in mehreren Variablen die Anwendung des GAUSS'schen Integralsatzes bedeutet (vgl. Thm. 22.10 oder auch die elementaren Versionen in Satz 12.7 und 12.9). Dabei müssen wir auf die genauen Voraussetzungen, unter denen wir diesen Satz bewiesen haben, keine Rücksicht nehmen, da er auch unter wesentlich schwächeren Voraussetzungen gilt. Wir stellen uns auf den Standpunkt, dass er für den in unserem Variationsproblem gegebenen Bereich $\overline{\Omega}$ und seinen Rand gültig ist. Dann haben wir:

Lemma 23.14. *Ist* $\boldsymbol{w} = (w_1, \ldots, w_n) : \overline{\Omega} \longrightarrow \mathbb{R}^n$ *ein* C^1-*Vektorfeld und* $\eta \in C^1(\overline{\Omega})$ *eine Funktion, die auf* $\partial\Omega$ *verschwindet, so gilt*

$$\int_{\Omega} \boldsymbol{w}(x) \cdot \nabla\eta(x)\, \mathrm{d}^n x = -\int_{\Omega} \eta(r)\, \mathrm{div}\, \boldsymbol{w}(x)\, \mathrm{d}^n x\,. \qquad (23.28)$$

Beweis. Wir wenden den GAUSS'schen Integralsatz auf das Vektorfeld $\eta\boldsymbol{w}$ an, das nach Voraussetzung auf $\partial\Omega$ verschwindet. Das ergibt

$$\int_{\Omega} \mathrm{div}\, (\eta\boldsymbol{w})\, \mathrm{d}^n x = 0\,.$$

---

[1] Diese Bezeichnung für die letzten n Variablen entspricht nicht der in 23.7 eingeführten Konvention. Danach müssten diese Variablen z_{x_i} heißen, aber das ist zu umständlich.

Aber div $(\eta \boldsymbol{w}) = \boldsymbol{w} \cdot \nabla \eta + \eta \mathrm{div}\, \boldsymbol{w}$ nach der Produktregel. Es folgt die Behauptung.   □

Setzen wir in (23.28) speziell

$$w_i(x) := f_{z_i'}(x, \varphi(x), \nabla \varphi(x)) \, ,$$

so folgt

$$\int_{\Omega} \sum_{i=1}^{n} f_{z_i'} \cdot \eta_{x_i} \, \mathrm{d}^n x = - \int_{\Omega} \eta \sum_{i=1}^{n} \frac{\partial}{\partial x_i} f_{z_i'} \, \mathrm{d}^n x \, . \tag{23.29}$$

Formen wir mit (23.29) den zweiten Term in (23.26) um, so bekommen wir folgendes Ergebnis:

Satz 23.15. *Ist* $\varphi \in C^2(\Omega) \cap C^1(\overline{\Omega})$ *ein lokales Minimum des Funktionals*

$$I(z) = \int_{\Omega} f(x, z(x), \nabla z(x)) \, \mathrm{d}^n x \tag{23.30}$$

in der Klasse Z_n *aller* $z \in C^1(\overline{\Omega})$ *mit* $z = g$ *auf* $\partial \Omega$, *so gilt*

$$\int_{\Omega} \{ \, f_z(x, \varphi(x), \nabla \varphi(x))$$

$$- \sum_{i=1}^{n} \frac{\partial}{\partial x_i} f_{z_i'}(x, \varphi(x), \nabla \varphi(x)) \, \} \, \eta(x) \, \mathrm{d}^n x = 0 \tag{23.31}$$

für alle $\eta \in C^1(\overline{\Omega})$ *mit* $\eta = 0$ *auf* $\partial \Omega$.

D. Die EULER-LAGRANGE-Gleichungen

In den Sätzen 23.12, 23.13 und 23.15 haben wir notwendige Bedingungen für die Lösungen von Variationsproblemen und zwar sogenannte *Variationsgleichungen* in Form von *Integralbedingungen* hergeleitet, die jedoch für die praktische Lösung ungeeignet sind. Wir wollen daher Aussagen über die Integranden bekommen. Dies liefert der folgende Satz:

Theorem 23.16 (*Fundamentallemma der Variationsrechnung*). *Sei* $\Omega \subseteq \mathbb{R}^n$ *ein beschränktes Gebiet und sei* $h \in C^0(\overline{\Omega})$ *eine stetige Funktion, so dass*

$$\int_{\Omega} h(x)\eta(x)\mathrm{d}^n x = 0 \tag{23.32}$$

für alle $\eta \in C^1(\overline{\Omega})$ *mit* $\eta = 0$ *auf* $\partial \Omega$. *Dann gilt*

$$h(x) = 0 \quad \textit{für alle} x \in \overline{\Omega} \, . \tag{23.33}$$

Beweis. Angenommen, es wäre $h(x_0) > 0$ für ein $x_0 \in \Omega$. Da h stetig ist, gibt es nach Satz 2.9 b. (bzw. dessen trivialer Verallgemeinerung auf mehrere Variable) ein $\varepsilon > 0$, so dass $U_\varepsilon(x_0) \subseteq \Omega$ und

$$h(x) > 0 \quad \text{für} \quad \|x - x_0\| < \varepsilon \,.$$

Nun wählen wir eine *Buckelfunktion*, z. B.

$$\eta(x) = \begin{cases} 1 + \cos\left(\pi \frac{\|x - x_0\|^2}{\varepsilon^2}\right) & \text{für} \quad \|x - x_0\| \le \varepsilon, \\ 0 & \text{für} \quad \|x - x_0\| > \varepsilon. \end{cases}$$

Dann ist $\eta \in C^1(\overline{\Omega})$ mit $\eta = 0$ auf $\partial\Omega$, und es gilt

$$\int_\Omega h(x)\eta(x)\mathrm{d}^n x = \int_{\|x - x_0\| < \varepsilon} h(x)\eta(x)\mathrm{d}^n x > 0$$

im Widerspruch zu (23.32). Gibt es aber x_0 mit $h(x_0) < 0$, so machen wir dieselbe Betrachtung mit der Buckelfunktion $-\eta$ und erhalten abermals einen Widerspruch. □

Wir wenden diesen Satz auf die Variationsgleichungen

$$\int_a^b \underbrace{\left\{ f_{y_i}(x, \varphi(x), \varphi'(x)) - \frac{\mathrm{d}}{\mathrm{d}x} f_{y_i'}(x, \varphi(x), \varphi'(x)) \right\}}_{=: h(x)} \eta(x)\mathrm{d}x = 0 \qquad (23.34)$$

aus Satz 23.12 an, wobei wir beachten, dass das hier auftretende $h \in C^0([a, b])$ ist, weil nach Voraussetzung das Minimum $\varphi \in C^2([a, b])$ ist. Also folgt:

Theorem 23.17. *Ist $\varphi \in Z_1 \cap C^2([a, b], \mathbb{R}^n)$ ein lokales Minimum des Funktionals*

$$I(\varphi) = \int_a^b f(x, \varphi(x), \varphi'(x))\mathrm{d}x \qquad (23.35)$$

mit einem C^2-Integranden f, so erfüllen die Funktionen $y_i = \varphi_i(x)$ für $a < x < b$ das System der EULER-LAGRANGE-*Gleichungen*

$$\frac{\mathrm{d}}{\mathrm{d}x} f_{y_i'}(x, y_1, \ldots, y_n, y_1', \ldots, y_n')$$
$$- f_{y_i}(x, y_1, \ldots, y_n, y_1', \ldots, y_n') = 0 \qquad (23.36)$$

für $i = 1, \ldots, n$.

Gleichung (23.36) stellt ein System von n gewöhnlichen Differenzialgleichungen 2. Ordnung dar, so dass die allgemeine Lösung $2n$ Integrationskonstanten enthält. Diese können bestimmt werden durch die $2n$ Randbedingungen

$$Y(a) = A, \ Y(b) = B \tag{23.37}$$

bzw., ausführlich geschrieben

$$y_i(a) = \alpha_i, \ y_i(b) = \beta_i, \quad i = 1, \ldots, n \ .$$

Wenden wir Thm. 23.16 auf die Variationsgleichung in Satz 23.13 an, so bekommen wir für das isoperimetrische Problem die folgende Aussage:

Satz 23.18. *Ist* $\varphi \in Z_1 \cap C^2([a,b], \mathbb{R}^n)$ *ein lokales Minimum des Funktionals* $I(\varphi)$ *in (23.35) unter den* m *unabhängigen Nebenbedingungen*

$$K_j(\varphi) = \int\limits_a^b g_j(x, \varphi(x), \ \varphi'(x)) \mathrm{d}x = L_j, \quad j = 1, \ldots, m \tag{23.38}$$

mit C^2*-Integranden* g_j, *so gibt es* LAGRANGE'*sche Multiplikatoren* $\lambda_1, \ldots, \lambda_m \in \mathbb{R}$, *so dass die Funktionen* $y_i = \varphi_i(x)$ *für* $a < x < b$ *das System*

$$\frac{\mathrm{d}}{\mathrm{d}x} \left(f_{y_i'}(x, Y, Y') + \sum_{j=1}^m \lambda_j g_{j, y_i'}(x, Y, Y') \right)$$

$$- \left(f_{y_i}(x, Y, Y') + \sum_{j=1}^m \lambda_j g_{j, y_i}(x, Y, Y') \right) = 0 \tag{23.39}$$

für $i = 1, \ldots, n$ *lösen.*

Gl. (23.39) stellt ebenfalls ein System von n gewöhnlichen Differenzialgleichungen 2. Ordnung dar. Die allgemeine Lösung enthält $2n$ Integrationskonstanten und außerdem die m LAGRANGE'schen Multiplikatoren, also insgesamt $2n + m$ beliebige Konstanten. Diese können bestimmt werden durch die $2n$ Randbedingungen (23.37) und die m Nebenbedingungen (23.38).

Für den Fall $m = 1$, der bei vielen wichtigen Problemen vorliegt, kann man die Unabhängigkeitsvoraussetzung leicht nachprüfen. Sie reduziert sich ja dann auf die Forderung, dass es eine zulässige Variation $H \in V_1$ geben soll, für die

$$\delta^1 K(\varphi, H) \neq 0$$

ist. Dabei ist

$$K(\varphi) := \int_a^b g(x, \varphi(x), \varphi'(x)) \ \mathrm{d}x \ = \ L$$

mit C^2-Integrand g die eine geforderte Nebenbedingung. Mit (23.24) und Thm. 23.16 sieht man, dass diese Forderung genau dann verletzt ist, wenn

$$\frac{\mathrm{d}}{\mathrm{d}x} g_{y_i'}(x, \varphi(x), \varphi'(x)) - g_{y_i}(x, \varphi(x), \varphi'(x)) \ = 0$$

ist für $i = 1, \ldots, n$. So erhalten wir das nützliche

Lemma 23.19. *Für ein isoperimetrisches Problem mit nur einer Nebenbedingung, gegeben durch den C^2-Integranden g, ist die Unabhängigkeitsforderung aus den Sätzen 23.13 und 23.18 genau dann erfüllt, wenn $Y = \varphi(x)$ keine Lösung des Systems der EULER-LAGRANGE-Gleichungen zu dem Integranden g ist.*

Wenden wir Satz 23.16 schließlich noch auf die Variationsgleichung

$$\int_\Omega \left\{ f_z(x, \varphi(x), \nabla\varphi(x)) - \sum_{i=1}^n \frac{\partial}{\partial x_i} f_{z_i'}(x, \varphi(x), \nabla\varphi(x)) \right\} \eta(x) \mathrm{d}^n x = 0 \quad (23.40)$$

aus Satz 23.15 an, die für alle $\eta \in C^1(\overline{\Omega})$, $\eta = 0$ auf $\partial\Omega$ gilt, so erhalten wir folgende Aussage für das mehrdimensionale Problem.

Satz 23.20. *Sei $\Omega \subseteq \mathbb{R}^n$ ein beschränktes Gebiet mit glattem Rand $\partial\Omega$ und sei $g : \partial\Omega \longrightarrow \mathbb{R}$ eine gegebene stetige Funktion. Ist dann*

$$\varphi \in C^2(\Omega) \cap C^1(\overline{\Omega}) \quad mit \quad \varphi = g \quad auf \quad \partial\Omega \quad (23.41)$$

ein lokales Minimum des Funktionals

$$I(\varphi) = \int_\Omega f(x, \varphi(x), \nabla\varphi(x)) \mathrm{d}^n x \quad (23.42)$$

mit C^2-Integrand f, so erfüllt $z = \varphi(x)$ die EULER-LAGRANGE-Gleichung

$$f_z(x, z, \nabla z) - \sum_{i=1}^n \frac{\partial}{\partial x_i} f_{z_i'}(x, z, \nabla z) = 0 \quad (23.43)$$

für alle $x \in \Omega$.

Gleichung (23.43) stellt eine partielle Differenzialgleichung 2. Ordnung dar, über deren Lösungen wir im Augenblick noch wenig wissen. (Dieses Thema werden wir im dritten Band aufgreifen.) Gelingt es, eine allgemeine Lösung von (23.43) zu finden, so muss daraus eine spezielle Lösung bestimmt werden, welche die Randbedingungen (23.41) erfüllt.

Ergänzungen zu §23

In erster Linie wollen wir hier die Beispiele aus Abschn. A. wieder aufgreifen und sie mit Hilfe der inzwischen gewonnenen Erkenntnisse abschließend behandeln. Das wird uns auch Gelegenheit geben, einige weiterführende Fragen zu streifen. Im nächsten Kapitel werden wir auch im Zusammenhang mit der klassischen Mechanik das Thema noch etwas vertiefen, aber insgesamt müssen wir uns in diesem einführenden Buch mit einem knappen ersten Einblick begnügen. Die umfangreiche Literatur zum Thema „Variationsrechnung" oder „Calculus of Variations", die wir zitieren, eröffnet für alle Interessierten ein weites Betätigungsfeld.

23.21 Problem der kürzesten Linie. Jeder weiß, dass die Lösung dieses Problems die gerade Strecke von $P_1 = (x_1, y_1)$ nach $P_2 = (x_2, y_2)$ ist, aber wir wollen sehen, wie die Maschinerie der Variationsrechnung dieses Ergebnis liefert. Das zu minimierende Funktional hat den Integranden

$$f(x, y, y') := \sqrt{1 + y'^2} \, ,$$

also lautet die EULER-LAGRANGE-Gleichung (23.36) hier

$$\frac{\mathrm{d}}{\mathrm{d}x} \frac{y'}{\sqrt{1 + y'^2}} = 0 \, .$$

Somit ist $y'/\sqrt{1 + y'^2}$ konstant, etwa gleich c. Es folgt

$$y'^2 = c^2(1 + y'^2) \, ,$$

und daher muss $|c| < 1$ sein. Wir bekommen nun $y' = c/\sqrt{1 - c^2} =: m$, also

$$y = mx + b$$

mit einer weiteren Konstanten b. Durchläuft c das Intervall $]-1, 1[$, so durchläuft m offenbar das Intervall $]-\infty, \infty[$. Daher haben wir als Lösungen sämtliche Geraden in der Ebene, die nicht parallel zur y-Achse sind. Die Randbedingungen $y(x_1) = y_1$, $y(x_2) = y_2$ greifen aus dieser Menge von Geraden die erwartete Strecke heraus, und ihre Länge errechnet sich dann auch richtig zu $\sqrt{(x_2 - x_1)^2 + (y_2 - y_1)^2} = \|P_2 - P_1\|_2$.

Schon dieses einfache Beispiel gibt Anlass zu etlichen wichtigen Bemerkungen:

(i) Da Satz 23.17 nur eine *notwendige* Bedingung für ein Extremum darstellt, haben wir eigentlich nicht bewiesen, dass die Strecke wirklich die kürzeste Verbindung von P_1 und P_2 ist. Nur wenn wir wüssten, dass das Problem überhaupt eine Lösung hat, würde der Satz uns sagen, dass die Strecke die Lösung ist. Allerdings kann man hier leicht einsehen, dass jede andere Kurve von P_1 nach P_2 tatsächlich größere Länge hat als $\|P_2 - P_1\|_2$. Dazu nehmen wir zunächst an, es wäre $y_1 = y_2 = 0$. Dann ist für beliebiges $\varphi \in Z$:

$$I(\varphi) = \int_{x_1}^{x_2} \underbrace{\sqrt{1 + \varphi'(x)^2}}_{\geq 1} \, \mathrm{d}x \geq x_2 - x_1 = \|P_2 - P_1\|_2$$

mit Gleichheit genau dann, wenn $\varphi'(x) \equiv 0$, d. h. wenn es sich um die Strecke handelt. Im allgemeinen Fall beachten wir, dass die Bogenlänge unter Translationen und Drehungen invariant ist. Durch eine Translation können wir den Punkt P_1 auf die x-Achse verschieben, und durch eine Drehung können wir dann auch P_2 zur x-Achse bewegen. Damit gilt unsere Behauptung allgemein.

(ii) Eine geringe Modifikation des Problems der kürzesten Linie führt zu einem Variationsproblem, das keine Lösung hat. Der Einfachheit halber nehmen wir an, es ist $y_1 = y_2 = 0$, und dann stellen wir für die zulässigen Funktionen φ noch die zusätzliche Randbedingung

$$\varphi'(x_1) = 1 . \tag{23.44}$$

In diesem Problem ist also $Z_1 = \{\varphi \in C^1([x_1, x_2]) \mid \varphi(x_1) = \varphi(x_2) = 0 , \varphi'(x_1) = 1\}$. Nun ist klar, dass $I(\varphi) \geq x_2 - x_1$ für alle $\varphi \in Z_1$, und zu jedem $\varepsilon > 0$ gibt es ein $\varphi \in Z_1$ mit $I(\varphi) \leq x_2 - x_1 + \varepsilon$ (man nehme eine Funktion, deren Graph sich nur wenig von der x-Achse entfernt). Dies bedeutet:

$$x_2 - x_1 = \inf_{\varphi \in Z_1} I(\varphi) .$$

Aber $I(\varphi) = x_2 - x_1$ ist nur für $\varphi(x) \equiv 0$ möglich, und dann ist die Bedingung (23.44) nicht erfüllt. So leicht kann es geschehen, dass ein Variationsproblem keine Lösung hat! Allerdings beinhalten in der Physik meist die EULER-LAGRANGE-Gleichungen das eigentliche Naturgesetz, während das dahinter stehende Variationsprinzip ein probates Mittel ist, die Gleichungen herzuleiten. Lösungen der EULER-LAGRANGE-Gleichungen nennt man *kritische* oder *stationäre* Punkte des betreffenden Funktionals, und solche Punkte können für die Physik relevant sein, auch wenn es sich nicht um Extremstellen handelt.

(iii) Im Vergleich mit der Einfachheit des Problems ist die EULER-LAGRANGE-Gleichung des Bogenlängenfunktionals eigentlich erstaunlich kompliziert. Tatsächlich ist es viel sachgemäßer, statt der expliziten Kurven $y = \varphi(x)$ allgemeine Kurven mit Parameterdarstellung

$$\Gamma : \quad x = \varphi(t) , \; y = \psi(t) , \qquad 0 \leq t \leq 1$$

und statt $I(\varphi)$ das sog. *Wirkungsfunktional*

$$E(\varphi, \psi) := \frac{1}{2} \int_0^1 \left(\dot{\varphi}(t)^2 + \dot{\psi}(t)^2 \right) \, dt$$

zu betrachten. Die EULER-LAGRANGE-Gleichungen hierfür lauten

$$\ddot{\varphi} = 0 , \quad \ddot{\psi} = 0 ,$$

und damit wird die Lösung trivial. Die Verallgemeinerung auf beliebige Dimension n liegt ebenfalls auf der Hand. Für C^1-Kurven

$$\Gamma : \quad x_i = \varphi_i(t) , \qquad 0 \leq t \leq 1 , \; i = 1, \ldots, n$$

ist das Wirkungsfunktional dann definiert durch

$$E(\varphi) := \frac{1}{2} \int_0^1 \sum_{i=1}^n \dot{\varphi}_i(t)^2 \, dt . \tag{23.45}$$

Wieso es gestattet ist, die Bogenlänge durch das Wirkungsfunktional zu ersetzen, erläutern wir am Schluss dieser Ergänzung.

(iv) Das Problem der kürzesten Linie wird erst richtig interessant, wenn man es sich auf einer *Mannigfaltigkeit* stellt. Betrachten wir eine Teilmannig-faltigkeit M von $\mathbb{R}^n$ und darauf zwei Punkte P_1, P_2. Dann fragt man sich, welches die kürzeste Kurve ist, die die beiden Punkte *innerhalb von M* miteinander verbindet. Man betrachtet also die Menge

$$Z_1 = \{\varphi \in C^1([0,1]) \mid \varphi(0) = P_1, \ \varphi(1) = P_2, \ \varphi([0,1]) \subseteq M\} \quad (23.46)$$

und versucht, das Wirkungsfunktional auf ihr zu minimieren. Hier hat man außer den Randbedingungen noch die Nebenbedingung

$$\varphi(t) \in M \qquad \forall \, t \in [0,1] \, ,$$

also eine neue Art von Nebenbedingung, und daher geht diese Problem-stellung deutlich über den Rahmen dessen hinaus, was wir bis jetzt betrachtet haben (vgl. Aufg. 23.9). Aber auch hier gibt es EULER-LAGRANGE-Gleichungen, und diese nennt man die *geodätischen Gleichun-gen* von M. Ihre Lösungen sind die *Geodäten* (oder *geodätischen Linien*) von M. Der Integrand $\frac{1}{2}\|\dot{\varphi}(t)\|^2$ des Wirkungsfunktionals ist, physikalisch gesehen, die kinetische Energie eines Massenpunkts der Masse $m = 1$, der sich auf der Mannigfaltigkeit bewegt. Nach dem HAMILTON'schen Prinzip der klassischen Mechanik (vgl. Kap. 24) kann man sich also die geodätischen Gleichungen als die Bewegungsgleichungen solch eines Mas-senpunkts vorstellen, vorausgesetzt, er ist keinerlei Kräften unterworfen außer den Zwangskräften, die ihn auf der Teilmannigfaltigkeit M festhal-ten.

Als Beispiel betrachten wir die Sphäre

$$S := \{(x,y,z) \in \mathbb{R}^3 \mid x^2 + y^2 + z^2 = 1\} \, .$$

Ihre Geodätischen sind die *Großkreisbögen.* (Ein Großkreis ist ein Kreis, der durch Schnitt von S mit einer Ebene durch den Ursprung entsteht.) Zwei dia-metral entgegengesetzte Punkte haben also unendlich viele verschiedene geo-dätische Verbindungslinien, doch zwei Punkte, die nicht diametral entgegenge-setzt sind, haben eine kurze und eine lange Geodätische, die sie verbindet. Die kurze ist tatsächlich ein Minimum des Wirkungs- und des Längenfunktionals, die lange aber nicht.

Man kann diese Theorie auch auf abstrakten Mannigfaltigkeiten betrei-ben, benötigt dazu allerdings einen zusätzlichen gegebenen Datensatz – eine sog. RIEMANN'sche Struktur – , der es erlaubt, auf der Mannigfaltigkeit Län-gen und Winkel sinnvoll zu definieren. Dabei ist es allgemein so, dass zwei Punkte durch eine Geodätische mit minimaler Länge und minimalem Wert des Wirkungsfunktionals verbunden werden können, wenn sie nahe genug bei-einander liegen. Liegen sie weiter voneinander entfernt, so kann eine Vielfalt von Phänomenen auftreten. Der Zweig der Mathematik, der sich mit der-artigen Fragen befasst, ist die RIEMANN*'sche Geometrie.* Eine Variante der

RIEMANN'schen Geometrie ist die LORENTZ'sche Geometrie, die die mathematische Grundlage der allgemeinen Relativitätstheorie bildet. Die Geodätischen spielen in ihr die Rolle der *Weltlinien* von Objekten, die sich unter dem Einfluss der Schwerkraft durch das Raum-Zeit-Kontinuum bewegen.

Wir müssen noch erklären, warum man die Bogenlänge durch die Wirkung ersetzen darf. Wir betrachten also die Menge Z_1 aus (23.46) und darauf die Funktionale

$$L(\varphi) := \int_0^1 \|\dot{\varphi}(t)\| \, dt \,, \quad E(\varphi) := \frac{1}{2} \int_0^1 \|\dot{\varphi}(t)\|^2 \, dt \,,$$

wobei natürlich die *Euklid'sche* Norm der Geschwindigkeitsvektoren $\dot{\varphi}(t)$ gemeint ist. Nun gilt:

Behauptung. Für alle $\psi \in Z_1$ ist $L(\psi) \leq \sqrt{2E(\psi)}$, und Gleichheit gilt genau dann, wenn $\|\dot{\psi}(t)\|$ konstant ist.

Zum Beweis beachten wir, dass der Vektorraum $C([0,1])$ mit dem Skalarprodukt

$$\langle f|g \rangle = \int_0^1 f(t)g(t) \, dt$$

ein Prähilbertraum ist. Wählen wir nun $f(t) \equiv 1$ und $g(t) := \|\dot{\psi}(t)\|$, so haben wir

$$\langle f|g \rangle = L(\psi) \,, \quad \langle g|g \rangle = 2E(\psi) \,, \quad \langle f|f \rangle = 1 \,.$$

Also liefert Thm. 6.11 unsere Behauptung.

Wie bei Def. 9.7 bemerkt wurde, ist die Bogenlänge gegen Parametertransformationen invariant. Daher brauchen wir nur die Menge Z der regulären Kurven $\psi \in Z_1$ zu betrachten. Ist nun $\varphi \in Z$ eine Kurve mit minimaler Bogenlänge $\mu > 0$, so führen wir folgende Parametertransformation ein:

$$s = \sigma(t) := \mu^{-1} \int_0^t \|\dot{\varphi}(\tau)\| \, d\tau \,.$$

Diese Funktion ist streng monoton wachsend und ein C^1-Diffeomorphismus von $[0,1]$ auf sich. Wir setzen $\gamma(s) := \varphi(\sigma^{-1}(s))$ und errechnen mit der Kettenregel und (2.19) sofort, dass $\|\dot{\gamma}(s)\| \equiv \mu$ („Parametrisierung proportional zur Bogenlänge"). Dann ist $\sqrt{2E(\gamma)} = L(\gamma) = \mu$, und für beliebiges $\psi \in Z$ haben wir

$$\sqrt{2E(\psi)} \geq L(\psi) \geq \mu = \sqrt{2E(\gamma)} \,,$$

d. h. γ ist ein Minimum für das Wirkungsfunktional. Umgekehrt hat jedes $\beta \in Z$ mit $E(\beta) = \min_{\psi \in Z} E(\psi)$ auch minimale Bogenlänge. Gäbe es nämlich ein $\varphi \in Z$ mit $L(\varphi) < L(\beta)$, so könnten wir solch eine Kurve wieder proportional zur Bogenlänge umparametrisieren, und für die resultierende Kurve $\gamma \in Z$

hätten wir

$$\sqrt{2E(\gamma)} = L(\gamma) = L(\varphi) < L(\beta) \leq \sqrt{2E(\beta)}$$

im Widerspruch zur Minimalität von $E(\beta)$.

Wählen wir für γ speziell die proportional zur Bogenlänge parametrisierte Version von β, so haben wir

$$\sqrt{2E(\beta)} \leq \sqrt{2E(\gamma)} = L(\gamma) = L(\beta) \leq \sqrt{2E(\beta)} \, ,$$

also sind alle diese Größen gleich. Aus $L(\beta) = \sqrt{2E(\beta)}$ folgt nach unserer Behauptung aber, dass β schon konstanten Betrag der Geschwindigkeit hat, d. h. β ist schon proportional zur Bogenlänge parametrisiert. Geodätische Linien werden also stets mit gleichförmiger Geschwindigkeit durchlaufen.

23.22 Problem der Brachistochrone. Statt $T(\varphi)$ minimieren wir $\sqrt{2g}T(\varphi)$, damit wir die Konstante $\sqrt{2g}$ nicht mitschleppen müssen. Der Integrand ist also jetzt

$$f(x, y, y') = \sqrt{\frac{1 + y'^2}{y}} \, ,$$

und damit ergibt sich eine EULER-LAGRANGE-Gleichung, die recht unangenehm aussieht. Wir machen uns daher die folgende Beobachtung zunutze:

Lemma. *Wir betrachten ein eindimensionales Variationsproblem für skalare Funktionen $y = \varphi(x)$, $x, y \in \mathbb{R}$. Wenn der Integrand f nicht von x abhängt, so ist jede Lösung der EULER-LAGRANGE-Gleichung auch Lösung der folgenden Differenzialgleichung erster Ordnung:*

$$y' f_{y'}(y, y') - f(y, y') = c \tag{23.47}$$

für eine Konstante $c \in \mathbb{R}$.

Beweis. Es sei $[a, b]$ das Intervall, auf dem die zulässigen Funktionen für das gegebene Variationsproblem definiert sind. Die linke Seite von (23.47) nennen wir $H(y, y')$. Für ein $\varphi \in C^2([a, b])$ haben wir dann nach Produkt- und Kettenregel

$$\begin{aligned}
\frac{\mathrm{d}}{\mathrm{d}x} H(\varphi(x), \varphi'(x)) =\, & \varphi''(x) f_{y'}(\varphi(x), \varphi'(x)) + \varphi'(x) \frac{\mathrm{d}}{\mathrm{d}x} f_{y'}(\varphi(x), \varphi'(x)) \\
& - \varphi'(x) f_y(\varphi(x), \varphi'(x)) - \varphi''(x) f_{y'}(\varphi(x), \varphi'(x)) \\
=\, & \left[\frac{\mathrm{d}}{\mathrm{d}x} f_{y'}(\varphi(x), \varphi'(x)) - f_y(\varphi(x), \varphi'(x)) \right] \varphi'(x) \, .
\end{aligned}$$

Dies verschwindet identisch, wenn φ die EULER-LAGRANGE-Gleichung erfüllt. Dann ist also $H(\varphi(x), \varphi'(x))$ konstant, und das bedeutet gerade (23.47). $\square$

In unserem Spezialfall lautet (23.47)

$$\frac{y'^2}{\sqrt{y}\sqrt{1+y'^2}} - \frac{\sqrt{1+y'^2}}{\sqrt{y}} = c \, ,$$

und das vereinfacht sich zu

$$1 = c^2 y(1 + y'^2) \, .$$

Für $c = 0$ ist das nicht zu erfüllen, und für $c \neq 0$ ergibt es

$$y(1 + y'^2) = C$$

mit der neuen Konstanten $C := 1/c^2 > 0$. Dies ist die Gleichung der Brachystochrone, und prinzipiell kann man sie durch Trennung der Variablen lösen. Das auftretende Integral lässt sich allerdings nicht elementar auswerten. Wenn man aber nicht auf der Darstellung der Lösungskurve als Funktionsgraph besteht und stattdessen eine beliebige Parameterdarstellung $(x(t), y(t))$ ansetzt, so findet man $y'(x(t)) = \dot{y}(t)/\dot{x}(t)$, also

$$y(t)(\dot{x}(t)^2 + \dot{y}(t)^2) = C\dot{x}(t)^2 \, .$$

Um diese Gleichung vereinfachen zu können, verlangen wir $y = \dot{x}$ von unserem Ansatz. Dann ergibt sich

$$y^2 + \dot{y}^2 = Cy \, .$$

Trennung der Variablen führt nun auf ein elementar auswertbares Integral, und man erhält

$$y = C \sin^2 \frac{t}{2} = \frac{C}{2}(1 - \cos t) \, ,$$

wenn wir $y(0) = 0$ als Anfangsbedingung nehmen. Da die Kurve durch $A = (0,0)$ gehen soll, wählen wir als weitere Anfangsbedingung $x(0) = 0$ und erhalten schließlich als Parameterdarstellung der Brachystochrone

$$x = R(t - \sin t) \, , \quad y = R(1 - \cos t) \, , \qquad (R > 0 \text{ fest}) \, . \qquad (23.48)$$

Dies ist die Parameterdarstellung einer *Zykloide*. Wenn ein Kreis vom Radius R auf der x-Achse abgerollt wird, so beschreibt ein Punkt auf dem Kreis bei der Rollbewegung eine Zykloide. Durch geeignete Wahl von R kann man erreichen, dass die Zykloide durch den vorgeschriebenen Punkt $B = (x_0, y_0)$ geht.

Auch hier haben wir eigentlich nur gezeigt, dass die Zykloide die Lösung des Problems ist, wenn das Problem überhaupt eine Lösung besitzt. Die tiefergehende Theorie ist jedoch in der Lage, die Existenz einer Lösung zu sichern.

Bemerkung: Die Bedeutung dieses Problems liegt u. a. darin, dass es als historische Wurzel der Variationsrechnung gelten kann.

23.23 Problem der minimalen Rotationsfläche. Wir minimieren

$$\frac{1}{2\pi}I(\varphi) = \int_{x_1}^{x_2} f(\varphi(x), \varphi'(x)) \, dx \quad \text{mit } f(y, y') := y\sqrt{1 + y'^2} \, .$$

Auch hier hängt der Integrand nicht von x ab, also können wir statt der EULER-LAGRANGE-Gleichung wieder Gl. (23.47) ansetzen. Sie lautet hier

$$\frac{yy'^2}{\sqrt{1 + y'^2}} - y\sqrt{1 + y'^2} = c_1 \, ,$$

was sich vereinfacht zu

$$c_1 y' = \sqrt{y^2 - c_1^2} \, .$$

Dies kann man durch Trennung der Variablen leicht lösen, und man erhält *Kettenlinien* als die einzigen Möglichkeiten für Extrema, nämlich

$$y = c_1 \cosh \frac{x - c_2}{c_1}$$

mit einer Integrationskonstanten c_2. Die Parameter c_1, c_2 kann man offenbar so einrichten, dass diese Kurve durch (x_1, y_1) geht. Ob man dann aber auch erreichen kann, dass sie durch (x_2, y_2) geht, hängt von der Lage von y_2 ab. Für zu kleine y_2 ist das unmöglich, und das Variationsproblem hat keine Lösung. Für große y_2 hat man sogar zwei Lösungen, von denen die eine ein Extremum darstellt, die andere nur einen stationären Punkt von I. Im Grenzfall gibt es genau eine Lösung, aber diese ist kein Extremum. (Einzelheiten z. B. in [30], Bd. I, S. 298ff.).

23.24 Isoperimetrisches Problem. Nach Satz 23.18 gibt es einen LAGRANGE'schen Multiplikator $\lambda \in \mathbb{R}$, so dass jede Lösung des Problems die Gleichung

$$\frac{d}{dx} h_{y'}(x, y, y') - h_y(x, y, y') = 0$$

erfüllt, wobei

$$h(x, y, y') := y + \lambda\sqrt{1 + y'^2} \, .$$

Wir haben also die Differenzialgleichung

$$\frac{d}{dx} \frac{\lambda y'}{\sqrt{1 + y'^2}} - 1 = 0$$

zu lösen. Zunächst erhält man

$$\frac{\lambda y'}{\sqrt{1 + y'^2}} = x - c_1 \, ,$$

also

$$1 - \frac{1}{1 + y'^2} = \frac{y'^2}{1 + y'^2} = \frac{(x - c_1)^2}{\lambda^2}\,.$$

Dies lösen wir nach y' auf und integrieren nochmals. Das Ergebnis ist

$$(x - c_1)^2 + (y - c_2)^2 = \lambda^2\,,$$

also die Gleichung eines Kreisbogens vom Radius λ. Die Werte der Parameter c_1, c_2, λ kann man aus den Randbedingungen und der Nebenbedingung bestimmen, sofern $L > 2a$ ist.

23.25 Ausblick: Das Problem von PLATEAU. Das Problem von PLATEAU aus Beispiel 23.5 besteht darin, zu einer geschlossenen JORDAN-Kurve $\Gamma \subseteq \mathbb{R}^3$ eine Fläche $S \subseteq \mathbb{R}^3$ zu bestimmen, die Γ als Rand hat und unter allen solchen Flächen minimalen Flächeninhalt besitzt.

Wird die Fläche S im $\mathbb{R}^3$ in expliziter Darstellung durch eine C^1-Funktion

$$S : z = z(x, y), \quad (x, y) \in \overline{\Omega}, \quad z \in C^1(\Omega) \cap C^0(\overline{\Omega})$$

repräsentiert, so führt dies auf das schon in 23.5 aufgestellte Variationsproblem

$$A = \iint\limits_{\Omega} \sqrt{1 + z_x(x, y)^2 + z_y(x, y)^2}\,\mathrm{d}^2(x, y) \longrightarrow \min \qquad (23.49)$$

unter allen expliziten Flächen, die Γ als Rand haben.

Für den Integranden von (23.49)

$$f(x, y, z, z_x, z_y) := (1 + z_x^2 + z_y^2)^{1/2}$$

bekommen wir mit (23.43) nach kurzer Rechnung die EULER-LAGRANGE-Gleichung

$$\frac{z_{xx}(1 + z_y^2) - 2z_x z_y z_{xy} + z_{yy}(1 + z_x^2)}{(1 + z_x^2 + z_y^2)^{3/2}} = 0\,. \qquad (23.50)$$

Den Ausdruck auf der linken Seite nennt man die *mittlere Krümmung* einer expliziten Fläche $z = z(x, y)$.[2] Die Lösungen des Variationsproblems (23.49) sind also Flächen mit verschwindender mittlerer Krümmung, sogenannte *Minimalflächen*, obwohl dieser Begriff nicht ganz gerechtfertigt ist, denn das Verschwinden der mittleren Krümmung, d. h. die Gleichung (23.50) liefert nur eine notwendige Bedingung für das Minimieren des Flächeninhalts.

---

[2] Die mittlere Krümmung einer Fläche wird in der Differenzialgeometrie auf anschaulich einleuchtende Weise definiert und ergibt hier nur deswegen einen derart komplizierten Ausdruck, weil die explizite Parameterdarstellung geometrisch unangemessen ist. Details findet man in Lehrbüchern der klassischen Differenzialgeometrie oder auch in [26].

Wie man aus (23.50) erkennt, ist jede explizite Minimalfläche $z = z(x, y)$ eine Lösung der partiellen Differenzialgleichung

$$z_{xx}(1 + z_y^2) - 2z_x z_y z_{xy} + z_{yy}(1 + z_x^2) = 0 \qquad (23.51)$$

die man *Minimalflächengleichung* nennt. Da die Differenzialgleichung nichtlinear ist, ist ihre Behandlung sehr schwierig und kann nicht weiter verfolgt werden.

Diese Schwierigkeiten rühren z. T. davon her, dass die angestrebte Lösung des PLATEAU-Problems als explizite Fläche zu eingeschränkt ist, denn das geometrische Problem, das für beliebige geschlossene Kurven $\Gamma \subseteq \mathbb{R}^3$ als Rand formuliert wird, ist allgemeiner. Man muss daher *parametrisierte Flächen*

$$S : X = X(u, v), \quad (u, v) \in \overline{\Omega}$$

mit $X : \overline{\Omega} \longrightarrow \mathbb{R}^3$, $\Omega \subseteq \mathbb{R}^2$, $X \in C^1(\Omega, \mathbb{R}^2) \cap C^0(\overline{\Omega}, \mathbb{R}^3)$ zulassen. Der Flächeninhalt wird dann nach Def. 12.5 (oder Def. 22.5) repräsentiert durch das Integral

$$A(X) = \iint\limits_\Omega \sqrt{EG - F^2} \, \mathrm{d}(u, v) = \iint\limits_\Omega W \, \mathrm{d}(u, v) \qquad (23.52)$$

mit

$$E = \|X_u\|^2 = \sum_{i=1}^3 \left(\frac{\partial x_i}{\partial u} \right)^2, \quad G = \|X_v\|^2 = \sum_{i=1}^3 \left(\frac{\partial x_i}{\partial v} \right)^2,$$

$$F = X_u \cdot X_v = \sum_{i=1}^3 \frac{\partial x_i}{\partial u} \frac{\partial x_i}{\partial v}, \quad W^2 = EG - F^2 . \qquad (23.53)$$

Die EULER-LAGRANGE-Gleichung des Variationsfunktionals (23.52) ist dann das Differenzialgleichungssystem

$$\frac{\partial}{\partial u} \frac{\partial W}{\partial x_{i,u}} + \frac{\partial}{\partial v} \frac{\partial W}{\partial x_{i,v}} = 0, \quad i = 1, 2, 3 , \qquad (23.54)$$

was ebenfalls besagt, dass die mittlere Krümmung von S verschwindet.

Auch das Differenzialgleichungssystem (23.54) ist nichtlinear und auf den ersten Blick keinesfalls einfacher zu behandeln als die Minimalflächengleichung (23.51). Nun haben wir es aber bei (23.54) mit parametrisierten Flächen zu tun und wir wissen aus Satz 22.6, dass der Flächeninhalt $A(S)$ einer Fläche S unabhängig von der Parameterdarstellung ist. Aufgrund der geometrischen Bedeutung des PLATEAU-Problems sollte daher das Differenzialgleichungssystem (23.54) für x_1, x_2, x_3 invariant unter Koordinatentransformationen der u, v sein. Es sollte daher möglich sein, die Fläche mit sogenannten *isometri-*

schen Parametern u, v zu parametrisieren, die durch die Gleichungen

$$E - G = 0 , \quad F = 0 , \quad \text{d. h.}$$

$$\|X_u\|^2 = \|X_v\|^2 , \quad X_u \cdot X_v = 0 \tag{23.55}$$

charakterisiert sind. Das bedeutet, dass die Abbildung $X : \Omega \longrightarrow S$ eine *konforme Abbildung* ist. (Man kann nämlich nachrechnen, dass solche Abbildungen *winkeltreu* sind, so dass sie – ebenso wie die aus Ergänzung 16.30 bekannten winkeltreuen Abbildungen der komplexen Ebene – als konform bezeichnet werden.) In diesem Fall ist

$$W = E = G ,$$

und das Differenzialgleichungssystem (23.54) reduziert sich auf

$$\Delta X := \frac{\partial^2 X}{\partial u^2} + \frac{\partial^2 X}{\partial v^2} = 0 \tag{23.56}$$

oder, in Komponenten

$$\Delta x_i = 0 , \quad i = 1, 2, 3 .$$

Solche Flächen nennt man *harmonische Flächen.*

Deshalb wird der Ausdruck „Minimalflächen" oft in dem folgenden eingeschränkten Sinn verwendet:

Definition. *Eine parametrisierte Fläche*

$$S : X = X(u, v), \quad (u, v) \in \overline{\Omega}$$

heißt genau dann eine Minimalfläche, *wenn*

a. *die Parameterdarstellung* $X(u, v)$ *eine harmonische Vektorfunktion ist, d. h.*

$$\Delta X = 0 \quad \text{in} \quad \Omega , \tag{23.56}$$

und

b. *die Parameterdarstellung isometrisch ist, d. h.*

$$E - G = F = 0 . \tag{23.57}$$

Betrachtet man nun andererseits für eine C^2-Vektorfunktion $X(u, v)$ in Ω das sogenannte DIRICHLET-Integral

$$D(X) = \frac{1}{2} \iint_{\Omega} (\|X_u\|^2 + \|X_v\|^2) \, d(u, v) = \frac{1}{2} \iint_{\Omega} (E + G) \, d(u, v) , \tag{23.58}$$

so folgt nach kurzer Rechnung, dass das System von partiellen Differenzialgleichungen

$$\Delta x_k = 0, \quad k = 1, 2, 3 \text{ in } \Omega \tag{23.56}$$

gerade das EULER-LAGRANGE-System des DIRICHLET-Integrals (23.59) ist. (Genau genommen, muss man hier, wie schon bei der Ermittlung von (23.54) eine geeignete Verallgemeinerung der Sätze 23.17 und 23.20 heranziehen, denn wir haben es ja mit mehreren unabhängigen *und* mehreren abhängigen Variablen zu tun. Aber diese Verallgemeinerung liegt auf der Hand.) D. h. die Lösung des Variationsproblems

$$D(X) \longrightarrow \min$$

unter gewissen Zusatzbedingungen liefert automatisch harmonische Flächen.

Zwischen dem Flächeninhalt und dem DIRICHLET-Integral besteht nun eine ähnliche Beziehung wie zwischen der Kurvenlänge und der Wirkung (vgl. Ergänzung 23.21), und die isometrisch parametrisierten Flächen entsprechen dabei den mit gleichförmiger Geschwindigkeit durchlaufenen Kurven. Dies wollen wir noch etwas vertiefen.

Aus der binomischen Formel folgt

$$\frac{E + G}{2} \geq \sqrt{EG} \,,$$

wobei Gleichheit genau für $E = G$ gilt. Daher gilt auch

$$\frac{E + G}{2} \geq \sqrt{EG - F^2} \tag{23.59}$$

und Gleichheit

$$\frac{E + G}{2} = \sqrt{EG - F^2} \tag{23.60}$$

gilt nur für $E - G = F = 0$.

Somit gilt für alle C^1-Vektorfunktionen $X : \Omega \longrightarrow \mathbb{R}^3$

$$D(X) \geq A(X) \,, \tag{23.61}$$

und es gilt

$$D(X) = A(X) \tag{23.62}$$

genau dann, wenn X eine isometrische Parametrisierung ist.

Wenn wir also annehmen, dass eine isometrische Parametrisierung für alle in Betracht kommenden Vergleichsflächen im PLATEAU-Problem immer möglich ist, so ist die Gleichung (23.62) immer für eine passende Parametrisierung erreichbar. Für eine feste Fläche S ist das Flächenfunktional $A(X)$ in (23.52) unabhängig von der Parameterdarstellung X, das DIRICHLET-Integral $D(X)$ in (23.59) aber nicht. Genau wie im Falle der kürzesten Linien genügt es jedoch, das DIRICHLET-Integral zu minimieren. Man kann nämlich beweisen, dass für eine geeignete Klasse Z von zulässigen Vergleichsfunktionen Folgendes gilt

$$\inf_{X \in Z} D(X) = \inf_{X \in Z} A(X) \,. \tag{23.63}$$

Findet man also einen Minimierer X_0 für das DIRICHLET-Integral, so muss $A(X_0) = D(X_0)$ sein, und damit ist X_0 eine Minimalfläche. Wir können also konstatieren:

Satz. *Um den Flächeninhalt $A(X)$ in einer Klasse von zulässigen Vergleichs-flächen zu minimieren, genügt es, das DIRICHLET-Integral $D(X)$ in dieser Klasse zu minimieren. Eine Vektorfunktion X, die das DIRICHLET-Integral minimiert, löst automatisch das PLATEAU-Problem. Die Lösung ist eine isometrische und harmonische Parametrisierung einer Minimalfläche, d. h.*

$$\left.\begin{array}{l} \Delta X = 0 \\ E = G,\ F = 0 \end{array}\right\} \quad \text{in} \quad \Omega\ .$$

Wir bemerken noch, dass man in Wirklichkeit nicht davon ausgehen kann, dass die Vergleichsflächen immer konform parametrisiert werden können. Gerade deshalb braucht man (23.63), dessen Beweis weit über unsere Möglichkeiten geht. Die obigen Überlegungen sind lediglich eine Motivation für die im Satz angegebene Vorgehensweise bei der Lösung des PLATEAU-Problems. Ausgehend hiervon hat sich eine reichhaltige Theorie von Existenz- und Regularitätsaussagen entwickelt, und die Bedeutung des PLATEAU-Problems liegt z. T. darin, dass bei seiner Behandlung viele raffinierte mathematische Techniken entwickelt wurden, die die Theorie der nichtlinearen Systeme von partiellen Differenzialgleichungen befruchtet haben. Zu diesem Typ von Differenzialgleichungen gehören u. a. auch die EINSTEIN'schen Feldgleichungen und die YANG-MILLS-Gleichungen der Eichtheorie.

Ein besonderer Reiz des PLATEAU-Problems liegt darin, dass man hier die mathematischen Ergebnisse durch Experimente bestätigen, veranschaulichen oder auch voraussagen kann. Eine Seifenblase ist nämlich (wegen der Oberflächenspannung) immer so geformt, dass ihre Oberfläche so klein ist wie unter den gegebenen Bedingungen möglich. Spannt man also eine Seifenhaut in einen gebogenen Drahtring (der den Rand Γ von S vorgibt) ein, so wird die Form der Seifenhaut der Lösung des betreffenden PLATEAU-Problems entsprechen. Daher ist dieses Problem auch bei populärwissenschaftlichen Behandlungen der Variationsrechnung sehr beliebt.

Aufgaben zu §23

23.1. Man bestimme die Extremalen (= Lösungen der EULER-LAGRANGE-Gleichungen) der folgenden Funktionale:

a. $\int\limits_a^b \frac{\varphi'(x)^2}{x^3}\, \mathrm{d}\,x\ ,$

b. $\int\limits_a^b \left[\varphi(x)^2 + \varphi'(x)^2 + 2\varphi(x)\mathrm{e}^x\right]\, \mathrm{d}\,x\ .$

23.2. Man löse die folgenden Variationsprobleme:

a. $\int\limits_{\pi/4}^{\pi/2} \dot{y}^2 \sin^2 t \, \mathrm{d}t \longrightarrow \min$, wobei $y\left(\frac{\pi}{4}\right) = 1$, $y\left(\frac{\pi}{2}\right) = 0$,

b. $\int\limits_0^1 \mathrm{e}^{\dot{x}} \tan \dot{x} \, \mathrm{d}t \longrightarrow \min$, wobei $x(0) = 0$, $x(1) = 1$.

23.3. Man stelle das System der EULER-LAGRANGE-Gleichungen für das folgende Funktional auf und löse das Differenzialgleichungssystem durch Reduktion auf ein Differenzialgleichungssystem 1. Ordnung:

$$ I = \int\limits_a^b \left\{ 2x_1 x_2 - 2x_1^2 + \dot{x}_1^2 - \dot{x}_2^2 \right\} \mathrm{d}t \, . $$

23.4. Man zeige, dass das Funktional

$$ \int\limits_0^1 x\varphi(x)\,\varphi'(x)\,\mathrm{d}x $$

in der Klasse Z aller $\varphi \in C^1([0,1])$ mit $\varphi(0) = 0$, $\varphi(1) = 1$ weder Minimum noch Maximum hat.

23.5. Man zeige, dass das Variationsproblem

$$ \int\limits_{-\pi/2}^{\pi/2} (2\varphi(x)\varphi'(x)\cos x - \varphi(x)^2 \sin x)\,\mathrm{d}x \longrightarrow \min $$

unter allen $\varphi \in C^1\left(\left[-\frac{\pi}{2}, \frac{\pi}{2}\right]\right)$ mit $\varphi\left(-\frac{\pi}{2}\right) = -1$, $\varphi\left(\frac{\pi}{2}\right) = 1$ unendlich viele Lösungen hat, die alle denselben Wert des Funktionals liefern.

23.6. Man bestimme die Lösung des isoperimetrischen Variationsproblems

$$ \int\limits_0^1 (\varphi'(x)^2 + x^2)\,\mathrm{d}x \longrightarrow \min $$

unter allen $\varphi \in C^1([0,1])$, welche die Randbedingungen $\varphi(0) = \varphi(1) = 0$ und die Nebenbedingung

$$ \int\limits_0^1 \varphi(x)^2 \, \mathrm{d}x = 2 $$

erfüllen.

23.7. Man löse das isoperimetrische Variationsproblem

$$\int\limits_0^1 \varphi(x)\,\mathrm{d}\,x \longrightarrow \max$$

unter allen $\varphi \in C^1([0,1])$ mit $\varphi(0) = \varphi(1) = 0$, welche die Nebenbedingung

$$\int\limits_0^1 \sqrt{1 + \varphi'(x)^2}\,\mathrm{d}\,x = \frac{\pi}{2}$$

erfüllen.

23.8. Man zeige, dass das isoperimetrische Problem

$$I(\varphi) := \int\limits_0^1 \varphi'(x)^2\,\mathrm{d}\,x \longrightarrow \min$$

unter allen $\varphi \in C^1([0,1])$, $\varphi(0) = 0$, $\varphi(1) = 1$ mit $\int\limits_0^1 \sqrt{1 + \varphi'(x)^2}\,\mathrm{d}\,x = 2$ keine Lösung hat. Wie steht es hier mit der Unabhängigkeit der Nebenbedingung bei einer Extremalen von I?

23.9. Es sei $S_R \subseteq \mathbb{R}^n$ die Sphäre vom Radius $R > 0$ um den Nullpunkt. Die Forderung, dass eine Kurve $\varphi : [a,b] \to \mathbb{R}^n$ innerhalb von S_R verläuft, kann durch die isoperimetrische Nebenbedingung $K(\varphi) = 0$ ausgedrückt werden, wenn wir setzen:

$$K(\varphi) := \int_a^b \left(\sum_{i=1}^n \varphi_i(t)^2 - R^2 \right)^2 \mathrm{d}t\,.$$

Nun seien $A = (a_1, \ldots, a_n)$, $B = (b_1, \ldots, b_n) \in S_R$ zwei verschiedene Punkte der Sphäre. Wir versuchen, die beiden Punkte durch eine Kurve $\varphi \in C^1([a,b], \mathbb{R}^n)$, die innerhalb von S_R verläuft, so zu verbinden, dass das Funktional

$$I(\varphi) := \int_a^b \sum_{i=1}^n \dot{\varphi}(t)^2\,\mathrm{d}t$$

minimal wird. Was geschieht, wenn man zur Lösung dieses Problems die Methode der LAGRANGE-Multiplikatoren einsetzt, und warum versagt sie? (*Bemerkung: Das Problem wird in Wirklichkeit immer durch einen Großkreisbogen von A nach B gelöst. Vgl. Ergänzung 23.21.*)

24

Anwendungen auf die Mechanik

Wir bauen nun die Variationsrechnung in verschiedene Richtungen aus, die durch die klassische Mechanik motiviert sind und die dort auch ihre hauptsächlichen Anwendungen finden.

A. Das HAMILTON'sche Prinzip

Wir betrachten ein mechanisches System von N Massenpunkten $m_1, \ldots, m_N$, deren Koordinaten zur Zeit t

$$X_i = X_i(t) = (x_i(t), y_i(t), z_i(t)), \quad i = 1, \ldots, N \tag{24.1}$$

seien. Als Funktionen der Zeit t können wir die Gleichungen

$$\Gamma_i : X_i = X_i(t), \quad t_0 \leq t \leq t_1 \tag{24.2}$$

als die Parameterdarstellungen der Bahnkurven der einzelnen Massenpunkte auffassen, die sich von einem Anfangspunkt $A_i = X_i(t_0)$ zu einem Endpunkt $B_i = X_i(t_1)$ bewegen. Ist die auf das i-te Teilchen wirkende Kraft $F_i(t, X_1, \ldots, X_N)$ zu jedem Zeitpunkt t bekannt, so ergibt sich die Bewegung des mechanischen Systems als Lösung der NEWTON'schen Bewegungsgleichungen

$$m_i \ddot{X}_i = F_i(t, X_1, \ldots, X_N), \quad i = 1, \ldots, N, \tag{24.3}$$

die ein System von $3N$ gewöhnlichen Differenzialgleichungen 2. Ordnung darstellen. Das Hauptproblem der Physik ist nicht das Lösen des Differenzialgleichungssystems (24.3), sondern das Aufstellen der Bewegungsgleichungen für ein gegebenes physikalisches System. Dazu ist das HAMILTON'sche Prinzip ein wesentliches Hilfsmittel, das wir nun im einfachsten Fall besprechen wollen.

Wir nehmen an, dass das betrachtete System konservativ ist, so dass die Kräfte ein zeitunabhängiges Potenzial $U(X_1, \ldots, X_N)$ besitzen, d. h.

$$F_i = \left(-\frac{\partial U}{\partial x_i}, -\frac{\partial U}{\partial y_i}, -\frac{\partial U}{\partial z_i} \right)^T . \tag{24.4}$$

Mit diesem Potenzial $U(X_1, \ldots, X_N)$ und der *kinetischen Energie*

$$T = \frac{1}{2} \sum_{i=1}^{N} m_i \, \|\dot{X}_i\|^2 = \frac{1}{2} \sum_{i=1}^{N} m_i \, (\dot{x}_i^2 + \dot{y}_i^2 + \dot{z}_i^2) \tag{24.5}$$

bildet man die LAGRANGE-*Funktion*

$$L = L(X_1, \ldots, X_N, \, \dot{X}_1, \ldots, \dot{X}_N) := T - U . \tag{24.6}$$

Axiom 24.1 (HAMILTON'sches Prinzip). *Die Bewegung* $X_i = X_i(t)$, $i = 1, \ldots, N$ *eines N-Teilchensystems aus einer gegebenen Anfangslage $A_i = X_i(t_0)$ in eine gegebene Endlage $B_i = X_i(t_1)$, verläuft auf denjenigen Bahnkurven $\Gamma_i : X_i = X_i(t)$, für die das Integral*

$$\int_{t_0}^{t_1} L \, \mathrm{d}\, t \equiv \int_{t_0}^{t_1} L\,(t, X_1, \ldots, X_N, \dot{X}_1, \ldots, \dot{X}_N)\, \mathrm{d}\, t \tag{24.7}$$

minimal wird unter allen Kurven, die A_i zur Zeit t_0 mit B_i zur Zeit t_1 verbinden. Insbesondere sind also die Bewegungsgleichungen *des Systems die* EULER-LAGRANGE-*Gleichungen*

$$L_{x_i} - \frac{\mathrm{d}}{\mathrm{d}\, t} L_{\dot{x}_i} = 0 \,, \quad L_{y_i} - \frac{\mathrm{d}}{\mathrm{d}\, t} L_{\dot{y}_i} = 0 \,, \quad L_{z_i} - \frac{\mathrm{d}}{\mathrm{d}\, t} L_{\dot{z}_i} = 0 \tag{24.8}$$

des Wirkungsintegrals *(24.7).*

Man überzeugt sich sofort, dass aus (24.4), (24.5), (24.6) und (24.8) die NEWTON'schen Bewegungsgleichungen (24.3) folgen.

Wir wollen im Folgenden die Schreibweise vereinfachen, indem wir $n = 3N$ setzen und die Teilchenkoordinaten einfach mit $x_1, \ldots, x_n$ bezeichnen, d. h. das i-te Teilchen hat die Ortskoordinaten $(x_{3i-2}, x_{3i-1}, x_{3i})$, $i = 1, \ldots, N$. Wir schreiben $X = (x_1, \ldots, x_n)$, $\dot{X} = (\dot{x}_1, \ldots, \dot{x}_n)$, $\ddot{X} = (\ddot{x}_1, \ldots, \ddot{x}_n)$ und

$$L = L\,(t, x_1, \ldots, x_n, \dot{x}_1, \ldots, \dot{x}_n) = L\,(t, X, \dot{X}) . \tag{24.9}$$

Die EULER-LAGRANGE-Gleichungen (24.8) lauten dann, wenn wir die Differenziation nach t ausführen:

$$\sum_{j=1}^{n} L_{\dot{x}_i \dot{x}_j} \, \ddot{x}_j + \sum_{j=1}^{n} L_{\dot{x}_i x_j} \dot{x}_j + L_{\dot{x}_i\, t} - L_{x_i} = 0 \tag{24.10}$$

für $i = 1, \ldots, n$. Setzen wir zur Abkürzung

$$
L_x = \begin{bmatrix} L_{x_1} \\ \vdots \\ L_{x_n} \end{bmatrix}, \quad L_{\dot{x}\,t} = \begin{bmatrix} L_{\dot{x}_1\,t} \\ \vdots \\ L_{\dot{x}_n\,t} \end{bmatrix}, \quad L_{\dot{x}\,x} = \begin{bmatrix} L_{\dot{x}_1\,x_1} & \cdots & L_{\dot{x}_1\,x_n} \\ \vdots & \ddots & \vdots \\ L_{\dot{x}_n\,x_1} & \cdots & L_{\dot{x}_n\,x_n} \end{bmatrix},
$$

$$
L_{\dot{x}\,\dot{x}} = \begin{bmatrix} L_{\dot{x}_1\,\dot{x}_1} & \cdots & L_{\dot{x}_1\,\dot{x}_n} \\ \vdots & \ddots & \vdots \\ L_{\dot{x}_n\,\dot{x}_1} & \cdots & L_{\dot{x}_n\,\dot{x}_n} \end{bmatrix} = L_{\dot{x}\,\dot{x}}^T,
$$

so kann man (24.10) in Matrizenschreibweise folgendermaßen darstellen:

$$
L_{\dot{x}\,\dot{x}}\,\ddot{x} = L_x - L_{\dot{x}\,t} - L_{\dot{x}\,x}\,\dot{x}. \tag{24.11}
$$

Setzen wir nun noch voraus, dass L *regulär* ist, d. h. zweimal stetig differenzierbar mit

$$
\det(L_{\dot{x}\,\dot{x}}) = \det\left(\frac{\partial^2 L}{\partial \dot{x}_i\,\partial \dot{x}_j}\right) \neq 0, \tag{24.12}
$$

was bei physikalischen Problemen i. A. erfüllt ist, so kann man (24.11) als explizite Differenzialgleichung 2. Ordnung

$$
\ddot{x} = L_{\dot{x}\,\dot{x}}^{-1}(L_x - L_{\dot{x}\,t} - L_{\dot{x}\,x}\dot{x}) \equiv G(t, x, \dot{x}) \tag{24.13}
$$

schreiben.

(24.13) ist ein explizites Differenzialgleichungssystem von n Differenzialgleichungen 2. Ordnung. Dieses kann man mit der Methode aus Abschn. 20A. auf ein System von $2n$ Differenzialgleichungen 1. Ordnung zurück führen, indem man $Y = \dot{X}$ als neue zusätzliche Variable einführt. Wir fassen das Ergebnis zusammen:

Satz 24.2. *Bezeichnet* $L = L(t, X, \dot{X}) = L(t, x_1, \ldots, x_n, \dot{x}_1, \ldots, \dot{x}_n)$ *die* LAGRANGE-*Funktion eines mechanischen Systems, wobei* $L \in C^2(\mathbb{R} \times \mathbb{R}^n \times \mathbb{R}^n)$ *die Voraussetzung (24.12) erfüllt, so erfüllen* $X = X(t)$, $Y = Y(t) := \dot{X}(t)$ *das folgende Differenzialgleichungssystem 1. Ordnung*

$$
\dot{X} = Y, \quad \dot{Y} = G(t, X, Y), \tag{24.14}
$$

wobei

$$
G(t, X, Y) = L_{yy}^{-1}\left(L_x - L_{yt} - L_{yx}\right). \tag{24.15}
$$

Bemerkung: Um die einfachen NEWTON'schen Bewegungsgleichungen für ein System von N freien Teilchen herzuleiten, wäre es eigentlich nicht nötig gewesen, eine LAGRANGE-Funktion zu konstruieren und das HAMILTON'sche Prinzip zu bemühen. Wir haben an diesem einfachen Beispiel eine Vorgehensweise demonstriert, die sich allgemein in der Physik bewährt hat und die ihre wirkliche Kraft erst in schwierigeren Situationen entfaltet (Mechanik starrer Körper,

Systeme unter Zwangsbedingungen, Kontinuumsmechanik, Feldtheorie usw.) In solchen Situationen kommt man durch physikalische Überlegungen zu einem plausiblen Ansatz für eine LAGRANGE-Funktion, und dann ergeben sich die Bewegungsgleichungen einfach als die entsprechenden EULER–LAGRANGE-Gleichungen. Nehmen wir z. B. an, die Koordinaten $(x_1, \ldots, x_n)$ sind durch Zwangskräfte auf eine Teilmannigfaltigkeit $M \subseteq \mathbb{R}^n$ beschränkt. Für viele derartige mechanische Systeme gilt das sog. D'ALEMBERT'sche Prinzip, dass nämlich diese Zwangskräfte stets normal zu M sind, und dann erhält man die „richtige" LAGRANGE-Funktion, indem man die LAGRANGE-Funktion des freien (d. h. nicht durch Zwangskräfte eingeschränkten) Systems auf das Tangentialbündel von M einschränkt. Man führt dann auf M lokale Koordinaten $q_1, \ldots, q_m$ ein (in der Physik meist als „generalisierte Koordinaten" bezeichnet) und drückt diese LAGRANGE-Funktion als Funktion von $q_1, \ldots, q_m, \dot{q}_1, \ldots, \dot{q}_m$ aus. So erhält man die richtige Bewegungsgleichung, ohne die Zwangskräfte in die Rechnung einbeziehen zu müssen. Vielleicht das einfachste konkrete Beispiel hierfür ist die Bewegung eines starren Pendels. Hier sorgt die Zwangskraft dafür, dass der Massenpunkt am Ende des Pendels konstante Entfernung vom Aufhängepunkt hat, sich also nur auf einem Kreis bewegen kann. Die einzige generalisierte Koordinate ist die Winkelkoordinate auf diesem Kreis.

B. LEGENDRE-Transformation und HAMILTON'sche Differenzialgleichungen

EULER-LAGRANGE-Gleichungen besitzen eine Art versteckte innere Symmetrie, die durch die Umwandlung von (24.13) in (24.14) nicht zutage gefördert wird. Die sog. LEGENDRE-*Transformation* überführt (24.11) in ein äquivalentes System 1. Ordnung, das diese Symmetrie zeigt und daher für die Zwecke der Mechanik wesentlich günstiger ist, nämlich das HAMILTON*'sche System*. Diese Transformation wollen wir nun besprechen.

Zur Vorbereitung betrachten wir die folgende Situation: Es sei $f : \Omega_1 \to \Omega_2$ ein C^1-Diffeomorphismus, wo $\Omega_1, \Omega_2 \subseteq \mathbb{R}^n$ Gebiete sind, und es sei $g := f^{-1} : \Omega_2 \to \Omega_1$ der inverse Diffeomorphismus. Dann gilt:

Satz 24.3. *Ist $f = \nabla L$ der Gradient einer Funktion L auf Ω_1, so ist $g = \nabla H$ für die Funktion*

$$H(p) := p \cdot g(p) - L(g(p)) \qquad\qquad (p \in \Omega_2).$$

Beweis. Es ist nämlich nach der Produktregel (in Matrizenschreibweise!)

$$\nabla H(p) = g(p) + p^T Dg(p) - \nabla L(g(p))^T \cdot Dg(p) = g(p),$$

denn $\nabla L(g(p)) = f(g(p)) = p$ nach Voraussetzung. $\qquad\square$

Man nennt H die LEGENDRE-*Transformierte* von L.

Bemerkung: Die Legendre-Transformierte von H ist natürlich wieder eine Stammfunktion von f, und man kann leicht nachrechnen, dass sie gleich L ist. Die Legendre-Transformation gibt also nach zweimaliger Anwendung die ursprüngliche Funktion zurück.

Nun kehren wir zurück zur Betrachtung einer regulären Lagrange-Funktion

$$L : \mathbb{R} \times G \times \mathbb{R}^n \to \mathbb{R} : (t,q,y) \mapsto L(t,q,y).$$

Dabei spielt die offene Menge $G \subseteq \mathbb{R}^n$ die Rolle des Konfigurationsraums – die Variable $q \in G$ gibt also die möglichen momentanen Konfigurationen des Systems wieder –, und die Variable $y \in \mathbb{R}^n$ gibt die möglichen Geschwindigkeitsvektoren wieder. (Wir haben eine Lagrange-Funktion als regulär definiert, wenn sie C^2 ist und stets (24.12), d. h.

$$\det L_{yy}(t,q,y) \neq 0$$

gilt.) Nach dem Satz über implizite Funktionen kann man dann (zumindest lokal) die Gleichung

$$p = L_y(t,q,y) \tag{24.16}$$

eindeutig nach y auflösen und erhält so eine Funktion $y = v(t,q,p)$, die so gebaut ist, dass *bei festem* (t,q) die Vektorfunktion

$$g := v(t,q,\cdot)$$

gerade die Umkehrfunktion von

$$f := L_y(t,q,\cdot)$$

ist. Die zu L gehörige Hamilton-*Funktion* H definieren wir nun durch

$$H(t,q,p) := p \cdot v(t,q,p) - L(t,q,v(t,q,p)) . \tag{24.17}$$

D. h. für jedes feste (t,q) ist $H(t,q,\cdot)$ gerade die Legendre-Transformierte von $L(t,q,\cdot)$. Nach unserer Vorbereitung haben wir also

$$H_p = v , \tag{24.18}$$

wobei $H_p = \nabla_p H$ für den Vektor $\left(\dfrac{\partial H}{\partial p_1}, \ldots, \dfrac{\partial H}{\partial p_n}\right)$ steht. Außerdem ist

$$H_q(t,q,p) = p^T v_q(t,q,p) - L_q(t,q,v(t,q,p)) - L_y(t,q,v(t,q,p))v_q(t,q,p)$$
$$\overset{(24.16)}{=} -L_q(t,q,v(t,q,p)),$$

also

$$H_q(t,q,p) = -L_q(t,q,v(t,q,p)) . \tag{24.19}$$

Es sei nun $t \mapsto q(t)$ eine in G verlaufende Kurve, die das System der LAGRAN-GE-Gleichungen

$$\frac{d}{dt} \frac{\partial L}{\partial y}(t, q, \dot{q}) - \frac{\partial L}{\partial q}(t, q, \dot{q}) = 0 \qquad (24.20)$$

löst. Dann definieren wir in Übereinstimmung mit Gl. (24.16) den *kanonisch konjugierten Impuls* durch

$$p(t) := L_y(t, q(t), \dot{q}(t)) , \qquad (24.21)$$

so dass nach Definition von v gilt:

$$\dot{q}(t) = v(t, q(t), p(t)).$$

Aus (24.18) folgt also $H_p(t, q(t), p(t)) = \dot{q}(t)$, und mit (24.19), (24.20) und (24.21) ergibt sich

$$\begin{aligned}
H_q(t, q(t), p(t)) &= -L_q(t, q(t), \dot{q}(t)) \\
&= -\frac{d}{dt} L_y(t, q(t), \dot{q}(t)) \\
&= -\dot{p}(t).
\end{aligned}$$

Die in $G \times \mathbb{R}^n$ verlaufende Kurve $t \mapsto (q(t), p(t))$ erfüllt daher das folgende System erster Ordnung:

$$\begin{aligned}
\dot{q}_k &= \frac{\partial H}{\partial p_k}(t, q, p) \quad (k = 1, \dots, n) \\
\dot{p}_k &= -\frac{\partial H}{\partial q_k}(t, q, p) \quad (k = 1, \dots, n) .
\end{aligned} \qquad (24.22)$$

Dieses System bezeichnet man als die HAMILTON*'schen Gleichungen* des betrachteten mechanischen Systems.

Ist nun umgekehrt $t \mapsto (q(t), p(t))$ eine Lösungskurve von (24.22), so zeigt es sich, dass $t \mapsto q(t)$ wieder das LAGRANGE-System (24.20) erfüllt. Zunächst ergeben $\dot{q} = H_p$ und (24.18) nämlich, dass $\dot{q}(t) = v(t, q(t), p(t))$, also gilt wieder (24.21), d. h. $p(t)$ ist tatsächlich der kanonisch konjugierte Impuls für die durch $q(t)$ beschriebene Bewegung. Aus $\dot{p} = -H_q$ und (24.19) folgt dann

$$\dot{p}(t) = L_q(t, q(t), \dot{q}(t)),$$

wegen (24.21) also die Gültigkeit von (24.20).

Zusammenfassend haben wir

Theorem 24.4. *Es sei L eine reguläre LAGRANGE-Funktion und H die durch (24.17) gegebene zugehörige HAMILTON-Funktion. Dann:*

a. *Ist die Kurve $t \mapsto q(t)$ eine Lösung von (24.20) und ist $p(t)$ durch (24.21) gegeben, so ist die Kurve $t \mapsto (q(t), p(t))$ eine Lösung des Systems (24.22).*

b. Ist die Kurve $t \mapsto (q(t), p(t))$ eine Lösung von (24.22), so ist $t \mapsto q(t)$ eine Lösung von (24.20), und $p(t)$ ist mit $q(t)$ durch (24.21) verknüpft.

c. Mit der Variablen $z = (q, p) \in \mathbb{R}^{2n}$ und dem Gradienten $H_z(t, z) = \nabla_z H(t, z) := (H_q(t, q, p), H_p(t, q, p))^T$ schreibt sich das HAMILTON'sche System (24.22) kurz in der Form

$$\dot{z} = J H_z(t, z) , \tag{24.23}$$

wobei $J \in \mathbb{R}_{2n \times 2n}$ gegeben ist durch

$$J := \begin{pmatrix} 0 & E \\ -E & 0 \end{pmatrix} . \tag{24.24}$$

In diesem Sinne sind die LAGRANGE-Gleichungen und die HAMILTON'schen Gleichungen zueinander äquivalent.

C. Integrale HAMILTON'scher Systeme

HAMILTON-Systeme haben gegenüber LAGRANGE-Systemen den Vorteil, dass leichter systematische Lösungsmethoden entwickelt werden können. Zunächst definieren wir allgemein:

Definitionen 24.5. *Sei*

$$\frac{\mathrm{d}}{\mathrm{d}t} L_{\dot{X}} - L_X = 0 \tag{24.25}$$

das LAGRANGE-System und

$$\dot{Z} = J H_Z \tag{24.26}$$

das äquivalente HAMILTON-System eines mechanischen Systems.

a. Eine Funktion $E(t, X, Y)$ heißt ein erstes Integral oder eine Konstante der Bewegung des LAGRANGE-Systems (24.25), wenn E längs jeder Lösung $X = X(t)$, $Y = \dot{X}(t)$ von (24.25) konstant ist, d. h. wenn

$$\frac{\mathrm{d}}{\mathrm{d}t} E(t, X(t), \dot{X}(t)) \equiv 0 . \tag{24.27}$$

b. Eine Funktion $F(t, Q, P)$ heißt ein erstes Integral oder eine Konstante der Bewegung des HAMILTON-Systems (24.26), wenn F längs jeder Lösung $(Q(t), P(t))$ von (24.26) konstant ist, d. h. wenn

$$\frac{\mathrm{d}}{\mathrm{d}t} F(t, Q(t), P(t)) \equiv 0 . \tag{24.28}$$

Beispiel 24.6. Ist die LAGRANGE-Funktion eines Systems unabhängig von der Zeit t, d. h. $L = L(X, \dot{X})$, so ist die Funktion

$$E(X, \dot{X}) := L_{\dot{X}}(X, \dot{X}) \cdot \dot{X} - L(X, \dot{X}) \tag{24.29}$$

ein erstes Integral des LAGRANGE-Systems (24.25), denn:

$$-\frac{\mathrm{d}}{\mathrm{d}t}\, E(X(t), \dot{X}(t)) = \frac{\mathrm{d}}{\mathrm{d}t}\, (L(X, \dot{X}) - L_{\dot{X}}(X, \dot{X}) \cdot \dot{X})$$

$$= L_X \dot{X} + L_{\dot{X}} \ddot{X} - \left(\frac{\mathrm{d}}{\mathrm{d}t}\, L_{\dot{X}}\right) \dot{X} - L_{\dot{X}} \ddot{X} = 0$$

wegen (24.25). Man zeigt leicht, dass für die klassische LAGRANGE-Funktion $L = T - U$ diese Funktion gerade die Gesamtenergie ist, so dass wir als Folgerung den Energiesatz bekommen. (Im Spezialfall $n = 1$ haben wir dieses Beispiel schon in Ergänzung 23.22 kennengelernt.)

Beachtet man ferner, dass die Funktion E in (24.29) gerade die HAMILTON-Funktion ist, so haben wir

Satz 24.7 (*Energiesatz*).

　　a. *Ist die* LAGRANGE-*Funktion eines Systems unabhängig von der Zeit* t, *so ist die Gesamtenergie des Systems längs jeder Lösung der Bewegungsgleichungen konstant.*

　　b. *Ist die* HAMILTON-*Funktion* H *eines Systems unabhängig von der Zeit* t, *so ist* H *ein erstes Integral des* HAMILTON-*Systems.*

Es ist eine leichte Übung diese Aussagen zu überprüfen. Wir werden später genauer darauf eingehen. Zunächst wollen wir etwas mehr über Integrale von HAMILTON-Systemen erfahren. Dazu definieren wir:

Definition 24.8. *Sei* A *eine offene Teilmenge von* $\mathbb{R}^{2n+1}$. *Für Funktionen* $f = f(t, X, Y) = f(t, Z)$, $g = g(t, X, Y) = g(t, Z) \in C^1(A)$ *definiert man die* POISSON-*Klammer durch*

$$(f, g) = \frac{\partial f}{\partial X} \cdot \frac{\partial g}{\partial Y} - \frac{\partial g}{\partial X} \cdot \frac{\partial f}{\partial Y}$$

$$= \sum_{k=1}^{n} (f_{x_k}\, g_{y_k} - f_{y_k}\, g_{x_k})$$

$$= \left(\frac{\partial f}{\partial Z}\right)^T J \left(\frac{\partial g}{\partial Z}\right) \tag{24.30}$$

mit der Matrix J *aus (24.24).*

Man rechnet dann sofort nach:

Satz 24.9. *Der* $\mathbb{R}$-*Vektorraum* $C^\infty(A)$ *bildet mit der* POISSON-*Klammer eine* LIE-*Algebra, wie sie in 19.17 definiert wurde. D. h. die* POISSON-*Klammer* (f, g) *ist*

　　– *bilinear*
　　– *antisymmetrisch, und*
　　– *erfüllt die* JACOBI-*Identität.*

Dies liefert zunächst folgende Charakterisierung der ersten Integrale von HAMILTON-Systemen:

Satz 24.10. *In $A \overset{\text{offen}}{\subseteq} \mathbb{R} \times \mathbb{R}^{2n}$ sei die HAMILTON-Funktion $H \in C^1(A)$ und das zugehörige HAMILTON-System (24.26) gegeben. Dann gilt*

a. Eine Funktion $F \in C^1(A)$ ist genau dann ein erstes Integral des Systems (24.26), wenn F die folgende partielle Differenzialgleichung löst:

$$\frac{\partial F}{\partial t} + (F, H) = 0 \, . \tag{24.31}$$

b. Ist $H = H(Z)$ unabhängig von t, so ist H ein erstes Integral von (24.26).
c. Sind $F, G \in C^1(A)$ beides Integrale von (24.26), so ist auch (F, G) ein Integral von (24.26).

Beweis.

a. Für eine Lösung $Z = Z(t)$ von (24.26) folgt mit (24.30)

$$(F, H)(Z(t)) = F_Z^T(Z(t)) \, J \, H_Z(Z(t)) = F_Z(Z(t)) \cdot \dot{Z}(t) \, ,$$

also nach der Kettenregel

$$\frac{\mathrm{d}}{\mathrm{d}t} F(Z(t)) = \frac{\partial F}{\partial t}(t) + (F, H)(Z(t)) \, .$$

Somit ist die Bedingung $(\mathrm{d}/\mathrm{d}t) F(Z(t)) \equiv 0$ äquivalent zu (24.31).
b. wiederholt Satz 24.7 b. und folgt wegen $(H, H) = 0$ aus (24.31), wenn H nicht explizit von der Zeit abhängt.
c. Aus (24.31) und der JACOBI-Identität für die POISSON-Klammer folgt:

$$\frac{\partial}{\partial t}(F, G) + ((F, G), H) =$$
$$= (F_t, G) + (F, G_t) + (F, (G, H)) + (G, (H, F))$$
$$= (F, G_t + (G, H)) + (F_t + (F, H), G) = 0 \, .$$

$\square$

Eine konkrete Aussage, die praktisch sehr wichtig ist, liefert der folgende Satz:

Satz 24.11. *Ist die Variable x_k für das HAMILTON-System (24.26) zyklisch, d. h. $H(t, X, Y)$ hängt nicht explizit von x_k ab, so ist die dazu konjugierte Variable y_k ein erstes Integral des HAMILTON-Systems und das HAMILTON-System kann auf ein System mit $n - 1$ Freiheitsgraden reduziert werden.*

Beweis. Wir nehmen o. B. d. A. an, x_n sei zyklisch, d. h.

$$H = H(t, x_1, \ldots, x_{n-1}, \; y_1, \ldots, y_n) \, .$$

Aus den HAMILTON'schen Differenzialgleichungen

$$\dot{x}_k = H_{y_k}, \quad \dot{y}_k = -H_{x_k}$$

folgt dann: $\dot{y}_n = 0$, d. h. $y_n = y_n^0 = $ const. längs jeder Lösung. Es ist daher nur noch das System

$$\dot{x}_j = H_{y_j}, \quad \dot{y}_j = -H_{x_j}, \quad j = 1, \ldots, n-1$$

mit

$$H = H(t, x_1, \ldots, x_{n-1}, \ y_1, \ldots, y_{n-1}, y_n^0)$$

zu lösen.   □

D. Symplektische Matrizen

Die Symmetrie, die sich in der speziellen Gestalt der HAMILTON'schen Gleichungen äußert, wird von den *symplektischen Matrizen* respektiert, die wir schon in Beispiel 19.9d. kennengelernt haben. Wir betrachten diese Matrizen hier noch etwas ausführlicher.

Es seien im Folgenden

$0 \in \mathbb{R}_{n \times n}$ die $n \times n$-Nullmatrix
$E \in \mathbb{R}_{n \times n}$ die $n \times n$-Einheitsmatrix
J die spezielle $2n \times 2n$-Matrix aus (24.24).

Offenbar gilt:

$$J^2 = -E_{2n}, \quad J^{-1} = -J = J^T . \tag{24.32}$$

Nun definieren wir

Definition 24.12. *Eine Matrix*

$$A = \begin{pmatrix} P & Q \\ R & S \end{pmatrix} \in \mathbb{R}_{2n \times 2n} \quad mit \ P, \ Q, \ R, \ S \in \mathbb{R}_{n \times n} \tag{24.33}$$

heißt symplektisch, *wenn*

$$A^T J A = J . \tag{24.34}$$

Die symplektischen Matrizen bilden eine Gruppe, und sie haben noch weitere interessante Eigenschaften:

Satz 24.13.

a. Sind A, $B \in \mathbb{R}_{2n \times 2n}$ symplektische Matrizen, so auch

$$A \cdot B \quad und \quad A^{-1}$$

d. h. die symplektischen Matrizen bilden die sogenannte symplektische Gruppe **Sp**$(2n)$.

b. Darüber hinaus gilt

$$A^{-1} = \begin{pmatrix} S^T & -Q^T \\ -R^T & P^T \end{pmatrix} \quad \text{für} \quad A = \begin{pmatrix} P & Q \\ R & S \end{pmatrix} \in \mathbf{Sp}\,(2n)\,. \tag{24.35}$$

c. Ferner gilt: A symplektisch $\implies$ A^T *symplektisch.*

Beweis.

a. Wegen $J^2 = -E_{2n}$ ist J invertierbar. Also folgt für jede symplektische Matrix A die Beziehung

$$|\det\,A| = 1 \tag{24.36}$$

(nachzurechnen wie im Beweis von 19.8c. !), und daher ist jede symplektische Matrix auch invertierbar. Die Gruppeneigenschaften sind nun ein Spezialfall von Satz 19.8a.

b. Wertet man die Definitionsgleichung (24.34) explizit aus, d. h.

$$A^T J A = \begin{pmatrix} P^T & R^T \\ Q^T & S^T \end{pmatrix} \begin{pmatrix} 0 & E \\ -E & 0 \end{pmatrix} \begin{pmatrix} P & Q \\ R & S \end{pmatrix} = \begin{pmatrix} 0 & E \\ -E & 0 \end{pmatrix} = J\,,$$

so bekommt man die vier Gleichungen

$$P^T R = R^T P\,, \quad Q^T S = S^T Q\,,$$
$$P^T S - R^T Q = E\,, \quad S^T P - Q^T R = E\,. \tag{24.37}$$

Bildet man daher

$$\begin{pmatrix} S^T & -Q^T \\ -R^T & P^T \end{pmatrix} \begin{pmatrix} P & Q \\ R & S \end{pmatrix} = \begin{pmatrix} S^T P - Q^T R & S^T Q - Q^T S \\ P^T R - R^T P & P^T S - R^T Q \end{pmatrix} = \begin{pmatrix} E & 0 \\ 0 & E \end{pmatrix},$$

so folgt damit die Behauptung (24.35).

c. Bildet man unter Beachtung von (24.32)

$$(-JA^T J) \cdot A = (-J)(A^T J A) = -J^2 = E_{2n}\,,$$

so sieht man

$$A^{-1} = -JA^T J \tag{24.38}$$

und daher

$$A^T = -JA^{-1}J \in \mathbf{Sp}\,(2n)\,, \tag{24.39}$$

da $A, J \in \mathbf{Sp}\,(2n)$.

$\square$

Satz 24.14. *Für* $A \in \mathbf{Sp}\,(2n)$ *gilt*

$$\det A = 1\,. \tag{24.40}$$

Der Beweis ist nicht schwer, wenn man *multilineare Algebra* benutzt. Wir geben in Ergänzung 24.23 aber auch einen elementaren Beweis.

E. Kanonische Transformationen

Wir gehen aus von einem HAMILTON-System

$$\dot{Q} = H_P(t, Q, P), \quad \dot{P} = -H_Q(t, Q, P) \tag{24.41}$$

mit einer gegebenen C^2-Funktion $H(t, Q, P)$. Nach Satz 24.11 lässt sich das System umso mehr vereinfachen, je mehr zyklische Variablen man kennt. Dabei darf man hoffen, dass man durch eine passende Koordinatentransformation die Anzahl der zyklischen Variablen erhöhen kann. Da Satz 24.11 aber nur für HAMILTON-Systeme gilt, sind hierfür nur solche Transformationen geeignet, die ein HAMILTON-System wieder in ein HAMILTON-System überführen. Wir definieren daher:

Definition 24.15. *Eine C^2-Koordinatentransformation*

$$Q = \varphi(t, U, V), \quad P = \psi(t, U, V), \tag{24.42}$$

die das HAMILTON-System (24.41) in ein HAMILTON-System

$$\dot{U} = \widehat{H}_V(t, U, V), \quad \dot{V} = -\widehat{H}_U(t, U, V) \tag{24.43}$$

mit einer neuen HAMILTON-Funktion $\widehat{H}(t, U, V)$ überführt, heißt eine kanonische Transformation.

Wir untersuchen zunächst, welche Eigenschaften eine solche kanonische Transformation haben muss. Dazu beschränken wir uns auf *zeitfreie kanonische Transformationen*

$$\begin{aligned} Q &= \varphi(U, V), \\ P &= \psi(U, V) \end{aligned} \tag{24.44}$$

bzw. in verkürzter Schreibweise

$$Z = F(W) \quad \text{mit} \quad Z = \begin{pmatrix} Q \\ P \end{pmatrix}, \quad W = \begin{pmatrix} U \\ V \end{pmatrix}.$$

Diese Transformation soll

$$\dot{Z} = J H_Z(t, Z) \quad \text{in} \quad \dot{W} = J \widehat{H}_W(t, W) \tag{24.45}$$

mit

$$\widehat{H}(t, W) = H(t, F(W)) \tag{24.46}$$

transformieren. Wir wollen untersuchen, was dies für F bedeutet. Dazu sei

$$M(W) = \left(\frac{\partial f_k}{\partial w_i}(W) \right) \tag{24.47}$$

die JACOBI-Matrix von $F(W)$. Dann folgt mit der Kettenregel $\dot{Z} = M(W)\dot{W}$, also $\dot{W} = M(W)^{-1}\dot{Z}$, und ebenso

$$\widehat{H}_W = M^T H_Z, \quad H_Z = (M^{-1})^T \widehat{H}_W.$$

Hier und im Folgenden lassen wir die Argumente der Funktionen weg – es ist immer $\widehat{H}_W = \widehat{H}_W(t, W)$, $H_Z = H_Z(F(W))$, $M = M(W)$ gemeint. Mit (24.45) folgt

$$\begin{aligned}
\dot{W} = M^{-1}\dot{Z} &= M^{-1} J H_Z \\
&= M^{-1} J (M^{-1})^T \widehat{H}_W \\
&\overset{!}{=} J \widehat{H}_W.
\end{aligned}$$

Da dies auf *alle* denkbaren HAMILTON-Funktionen zutrifft, muss gelten:

$$M(W)^{-1} J (M(W)^{-1})^T = J,$$

d. h. $M(W)^{-1}$ ist symplektisch nach Satz 24.13c. Da die symplektischen Matrizen eine Gruppe bilden, haben wir:

Satz 24.16. *Eine Koordinatentransformation*

$$Z = F(W), \quad Z = (Q, P), \quad W = (U, V) \in \mathbb{R}^{2n}$$

ist genau dann eine kanonische Transformation, wenn die JACOBI-Matrix $J_F(W)$ für jedes $W \in \mathbb{R}^{2n}$ eine symplektische Matrix ist.

Ebenso ist es, wenn F nicht auf ganz $\mathbb{R}^{2n}$ definiert ist, sondern nur ein Gebiet $\Omega \subseteq \mathbb{R}^{2n}$ in ein Gebiet $\tilde{\Omega} \subseteq \mathbb{R}^{2n}$ transformiert. In der mathematischen Literatur werden die kanonischen Transformationen daher als *symplektische Diffeomorphismen* bezeichnet.

F. Erzeugende Funktionen kanonischer Transformationen

Betrachten wir zunächst einmal ein System von Differenzialgleichungen in einer offenen Menge $\Omega \subseteq \mathbb{R}^m$. Oft verwendet man geschickt gewählte Koordinatentransformationen, um das System in eine einfachere Form zu bringen, und zum Auffinden solcher Transformationen ist es günstig, sie als *Gradient* $Q = \operatorname{grad} f$ einer skalaren Funktion f anzusetzen, denn dann braucht man nur die eine Funktion f zu bestimmen anstatt der m Komponenten von Q. Allerdings erhält man nach Thm. 9.19 auf diese Weise nur Transformationen, deren JACOBI-Matrix symmetrisch ist. Wenn die HESSE'sche Matrix $(Hf)(x)$ einer Funktion $f \in C^2(\Omega)$ (vgl. (9.43)) überall in Ω regulär ist, so ist aber

$Q = \operatorname{grad} f$ nach dem Satz über inverse Funktionen tatsächlich ein lokaler Diffeomorphismus, also zumindest lokal als Koordinatentransformation brauchbar.

Die Anwendung dieser Ideen auf HAMILTON'sche Systeme stößt jedoch auf Schwierigkeiten, da die gesuchte Koordinatentransformation eine *kanonische* sein muss, damit die HAMILTON'sche Gestalt der Gleichungen erhalten bleibt (vgl. 24.15). Ein modifiziertes Verfahren, bei dem die Variablen in gewisser Weise „überkreuzt" werden, führt jedoch zum Erfolg. Um dies zu erläutern, betrachten wir zunächst den *linearen* Fall:

Es sei

$$U = \begin{pmatrix} P & Q \\ R & S \end{pmatrix} \tag{24.48}$$

eine $(2n \times 2n)$-Matrix wie in (24.33). Sie vermittelt die Koordinatentransformation $(\xi, \eta) \mapsto (x, y)$ mit

$$x = P\xi + Q\eta \,,$$
$$y = R\xi + S\eta \,.$$

Wir nehmen an, P sei *invertierbar*, also det $P \neq 0$. Dann können wir die obere Gleichung nach ξ auflösen und das Ergebnis in die untere Gleichung einsetzen. Das ergibt

$$\xi = P^{-1}x - P^{-1}Q\eta \,, \quad y = RP^{-1}x + (S - RP^{-1}Q)\eta \,.$$

Dies definiert eine neue, äquivalente, Transformation T, die (x, η) in (y, ξ) überführt. Ihre Darstellungsmatrix ist

$$T = \begin{pmatrix} RP^{-1} & S - RP^{-1}Q \\ P^{-1} & -P^{-1}Q \end{pmatrix} \,. \tag{24.49}$$

Das Bemerkenswerte an dieser Konstruktion ist nun das Folgende

Lemma 24.17. *Die Matrix U in (24.48) ist genau dann symplektisch, wenn die Matrix T in (24.49) symmetrisch ist.*

Beweis. Im Beweis von Satz 24.13 haben wir schon festgestellt, dass $U \in \mathbf{Sp}(2n)$ äquivalent zu den vier Gleichungen (24.37) ist. Die dritte und vierte Gleichung gehen aber durch Transponieren auseinander hervor, so dass man nur eine davon zu notieren braucht. U ist also genau dann symplektisch, wenn die drei Beziehungen

$$P^T R = R^T P \,, \tag{24.50}$$

$$Q^T S = S^T Q \,, \tag{24.51}$$

$$S^T P - Q^T R = E \tag{24.52}$$

gelten. Andererseits ist T genau dann symmetrisch, wenn für die vier Blöcke, aus denen diese Matrix besteht, Folgendes gilt:

$$RP^{-1} = (RP^{-1})^T \,, \tag{24.53}$$

$$P^{-1}Q = (P^{-1}Q)^T \,, \tag{24.54}$$

$$S - RP^{-1}Q = (P^{-1})^T \,, \tag{24.55}$$

und die letzte Gleichung ist äquivalent zu

$$S^T - Q^T(P^{-1})^T R^T = P^{-1} \,. \tag{24.56}$$

Nun nehmen wir an, dass T symmetrisch ist, dass also (24.53)–(24.56) gelten. Aus $RP^{-1} = (RP^{-1})^T = (P^{-1})^T R^T$ folgt (24.50), indem man von rechts mit P und von links mit P^T multipliziert. Ferner multiplizieren wir (24.56) von rechts mit P. Das ergibt $E = S^T P - Q^T(P^{-1})^T R^T P \overset{(24.50)}{=} S^T P - Q^T(P^{-1})^T P^T R = S^T P - Q^T R$, also (24.52). Schließlich können wir (24.55), (24.56) in der Form

$$S^T = P^{-1} + Q^T(P^{-1})^T R^T \,, \quad S = (P^{-1})^T + RP^{-1}Q$$

anschreiben. Hieraus ergibt sich unter Verwendung von (24.53) und (24.54) $Q^T S = Q^T(P^{-1})^T + Q^T RP^{-1}Q = (P^{-1}Q)^T + Q^T(RP^{-1})^T Q = P^{-1}Q + Q^T(P^{-1})^T R^T Q = S^T Q$, also (24.51). Somit ist U symplektisch.

Setzen wir umgekehrt voraus, dass U symplektisch ist, so erhalten wir zunächst (24.53) aus (24.50). Nach Satz 24.13c. ist aber auch U^T symplektisch, und die (24.50) entsprechende Gleichung für U^T lautet

$$PQ^T = QP^T \,.$$

Hieraus ergibt sich (24.54). Mit (24.53) folgt auch (24.56) aus (24.52) durch Rechtsmultiplikation mit P^{-1}. □

Nun betrachten wir eine allgemeine (nichtlineare) Koordinatentransformation, also einen C^1-Diffeomorphismus F von einer offenen Teilmenge von $\mathbb{R}^{2n} = \mathbb{R}^n_\xi \times \mathbb{R}^n_\eta$ auf eine offene Teilmenge von $\mathbb{R}^{2n} = \mathbb{R}^n_x \times \mathbb{R}^n_y$. Wir schreiben F in der Form

$$x = A(\xi, \eta) \,, \quad y = B(\xi, \eta) \,, \tag{24.57}$$

und wir studieren ihn lokal bei einem Punkt (ξ^0, η^0), bei dem die Voraussetzung

$$\det \nabla_\xi A(\xi^0, \eta^0) \neq 0 \tag{24.58}$$

erfüllt ist. Die JACOBI-Matrix an diesem Punkt schreiben wir in der Form (24.48), also

$$DF(\xi^0, \eta^0) = \begin{pmatrix} P & Q \\ R & S \end{pmatrix}$$

mit

$$P := \nabla_\xi A(\xi^0, \eta^0) \,, \quad Q := \nabla_\eta A(\xi^0, \eta^0) \,,$$
$$R := \nabla_\xi B(\xi^0, \eta^0) \,, \quad S := \nabla_\eta B(\xi^0, \eta^0) \,.$$

Mit dem Satz über implizite Funktionen lösen wir die erste Transformationsgleichung aus (24.57) nach ξ auf und setzen das Ergebnis in die zweite Gleichung ein. Das ergibt:

$$\xi = \alpha(x,\eta)\,, \quad y = \beta(x,\eta) := B(\alpha(x,\eta),\eta)$$

mit C^1-Funktionen α, β. Zusammen definieren sie die Transformation

$$T(x,\eta) := \begin{pmatrix} y \\ \xi \end{pmatrix} = \begin{pmatrix} \beta(x,\eta) \\ \alpha(x,\eta) \end{pmatrix}. \tag{24.59}$$

Ihre JACOBI-Matrix in $(x^0,\eta^0) := (A(\xi^0,\eta^0),\eta^0)$ sei

$$DT(x^0,\eta^0) := \begin{pmatrix} K & L \\ M & N \end{pmatrix}$$

mit $n \times n$-Blöcken K, L, M, N. Es ist nicht schwer, diese Matrix zu berechnen: Ableiten von $x = A(\alpha(x,\eta),\eta)$ ergibt (alles im Punkt (x^0,η^0)) $E = \nabla_\xi A \cdot M = PM$ sowie $0 = PN + Q$, also

$$M = P^{-1}, \quad N = -P^{-1}Q\,.$$

Ableiten von $\beta(x,\eta) = B(\alpha(x,\eta),\eta)$ ergibt $K = RM = RP^{-1}$ und $L = RN + S = S - RP^{-1}Q$. Damit wird:

$$DT(x^0,\eta^0) = \begin{pmatrix} RP^{-1} & S - RP^{-1}Q \\ P^{-1} & -P^{-1}Q \end{pmatrix}. \tag{24.60}$$

Lemma 24.17 zeigt also, dass $DF(\xi^0,\eta^0)$ genau dann symplektisch ist, wenn $DT(x^0,\eta^0)$ symmetrisch ist, und diese Argumentation ist nicht nur im Punkt (ξ^0,η^0) korrekt, sondern auch in jedem Punkt einer genügend kleinen Umgebung Ω_0 von (ξ^0,η^0). Wegen Satz 24.16 können wir also festhalten:

F ist in Ω_0 eine kanonische Transformation

$\Longleftrightarrow$ T hat überall in Ω_0 symmetrische JACOBI-Matrix

$\Longleftrightarrow$ als Vektorfeld betrachtet, erfüllt T in Ω_0 die *Integrabilitätsbedingungen*

$\Longleftrightarrow$ in Ω_0 hat T ein *Potenzial* W.

Um die letzte Äquivalenz sicherzustellen, nehmen wir noch an, dass Ω_0 *konvex* ist, was sich durch eventuelles Verkleinern der Umgebung immer erreichen lässt, und verwenden die Sätze 10.15a. und 9.19.

Für eine Potenzialfunktion $W = W(x,\eta)$ von T ist natürlich

$$\beta = \partial W/\partial x\,, \quad \alpha = \partial W/\partial \eta\,.$$

Dabei ist $\dfrac{\partial^2 W}{\partial x \partial \eta}(x^0, \eta^0) = \nabla_x \alpha(x^0, \eta^0) = P^{-1}$ eine *reguläre* $n \times n$-Matrix. Aus (24.58) folgt daher

$$\det \frac{\partial^2 W}{\partial x \partial \eta}(x^0, \eta^0) \neq 0 \, . \qquad (24.61)$$

Offenbar gewinnt man F aus $T = \operatorname{grad} W$ zurück, indem man für gegebenes (ξ, η) die Gleichung

$$\xi = \frac{\partial W}{\partial \eta}(x, \eta)$$

nach x auflöst und dann das Ergebnis in

$$y = \frac{\partial W}{\partial x}(x, \eta)$$

einsetzt. Ist umgekehrt in einer offenen Umgebung eines Punktes (x^0, η^0) eine C^2-Funktion W gegeben, die (24.61) erfüllt, so erhält man auf diese Weise in einer Umgebung von (ξ^0, η^0) (mit $\xi^0 := W_\eta(x^0, \eta^0)$) eine kanonische Transformation F.

Insgesamt haben wir:

Satz 24.18.

a. *Ist in einer Umgebung eines Punktes (x^0, η^0) eine C^2-Funktion W gegeben, die (24.61) erfüllt, so ist durch das Gleichungssystem*

$$\xi = W_\eta(x, \eta) \, , \qquad y = W_x(x, \eta)$$

in einer Umgebung von $(\xi^0, \eta^0) = (W_\eta(x^0, \eta^0), \eta^0)$ eine kanonische Transformation $(x, y) = F(\xi, \eta)$ implizit gegeben. Man bezeichnet W dann als eine erzeugende Funktion von F.

b. *Ist F eine kanonische Transformation der Form (24.57) in einer Umgebung von (ξ^0, η^0), die (24.58) erfüllt, so ist F lokal bei $(x^0, \eta^0) = (A(\xi^0, \eta^0), \eta^0)$ in der unter a. beschriebenen Weise durch eine erzeugende Funktion W gegeben.*

Bemerkungen:

(i) Durch Koordinatentransformation mittels gewisser einfacher symplektischer Matrizen kann man bei jeder kanonischen Transformation lokal immer erreichen, dass (24.58) erfüllt ist. In diesem Sinne kann man also jede kanonische Transformation lokal durch eine erzeugende Funktion beschreiben. Aber für den Zweck der Behandlung HAMILTON'scher Systeme ist natürlich die umgekehrte Aufgabe wichtiger, also das Auffinden einer geeigneten Funktion W, die die benötigte kanonische Transformation erzeugt.

(ii) Hier wurde beispielhaft der Fall besprochen, wo man die Variablen ξ und x „austauscht". Aber man kann genauso gut auch ξ gegen y oder η gegen x oder η gegen y austauschen. In manchen Lehrbüchern der klassischen Mechanik ist das alles ausführlich vorgerechnet.

G. Invariante Integrale und Satz von NOETHER

In der theoretischen Physik wird es als eine fundamentale Tatsache betrachtet, dass eine *Symmetrie* eines physikalischen Problems zu einem *Erhaltungssatz* führt, d. h. zu einer Größe, die während des betrachteten Vorgangs konstant bleibt, oder, anders ausgedrückt, zu einem *ersten Integral* der betreffenden Bewegungsgleichungen. Der mathematische Hintergrund hierfür ist der *Satz von* EMMY NOETHER, den wir nun behandeln wollen.

Als Vorbereitung betrachten wir eine C^1-Funktion f auf einem Gebiet $\Omega \subseteq \mathbb{R}^m$ sowie eine Schar (Φ_s) von Diffeomorphismen von Ω auf sich, wobei $s \in]-\varepsilon, \varepsilon[$ sein soll $(\varepsilon > 0)$, ferner $\Phi_0(x) \equiv x$, und schließlich soll $\Phi_s(x)$ stetig differenzierbar von allen Variablen abhängen.Man nennt f *invariant*, wenn

$$f \circ \Phi_s = f \quad \forall s \,,$$

und man sagt dann auch, dass die Schar (Φ_s) eine *Symmetrie* für f darstelle. Das Vektorfeld

$$\boldsymbol{W}(x) := \left. \frac{\partial}{\partial s} \Phi_s(x) \right|_{s=0}$$

heißt die *infinitesimale Transformation* der Schar. Ableiten der Gleichung $f(\Phi_s(x)) = f(x)$ nach s bei $s = 0$ ergibt sofort

$$\mathrm{d}_x f(\boldsymbol{W}(x)) = \nabla f(x) \cdot \boldsymbol{W}(x) = 0 \,, \quad x \in \Omega \,;$$

und man sagt daher, ein Vektorfeld $\boldsymbol{V}$ sei eine *infinitesimale Symmetrie* für f, wenn $\nabla f(x) \cdot \boldsymbol{V}(x) \equiv 0$ in Ω gilt. Ist Φ ein *Fluss* der Klasse C^2, so ist er sogar eine Symmetrie für f, wenn $\boldsymbol{W}$ eine infinitesimale Symmetrie ist. Denn Φ muss der Fluss zum Vektorfeld $\boldsymbol{W}$ sein, und $\nabla f(x) \cdot \boldsymbol{W}(x)$ ist nichts anderes als die *orbitale Ableitung* (vgl. 20D., insbes. (20.48)).

Nun betrachten wir eine C^2-Funktion $L = L(t, q, y)$, die der Einfachheit halber auf ganz $\mathbb{R}^{2n+1} = \mathbb{R}_t \times \mathbb{R}_q^n \times \mathbb{R}_y^n$ definiert sein soll. Eine *Symmetrie* des Funktionals

$$I(\gamma) := \int_{t_0}^{t_1} L(t, \gamma(t), \dot{\gamma}(t)) \, \mathrm{d}t$$

ist eine Schar (Φ_s), $|s| < \varepsilon$ von Transformationen von C^1-Kurven γ, für die gilt:

$$I(\gamma_s) = I(\gamma) \quad \text{für alle} \quad s, \gamma, \gamma_s := \Phi_s(\gamma) \,. \tag{24.62}$$

Die Kurven γ spielen also hier die Rolle der Punkte $x \in \Omega$, und das Funktional I spielt die Rolle der Funktion f. Dabei wird verlangt, dass $\Phi_0(\gamma) = \gamma$ ist und dass $\Phi_s(\gamma)$ in geeigneter Weise *differenzierbar* von s und γ abhängt (was natürlich im Einzelfall präzisiert werden muss). Es folgt $(\mathrm{d}/\mathrm{d}s)I(\gamma_s) = 0$, und dies nur für $s = 0$ zu fordern, wäre die Bedingung der *infinitesimalen*

Symmetrie. Im Allgemeinen kann die Berechnung dieser Ableitung zwar auf Schwierigkeiten stoßen, aber unter günstigen Bedingungen darf man die Differenziation nach s unter dem Integralzeichen vornehmen, fordert also

$$\int_{t_0}^{t_1} \Lambda(t, \gamma) \, \mathrm{d}t = 0 \qquad (24.63)$$

mit

$$\Lambda(t, \gamma) := \frac{\partial}{\partial s} L(t, \gamma_s(t), \dot{\gamma}_s(t)) \Big|_{s=0} . \qquad (24.64)$$

Die Größe $\Lambda(t, \gamma)$ misst gewissermaßen die Empfindlichkeit der LAGRANGE-Funktion gegenüber Änderungen der Kurve γ durch die Transformationen Φ_s bei kleinem s. Bei einem invarianten Variationsproblem sollte sie gegenüber diesen Änderungen völlig unempfindlich sein, und Bedingung (24.63) sollte auch nicht vom betrachteten Intervall $[t_0, t_1]$ abhängen. Daher definieren wir:

Definition 24.19. *Die* LAGRANGE-*Funktion L heißt* infinitesimal invariant *unter der Schar* (Φ_s) *von Transformationen, wenn für die durch (24.64) definierte Größe Λ gilt:*

$$\Lambda(t, \gamma) \equiv 0 \qquad \text{für alle } \gamma .$$

(Diese Bedingung schließt die Existenz der in der Definition von Λ auftretenden Ableitungen ein.)

Der Satz von NOETHER beruht nun darauf, dass sich $\Lambda(t, \gamma)$ in vielen konkreten Fällen explizit berechnen lässt. Wir geben nicht den allgemeinsten Fall wieder, sondern beschränken uns zunächst auf die folgende Situation: Gegeben sei eine Schar

$$Q = \varphi_s(t, q), \quad \varphi_0(t, q) \equiv q$$

von zeitabhängigen Transformationen φ_s in $\mathbb{R}^n$, für die die Abbildung $\Psi :\ ] - \varepsilon, \varepsilon[\times \mathbb{R}^{n+1} \longrightarrow \mathbb{R}^n : (s, t, q) \mapsto \varphi_s(t, q)$ zweimal stetig differenzierbar ist. (Es wird wichtig sein, die Differenziationen nach s mit Differenziationen nach t, q zu vertauschen!) Zu solch einer Schar gehört als „infinitesimale Transformation" das zeitabhängige Vektorfeld

$$\boldsymbol{W}(t, q) := \frac{\partial}{\partial s} \varphi_s(t, q) \Big|_{s=0} , \qquad (24.65)$$

und Kurven werden transformiert gemäß

$$\gamma_s(t) := \varphi_s(t, \gamma(t)) . \qquad (24.66)$$

Damit ergibt die Kettenregel

$$\Lambda(t, \gamma) = \nabla_q L \cdot \boldsymbol{W}(t, \gamma(t)) + \nabla_y L \cdot \frac{\partial}{\partial s} \dot{\gamma}_s(t) \Big|_{s=0} ,$$

wobei wir zur Abkürzung $L = L(t, \gamma(t), \dot{\gamma}(t))$ gesetzt haben. Wir vertauschen die Differenziationen nach s und t in dem Term mit $\dot{\gamma}_s$. Das ergibt

$$\frac{\partial}{\partial s} \dot{\gamma}_s(t) \Big|_{s=0} = \frac{\mathrm{d}}{\mathrm{d}t} \boldsymbol{W}(t, \gamma(t)) \, .$$

Also ist

$$\varLambda(t, \gamma) = \nabla_q L \cdot \boldsymbol{W}(t, \gamma(t)) + \nabla_y L \cdot \frac{\mathrm{d}}{\mathrm{d}t} \boldsymbol{W}(t, \gamma(t)) \, . \tag{24.67}$$

Hieran erkennt man, dass $\varLambda$ in Wirklichkeit gar nicht von der Transformationsschar (φ_s) abhängt, sondern nur von der *infinitesimalen Transformation*, also vom Vektorfeld $\boldsymbol{W}$. Daher nennt man $\boldsymbol{W}$ eine infinitesimale Symmetrie für L, wenn $\varLambda(t, \gamma(t)) = 0$ ist für alle γ.

Um Schlussfolgerungen für die *Extremalen* des Variationsproblems, also für die Lösungen der EULER-LAGRANGE-Gleichungen, ziehen zu können, wendet man nun den folgenden Trick an: Der Ausdruck (24.67) wird umgeformt, indem man den Term $\frac{\mathrm{d}}{\mathrm{d}t} \nabla_y L \cdot \boldsymbol{W}(t, \gamma(t))$ addiert und subtrahiert. Wenn wir die linke Seite $L_q - (\mathrm{d}/\mathrm{d}t) L_y$ der EULER-LAGRANGE-Gleichung mit $\mathbf{E}_L(\gamma)(t)$ bezeichnen, so ergibt das nach der Produktregel:

$$\varLambda(t, \gamma) = \mathbf{E}_L(\gamma)(t) + \frac{\mathrm{d}}{\mathrm{d}t} \left[\nabla_y L \cdot \boldsymbol{W}(t, \gamma(t)) \right] \, . \tag{24.68}$$

Ist nun $\boldsymbol{W}$ eine infinitesimale Symmetrie und γ eine Extremale, so folgt sofort, dass

$$K(t, \gamma(t), \dot{\gamma}(t)) := \nabla_y L \cdot \boldsymbol{W}(t, \gamma(t))$$

verschwindende Zeitableitung hat, also konstant ist. Damit ist

$$K(t, q, y) := \nabla_y L(t, q, y) \cdot W(t, q) \tag{24.69}$$

ein erstes Integral der EULER-LAGRANGE-Gleichungen, und genau das ist der Satz von NOETHER (zumindest im betrachteten Spezialfall).

Wir fassen zusammen:

Definitionen 24.20. *Es sei* $L : \mathbb{R}^{2n+1} = \mathbb{R}_t \times \mathbb{R}_q^n \times \mathbb{R}_y^n \longrightarrow \mathbb{R}$ *eine gegebene* C^2-*Funktion, die wir als* LAGRANGE-*Funktion bezeichnen wollen, und es sei* $(\varphi_s)_{|s|<\varepsilon}$ *eine Schar von Transformationen* $\varphi_s : \mathbb{R}_t \times \mathbb{R}_q^n \longrightarrow \mathbb{R}_q^n$, *für die* $\varphi_0(t, q) \equiv q$ *und für die die Abbildung* $(s, t, q) \mapsto \varphi_s(t, q)$ *von der Klasse* C^2 *ist.*

a. Man sagt, L *sei* invariant *unter der Transformationsschar* (φ_s) *(oder* L *gestattet die* φ_s *als Symmetrien), wenn*

$$L(t, \gamma_s(t), \dot{\gamma}_s(t)) = L(t, \gamma(t), \dot{\gamma}(t))$$

für alle s *und alle* C^1-*Kurven* γ, *wobei* $\gamma_s(t) := \varphi_s(t, \gamma(t))$.

b. Ein zeitabhängiges Vektorfeld $\boldsymbol{W} : \mathbb{R}_t \times \mathbb{R}_q^n \longrightarrow \mathbb{R}^n$ *ist eine* infinitesimale Symmetrie *von L (oder: L ist* infinitesimal invariant *unter* $\boldsymbol{W}$ *), wenn gilt:*

$$\nabla_q L(t, \gamma(t), \dot{\gamma}(t)) \cdot \boldsymbol{W}(t, \gamma(t)) + \nabla_y L(t, \gamma(t), \dot{\gamma}(t)) \cdot \frac{\mathrm{d}}{\mathrm{d}t} \boldsymbol{W}(t, \gamma(t)) = 0$$

für alle C^1-*Kurven* γ.

Die obigen Überlegungen führen nun zu dem folgenden

Theorem 24.21. *Unter den Voraussetzungen und mit den Bezeichnungen aus 24.20 gilt:*

a. Wenn L die Symmetrien (φ_s) *gestattet, so ist das (zeitabhängige) Vektorfeld*

$$\boldsymbol{W}(t, q) := \left. \frac{\partial}{\partial s} \varphi_s(t, q) \right|_{s=0}$$

eine infinitesimale Symmetrie für L.

b. Ist $\boldsymbol{W}$ *eine infinitesimale Symmetrie für L, so gilt für jede* C^1-*Kurve* γ *die sog.* NOETHER-*Identität*

$$\mathbf{E}_L(\gamma)(t) + \frac{\mathrm{d}}{\mathrm{d}t} \left[\nabla_y L(t, \gamma(t), \dot{\gamma}(t)) \cdot \boldsymbol{W}(t, \gamma(t)) \right] = 0 .$$

Dabei bezeichnet

$$\mathbf{E}_L(\gamma)(t) := \nabla_q L(t, \gamma(t), \dot{\gamma}(t)) - \frac{\mathrm{d}}{\mathrm{d}t} \nabla_y L(t, \gamma(t), \dot{\gamma}(t))$$

die linke Seite der EULER-LAGRANGE-*Gleichung.*

c. (Satz von E. NOETHER*) Ist* $\boldsymbol{W}$ *eine infinitesimale Symmetrie für L, so ist die Funktion*

$$K(t, q, y) := \nabla_y L(t, q, y) \cdot W(t, q)$$

ein erstes Integral für das System der EULER-LAGRANGE-*Gleichungen zu L.*

Bemerkungen:

(i) Verwendet man den *kanonisch konjugierten Impuls* $p = p(t, q, y)$ (vgl. (24.16), (24.21)), so kann man die Erhaltungsgröße aus dem Satz von NOETHER kurz in der Form

$$K = p \cdot \boldsymbol{W}$$

schreiben.

(ii) Man sagt, die EULER-LAGRANGE-Gleichungen seien invariant gegenüber der Transformationsschar (φ_s), wenn die Anwendung einer Transformation φ_s aus einer Extremalen γ stets wieder eine *Extremale* γ_s macht. Manche Lehrbücher suggerieren, dass dies als Voraussetzung für den Satz von *Noether* ausreicht. Dies ist jedoch nicht der Fall.

Beispiele 24.22.

a. Translationsinvarianz eines mechanischen Systems zieht die Erhaltung des Impulses nach sich. Um dies zu präzisieren, betrachten wir ein System aus N Massenpunkten wie in Abschn. A. und wählen im Konfigurationsraum $\mathbb{R}^{3N}$ die Koordinaten

$$q = (\boldsymbol{r}_1, \ldots, \boldsymbol{r}_N) \qquad \text{mit} \ \ \boldsymbol{r}_j = (x_j, y_j, z_j) \, .$$

Translationsinvarianz des durch die LAGRANGE-Funktion L beschriebenen mechanischen Systems bedeutet nun:

$$L(t, \boldsymbol{r}_1 + \boldsymbol{v}, \ldots, \boldsymbol{r}_N + \boldsymbol{v}, \dot{\boldsymbol{r}}_1, \ldots, \dot{\boldsymbol{r}}_N) = L(t, \boldsymbol{r}_1, \ldots, \boldsymbol{r}_N, \dot{\boldsymbol{r}}_1, \ldots, \dot{\boldsymbol{r}}_N)$$
$$\text{für alle} \ \ \boldsymbol{v} = (v_1, v_2, v_3) \in \mathbb{R}^3 \, . \tag{24.70}$$

Typischerweise tritt dies ein, wenn $L = T - U$ ist und wenn dabei die Kräfte zwischen den einzelnen Teilchen nur von den *Differenzen* $\boldsymbol{r}_j - \boldsymbol{r}_k$, $1 \le j < k \le N$ abhängen, so dass man die potenzielle Energie U als Funktion dieser Differenzvektoren schreiben kann.

Für solch ein translationsinvariantes System betrachten wir Scharen der Form

$$\varphi_s(\boldsymbol{r}_1, \ldots, \boldsymbol{r}_N) := (\boldsymbol{r}_1 + s\boldsymbol{v}, \ldots, \boldsymbol{r}_N + s\boldsymbol{v})^T \, ,$$

wobei $\boldsymbol{v} \in \mathbb{R}^3$ ein fester gegebener Vektor ist. Man überzeugt sich sofort, dass jede solche Schar auf Grund von (24.70) eine Symmetrie für L ist, und daher liefert der Satz von NOETHER ein erstes Integral $K_{\boldsymbol{v}}$ der Bewegungsgleichungen. Wir berechnen es aus (24.65) und (24.69) und erhalten

$$\boldsymbol{W}(\boldsymbol{r}_1, \ldots, \boldsymbol{r}_N) = \underbrace{(\boldsymbol{v}, \boldsymbol{v}, \ldots, \boldsymbol{v})^T}_{N\text{-mal}}$$

und weiter

$$K_{\boldsymbol{v}} = p \cdot \boldsymbol{W} = \sum_{j=1}^{N} \boldsymbol{p}_j \cdot \boldsymbol{v} \, .$$

Dabei ist

$$\boldsymbol{p}_j := \partial L / \partial \dot{\boldsymbol{r}}_j \, , \qquad j = 1, \ldots, N$$

der (kanonische) Impuls des j-ten Teilchens. (Für den Fall

$$L = \sum_{j=1}^{N} \frac{m_j}{2} \|\dot{\boldsymbol{r}}_j\|^2 - U(\boldsymbol{r}_1, \ldots, \boldsymbol{r}_N)$$

ist das offenbar der kinetische Impuls $\boldsymbol{p}_j = m_j \dot{\boldsymbol{r}}_j$.) Jedenfalls handelt es sich bei $K_{\boldsymbol{v}}$ um die $\boldsymbol{v}$-Komponente des Gesamtimpulses. Natürlich genügt es, für $\boldsymbol{v}$ die Einheitsvektoren $\boldsymbol{e}_x, \boldsymbol{e}_y, \boldsymbol{e}_z$ zu nehmen. Sie ergeben Erhaltungsgrößen K_x, K_y, K_z, die man üblicherweise zu einer vektorwertigen

Funktion K zusammenfasst:

$$K = K_x e_x + K_y e_y + K_z e_z = \sum_{j=1}^{N} p_j \,,$$

d. h. dies ist wirklich der Gesamtimpuls des Systems, wie die Physik ihn definiert. Für einen beliebigen Vektor $v \in \mathbb{R}^3$ folgt $K_v = K \cdot v$.

b. Es sei $G \subseteq GL(n, \mathbb{R})$ eine der klassischen Gruppen (vgl. Abschn. 19B.) (oder, allgemeiner, eine lineare LIE-Gruppe – vgl. Ergänzung 21.32). Wir nehmen an, $\mathbb{R}^n$ ist der Konfigurationsraum eines mechanischen Systems mit der LAGRANGE-Funktion L. (Sachgemäßer wäre es, als Konfigurationsraum eine Teilmannigfaltigkeit M von $\mathbb{R}^n$ zu wählen, die unter den Transformationen aus G invariant ist. Der Einfachheit halber beschränken wir uns aber auf $M = \mathbb{R}^n$.) Wir sagen, L sei G-invariant, wenn gilt:

$$L(t, Tq, Ty) = L(t, q, y) \quad \text{für alle} \quad T \in G, \ (t, q, y) \in \mathbb{R}^{2n+1} \,. \quad (24.71)$$

Zu jedem Element A der LIE-Algebra $\mathfrak{g}$ von G haben wir dann die Transformationsschar

$$\varphi_s(t, q) := (\exp sA)q \,.$$

Ist L G-invariant, so sind diese Transformationsscharen Symmetrien für L. Das kann man mühelos nachrechnen – man muss nur beachten, dass für Matrizen T

$$\frac{\mathrm{d}}{\mathrm{d}t}(T\gamma(t)) = T\dot{\gamma}(t)$$

ist. Aus Satz 19.3 folgt sofort

$$W(t, q) = Aq$$

für das durch (24.65) gegebene Vektorfeld W. Die entsprechende Erhaltungsgröße ist daher

$$K_A(t, q, y) := p(t, q, y) \cdot (Aq) \,, \quad (24.72)$$

wobei wieder $p := L_y$ der kanonisch konjugierte Impuls ist.

Da die Funktionen K_A linear von A abhängen, ist es auch hier sinnvoll, sich auf eine *Basis* $\{A_1, \ldots, A_\rho\}$ von $\mathfrak{g}$ zurückzuziehen und die vektorwertige Erhaltungsgröße

$$K := (K_{A_1}, \ldots, K_{A_\rho})$$

zu betrachten. Ist $A = c_1 A_1 + \cdots + c_\rho A_\rho$, so ist $K_A = c \cdot K$ mit $c := (c_1, \ldots, c_\rho)^T$, wie sofort aus (24.72) hervorgeht.

Das nun folgende Beispiel ist ein konkreter Spezialfall dieser etwas abstrakten Betrachtung:

c. Rotationsinvarianz eines mechanischen Systems zieht die Erhaltung des Drehimpulses nach sich. Um dies herzuleiten, betrachten wir den Konfigurationsraum $\mathbb{R}^3$ und darin die Gruppe $\mathbf{G} = \mathbf{SO}(3)$ der Drehungen. Die LAGRANGE-Funktion L sei rotationsinvariant, d. h. sie soll (24.71) für die Gruppe $\mathbf{SO}(3)$ erfüllen. Das bekannteste Beispiel hierfür ist ein einzelnes Teilchen der Masse m im Zentralpotenzial. Man legt den Ursprung ins Zentrum des Potenzials und hat dann

$$L(t, \boldsymbol{r}, \dot{\boldsymbol{r}}) = \frac{m}{2} \|\dot{\boldsymbol{r}}\|^2 - V(\|\boldsymbol{r}\|) \,,$$

wobei die Norm die Euklid'sche ist. Da Drehungen die Euklid'sche Norm nicht ändern, ist (24.71) hier erfüllt.

Ist L rotationsinvariant, so haben wir also zu jedem Element $A \in \mathfrak{so}(3)$ die Erhaltungsgröße $K_A(t, \boldsymbol{r}, \dot{\boldsymbol{r}}) = \boldsymbol{p} \cdot (A\boldsymbol{r})$, wobei $\boldsymbol{p} = \nabla_{\dot{\boldsymbol{r}}} L$ wieder der (kanonische) Impuls ist. Alle diese Funktionen K_A erhält man wieder als Linearkombinationen der Komponenten der einen vektorwertigen Erhaltungsgröße, die man bekommt, wenn man eine Basis von $\mathfrak{so}(3)$ zu Grunde legt. Diese LIE-Algebra hat aber eine besonders angenehme Basis, bestehend aus den Generatoren $\widehat{R}_1, \widehat{R}_2, \widehat{R}_3$ der Drehungen um die Koordinatenachsen. Wir setzen daher

$$\boldsymbol{J} := K_{\widehat{R}_1} \boldsymbol{e}_1 + K_{\widehat{R}_2} \boldsymbol{e}_2 + K_{\widehat{R}_3} \boldsymbol{e}_3 = \sum_{j=1}^{3} \left(\boldsymbol{p} \cdot (\widehat{R}_j \boldsymbol{r}) \right) \,.$$

Die $\widehat{R}_j$ haben Sie aber in Aufg. 19.9 (hoffentlich) explizit berechnet. Setzt man das Ergebnis hier ein, so erkennt man mühelos:

$$\boldsymbol{J} = \boldsymbol{r} \times \boldsymbol{p} \,,$$

d. h. $\boldsymbol{J}$ ist nichts anderes als der bekannte Drehimpuls.

d. Bei einem System von N Massenpunkten, bei denen die wirksamen Kräfte nur von den *Abständen* $\|\boldsymbol{r}_j - \boldsymbol{r}_k\|$ abhängen, haben wir Rotationsinvarianz in einem etwas erweiterten Sinn: Der Konfigurationsraum ist nun $\mathbb{R}^{3N}$, und die LAGRANGE-Funktion erfüllt (24.71) für die Gruppe $\mathbf{G} \subseteq \mathbf{GL}(3N, \mathbb{R})$, die aus den Matrizen der Form

$$\begin{pmatrix} R & \cdots & 0 \\ \vdots & \ddots & \vdots \\ 0 & \cdots & R \end{pmatrix}$$

besteht, wobei in der Diagonalen jeweils eine feste Drehmatrix $R \in \mathbf{SO}(3)$ steht. Genau genommen, gehört diese Gruppe nicht zu unseren klassischen Gruppen, aber sie ist eine lineare LIE-Gruppe der Dimension $\rho = 3$, und alles bisher Erörterte trifft auf sie zu. Durch Kombination der Überlegungen

aus den Beispielen a. und c. erhält man leicht eine vektorielle Erhaltungsgröße, die sich bei physikalischer Interpretation als der *Gesamtdrehimpuls*
des Systems herausstellt.

Zu guter Letzt betrachten wir noch einen Fall, wo die *unabhängige Variable*
(also die Zeit) transformiert wird. Wir unterwerfen die Kurven γ nämlich den
Transformationen

$$\Phi_s(\gamma) = \gamma_s \quad \text{mit} \quad \gamma_s(t) := \gamma(t+s) \, .$$

Wegen

$$L(t, \gamma_s(t), \dot{\gamma}_s(t)) = L(\tau - s, \gamma(\tau), \dot{\gamma}(\tau)), \quad (\tau = t+s)$$

bedeutet die *infinitesimale Invarianz* von L jetzt (abweichend von Def. 24.19!),
dass

$$\frac{\partial}{\partial s} L(\tau - s, \gamma(\tau), \dot{\gamma}(\tau)) \bigg|_{s=0} = 0$$

für alle C^1-Kurven γ, und das ist offenbar äquivalent zu

$$\frac{\partial L}{\partial t}(t, q, y) \equiv 0 \, ,$$

d. h. die infinitesimal invarianten LAGRANGE-Funktionen sind einfach diejenigen, die nicht explizit von der Zeit abhängen. Für diese können wir aber die
Größe $\Lambda(t, \gamma)$ aus (24.64) leicht berechnen (jedenfalls unter der Voraussetzung
$\gamma \in C^2$):

$$\begin{aligned}
\Lambda(t, \gamma) &= \frac{\partial}{\partial s} L(\gamma(t+s), \dot{\gamma}(t+s)) \bigg|_{s=0} \\
&= \nabla_q L(\gamma(t), \dot{\gamma}(t)) \cdot \dot{\gamma}(t) + \nabla_y L(\gamma(t), \dot{\gamma}(t)) \cdot \ddot{\gamma}(t) \\
&= \frac{\mathrm{d}}{\mathrm{d}t} L(\gamma(t), \dot{\gamma}(t)) \, .
\end{aligned}$$

Vergleich der zweiten Zeile mit (24.67) zeigt, dass die Rolle des Vektorfelds $\boldsymbol{W}$
hier von $\dot{\gamma}$ übernommen wird. Um den EULER-LAGRANGE-Ausdruck $\mathbf{E}_L(\gamma)$
ins Spiel zu bringen, addieren und subtrahieren wir in der zweiten Zeile konse-
quenterweise den Term $(\mathrm{d}/\mathrm{d}t)\nabla_y L \cdot \dot{\gamma}$ und erhalten statt (24.68) nun die neue
NOETHER-Identität

$$\frac{\mathrm{d}}{\mathrm{d}t} L(\gamma(t), \dot{\gamma}(t)) = \mathbf{E}_L(\gamma)(t) + \frac{\mathrm{d}}{\mathrm{d}t} \left[\nabla_y L(\gamma(t), \dot{\gamma}(t)) \cdot \dot{\gamma}(t) \right] \, . \tag{24.73}$$

Ist nun γ eine *Extremale*, so folgt, dass der Ausdruck

$$E(\gamma(t), \dot{\gamma}(t)) := \nabla_y L(\gamma(t), \dot{\gamma}(t)) - L(\gamma(t), \dot{\gamma}(t))$$

verschwindende Zeitableitung hat, dass also

$$E(q, y) := \frac{\partial L}{\partial y}(q, y) \cdot y - L(q, y)$$

ein erstes Integral der EULER-LAGRANGE-Gleichungen ist. Diese Erhaltungs-größe kennen wir aber schon aus (24.29). Sie ist nichts anderes als die *Energie*, und so finden wir die in der Physik vertretene Meinung bestätigt, dass die Energie „konjugiert zur Zeit" ist, also dass sie die von der Invarianz gegen Zeittranslationen gestiftete Erhaltungsgröße ist.

Bemerkung: Beim Allgemeinen NOETHER'schen Satz werden sowohl die ab-hängigen als auch die unabhängigen Variablen gleichzeitig transformiert. Da-bei geschieht prinzipiell nichts Neues, doch werden die Rechnungen natürlich um einiges verwickelter. Detaillierte Darstellungen dieser allgemeinen Fälle finden sich z. B. in [30] oder [63].

Ergänzungen zu §24

Die Vertiefung der mathematischen Grundlagen der klassischen Mechanik führt sehr schnell in Bereiche, die weit über den Rahmen dieses einführen-den Buches hinausgehen. Deshalb beschränken wir uns in den Ergänzungen hier auch auf einige wenige Punkte. Außer dem schon angekündigten elemen-taren Beweis von Satz 24.14 überlegen wir uns, dass das Phasenvolumen – d. h. das Volumen im $2n$-dimensionalen Raum der Orts- und Impulskoordinaten – gegen die Dynamik der HAMILTON'schen Bewegungsgleichungen invariant ist, und schließlich geben wir einen kurzen Ausblick auf die *integrablen Systeme*, d. h. diejenigen mechanischen Systeme, bei denen die in den Abschnitten C. und E. skizzierte Methode, durch kanonische Transformationen zu möglichst vielen zyklischen Variablen zu gelangen, durchgreifenden Erfolg hat.

Man kann den HAMILTON-Formalismus natürlich als Teil der Variations-rechnung betrachten, und unter diesem Gesichtspunkt ist er in vielen Büchern zur Variationsrechnung behandelt. Darüber hinaus möchten wir auf [6] und [76] hinweisen, wo einige der differenzialgeometrischen Gesichtspunkte, die sich für die moderne Mathematik und Physik als so fruchtbar erwiesen ha-ben, in elementarer und leicht lesbarer Weise behandelt werden.

24.23 Elementarer Beweis von Satz 24.14. Wir wissen bereits aus (24.36), dass $|\det A| = 1$ ist.

a. Im ersten Beweisschritt zeigen wir

$$\det(P + \mathrm{i}Q) \cdot \det(A) = \det(P + \mathrm{i}Q) , \qquad (24.74)$$

wenn A die Form (24.33) hat. Dazu gehen wir aus von den vier Gleichun-gen (24.37). Dann bilden wir das Matrizenprodukt

$$\begin{pmatrix} E & 0 \\ -R^T - iS^T & P^T + iQ^T \end{pmatrix} \begin{pmatrix} P & Q \\ R & S \end{pmatrix}$$

$$= \begin{pmatrix} P & Q \\ -R^T P - iS^T P & -R^T Q - iS^T Q \\ +P^T R + iQ^T R & +P^T S + iQ^T S \end{pmatrix}$$

$$\underset{(24.37)}{=} \begin{pmatrix} P & Q \\ -iE & E \end{pmatrix} = \begin{pmatrix} P + iQ & Q \\ 0 & E \end{pmatrix} \begin{pmatrix} E & 0 \\ -iE & E \end{pmatrix} .$$

Wenden wir darauf den Determinanten-Multiplikationssatz an und benutzen

$$\begin{vmatrix} E & 0 \\ -R^T - iS^T & P^T + iQ^T \end{vmatrix} = \det(P^T + iQ^T) = \det(P + iQ) ,$$

$$\begin{vmatrix} P + iQ & Q \\ 0 & E \end{vmatrix} = \det(P + iQ) , \quad \begin{vmatrix} E & 0 \\ -iE & E \end{vmatrix} = 1 , \quad \begin{vmatrix} P & Q \\ R & S \end{vmatrix} = \det A ,$$

so folgt gerade die Gleichung (24.74).

b. Es bleibt zu zeigen, dass

$$\det(P + iQ) \neq 0 \tag{24.75}$$

ist. Dazu setzen wir

$$U = P + iQ , \quad V = R + iS .$$

Dann folgt mit den Gleichungen (24.37):

$$\begin{aligned} U^T \overline{V} - V^T \overline{U} &= (P^T + iQ^T)(R - iS) - (R^T + iS^T)(P - iQ) \\ &= (P^T R - R^T P) + (Q^T S - S^T Q) \\ &\qquad + i(Q^T R + R^T Q) - i(P^T S + S^T P) \\ &= -i(P^T S - R^T Q) - i(S^T P - Q^T R) = -2iE . \end{aligned} \tag{24.76}$$

Um (24.75), d. h. $\det U \neq 0$ zu zeigen, beweisen wir, dass das homogene Gleichungssystem

$$UX = 0 \quad \text{für} \quad X \in \mathbb{C}^n$$

nur die triviale Lösung hat. Sei also $UX = 0$. Aus (24.76) folgt dann

$$\begin{aligned} -2i \|X\|^2 &= -2iX^T E\overline{X} = X^T (U^T \overline{V} - V^T \overline{U})\overline{X} \\ &= (UX)^T \overline{VX} - (VX)^T \overline{UX} = 0 , \end{aligned}$$

was nur für $X = 0$ gelten kann.

24.24 Das Phasenvolumen als Erhaltungsgröße. Wenn wir die HAMIL-TON'schen Gleichungen in der Form (24.23) schreiben, so sind sie (vgl. (24.22)) gegeben durch das (zeitabhängige) Vektorfeld

$$\boldsymbol{F}(t,q,p) := J\nabla H(t,z) = (\nabla_p H(t,q,p), -\nabla_q H(t,q,p)) \ .$$

Ist $H \in C^2$, so ist dieses Vektorfeld *quellenfrei*. Wir haben nämlich

$$\operatorname{div} H = \sum_{k=1}^{n} \frac{\partial^2 H}{\partial q_k \partial p_k} - \sum_{k=1}^{n} \frac{\partial^2 H}{\partial p_k \partial q_k} = 0 \ .$$

Diese unschuldige Beobachtung hat eine höchst bedeutsame Konsequenz. Wenn nämlich H nicht explizit von der Zeit abhängt, so ist auch $\boldsymbol{F}$ ein zeitlich konstantes Vektorfeld, und die Lösungen der HAMILTON'schen Gleichungen sind dann durch den *Fluss* von $\boldsymbol{F}$ gegeben. Nach dem Korollar aus Ergänzung 22.13 erhält dieser Fluss aber das $(2n)$-dimensionale Volumen von messbaren Teilmengen von $\mathbb{R}^{2n} = \mathbb{R}_q^n \times \mathbb{R}_p^n$. Wenn $q = (q_1, \ldots, q_n)$ die generalisierten Koordinaten eines mechanischen Systems und $p = (p_1, \ldots, p_n)$ die entsprechenden kanonisch konjugierten Impulse sind, so nennt man den Raum der Punkte (q,p) in der Physik gewöhnlich den *Phasenraum* und das Volumen darin das *Phasenvolumen*. Es ist für die statistische Mechanik von grundlegender Bedeutung, dass das Phasenvolumen unter einem HAMILTON'schen Fluss konstant bleibt.

24.25 Ausblick: HAMILTON-JACOBI-Theorie und integrable HAMIL-TON'sche Systeme. Wir wollen nicht leugnen, dass das Material aus den Abschnitten C. – F. etwas bruchstückhaft ist. In den Lehrbüchern der klassischen Mechanik wird erläutert, wie es sich zu einer Methodik zusammenfügt, die es gestattet, viele HAMILTON'sche Systeme zu vereinfachen und einige sogar völlig explizit zu lösen. Wir wollen uns daher hier auf wenige Andeutungen zu dieser Methodik beschränken:

Man versucht, durch eine geeignete kanonische Transformation neue Koordinaten im Phasenraum einzuführen, so dass die HAMILTON-Funktion, in diesen neuen Koordinaten ausgedrückt, möglichst viele zyklische Variable enthält. Mittels Satz 24.11 kann man dann die Anzahl der Freiheitsgrade des Systems um die Anzahl dieser zyklischen Variablen reduzieren. Das bedeutet, durch k zyklische Variable wird die Anzahl der zu lösenden Gleichungen um $2k$ verringert. Eine entsprechende kanonische Transformation beschafft man sich mittels einer erzeugenden Funktion, und eine solche erzeugende Funktion wiederum gewinnt man als Lösung der sog. HAMILTON-JACOBI-Gleichung, einer partiellen Differenzialgleichung erster Ordnung, auf die wir hier nicht näher eingehen. Es mag überraschen, dass es erfolgversprechend ist, ein Problem über gewöhnliche Differenzialgleichungen auf eines über partielle Differenzialgleichungen zurückzuführen, aber die Erfahrung gibt diesem Ansatz recht.

Im günstigsten Fall ist $k = n$, und dann erhält man n erste Integrale $y_1, \ldots, y_n$, so dass die HAMILTON'schen Gleichungen in den neuen Koordinaten eine triviale Form annehmen und explizit gelöst werden können. Für die POISSON-Klammern dieser Integrale gilt außerdem

$$(y_j, y_k) = 0 \,, \quad j, k = 1, \ldots, n \,, \tag{24.77}$$

und als Koordinatenfunktionen sind sie auch *funktional unabhängig* in dem direkt vor Kor. 21.9 beschriebenen Sinn. Nach diesem Korollar ist also für feste Werte $y_1^0, \ldots, y_n^0 \in \mathbb{R}$ durch das Gleichungssystem

$$y_k(q_1, \ldots, q_n, p_1, \ldots, p_n) = y_k^0, \quad k = 1, \ldots, n \tag{24.78}$$

eine n-dimensionale Teilmannigfaltigkeit $M(y_1^0, \ldots, y_n^0)$ des Phasenraums $\mathbb{R}^{2n} = \mathbb{R}_q^n \times \mathbb{R}_p^n$ definiert, und da es sich um erste Integrale handelt, ist diese Teilmannigfaltigkeit auch invariant unter dem HAMILTON'schen Fluss.

Man kann aber die Rollen der zyklischen Variablen und der ersten Integrale auch vertauschen. Bei manchen mechanischen Systemen (z. B. dem Zwei-Körper-Problem der Himmelsmechanik oder dem LAGRANGE'schen Kreisel) findet man nämlich neben der HAMILTON-Funktion $y_1 = H$ noch $n - 1$ weitere erste Integrale $y_2, \ldots, y_n$ der HAMILTON'schen Gleichungen, so dass das System $(y_1, y_2, \ldots, y_n)$ funktional unabhängig ist und (24.77) erfüllt. Solche mechanischen Systeme werden als *integrabel* bezeichnet. Ein berühmter Satz von LIOUVILLE besagt nun: Ist bei einem integrablen System die für geeignete feste Werte $y_1^0, \ldots, y_n^0 \in \mathbb{R}$ durch (24.78) gegebene invariante Mannigfaltigkeit $M(y_1^0, \ldots, y_n^0)$ nicht leer und *beschränkt*, so ist sie diffeomorph zu einem n-dimensionalen *Torus*

$$\mathbf{T}^n = \underbrace{S^1 \times \ldots \times S^1}_{n\text{-mal}}$$

(vgl. Ergänzungen 21.27 und 21.28), und auf ihm kann man Winkelkoordinaten $\varphi_1, \ldots, \varphi_n$ einführen, für die die Lösungen der Bewegungsgleichungen die triviale Gestalt

$$\varphi_j(t) = \varphi_j^0 + t\omega_j(y_1^0, \ldots, y_n^0), \quad j = 1, \ldots, n$$

haben. Die Koordinatentransformation, die die ursprünglichen Koordinaten $(q_1, \ldots, q_n, p_1, \ldots, p_n)$ des Phasenraums in die Koordinaten $(\varphi_1, \ldots, \varphi_n, y_1, \ldots, y_n)$ überführt, ist nun zwar regulär, aber im Allgemeinen nicht kanonisch. Mittels erzeugender Funktionen kann man sich aber eine kanonische Transformation G beschaffen, die (zumindest lokal) neue Koordinaten $(\varphi_1, \varphi_n, I_1, \ldots, I_n)$ einführt, deren erste n dieselben Winkelkoordinaten sind wie vorher. Die konjugierten Größen $I_1, \ldots, I_n$ haben physikalisch die Dimension einer Wirkung, und daher spricht man hier von der Einführung von *Wirkungs- und Winkelvariablen*. In diesen Variablen haben die Bewegungsgleichungen wieder HAMILTON'sche Gestalt (mit der HAMILTON-Funktion $\widetilde{H} := H \circ G^{-1}$), und damit erkennt man auch, wie sich die *Frequenzen*

$\omega_j = \dot{\varphi}_j$ berechnen lassen, nämlich durch

$$\omega_j(I_1, \ldots, I_n) = \frac{\partial \widetilde{H}}{\partial I_j}, \quad j = 1, \ldots, n \, .$$

Viele wichtige mechanische Systeme kann man als *Störung* eines integrablen Systems deuten. So beschreibt man z. B. die Bewegung der Planeten dadurch, dass man vom integrablen Zwei-Körper-Problem ausgeht und dann die Gravitationswechselwirkungen der einzelnen Planeten untereinander als Störungsterme hinzunimmt. Ausgehend von der explizit bekannten Lösung des ungestörten Problems versucht man sich dann durch geeignete Näherungsrechnungen an die Lösung des vollen Problems heranzutasten. Diese sog. *Störungsrechnung* ist mathematisch oft schwer zu rechtfertigen, jedenfalls soweit sie das Langzeitverhalten des betrachteten Systems betrifft. Hier ist in den letzten Jahrzehnten durch die sog. *KAM-Theorie* (d. h. durch die Arbeiten von KOLMOGOROFF, ARNOLD und MOSER) ein entscheidender Fortschritt erzielt worden.

In [6] findet sich eine mathematisch rigorose (wenn auch etwas informell geschriebene) Darstellung der hier geschilderten Methoden. Im Anhang von [6] ist auch die KAM-Theorie informell, doch recht gründlich erläutert.

Aufgaben zu §24

24.1. Es sei $\Omega_1 = \Omega_2 =]0, \infty[$, und eine Zahl $p > 1$ sei gegeben. Man zeige: Die LEGENDRE-Transformierte der auf Ω_1 definierten Funktion $L(x) := x^p/p$ ist $H(y) = y^q/q$, wobei $q > 1$ bestimmt ist durch die Gleichung

$$\frac{1}{p} + \frac{1}{q} = 1 \, .$$

24.2. Es seien Ω_1, Ω_2 Intervalle in $\mathbb{R}$, und $f : \Omega_1 \to \Omega_2$ sei stetig, surjektiv und streng monoton wachsend. Dann hat $f^{-1} : \Omega_2 \to \Omega_1$ dieselben Eigenschaften (Satz 2.14). Nun sei L eine Stammfunktion von f und H eine Stammfunktion von f^{-1}. Man zeige:

    a. $H(y) = \min_{x \in \Omega_1}(xy - L(x))$ für jedes $y \in \Omega_2$.
    b. $L(x) = \min_{y \in \Omega_2}(xy - H(y))$ für jedes $x \in \Omega_1$.
    c. $xy \le L(x) + H(y)$ für alle x, y.
    d. Sind $p, q > 1$ so, dass $(1/p) + (1/q) = 1$ gilt, so ist

$$xy \le \frac{x^p}{p} + \frac{y^q}{q}$$

für alle $x, y > 0$ (YOUNG*'sche Ungleichung*).

24.3. Man stelle die EULER-LAGRANGE-Gleichungen für die folgenden Funktionale auf und gebe eine allgemeine Lösung an:

a. $I(\varphi) = \int\limits_{a}^{b} \sqrt{\varphi(x)(1 + \varphi'(x)^2)}\, \mathrm{d}x$

b. $I(\varphi) = \int\limits_{a}^{b} \frac{1 + \varphi(x)^2}{\varphi'(x)^2}\, \mathrm{d}x$

(*Hinweis:* Zum Auffinden der Lösungen gehe man vor wie in Beispiel 24.6!)

24.4. Betrachte die LAGRANGE-Funktion

$$L(t, x, \dot{x}) := t\dot{x}^2 \ .$$

a. Man zeige, dass Verschiebungen der Zeitskala

$$\Phi_s(\gamma) := \gamma(\cdot + s)$$

keine Symmetrien von L sind.

b. Man zeige, dass L jedoch invariant unter den räumlichen Translationen

$$\widehat{t} = t\,, \quad \widehat{x} = x + s$$

ist. Man folgere daraus, dass

$$K(t, x, \dot{x}) := t\dot{x} = \text{const}$$

ein erstes Integral ist.

24.5. Man zeige: Wenn das Funktional $J(\gamma) := \int\limits_{t_0}^{t_1} L(\gamma(t), \dot{\gamma}(t))\, \mathrm{d}t$ invariant unter den *Zeitdilatationen*

$$\gamma_s(t) := \gamma(st)\,, \quad s > 0$$

ist, dann ist L homogen vom Grade 1 in $\dot{x}$, d.h.

$$L(x, \lambda\dot{x}) = \lambda L(x, \dot{x}) \quad \text{für} \quad \lambda > 0 \ .$$

Man zeige weiter, dass in diesem Fall

$$L = \sum_{k=1}^{n} \dot{x}_k L_{\dot{x}_k} = L$$

gilt. *Hinweis:* Man verwende den Satz von EULER (vgl. Aufg. 10.4).

24.6. Für die folgenden Variationsprobleme bestimme man die HAMILTON-Funktion und das HAMILTON-System:

a. $\int\limits_{0}^{1} \sqrt{1 + \varphi'(x)^2} \, dx \longrightarrow \min,$

b. $\int\limits_{0}^{\pi/2} \left\{ \varphi'(x)^2 - \varphi(x)^2 \right\} \, dx \longrightarrow \min,$

c. $\int\limits_{-1}^{1} \varphi(x)^2 \left[1 - \varphi'(x)^2 \right] \, dx \longrightarrow \min.$

24.7. Man zeige, dass die folgenden Transformationen kanonisch sind:

a. $u = p, \quad v = -q,$

b. $u = \arctan\left(\frac{q}{p}\right), \quad v = \frac{1}{2}(q^2 + p^2).$

Literaturverzeichnis

1. R. Abraham, J. E. Marsden, T. Ratiu: *Manifolds, Tensor Analysis And Applications*, 2. Aufl. (Springer-Verlag, New York 1988)
2. N. I. Achieser: *The Calculus of Variations* (Blaisdell, New York 1962)
3. I. Agricola, Th. Friedrich: *Globale Analysis - Differentialformen in Analysis, Geometrie und Physik* (Vieweg, Braunschweig 2001)
4. L. V. Ahlfors: *Complex Analysis* (McGraw Hill, New York 1966)
5. H. Amann: *Gewöhnliche Differentialgleichungen*, 2. Aufl. (de Gruyter, Berlin 1995)
6. V. I. Arnold: *Mathematical Methods Of Classical Mechanics*, 2. Aufl. (Springer, New York 1989)
7. V. I. Arnold: *Ordinary Differential Equations*, 3. Aufl. (Springer-Verlag, Berlin Heidelberg 1992)
8. B. Aulbach: *Gewöhnliche Differenzialgleichungen* (Spektrum Akademischer Verlag, Heidelberg 1997)
9. G. Birkhoff, G. C. Rota: *Ordinary Differential Equations*, 3. Aufl. (Ginn & Co., New York 1962)
10. R. L. Bishop, S. I. Goldberg: *Tensor Analysis On Manifolds* (McMillan, New York 1968)
11. Th. Bröcker, K. Jänich: *Einführung in die Differentialtopologie* (Springer, Berlin 1973)
12. I. N. Bronstein: *Taschenbuch der Mathematik*, 6. Aufl. (Frankfurt a. M. 2005)
13. R. B. Burckel: *An Introduction to Classical Complex Analysis* (Birkhäuser, Basel 1979)
14. C. Caratheodory: *Funktionentheorie I, II* (Birkhäuser, Basel 1960)
15. C. Caratheodory: *Variationsrechnung und partielle Differentialgleichungen erster Ordnung* (Teubner, Leipzig 1965)
16. H. Cartan: *Elementare Theorie der analytischen Funktionen einer oder mehrerer komplexen Veränderlichen* (BI, Mannheim 1966)
17. H. Cartan: *Differentialformen* (BI, Mannheim 1974)
18. E. A. Coddington, N. Levinson: *Theory of Ordinary Differential Equations* (McGraw Hill, New York 1955)
19. J. B. Conway: *Functions of One Complex Variable* (Springer, New York 1973)
20. M. L. Curtis: *Matrix Groups* (Springer, New York 1979)

21. G. F. D. Duff, D. Naylor: *Differential Equations of Applied Mathematics* (Wiley, New York 1966)

22. H. Epheser: *Vorlesungen über Variationsrechnung* (Vandenhoeck u. Ruprecht, Göttingen 1973)

23. F. Erwe: *Gewöhnliche Differentialgleichungen* (BI, Mannheim 1961)

24. W. Fischer, I. Lieb: *Funktionentheorie* (Vieweg, Braunschweig 1988)

25. O. Forster: *Riemannsche Flächen* (Springer-Verlag, Berlin 1977)

26. Th. Frankel: *The Geometry Of Physics*, 2. Aufl. (Cambridge University Press, Cambridge 2004)

27. P. Funk: *Variationsrechnung und ihre Anwendung in Physik und Technik* (Springer, Berlin 1962)

28. F. R. Gantmacher: *Matrizenrechnung*, 2 Bde. (VEB Deutscher Verlag der Wissenschaften, Berlin 1958/59)

29. I. M. Gelfand, S. V. Fomin: *Calculus of Variations* (Prentice Hall, New York 1963)

30. M. Giaquinta, S. Hildebrandt: *Calculus of Variations I, II* (Springer, Berlin 1996)

31. K.-H. Goldhorn, H.-P. Heinz: *Moderne mathematische Methoden der Physik*, (Springer-Verlag, in Vorbereitung)

32. J. Guckenheimer, Ph. Holmes: *Nonlinear Oscillations, Dynamical Systems, And Bifurcations Of Vector Fields* , 4. Aufl. (Springer-Verlag, New York 1993)

33. V. Guillemin, A. Pollack: *Differential topology*, (Prentice-Hall, Englewood Cliffs, N. J. 1974)

34. E. Hairer, S. P. Nørsett, G. Wanner: *Solving Ordinary Differential Equations*, 2 Bde. (Springer-Verlag, Berlin 1987)

35. J. Hale: *Ordinary Differential Equations* (Wiley, New York 1969)

36. J. Hale, H. Koçak: *Dynamics and Bifurcations* (Springer-Verlag, New York 1991)

37. Ph. Hartman: *Ordinary Differential Equations* (Wiley, New York 1964)

38. H. Heuser: *Gewöhnliche Differentialgleichungen*, 2. Aufl. (B. G. Teubner, Stuttgart 1991)

39. M. Heins: *Complex Function Theory* (Academic Press, New York 1968)

40. E. Hille: *Analytic Function Theory* (Chelsea, New York 1974)

41. M. W. Hirsch, S. Smale: *Differential Equations, Dynamical Systems And Linear Algebra* (Academic Press, New York 1974)

42. J. Horn, W. Wittich: *Gewöhnliche Differentialgleichungen* (de Gruyter, Berlin 1960)

43. R. Howe: Amer. Math. Monthly **90**, 600 (1983)

44. R. Howe: Amer. Math. Monthly **91**, 247 (1984)

45. E. L. Ince: *Integration gewöhnlicher Differentialgleichungen* (BI, Mannheim 1965)

46. M. C. Irwin: *Smooth Dynamical Systems* (Academic Press, London 1980)

47. K. Jänich: *Einführung in die Funktionentheorie* (Springer-Verlag, Berlin 1980)

48. K. Jänich: *Vektoranalysis* (Springer, Berlin 1992)

49. K. Jänich: *Mathematik 2. Geschrieben für Physiker*, (Springer-Verlag 2002)

50. J. Jost: *Compact Riemann Surfaces – An Introduction To Contemporary Mathematics* (Springer-Verlag, Berlin 1997)

51. E. Kamke: *Differentialgleichungen I: Gewöhnliche Differentialgleichungen*, 5. Aufl. (Akadem. Verlagsges., Leipzig 1964)

52. A. Katok, B. Hasselblatt: *Introduction To The Modern Theory Of Dynamical Systems* (Cambrindge Univ. Press, Cambridge 1995)
53. E. Klingbeil: *Variationsrechnung* (BI, Mannheim 1977)
54. K. Knopp: *Elemente der Funktionentheorie* (Sammlung Göschen, de Gruyter, Berlin 1965)
55. K. Knopp: *Funktionentheorie I, II* (Sammlung Göschen, de Gruyter, Berlin 1965)
56. H. König: Jahresberichte DMV **66**, 120 (1964)
57. W. Krabs: *Dynamische Systeme: Steuerbarkeit und chaotisches Verhalten* (Teubner, Stuttgart- Leipzig 1998)
58. M. A. Lawrentiew, B. W. Shabat: *Methoden der komplexen Funktionentheorie* (Deutscher Verlag d. Wiss., Berlin 1967)
59. A. I. Markuschewitsch: *Theory of Functions of a Complex Variable I-III* (Chelsea, New York 1977)
60. W. Metzler: *Nichtlineare Dynamik und Chaos* (Teubner, Stuttgart - Leipzig 1998)
61. W. Miller: *Symmetry Groups And Their Applications* (Academic Press, New York 1972)
62. M. H. A. Newman: *Topology of Plane Sets Of Points*, 2. Aufl. (Cambridge University Press, Cambridge 1951)
63. P. J. Olver: *Applications Of Lie Groups To Differential Equations*, (Springer-Verlag, New York 1986)
64. H.-O. Peitgen: *Chaos: Bausteine der Ordnung* (Springer-Verlag, Berlin 1994)
65. L. Perko: *Differential Equations And Dynamical Systems*, 3. Aufl. (Springer-Verlag, New York 2001)
66. E. Peschl: *Funktionentheorie* (BI, Mannheim 1968)
67. I. G. Petrowski: *Vorlesungen über gewöhnliche Differentialgleichungen* (Teubner, Leipzig 1954)
68. A. Peyerimhoff: *Gewöhnliche Differentialgleichungen I, II* (Akad. Verlagsges., Frankfurt 1970)
69. V. Reitmann: *Reguläre und chaotische Dynamik* (Teubner, Stuttgart - Leipzig 1996)
70. R. Remmert: *Funktionentheorie I, II* (Springer-Verlag, Berlin-Heidelberg 1984)
71. C. Robinson: *Dynamical Systems: Stability, Symbolic Dynamics, and Chaos* (CRC Press, Boca Raton 1995)
72. W. Rudin: *Reelle und komplexe Analysis* (Oldenbourgh, München 1999)
73. H. Rund: *The Hamilton-Jacobi Theory and the Calculus of Variations* (van Nostrand, New York 1966)
74. H. Sagan: *Introduction to the Calculus of Variations* (McGraw Hill, New York 1963)
75. G. F. Simmons: *Differential Equations With Applications And Historical Notes* (McGraw-Hill, New York 1972)
76. St. F. Singer: *Symmetry In Mechanics - A Gentle, Modern Introduction* (Birkhäuser, Boston 2001)
77. M. Spivak: *Calculus On Manifolds: A Modern Approach To Classical Theorems Of Advanced Calculus* (Benjamin, New York 1965)
78. G. Springer: *Introduction To Riemann Surfaces* (Addison-Wesley, Reading, Mass. 1957)
79. W. Walter: *Gewöhnliche Differentialgleichungen – Eine Einführung*, 7. Aufl. (Springer-Verlag, Berlin 2000)

Sachverzeichnis